计算机与嵌入式系统系列教材
教育部“产学合作-协同育人”项目系列丛书
龙芯计算机系统应用能力培养用书

U0161934

微型计算机系统原理及应用

国产龙芯处理器的软件和硬件集成

（基础篇）

何　宾　编著

电子工业出版社

Publishing House of Electronics Industry

北京·BEIJING

内 容 简 介

本书以龙芯中科技术股份有限公司（简称龙芯）的国产 1B 处理器为硬件平台，以龙芯生态伙伴苏州市天晟软件科技有限公司的 Embedded IDE for Loongson 集成开发环境（简称 LoongIDE）为软件平台，首次将国产微处理器及其生态系统作为微型计算机原理及接口技术相关课程的理论和实践教学平台。

全书共 11 章，主要内容包括：微型计算机系统导论，数值的表示和运算，存储器的分类和原理，软件开发工具的下载、安装和应用，指令集架构，中央处理单元的架构，协处理器的架构，汇编语言的程序设计和实现，中断与异常的原理和实现，C 语言的程序设计和分析，以及异步串口原理和通信的实现。

本书侧重于对构成微型计算机系统的硬件和软件要素原理的介绍，目的是使读者掌握设计与分析计算机系统硬件和软件要素的一般方法，这些分析方法对于基于其他架构的计算机系统或嵌入式系统同样适用。通过对 C 语言、汇编语言和机器指令三者之间关系的深度分析，使读者能够将计算机系统的"软件"和"硬件"进行系统化深度融合。

本书可作为大学本科微型计算机原理及接口技术相关课程的授课教材，也可作为龙芯 1+x 证书的参考用书。对于从事基于龙芯处理器开发计算机系统，以及计算机系统综合设计的软件和硬件工程师来说，也是很好的工程参考用书。

未经许可，不得以任何方式复制或抄袭本书之部分或全部内容。
版权所有，侵权必究。

图书在版编目（CIP）数据

微型计算机系统原理及应用：国产龙芯处理器的软件和硬件集成. 基础篇／何宾编著. —北京：电子工业出版社，2022.6
 计算机与嵌入式系统系列教材
 ISBN 978-7-121-43540-9

Ⅰ. ①微… Ⅱ. ①何… Ⅲ. ①微型计算机-教材 Ⅳ. ①TP36

中国版本图书馆 CIP 数据核字（2022）第 087822 号

责任编辑：张 迪（zhangdi@phei.com.cn）
印 刷：天津千鹤文化传播有限公司
装 订：天津千鹤文化传播有限公司
出版发行：电子工业出版社
 北京市海淀区万寿路 173 信箱 邮编 100036
开 本：787×1 092 1/16 印张：25 字数：640 千字
版 次：2022 年 6 月第 1 版
印 次：2022 年 6 月第 1 次印刷
定 价：99.00 元

凡所购买电子工业出版社图书有缺损问题，请向购买书店调换。若书店售缺，请与本社发行部联系，联系及邮购电话：(010) 88254888，88258888。

质量投诉请发邮件至 zlts@phei.com.cn，盗版侵权举报请发邮件至 dbqq@phei.com.cn。

本书咨询联系方式：(010) 88254469；zhangdi@phei.com.cn。

推 荐 序

"软硬适配"是构建信息社会的基础，人才是实现"软硬适配"的关键前提。围绕应用牵引，在"信创"向多行业领域推广的过程中，面对多种国产处理器和国产操作系统的开发需求，要求工程师具有软/硬件的迁移适配能力，掌握处理器运行原理的核心技能，形成可重构的开发能力。

高校作为人才培养的主战场，在新时期，既需要培养应用型人才和工程型人才，更需要培养"软硬适配"的复合型人才。面向未来的产学协同育人应该是：有质量的融汇与合作，多方主体的多元协同，搭建一个教育界与产业界的桥梁，让学校及时了解企业的需求，调整人才培养的方式与重点，同时也可以将学校的科研成果及时向产业传递。

我国的电子信息和计算机教学，尤其是原理与实验教学的融合，长期以来一直无法摆脱基于国外处理器构建的软/硬件教学体系的影响。在电子信息和计算机领域，通过我国的自主技术来支撑高校的认知教学、原理教学和实验教学，一直是广大师生翘首以盼的事情。我在东南大学执教多年，曾多次将不同技术路径的国产处理器引入教学，深感国产软/硬件技术推广的不易。

何宾老师编写的《微型计算机系统原理及应用：国产龙芯处理器的软件和硬件集成（基础篇）》一书，符合电子信息和计算机产业对掌握应用迁移能力的、原理-技能贯通型人才的培养需求；同时也为"微型计算机原理"这门承上启下的课程带来了新的建设思路。全书融合了思政教育与技术内容，贯穿了产业应用引导原理学习的先进教学思想，为有志于将国产软/硬件技术应用于课堂的一线教师提供了很好的参考。全书以软/硬件结合的形式对处理器原理进行了深度分析，反映了龙芯体系结构系列课程的优质成果，体现了与后续"嵌入式技术""操作系统""嵌入式软/硬件接口"等核心课程的连贯教学思路。

在自主技术的产业应用与教学紧密结合方面，《微型计算机系统原理及应用：国产龙芯处理器的软件和硬件集成（基础篇）》是一个很好的开端，将对构建产业人才培养体系与我国自主技术生态建设的协同发挥积极的作用。

东南大学教授　时龙兴
2022 年 6 月 1 日

前　言

提起编写微型计算机系统原理及应用（简称微机原理）这本教材，有一个故事与读者分享。从这个故事中，读者也能够深刻思考很多问题。众所周知，目前国内高校给学生讲授微机原理和接口技术课程时，采用的仍然是美国 Intel（中文称英特尔）公司 20 世纪 80 年代的 8086 微处理器芯片，自该处理器诞生距今已经 40 多年了，虽然是 x86 架构中的经典之作，但是已经远远落后于微处理器技术的发展潮流，国内高校对该课程进行教学改革的呼声日益高涨，但是始终没有找到合适的替代平台。在几年前，作者曾经联系过英特尔中国大学计划的负责人，希望英特尔公司提供相关的教学资源，以便重新编写一本基于英特尔 x86 架构的微机原理教材，但是由于知识产权等诸多因素，最终未能实现这个愿望。

作者久闻龙芯中科技术股份有限公司（简称龙芯）已经量产了商业化的国产处理器芯片，并且广泛用于国内很多领域。由于国际局势的发展，作者也听说新一届教育部电子信息类专业教学指导委员会希望将国产芯片引入国内本科电子信息类专业课程教学中。因此，作者想进一步评估将龙芯国产处理器芯片引入微机原理课程教学中的可行性，但是一直未能联系到龙芯大学计划的负责人。

很多事情都是在希望即将破灭的时候迎来转机。在 2020 年 10 月，经过业界朋友的牵线，有幸结识了龙芯中科技术股份有限公司大学计划负责人叶骐宁经理，作者提出把龙芯处理器引入到微机原理相关课程教学的想法，并且希望龙芯能够推荐一款性能不是太高、结构不是太复杂，并且能够运行像 Linux 这样复杂操作系统的处理器芯片，经过探讨和谨慎的选择，双方同意将龙芯公司早期的龙芯 1B 处理器作为微机原理课程的教学平台，虽然这款处理器性能不算优秀，但是"麻雀虽小，五脏俱全"，内部结构不但简单且包含现代处理器的所有要素，而且能够运行像 Linux 这样的复杂操作系统，用于微机原理相关课程的教学和实训已经足够，这也是本书最终选用龙芯 1B 处理器作为授课平台的重要原因。对于教学而言，简单的就是最好的，因为能够将计算机系统的原理真正讲清楚。

经过双方后续的沟通和交流，又共同申请和获批了教育部 2021 年的"产学合作，协同育人"中基于龙芯 1B 处理器的微机原理课程建设的项目。至此，正式开启了微机原理课程建设的序幕。

经过龙芯技术团队和龙芯第三方软件工具设计团队的共同支持，完成了课程教材的编写和配套案例的设计，以及其他教学资源的开发。应该说，该教材涵盖了一个完整计算机系统应该包含的硬件和软件知识，是产学融合，协同育人的重要成果，将对未来国内微机原理相关课程的教学改革提供新的思路。

本书共 11 章，以处理器指令架构、中央处理器单元、汇编语言程序设计、C 语言程序设计，以及外设驱动和控制为主线，本着由纯硬件、纯软件到软件和硬件融合的思路，由浅入深、由易到难的原则，编排教材内容和组织架构，主要内容包括微型计算机系统导论，数值的表示和运算，存储器的分类和原理，软件开发工具的下载、安装和应用，指令集架构，中央处理单元的架构，协处理器的架构，汇编语言的程序设计和实现，中断与异常的原理和实现，C 语言的程序设计和分析，以及异步串口原理和通信的实现。

作者的研究生罗显志前期查阅和整理了 MIPS 指令集和相关的技术文档资料，这些资料用于本书第 5~8 章的内容，对他的这些研究工作在此表示感谢。

教材的高质量完成得益于产学深度融合和协作，感谢龙芯中科技术股份有限公司和苏州市天晟软件科技有限公司的大力支持与帮助，使得国内高等学校电子信息类专业的学生能系统地学习计算机的硬件和软件知识，并且所学的内容又能和产业界接轨。

为了更好地帮助大家学习，书中所有设计实例源代码请读者登录华信教育资源网（http：//www. hxedu. com. cn）免费注册后再进行下载。书中教师教学所需要的教学资源（教学课件、教学大纲等）和配套硬件开发板的购买事宜请联系本书作者（hb@ gpnewtech. com）。

作者

2022 年 6 月于北京

目　　录

第1章 微型计算机系统导论

本章将介绍一些计算机的基础知识，主要内容包括微型计算机的概念、主流的处理器架构、龙芯处理器基础知识、龙芯 1B 处理器的构成要素，以及计算机系统评价指标和方法。

通过本章内容的讲解，可使读者能初步了解构成微型计算机系统的软件和硬件要素，了解微型计算机系统中常使用的处理器架构，了解龙芯处理器的分类和应用场景，掌握龙芯 1B 处理器的框架，并理解评价计算机系统性能的方法和评价指标。

1.1 微型计算机的概念

今天，笔记本电脑已经非常普及，其已成为我们生活中必不可少的配置，如图 1.1（a）所示。此外，还有我们在家里或办公室中配置的台式电脑，如图 1.1（b）所示，它们都是微型计算机（Microcomputer）或个人电脑（Personal Computer，PC）的典型代表。微型计算机给我们的直观印象是，它们的体积越来越小，并且价格越来越便宜，性能越来越高。当然，这一切都得益于半导体集成电路的发展，而半导体集成电路的发展又遵循"摩尔定理"。

（a）笔记本电脑　　　　　　　　　　　　（b）台式电脑

图 1.1　微型计算机或个人电脑的典型代表

微型计算机是一种小型的、相对便宜的计算机，它以微处理器作为其中央处理单元（Central Processing Unit，CPU），其包括安装在一块印刷电路板（Printed Circuit Board，PCB）上的微处理器（Microprocessor）、存储器（Memory）和最小的输入/输出（Input/Output）电路，如图 1.2 所示为搭载处理器、存储器和外设的主板。

随着功能日益强大的微处理器的出现，微型计算机在 20 世纪 70 年代开始流行。一般意义上，许多微型计算机（搭载了键盘和屏幕进行输入和输出时）也是个人计算机。

严格意义上，微型计算机应称为微型计算机系统，它包含硬件和软件两个层面。前面所介绍的是硬件层面，而软件层面就是在微型计算机系统的硬件上搭载了操作系统（Operating System，OS，如微软公司的 Windows 操作系统、苹果公司的 iOS 操作系统或者开源的 Linux 操作系统）、设备驱动程序和第三方开发的应用程序（如办公软件、游戏软件等）。

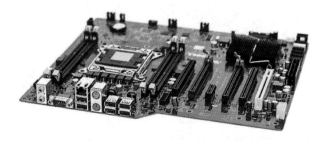

图 1.2　搭载处理器、存储器和外设的主板

思考与练习 1-1：根据图 1.2 给出的主板，简单说明该主板上搭载的典型模块（如处理器、存储器和输入/输出设备）。

思考与练习 1-2：微型计算机系统包含_____和_____两个层面，它们各自又主要包含哪些功能部件？

> **注**：到了 2000 年，微型计算机一词的使用量明显下降。该术语最常与最流行的一体式 8 位家用计算机（如 Apple II、ZX Spectrum、Commodore64、BBC Micro 和 TRS-80）和基于 CP/M 的小型机相关联。随着信息技术的不断发展，微型计算机这个术语已经很少使用。

1.2　主流的处理器架构

本节将介绍微型计算机中所使用 CPU 的主要架构及特点。注意，本节所介绍的不同架构实际上指的是指令集架构（Instruction Set Architecture，ISA）。

1.2.1　LoongArch 架构

龙芯指令集架构（Loongson Instruction Set Architecture，LoongArch）是一种精简指令集（Reduced Instruction Set Computer，RISC）架构，由我们国内的龙芯中科股份有限公司独立自主开发。

LoongArch 继承了 RISC 的设计传统，其指令长度固定且编码格式规整，大多数指令为三操作数，仅有 load/store 访存指令可以访问内存。按照地址空间大小划分，将 LoongArch 分为 32 位和 64 位两个版本，分别称为 LoongArch32 和 LoongArch64，LoongArch64 应用级向下二进制兼容 LoongArch32。

龙芯架构具有完全自主、技术先进、兼容生态三方面特点，其从整个架构的顶层规划，到各部分的功能定义，再到细节上每条指令和每个寄存器的编码、名称、含义，全部自主重新设计，具有充分的自主性。

龙芯架构摒弃了传统指令系统中部分不适应当前软硬件设计技术发展趋势的陈旧内容，吸纳了近年来指令系统设计领域诸多先进的技术发展成果，易于硬件的高性能低功耗设计和软件的编译优化和操作系统、虚拟机的开发。

龙芯架构在设计时充分考虑兼容生态需求，融合了包括 x86、Arm 在内的国际主流指令系统的主要功能特性，同时依托龙芯团队在二进制翻译方面十余年的技术积累创新，不仅能够确保现有龙芯电脑上应用二进制的无损移植，而且能够实现多种国际主流指令系统的高效二进制翻译。

1. 2. 2　x86 架构

从本质上说，x86 指的是美国 Intel（中文名为英特尔）公司制定的 ISA。基于 x86 的 ISA 属于复杂指令集（Complex Instruction Set Computing，CISC），这种 ISA 的特点是指令长度可变。1978 年，美国 Intel 公司推出了基于 x86 指令集架构的微处理器芯片 8086，该处理器芯片的封装如图 1. 3 所示，它是 Intel 公司的一个经典之作。

图 1. 3　8086 处理器芯片的封装

1985 年，Intel 发布了 32 位的 80386 微处理器芯片（后来称为 i386），这个扩展的编程模型最初称为 i386 架构。

8086 微处理器芯片之后，Intel 后续发布的微处理器芯片都以 "86" 结尾，包括 80186、80286、80386 和 80486 处理器，因此人们常使用术语 "x86" 来指代任何兼容 8086 的微处理器芯片。后来，AMD 将这种 32 位架构扩展到 64 位，并在早期的文档中将其称为 x86-64，后来称为 AMD64。

思考与练习 1-3：说明 x86 一词所表示的含义。

思考与练习 1-4：说明 x86 处理器的演进过程。

1. 2. 3　PowerPC 架构

PowerPC 的指令集架构属于精简指令集架构，人们通常将 PowerPC 缩写为 PPC，它于 1991 年由苹果公司（Apple）、国际商用机器公司（International Business Machine，IBM）和摩托罗拉（Motorola）联盟创建，简称 AIM。

该架构最初是为个人电脑设计的，从 1994 年开始直到 2006 年苹果开始使用 Intel 的 x86 微处理器芯片为止，苹果的 Power Macintosh、PowerBook、iMac、iBook 和 Xserve 系列产品都使用了 PowerPC 架构的微处理器。目前，虽然在个人电脑中很少使用基于 PowerPC 的微处理器芯片，但在嵌入式和高性能处理器中仍然可以看到它的身影，如卫星和火星上的好奇号和毅力号漫游车，以及在 AmigaOne 和第三方 AmigaOS 4 个人电脑中。

1. 2. 4　Arm 架构

Arm 架构是一系列用于计算机处理器的 RISC 架构，针对各种环境进行配置。Arm 公司开发该架构并将其授权给其他公司（如意法半导体），通常将这些授权的架构称为知识产权（Intellectual Property，IP）核。基于这些授权的 IP 核，芯片厂商则会开发出片上系统（System On Chip，SoC）和模块系统（System on Module，SoM）。

最初的 Armv1 虽使用 32 位内部结构，但其具有 26 位的地址空间，将其限制为 64MB 的主存储器。在 Armv3 系列中去掉了该限制，它提供了 32 位的地址空间，一直持续到 Armv7。Arm 公司于 2011 年发布了 Armv8-A 架构，对 32 位固定长度的指令集增加了对 64 位地址空间和 64 位算法的支持。Arm 公司还针对不同的规则发布了一系列附加指令集，包括扩展

Thumb，通过支持 32 位和 16 位指令以提高代码密度；扩展 Jazelle，以支持处理 Java 字节码和最新的 JavaScript 指令。此外，该架构的修改还包括添加同步多线程（Simultaneous Multithreading，SMT），以提高性能或容错能力。

基于 Arm 架构的处理器芯片的优势在于低成本和低功耗，因此大量用于轻巧、便携、采用电池供电的设备中，如智能手机、笔记本电脑和平板电脑，以及其他嵌入式系统。近些年来，基于 Arm 架构的微处理器芯片也开始用在台式机和服务器中。目前，在嵌入式系统中，Arm 是使用最广泛的 ISA，也是产量最大的 ISA。

1.2.5 MIPS 架构

无互锁流水线级微处理器（Microprocessor without Interlocked Pipelined Stages，MIPS）是一种 RISC 指令集架构，由 MIPS 计算机系统公司（现为 MIPS 技术公司）开发，其总部位于美国。

MIPS 有多个版本，包括 MIPS I、II、III、IV 和 V，以及 MIPS32/64 的 5 个版本（分别用于 32 位和 64 位实现）。早期的 MIPS 架构是 32 位的，64 位版本是后来开发的。截至 2017 年 4 月，MIPS 的当前版本为 MIPS32/64 Release 6。MIPS32/64 与 MIPS I～V 的主要区别在于，除用户模式架构外，还定义了特权内核模式系统控制协处理器。

MIPS 架构有几个可选的扩展。MIPS-3D 是一组简单的浮点单指令多数据流（Single Instruction Multiple Data，SIMD）指令，专用于常见的 3D 任务；MDMX（MaDMaX）是使用 64 位浮点寄存器的更广泛的整数 SIMD 指令集，MIPS16e 增加了到指令流的压缩，使程序占用更少的空间，MIPS MT 增加了多线程能力。

全球大学的计算机体系结构课程仍然以 MIPS 架构为主，其极大地影响了后来 RISC 架构的发展。由于多重因素的影响，2021 年 3 月，MIPS 宣布结束 MIPS 架构的开发，开始转向 RISC-V 架构。

1.2.6 RISC-V 架构

RISC-V 是一种基于已建立的 RISC 原则的开放标准 ISA。从 2010 年开始，在加州大学伯克利分校就开始了 RISC-V ISA 的建设。

与其他 ISA 不同，在开源许可下可以免费使用 RISC-V ISA。许多公司基于 RISC-V ISA 发布了处理器芯片，如阿里巴巴旗下的平头哥、沁恒半导体等。目前，许多软件工具链和操作系统都提供了对 RISC-V ISA 的支持。

RISC-V ISA 采用了加载和保存架构，用于简化 CPU 中多路复用器的位模式，IEEE-754 浮点标准等。该指令集中的基本指令集具有固定长度的 32 位自然对齐指令，并且它提供了对可变长度指令的扩展，其中每条指令可以是任意数量的 16 位长度。RISC-V ISA 的子集支持小型嵌入式系统、个人计算机、带有矢量处理器的超级计算机和 19 英寸机架式并行计算机。

RISC-V ISA 规范定义了 32 位和 64 位的地址空间。此外，该规范还包含对 128 位平面地址空间的描述。

思考与练习 1-5：PowerPC、Arm、MIPS、RISC-V 和 LoongArch 架构采用的是_____指令集架构。

1.3 龙芯处理器基础知识

本节将简要介绍龙芯处理器的发展历程、龙芯处理器核的种类和性能,以及龙芯产品的分类。

1.3.1 龙芯处理器发展历程

国产龙芯系列处理器经历了从无到有、性能从弱到强的发展历程,如表 1.1 所示。

表 1.1 龙芯的发展历程

时 间	事 件
2001 年 5 月	在中科院计算所知识创新工程的支持下,龙芯课题组正式成立
2001 年 8 月	龙芯 1 号设计与验证系统成功启动 Linux 操作系统
2002 年 8 月	我国首款通用 CPU 龙芯 1 号(代号 X1A50)流片成功
2003 年 10 月	我国首款 64 位通用 CPU 龙芯 2B(代号 MZD110)流片成功
2004 年 9 月	龙芯 2C(代号 DXP100)流片成功
2006 年 3 月	我国首款主频超过 1GHz 的通用 CPU 龙芯 2E(代号 CZ70)流片成功
2007 年 7 月	龙芯 2F(代号 PLA80)流片成功,龙芯 2F 为龙芯的第一款产品芯片
2009 年 9 月	我国首款四核 CPU 龙芯 3A(代号 PRC60)流片成功
2010 年 4 月	由中国科学院和北京市共同牵头出资入股,成立龙芯中科技术有限公司。龙芯正式从研发走向产业化
2012 年 10 月	八核 32 纳米龙芯 3B 1500 流片成功
2013 年 12 月	龙芯中科技术有限公司迁入位于海淀区中关村环保科技示范园龙芯产业园内
2015 年 8 月	龙芯新一代高性能处理器架构 GS464E 发布
2015 年 11 月	龙芯第二代高性能处理器产品龙芯 3A2000/3B2000 实现量产并推广应用
2017 年 4 月	龙芯最新处理器产品龙芯 3A3000/3B3000 实现量产并推广应用
2017 年 10 月	龙芯 7A 桥片流片成功
2019 年 12 月	第三代处理器产品四核龙芯 3A4000/3B4000 实现量产并推广应用
2020 年 10 月	四核龙芯 3A5000/3B5000 研制成功,产品性能接近开发市场主流产品水平
2021 年 4 月	龙芯发布自主指令集架构(简称龙芯架构/LoongArch)

(1)第 1 代产品:龙芯的第一代产品主要是把中科院计算所的科研成果进行产品化,包括龙芯 3A1000、2F、3B、2H 等 CPU。2008 年成功研制出龙芯 2F 处理器芯片,2010 年成功研制出龙芯 3A 处理器芯片,2011 年成功研制出龙芯 1A 及 1B 处理器芯片(属于龙芯 2H 的衍生产品,为低端 SoC)。2012 年年底成功研制出龙芯 3B 和龙芯 2H 处理器芯片。

(2)第二代产品:龙芯的第二代产品大幅提升了处理器核的性能,开发的 4 发射 64 位处理器核 GS464E 和双发射 32 位处理器核 GS232E 性能达到了世界先进水平。随后,基于 40nm 工艺和 28nm 工艺研制成功龙芯 3A2000/3B2000 和龙芯 3A3000/3B3000 四核 CPU,以及基于 40nm 工艺研制成功 2K1000 SoC 处理器。

龙芯 3A2000/3B2000 与龙芯 3A1000 引脚兼容,主频达到 800MHz~1GHz,片内集成了 4

个 GS464E 处理器核，相同主频下通用处理性能（以 SPEC-CPU2006 为测试标准）是龙芯 3A1000 的 3~5 倍，达到同期 AMD 微处理器芯片的性能，该款处理器芯片于 2015 年第 2 季度流片成功，于 2016 年第 1 季度推出产品。

在龙芯 3A2000/3B2000 微处理器的基础上研制成功了龙芯 3A3000/3B3000 微处理器芯片，该款芯片的主频达到 1.5GHz，处理性能已经超过 Arm 和威盛的高端处理器，该款处理器芯片于 2016 年第三季度流片成功，于 2017 年第 2 季度推出产品。

龙芯 2K1000 SoC 处理器片内集成 2 个 GS264 处理器核，主频达到 1GHz，通用处理器性能是龙芯 2H 的 3~5 倍，于 2017 年推出产品。

（3）第 3 代产品：作为龙芯处理器的第 3 代产品，龙芯于 2019 年发布了基于 28nm 工艺的 4 核 3A4000/3B4000 微处理器芯片。该款处理器采用 GS464V 处理器核，它在 GS464E 的基础上增加了 256 位的向量部件，升级了微内核的性能，主频达到 2GHz。在相同主频下，处理性能是 3A3000/3B3000 的两倍。在此基础上，采用新工艺节点的 4 核 3A5000 已经流片成功，最高主频达 2.5GHz，并在规划后续的 16 核龙芯 3C5000。

在第三代产品中，对已经量产的 2K1000 进行升级，并提供更加丰富的外设接口，不久将推出主频达到 2GHz 的 4 核 2K 2000 SoC 处理器产品。

思考与练习 1-6：在龙芯处理器的迭代过程，主要产生了几代产品，它们各自的特点是什么。

1.3.2　龙芯处理器核的种类和性能

龙芯的产品基于龙芯的 3 个系列处理器核。

（1）GS132 处理器核：该处理器核为单发射 32 位结构，采用静态流水线，其 1.0 版本（简称 GS132）为 3 级静态流水线结构，在龙芯 1D 产品中使用；其 2.0 版本（简称 GS132E）为 5 级静态流水结构。

（2）GS232 处理器核：该处理器核为双发射 32 位结构，采用动态流水线，其 1.0 版本（简称为 GS232）为 5 级动态流水线结构，在龙芯 1A、1B、1C 中使用；其 2.0 版本（简称为 GS232E）为动态流水线结构，其 64 位版本为 GS264，在龙芯 2K1000 中使用。

（3）GS464 处理器核：该处理器为四发射 64 位结构，采用动态流水线，其 1.0 版本（简称 GS464）为 9 级流水线结构，在龙芯 3A1000、2H 中使用；其 2.0 版本（简称 GS464E）为 12 级动态流水线结构，在龙芯 3A1500、龙芯 3A/3B2000、龙芯 3A/3B3000 等 CPU 中使用；其 3.0 版本（简称 GS464V）为 12 级动态流水线结构，含 256 位向量部件，在龙芯 3A/3B4000、龙芯 3A/3C5000 等 CPU 中使用。

> **注**：龙芯 GS132 及 GS232 IP 核可用于对外 SoC 设计服务，而 GS464 IP 核仅限于自用。

思考与练习 1-7：龙芯处理器核主要有哪几个处理器版本，它们的主要特点是什么。

1.3.3　龙芯产品分类

龙芯产品线包括龙芯 1 号小 CPU、龙芯 2 号中 CPU 和龙芯 3 号大 CPU 三个系列。

1）龙芯 1 号（小 CPU）

龙芯 1 号系列 32 位处理器，采用 GS132 或 GS232 处理器核，集成针对特定应用的外设接口，形成面向特定应用的 SoC 单片解决方案，主要应用于云终端、工业控制、数据采集、手持终端、消费电子等领域。该系列主要包括龙芯 1A 处理器、龙芯 1B 处理器、龙芯 1C 处理器、龙芯 1D 处理器和龙芯 1H 处理器。

2）龙芯 2 号（中 CPU）

龙芯 2 号系列处理器，采用 GS464 或 GS264 高性能处理器核，集成丰富的外设接口，形成面向嵌入式计算机、工业控制、移动信息终端、汽车电子等 64 位高性能低功耗 SoC 芯片。该系列主要包括龙芯 2F 处理器、龙芯 2H 处理器，以及龙芯 2K1000 处理器。

3）龙芯 3 号（大 CPU）

龙芯 3 号系列处理器，片内集成多个 GS464、GS464E 或 GS464V 高性能处理器核和必要的 I/O 接口，面向桌面计算机、服务器、存储、高端嵌入式计算机等应用。该系列包括 4 核龙芯 3A1000（采用 65nm 工艺）处理器、8 核龙芯 3B1500（采用 32nm 工艺）、龙芯 3A2000/3B2000（采用 40nm 工艺）处理器、龙芯 3A3000/3B3000（采用 28nm 工艺）处理器、龙芯 3A4000/3B4000（采用 28nm 工艺）处理器，以及龙芯 3A5000/3B5000（采用 14nm 工艺）处理器。

1.4　龙芯 1B 处理器的构成要素

龙芯 1B 处理器芯片的内部架构如图 1.4 所示。本节将首先介绍通用计算机的组成要素，然后再详细分析龙芯 1B 处理器芯片的内部架构。

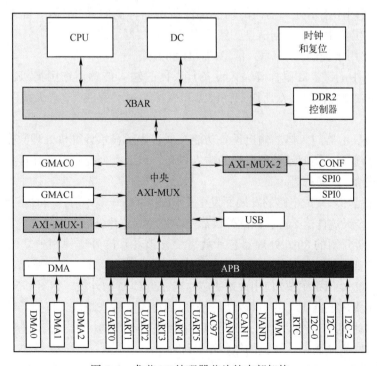

图 1.4　龙芯 1B 处理器芯片的内部架构

1.4.1 计算机系统的构成要素

读者都知道计算机用于代替人脑执行复杂的运算，通过输入设备和输出设备实现人机交互。例如，通过电脑上的键盘输入数据，通过显示设备（液晶显示器）显示运算的结果。

我们知道人的大脑是一个人最重要的器官，人类的大脑组织是一个复杂的结构，其可以实现"推理"和"记忆"的功能。人的"眼睛""鼻子""耳朵""舌头"充当了光学、嗅觉、听觉和味觉传感器，用于获取大自然的"物理"信息，作用类似于电脑的"输入设备"。人们的"手""脚""嗓子"等充当了类似电脑的"输出设备"。首先，人们通过自己的"传感器"获取信息，并通过人体自身神经系统的传导将这些信息送到"大脑"中进行处理；然后，大脑在处理完信息后会发出"命令"，并通过人体自身神经系统的信息传导来控制自己的"输出设备"（手、脚和嗓子等）的行为。

读者感兴趣的是，人类处理信息的模型是如何与"电脑"对应的？

（1）人的大脑，对应于计算机的中央处理单元（CPU）和存储器系统。计算机中的CPU主要由控制器、运算器和辅助功能部件组成，其作用主要是完成信息的处理；计算机中的存储器系统负责"永久"记忆（保存）信息或"暂时"记忆（保存）信息，这就类似人类"大脑"中信息记忆的功能区域一样，它也可以永久保存一些信息或暂时保存一些信息。

很明显，人的大脑内部也有神经传导系统，将大脑中的不同功能区域连接在一起。类似的，CPU内用于将控制器、运算器和辅助功能部件连接在一起的连线，我们称之为"内部总线"（Internal Bus）。总线其实是一组电信号连线的集合，按功能将其划分为数据总线、地址总线和控制总线。

① 数据总线用于在处理器内部不同的功能单元之间传递数据信息。

② 地址总线用于指示处理器内的功能部件所访问存储器（"记忆"部件）的位置，其目的是从正确的位置中获取数据信息，然后将其放到数据总线上。

③ 控制总线用于控制读取/写入信息的顺序和方式。

（2）计算机中的键盘和鼠标等输入设备与人体的输入传感器作用类似，用于给计算机提供需要处理的"数据源"。众所周知，键盘和鼠标通过"有线"/"无线"的方式与计算机连接在一起。

计算机中的显示器与人体的输出设备功能类似，为了显示计算机处理数据的"结果"。

在计算机系统中，类似键盘和鼠标的输入设备，以及类似显示器的输出设备，统称为计算机的"外部设备"，简称外设。

外设的概念是随着集成电路的发展而发生变化的。在20多年前，当时半导体集成电路芯片的集成度不像今天这样这么高，因此外设都是在处理器芯片外部使用独立的其他芯片来实现的。例如，前面所介绍的8086处理器芯片就需要在该芯片的外部使用独立的8251、8255和8237等芯片来实现串口通信、并口通信与直接存储器访问的外设功能。所以，那个时代的计算机体积就会比较大，因为需要使用大量的芯片来充当CPU的外设，如图1.5所示。

随着半导体集成电路工艺的不断发展，芯片的集成度越来越高，以前需要在处理器芯片外面使用独立芯片实现的外设功能，都可以集成到一个"芯片"内部，这样就会显著减少所使用芯片的数量，从而使计算机的体积不断缩小。

最近20多年来，计算机的个头（体积）越来越小，功能越来越强，集成电路集成度的提高在其中起了非常重要的作用。因此,"外设"的定义也发生了变化。准确来说,存在于 CPU 芯片外部的外设称为"片外外设";存在于 CPU 核外部而与 CPU 核共存于一个芯片内的外设称为"片内外设"。

　　(3) 前面提到,处理器内部有用于连接处理器内部各个功能单元的"片内总线"。与连接大脑和输入/输出器官的神经传导系统类似,用于连接处理器核和"片外外设"/"片内外设"的总线,称为"外部总线"。如果外设与处理器核共存于一个芯片内,则称为"片内外设总线";如果外设和处理器核处于不同的芯片,则称为"片外外设总线"。

　　片外外设总线存在于芯片外部,因此读者可以看到类似图 1.5 的电缆,片内外设总线存在于芯片内部,因此读者无法看到它,它在芯片内部以铜导线的方式存在。

　　不管是片内外设还是片外外设,要把处理器和外设连接在一起,也需要一组连线,这一组连线,从功能上划分为数据总线、地址总线和控制总线。也就是说,总线是一组数据总线、一组地址总线和一组控制总线的集合,本质上就是用于传输二进制电平信号的"电缆"。

图 1.5　早期的 IBM PC 的外观

　　应该说,随着半导体技术的不断发展,越来越多的外设都可以和处理器共存于一个芯片中,即朝着片上系统的方向发展。

　　(4) 如果进一步细分,将处理器与存储器系统的连线称为存储器总线。当然,一个庞大的存储器系统,有一部分是和处理器核共存在一个芯片中的,我们将其称之为片内存储器。例如,片内高速缓存(Cache)和片内小容量的 SRAM。此外,大容量的存储器一般使用独立的存储器芯片搭建,并不与处理器核共存在一个芯片内,我们将其称之为外部存储器。外部存储器分为易失性存储器和非易失性存储器两类。例如,同步动态存储器是易失性存储器,Flash 存储器(闪存)是非易失性存储器。在计算机结构中,根据存储器系统与处理器的远近关系,又进一步的划分为常见的三级存储器系统结构,这将在本书后续内容中进行详细介绍。

　　思考与练习 1-8:计算机系统中用于连接 CPU 内各个功能部件的总线称为_____,用于连接 CPU 和外部设备的总线称为_____。

　　思考与练习 1-9:随着片上系统技术的发展,很多外设/外设控制器可以和 CPU 一起集成在单个芯片,此时将外部总线进一步细化分为_____和_____。

　　思考与练习 1-10:总线是一组信号的集合,按功能将总线分为_____、_____和_____。

　　思考与练习 1-11:在计算机系统中,摄像头属于_____(输入/输出)设备,二维码扫码器属于_____(输入/输出)设备,显示器属于_____(输入/输出)设备。

　　思考与练习 1-12:处理器外部所使用的大容量存储器主要分为_____和_____。

1.4.2　龙芯 1B 处理器架构

　　现在,重新看图 1.4。从图中,可以很直观地看到该处理器内集成了大量的外设。准确来讲，应该将外设称为外设控制器，这是因为这些外设控制器需要连接到具体的外部设备，以控制这些外部设备的工作状态。计算机中所说的外设通常是指外设控制器。而对于具体的外设来说，它需要通过外设控制器才能与 CPU 打交道，这一点要特别注意。因为外设控制器与 CPU 核集成在一个芯片中，因此将这些外设控制器简称为片内外设。

1. Arm AMBA 简介

读者从图 1.4 给出的内部结构中可以看到 AXI 和 APB 这样的缩写，它们是 Arm 公司的高级微控制器总线结构（Advanced Microcontroller Bus Architecture，AMBA）规范的一部分。该规范定义了处理器（大脑）访问外设控制器和存储器系统的方式。

读者肯定要问，为什么采用 Arm 公司的 AMBA 作为 1B 处理器芯片内处理器核和外设，以及外部存储器系统的连接标准呢？这是因为在龙芯的 1B 处理器内会使用到别人已经设计好的模块，如外设控制器和存储器控制器，我们经常把这些模块称作知识产权（Intellectual Properity，IP）核，简称 IP 核。这些 IP 核通常由三大 EDA 工具厂商（包括 Synopsys、Cadence 和 Mentor 公司）来设计并提供（通常需要付费）。这里需要注意，不是随便拿一个设计好的电子模块就能称为 IP 核，它必须符合 IEEE 1685-2014 标准，该标准为 IEEE IP-XACT 标准，规定了工具流程中封装、集成和重用 IP 的标准结构。这些 EDA 工具厂商的 IP 核采用了 Arm 公司的 AMBA 规范。AMBA 中的高级外设总线（Advanced peripheral Bus，APB）规定了 CPU 核与存储器映射的低速外设之间通信的规范，AMBA 中的高级高性能总线（Advanced High-performance Bus，AHB）规定了 CPU 核与存储器映射的高速外设之间的通信规范。AMBA 中的高级可扩展接口（Advanced Extensible Interface，AXI）是一种基于开关架构的规范，用于处理器和外部设备（包括存储器系统）的更高级互联。

2. 芯片内的分层结构

龙芯 1B 芯片内部互联分层架构的构成如下所示。

（1）第一级互联通过 AXI XBAR 实现。在该互联结构中，CPU 核、显示控制器（Display Controller，DC）、DDR 控制器，以及 AXI-MUX 连接到 3×3 的 AXI XBAR 上。需要注意，在该级互联结构中，以开关的方式连接这些功能部件。与传统的使用共享总线连接多个功能设备不一样的是，当以开关的方式连接这些功能部件时，不会降低系统的吞吐量，并且开关连接在其两个端口上的功能部件可以进行直接互相访问。

简单来说，第一级互联结构用于连接"大脑"和"存储器"系统，以及与外设进行数据交互的唯一通道 AXI-MUX。也就是说，CPU 核与龙芯 1B 芯片内所有的片上外设进行数据交换的唯一通道就是 AXI-MUX。

（2）第二级互联结构的中心是中央 AXI-MUX。两个千兆以太网控制器 GMAC0 和 GMAC1、两个第二级 AXI-MUX（AXI-MUX-1 和 AXI-MUX-2）、APB 接口以及 USB 控制器连接到中央 AXI-MUX。在该结构中，提供了除 XBAR 性能外的最高吞吐量。

需要注意，通过 XBAR 的从设备端口，以及中央 AXI-MUX 的主设备端口将 XBAR 和中央 AXI-MUX 连接在一起。

> **注：** 在这个结构中，需要搞清楚 1B 芯片中设备的主从关系。在该芯片中，CPU 核和 DMA 是两个主设备，而其他单元都是从设备。

（3）第三级互联是通过与中央 AXI-MUX 连接的 AXI-MUX-1 和 AXI-MUX-2，以及 AXI-APB 接口为中心的互联。

① 通过 AXI-MUX-1，DMA 开关连接到中央 AXI-MUX。在 DMA 开关下，连接了 3 个 DMA 控制器，即 DMA0、DMA1 和 DMA2。通过 AXI-MUX 的主设备端口与 DMA 开关的从设备端口，将 AXI-MUX-1 和 DMA 开关连接在一起。

② 通过 AXI-MUX-2，CONF 模块和两个 SPI 控制器 SPI0 与 SPI1 连接到中央 AXI-MUX。通过中央 AXI-MUX 从设备端口和 AXI-MUX-2 的从设备端口，将中央 AXI-MUX 和 AXI-MUX-2 连接在一起。

③ APB 接口。通过中央 AXI-MUX 的主设备端口和 APB 的从设备端口，将 APB 连接到中央 AXI-MUX。

通过 APB 接口，将低速片上外设控制器（包括 6 个 UART、1 个 AC97 控制器、2 个 CAN 控制器、1 个 NAND Flash 控制器、1 个 RTC 控制器，以及 3 个 IIC 控制器）连接到处理器系统中。

思考与练习 1-13：从图 1.4 可知，龙芯 1B 处理器芯片的处理器核与各种外设的连接采用的是 Arm 公司的_____。

思考与练习 1-14：简要说明 Arm 公司的 AMBA 规范中 APB 实现的功能、AHB 实现的功能、AXI 实现的功能。

思考与练习 1-15：从图 1.4 可知，龙芯 1B 处理器芯片内部采用了_____级互联结构。与传统采用共享总线的方式相比，第一级互联结构采用开关结构的优势。

思考与练习 1-16：根据图 1.4 给出的内部结构，互联结构从上到下，吞吐量是逐渐_____（降低/升高）。

> **注**：本书中的所有内容就是围绕着这个互联结构展开的，包括 CPU 核的内部架构、指令集、存储器系统、总线规范，以及片上外设的原理。

1.4.3 龙芯 1B 处理器的时钟系统

龙芯 1B 芯片中集成了时钟模块，该模块用于为芯片内的各个功能单元提供 3 个时钟，即 CPU 时钟（CPU_clk）、DDR 时钟（DDR_clk）和显示控制器时钟（DC_clk）。该模块内部集成了一个可编程的相位锁相环（Phase Lock Loop，PLL）。当系统复位时，从外部引脚的状态获取其初始配置，产生高频时钟 PLL_clk，然后对该高频时钟进行分配，以产生 CPU_clk、DDR_clk 和 DC_clk。该时钟生成模块的结构如图 1.6 所示。

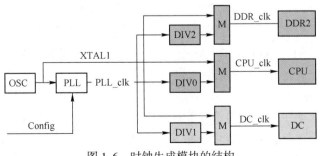

图 1.6 时钟生成模块的结构

当系统处于复位状态时，通过外部引脚状态选择 PLL 的配置，以生成不同的 PLL 输出时钟（PLL_clk）频率。外部引脚的配置与 PLL 输出频率之间的关系如表 1.2 所示。

表 1.2　外部引脚的配置置与 PLL 输出频率之间的关系

引　脚	描　　述	输出时钟频率（MHz）
NAND_D[5:0]	PLL 输出频率控制	PLL 输出频率 $f_{PLL\_clk} = (NAND[5:0]+12)\times 33/2$
NAND_D6	CPU 和 DDR 频率通道选择。系统复位启动过程中，CPU 和 DDR 频率相同	f_{CPU_clk} 和 f_{DDR2_clk} 当该位为 1 时，f_{CPU_clk} 和 f_{DDR2_clk} 为 33MHz； 当该位为 0 时，f_{CPU_clk} 和 f_{DDR2_clk} 为 $(NAND\_D[5:0]+12)\times 33/4$

系统启动后，可以通过寄存器 PLL_FREQ 配置 PLL 的频率，该寄存器的基地址为 0xBFE7 8030，PLL 输出时钟的频率（单位：MHz）最终由下式确定：

$$(12+PLL\_FREQ[5:0]+PLL\_FREQ[17:8]/1024)\times 33/2$$

此外，可以通过寄存器 PLL_DIV_PARAM 对 CPU_clk、DC_clk 和 DDR_clk 进行单独设置，该寄存器的基地址为 0xBFE7 8034，其格式如表 1.3 所示。

表 1.3　寄存器 PLL_DIV_PARAM 的格式

比特或位	31	30	29	28	27	26	25	24
读写属性	R/W	R/W	R/W				R/W	R/W
名字	DC_DIV 使能	DC_DIV 分频器复位	DC_DIV（PLL_clk/4/DC_DIV）				CPU_DIV 使能	CPU_DIV 分频器复位
比特或位	23	22	21	20	19	18	17	16
读写属性	R/W				R/W	R/W	R/W	
名字	CPU_DIV				DDR_DIV 使能	DDR_DIV 分频器复位	DDR_DIV [17:14]位	
比特或位	15	14	13	12	11	10	9	8
读写属性		R/W	R/W	R/W	R/W	R/W	R/W	R/W
名字	DDR_DIV [17:14]位		DC_BYPASS 使能	DC_BYPASS	DDR_BYPASS 使能	DDR_BYPASS	CPU_BYPASS 使能	CPU_BYPASS
比特或位	7	6	5	4	3	2	1	0
读写属性	—	R/W	R/W	R/W	R/W	R/W	R/W	R/W
名字	—		DC_RST 使能	DC_RST	DDR_RST 使能	DDR_RST	CPU_RST 使能	CPU_RST

（1）配置过程：对应时钟的 BYPASS 位置 1，让其切换到 33MHz 的外部输入，然后对应逻辑 RST，最后配置需要分频的倍数，以产生目标时钟。在配置过程中，使用去除毛刺的电路，确保系统能够稳定工作。

（2）恢复过程：将 BYPASS 位清零，让对应时钟恢复到分频的目标时钟。

前面一节提到，在龙芯处理器中集成了大量的外设控制器模块，如 SPI、IIC、PWM、CAN、WATCHDOG、UART，这些模块也需要时钟，这些时钟用于实现计数或确定分频系数，它们工作在相同的工作频率，其中时钟频率均为 DDR_clk 时钟频率的 1/2。

1.5　计算机系统评价指标和方法

本节将介绍评价计算机系统的指标和评价方法。

1.5.1　计算机系统评价的背景

通过哪些指标对计算机系统进行整体评价？这个问题说起来非常有意思。当读者购买计算机时，经常会说，希望处理器的速度快、存储器容量大、电池耐用，价格便宜。但很明显，这几个要求之间是互相矛盾的，如存储器容量大，则价格就会高；处理器速度快，功耗就会增加，电池的电量消耗就会变快。

上面给出的各种期望都是相互"孤立"的，没有从"系统"的角度考虑，如果要想让计算机整体处理速度快，只期望处理器的速度快是不够的，虽然这是影响系统整体处理速度最重要的因素，但是处理器访问存储器的速度也会对系统整体的处理速度产生影响。再比如功耗问题，处理器的工作频率是影响系统功耗的一个重要方面。当提高处理器的工作频率时，就会潜在增加系统的整体功耗。提高处理器访问存储器的速度也会增加系统的整体功耗。此外，选择高性能的处理器、大容量的存储器就会显著增加系统的成本。因此，从"系统"的角度来说，性能、功耗和成本之间是互相制约的。但是，从"孤立"的角度就不会看到它们之间所存在的千丝万缕的联系。既然系统中这些因素互相制约，那么就需要进行"权衡"，以使得这些互相制约的因素之间达到一个最佳平衡点，以满足应用需求。

在计算机系统中，性能、功耗和成本都是一些很抽象的描述。为了进一步对计算机系统进行定量分析，提出了一些更具体的指标来评价计算机系统的好坏。对于性能而言，常用的具体评价指标是响应时间、吞吐量和延迟等。

上面也提到处理器的速度是影响计算机系统性能的最重要因素，那又通过什么样的指标来评价处理器的性能呢？这又存在一个从"宏观"评价到"具体"评价的问题。对于处理器的性能评价，通常使用处理器的主频、执行每条指令所需的平均周期（Clock Cycle Per Instruction，CPI）、每秒执行的指令条数（Instruction Per Second，IPS）等。

1.5.2　计算机宏观评价指标

计算机的宏观评价指标如下所示。

（1）响应时间：响应时间是响应服务请求所需要的总时间。在计算机中，该服务可以是从简单的磁盘 I/O 到加载复杂网页的任何工作单元。响应时间是三个时间的总和，即

① 服务时间：完成要求的工作所需要的时间。

② 等待时间：请求在运行之前必须等待在它前面排队的请求的时间。

③ 传输时间：将请求移动到执行工作的计算机并将响应返回给请求者需要的时间。

从该定义可知，当响应时间越短，计算机在规定的时间内可以处理的事务就会越多。给人的直观感觉就是计算机系统的处理速度快。当然，响应时间越短，可处理的事务越多，也会潜在地增加计算机系统的吞吐量。

（2）吞吐量：在计算机系统内，吞吐量是指在单位时间内完成事务/任务的数量。绝大

情况下，缩短计算机的响应时间，就会增加系统吞吐量。但进一步分析发现，吞吐量和响应时间之间是相互制约的。吞吐量的增加，就意味着需要缩短相应的响应时间。对于一台计算机来说，服务时间和传输基本保持不变，缩短响应时间就意味着压缩等待时间，而吞吐量的增加，意味着等待队列中等待服务的任务变多，这样会潜在增加后续每个任务的等待时间，因此这两方面的需求是矛盾的。

（3）功耗：功耗在计算机系统评价中是个不可回避的指标。现在计算机系统中的主要功能部件（如处理器、存储器等）主要采用的是半导体集成电路，而这些集成电路都需要供电。当给计算机系统上电并工作一段时间后，这些由半导体集成电路构成的功能部件都会"发热"。例如，在使用高性能处理器的计算机系统中，需要在处理器外面加上散热片来帮助处理散热。这是因为，发热就意味着半导体集成电路的工作温度升高，这将影响半导体的工作性能和寿命。

对于半导体集成电路来说，其功耗由静态功耗和动态功耗两部分组成。

（1）静态功耗是指半导体没有发生状态翻转（没有从"0"跳变到"1"，没有从"1"跳变到"0"）时所消耗的能量，这个指标与半导体的工艺有关。采用先进的半导体工艺，减少漏电流，就可以显著减少集成电路芯片的静态功耗。

（2）动态功耗由下面的公式表示：

$$P = \frac{1}{2} \times C_{\text{load}} \times V^2 \times f_{\text{switch}}$$

式中：①开关频率（f_{switch}）是晶体管状态（状态"1"跳变到状态"0"或者状态"0"跳变到状态"1"）切换的频率，它与驱动晶体管的时钟频率也有关；②负载电容（C_{load}）是连接到输出上的晶体管数量（称为扇出）和工艺的函数，该函数决定了导线和晶体管的电容。

显然，当晶体管切换速度增加的时候，动态功耗就会增加，切换速度的增加也就意味着处理器工作速度的提高。因此，两者互相制约，需要在工作速度和功耗之间找到一个最优平衡点。

此外，采用先进的半导体工艺，使得集成电路的供电电压降低，这样虽然处理器的工作速度提高很多，但是由于供电电压的降低可以部分抵消处理器工作速度提高所带来的对计算机系统动态功耗的影响。

思考与练习1-17：下面两种改进计算机系统的方式能否增加器吞吐率或减少其响应时间，或既增加其吞吐量又减少其响应时间？

（1）将计算机中的处理器更换为更高速的型号。

（2）增加多个处理器来分别处理独立的任务，如搜索网页。

思考与练习1-18：假设出现了一种新的处理器，其负载电容只有旧处理器的85%。再假设其电压可以调节，与旧处理器相比电压降低了15%，进而导致频率也降低了15%，比较新处理器和旧处理器的功耗，用两个处理器功耗的比值表示。

1.5.3　处理器的评价指标

一个程序的 CPU 执行时间 ＝一个程序使用的 CPU 周期数×CPU 的时钟周期
　　　　　　　　　　　　＝一个程序使用的 CPU 周期数/CPU 的时钟频率

从这个式子可知，减少程序的 CPU 周期数或者提高 CPU 的时钟频率，都能够减少一个程序的 CPU 执行时间。

例如，使用一个 2GHz 的处理器来运行一个程序需要 10 秒。现在想将运行程序所需要的时间压缩到 6 秒，设计者想单纯地提高处理器时钟频率来实现这个目的，但是提高频率可能会使得运行该程序所需要的 CPU 时钟周期数变成原来的 1.2 倍。

根据上面的公式和给出的条件，知道程序运行的时间和处理器的主频，则可以计算出执行该程序所需要的 CPU 时钟数为

$$一个程序使用的 CPU 周期数 = 一个程序的 CPU 执行时间 \times CPU 的时钟频率$$
$$= 10 \times 2 \times 10^9 = 20 \times 10^9$$

当运行时间需要压缩到 6 秒时，根据公式：

$$CPU 的时钟频率 = 一个程序使用的 CPU 周期数 / 一个程序的 CPU 执行时间$$
$$= 20 \times 10^9 \times 1.2/6 = 4 \times 10^9 = 4GHz$$

在给定上面的条件约束下，要想实现将程序运行时间压缩到 6 秒，则需要将处理器的时钟频率提高到 4GHz。

1) CPI 指标

此外，运行一个程序所需要的 CPU 时钟周期数还可以用下面的方法计算：

需要的 CPU 时钟周期数 = 程序的指令数 × 每条指令所需的平均执行周期

其中，每条指令所需的平均时钟周期为 CPI（Clock Cycle Per Instruction）。

假设程序中使用到三类指令，用 A、B 和 C 类表示，每类指令的 CPI 分别为 1、2 和 3。

（1）一个程序中，使用的 A 类指令为 2 条，使用的 B 类指令为 1 条，使用的 C 类指令为 2 条，则执行该程序所需要的 CPU 周期数为

$$(2 \times 1) + (1 \times 2) + (2 \times 3) = 2 + 2 + 6 = 10$$

（2）另一个程序中，使用的 A 类指令为 4 条，使用的 B 类指令为 1 条，使用的 C 类指令为 1 条，则执行该程序所需要的 CPU 周期数为

$$(4 \times 1) + (1 \times 2) + (1 \times 3) = 4 + 2 + 3 = 9$$

很明显，在第二种情况下执行程序所需要的 CPU 周期数更少，虽然第一种情况的指令数才有 5 条，第二种情况的指令数为 6 条。

因此，对于第一种情况下的 CPI = 10/5 = 2，对于第二种情况下的 CPI = 9/6 = 1.5。

2) MIPS 指标

这里的 MIPS 是 Million Instruction Per Second 的缩写，表示每秒百万条指令。表面上，这个指标越高越好，因为表示计算机处理数据的能力更强。但实际上并非如此，这是因为存在下面的问题：

（1）没有办法比较不同指令集的计算机，因为指令数是不同的。

（2）在同一计算机上，不同的程序也会有不同的 MIPS，因而一台计算机不会只有一个 MIPS 值。

> **注**：这里提示各位读者，在评价计算机系统性能时，不要绝对化，而是要具体问题具体分析，这样才能得到更加客观的评价结论。

思考与练习 1-19：某程序在两台计算机上的性能测试结果如表 1.4 所示。

表 1.4　某程序在两台计算机上的性能测试结果

测 试 内 容	计算机 A	计算机 B
指令数	100 亿次	80 亿次
时钟频率	4GHz	4GHz
CPI	1.0	1.1

（a）哪台计算机的 MIPS 值更高？

（b）哪台计算机更快？

第 2 章 数值的表示和运算

计算机本质上是基于晶体管电路的开关系统，所有的数据类型都可以使用基于开关系统的二进制数表示，同样所有数据类型的数学运算也可以通过二进制数的运算来实现。

本章将通过介绍不同进制数的表示方法，以及运算规则来说明它们之间的联系，主要内容包括数的十进制表示方法、整数的二进制表示方法、小数的二进制表示方法、十六进制数的表示方法和八进制数的表示方法。

2.1 数的十进制表示方法

十进制数是我们非常熟悉的数值表示方法。在十进制体系下，使用 0~9 之间的任何一个数字进行任意组合就能产生不同的十进制数。当看到一个十进制数时，这里面隐含着哪些更多的信息呢，我们通过下面的例子说明。

2.1.1 十进制整数的表示方法

给定一个十进制整数 4897，用等式表示为

$$4897 = 4 \times 10^3 + 8 \times 10^2 + 9 \times 10^1 + 7 \times 10^0$$

我们将 4897 读作四千八百九十七。将十进制数 4897（读作四千八百九十七）用表 2.1 表示。

表 2.1　按位索引的十进制整数 4897 的含义

按位索引号	3	2	1	0
对应的权值	10^3（=1000）	10^2（=100）	10^1（=10）	10^0（=1）
对应的数字	4	8	9	7
对应的数值	4000	800	90	7

从表 2.1 中可以看出：

（1）对于任何一个十进制整数而言，按从左到右的顺序将按位索引号降序排列（最低索引号为 0），每个十进制数字所对应的权值表示为 10^i，i 为按位索引号。很明显，由于是十进制记数法，因此权值的基底为 10，即所对应的进制。

（2）对于任何一个十进制整数而言，其本质就是十进制数字和所对应权值的组合，或者就是对给定一个十进制数字序列的加权（权值大小与按位索引号有关）与求和。例如，上面给定一个十进制数字序列 4897，通过对该十进制数字序列进行加权求和就得到十进制整数 4897（读作四千八百九十七）。

对于一个十进制的负整数 −864 来说，可以理解为：

（1）符号幅度表示，就是符号和负整数所对应正整数幅度 864 的组合；

（2）取反，类似零减去正整数 864 得到的结果。

2.1.2　十进制纯小数的表示方法

对于一个十进制的纯小数（整数部分为零）0.2389 而言，用等式表示为

$$0.2389 = 2\times10^{-1}+3\times10^{-2}+8\times10^{-3}+9\times10^{-4}$$

我们将 0.2389 读作零点二三八九。将十进制纯小数 0.2389 用表 2.2 表示。

表 2.2　按位索引的十进制纯小数 0.2389 的含义

按位索引号	1	2	3	4
对应的权值	10^{-1}（ = 0.1）	10^{-2}（ = 0.01）	10^{-3}（ = 0.001）	10^{-4}（ = 0.0001）
对应的数字	2	3	8	9
对应的数值	0.2	0.03	0.008	0.0009

> **注**：表中索引号排序的变化，对于十进制整数来说，索引号从左到右按降序排列，最右一侧的按位索引号为 0；对于十进制小数来说，索引号从左到右按升序排列，最左侧的索引号为 1。

从表 2.2 中可以看出：

（1）对于任何一个十进制小数而言，其按从左到右的顺序将按位索引号升序排列（最低的按位索引号为 1），每个十进制数字所对应的权值表示为 10^{-i}，i 为按位索引号。很明显，由于是十进制记数法，因此权值的基底为 10，即所对应的进制。

（2）对于任何一个十进制纯小数而言，其本质就是十进制数字和所对应权值的组合，或者就是对给定一个十进制数字序列的加权（权值大小与按位索引号有关）与求和。例如，上面给定一个十进制数字序列 0.2389，通过对该十进制数字序列进行加权求和就得到十进制纯小数 0.2309（读作零点二三八九）。

对于一个十进制的负的纯小数 –0.864 来说，可以理解为

（1）符号幅度表示，就是符号和负的纯小数所对应正纯小数幅度 0.864 的组合；

（2）取反，类似零减去正的纯小数 0.864 得到的结果。

这样，有点类似在二进制中表示负数的方法，即符号幅度表示与补码表示。

2.1.3　十进制小数的表示方法

十进制小数包含整数部分和纯小数部分，是二者的组合。对于一个十进制小数 245.678 来说，用等式表示为

$$245.678 = 2\times10^{2}+4\times10^{1}+5\times10^{0}+6\times10^{-1}+7\times10^{-2}+8\times10^{-3}$$

我们将该十进制小数读作二百四十五点六七八。将十进制小数 245.678 用表 2.3 表示。

表 2.3　按位索引的十进制小数 245.678 的含义

整数/小数部分	整数部分			小数部分		
按位索引号	2	1	0	1	2	3

续表

整数/小数部分	整数部分			小数部分		
对应的权值	10^2 （=100）	10^1 （=10）	10^0 （=1）	10^{-1} （=0.1）	10^{-2} （=0.01）	10^{-3} （=0.001）
对应的数字	2	4	5	6	7	8
对应的数值	200	40	5	0.6	0.07	0.008

很明显，在十进制小数中，小数点的位置决定了十进制小数中的整数部分和小数部分，小数点的左侧是整数部分，按位索引号从小数点的位置开始向左按升序排列；小数点的右侧是小数部分，按位索引号从小数点的位置开始向右按升序排列。小数点的左侧部分，其权值为整数；小数点的右侧部分，其权值为小数。

读者对于十进制数的加减乘除运算非常熟悉，在此就不进行进一步的说明了。但是十进制数的运算规则必须满足"逢 10 进 1"的规则。

思考与练习 2-1：用表格解释十进制整数 19687 的含义。

思考与练习 2-2：用表格解释十进制纯小数 0.7153 的含义。

思考与练习 2-3：用表格解释十进制小数 568.342 的含义。

2.2　整数的二进制表示方法

根据本书前面所介绍的内容可知，数字电子计算机使用的是基于二进制的开关系统，也就是说，在数字电子计算机中只存在两种状态。从逻辑电平的角度来说，将这两种状态表示为"逻辑高电平"和"逻辑低电平"。从晶体管的角度来说，晶体管有"导通"和"截止"两种状态。从逻辑代数的角度来说，将这两种状态定义为"1"和"0"。

从数字电路所学习的课程知识可知，通过晶体管可以构造出逻辑"非"电路、逻辑"与"电路、逻辑"或"电路、逻辑"异或"电路。这些逻辑门电路是构成数字电子计算机的基本单元。通过逻辑门电路，可以构成加法器、减法器、乘法器和除法器，以实现在数字电子计算机上的复杂算术运算。

首要的前提就是解决在计算机上使用二进制数来表示一个整数的问题。在 2.1 节中提到整数分为正整数、零和负整数。很明显的一个问题，就是在使用二进制数来表示一个整数的时候，必须要考虑字长的问题，也就是用多少位二进制数来表示一个整数，这是因为字长会影响所表示的整数的范围。在数字电子计算机中，常用于表示整数的字长有 8 位、16 位、32 位、64 位或 128 位。

2.2.1　使用二进制数表示正整数

我们先使用前面类似十进制数表示正整数的思路来得到使用二进制数表示正整数的方法。比如对于一个字长为 8 位的二进制序列 10101110，用下面的等式表示为

$$1×2^7+0×2^6+1×2^5+0×2^4+1×2^3+1×2^2+1×2^1+0×2^0=174$$

该二进制序列的含义可用表 2.4 表示。

表 2.4　二进制序列 10101100 的含义

按位索引号	7	6	5	4	3	2	1	0
对应的权值	2^7 (128)	2^6 (64)	2^5 (32)	2^4 (16)	2^3 (8)	2^2 (4)	2^1 (2)	2^0 (1)
对应的二进制数	1	0	1	0	1	1	1	0
对应的数值	128	0	32	0	8	4	2	1

与使用十进制表示正整数不同的是，二进制权值的基底为 2，而不是 10。但是，与使用十进制数字序列表示正整数类似，使用二进制表示正整数就是二进制数字与对应的权值加权与求和。所以只要给定一个二进制序列，就可以得到该二进制序列所对应的正整数值。

在该例子中，二进制序列使用了 8 位字长，那么 8 位的二进制序列字长可以表示的正整数（包含零）的范围是多少呢？如表 2.5 所示。显然，对于 8 位字长的二进制序列，可以表示的正整数（包括零）的范围为 0~255。

表 2.5　8 位字长的二进制序列所对应的正整数（包括零）的范围

8 位字长的二进制系列（升序排列）	所对应的正整数（包括零）
00000000	0
00000001	1
00000010	2
00000011	3
00000100	4
…	…
11111101	253
11111110	254
11111111	255

进一步地，对于 n 位字长的二进制序列来说，其表示的正整数（包括 0）的范围为 0~ (2^n-1)。例如，对于 16 位字长的二进制序列来说，其表示的正整数（包括 0）的范围为 0~65535。

在前面的例子中，使用二进制序列得到了所对应的正整数。那么现在的问题是，如果给定了一个十进制正整数，那么又该如何将其转换成所对应的二进制序列呢？

传统上使用长除法，但这种方法使用起来比较复杂，运算量大。在本书中使用比较法将正整数转换为所对应的二进制序列。与传统的长除法相比，使用比较法将显著减少运算量，并且读者很容易掌握这种方法。对于一个正整数 231 来说，其转换为 8 位字长的二进制序列的过程如表 2.6 所示。

表 2.6　将 8 位字长的正整数 231 转换为对应的二进制序列

按位索引号	7	6	5	4	3	2	1	0
所对应的权值	2^7 (128)	2^6 (64)	2^5 (32)	2^4 (16)	2^3 (8)	2^2 (4)	2^1 (2)	2^0 (1)
余数	103 (231−128)	39 (103−64)	7 (39−32)	7	7	3 (7−4)	1 (3−2)	0 (1−1)
对应的二进制数	1	1	1	0	0	1	1	1

可将表 3.6 中的转换过程描述如下。

（1）将正整数 231 与最大权值 2^7（$=128$）进行比较，因为 $231>128$，因此得到新的余数为 $231-128=103$，所对应的二进制数为 1。

（2）将得到的余数 103 与第二个权值 2^6（$=64$）进行比较，因为 $103>64$，因此得到新的余数为 $103-64=39$，所对应的二进制数为 1。

（3）将得到的余数 39 与第三个权值 2^5（$=32$）进行比较，因为 $39>32$，因此得到新的余数为 $39-32=7$，所对应的二进制数为 1。

（4）将得到的余数 7 与第四个权值 2^4（$=16$）进行比较，因为 $7<16$，因此保留上次得到的余数 7，所对应的二进制数为 0。

（5）将得到的余数 7 与第五个权值 2^3（$=8$）进行比较，因为 $7<8$，因此继续保留前面得到的余数 7，所对应的二进制数为 0。

（6）将得到的余数 7 与第六个权值 2^2（$=4$）进行比较，因为 $7>4$，因此得到新的余数为 $7-4=3$，所对应的二进制数为 1。

（7）将得到的余数 3 与第七个权值 2^1（$=2$）进行比较，因为 $3>2$，因此得到新的余数为 $3-2=1$，所对应的二进制数为 1。

（8）将得到的余数 1 与第八个权值 2^0（$=1$）进行比较，因为 $1=1$，因此得到新的余数为 $1-1=0$，所对应的二进制数为 1。

将所对应的二进制数从左到右进行排列，就得到二进制序列 "11100111"。

前面介绍的是二进制数与正整数（包括 0）对应的转换方法，实际上整数不但包含正整数，也应该包含零和负整数。下面将详细介绍使用二进制数表示负整数的方法。

思考与练习 2-4：当使用 32 位二进制数来表示十进制正整数（包括 0）时，可以表示的数的范围是＿＿＿＿＿＿＿＿＿＿＿＿。因此，使用的二进制位数越多，可表示的正整数的范围就越＿＿＿＿（大/小）。

思考与练习 2-5：对于十进制正整数 214，通过比较法将其转换为对应的二进制数（该二进制数的位宽为 8 位），并且给出详细的转换过程。

思考与练习 2-6：对于十进制正整数 62341，通过比较法将其转换为对应的二进制数（该二进制数的位宽为 16 位），并且给出详细的转换过程。

2.2.2 使用二进制数表示负整数

一组二进制序列如何能够表示正整数、零和负整数呢？人们想了一个非常聪明的方法来解决它，即将给定二进制序列的最高有效位（Most Significant bit，MSB）作为符号位。例如，对于一个 8 位字长的二进制序列，第 7 位为符号位（最低位的索引号为 0）；对于一个 16 位字长的二进制序列，第 15 位为符号位（最低位的索引号为 0）；对于一个 32 位字长的二进制序列，第 31 位为符号位（最低位的索引号为 0）。

当符号位为 0 时，规定为正整数；当符号位为 1 时，规定为负整数。例如：对于正整数 35 来说，用 8 位字长二进制序列表示为 "00100011"；对于负整数 -35 来说，用 8 位字长二进制序列表示为 "10100011"，如表 2.7 所示。

表 2.7　有符号数的二进制表示（−35）

含义	符号位	幅度（等于有符号整数所对应正整数的二进制序列）						
位索引号	7	6	5	4	3	2	1	0
+35	0	0	1	0	0	0	1	1
−35	1	0	1	0	0	0	1	1

　　从表 2.7 中可知，这种用来表示有符号整数的方法称为幅度−符号表示法，也就是传统教科书上所介绍的二进制的"原码"。与传统教科书使用"原码"这一术语相比，使用幅度−符号表示法更能说明其真实的物理含义。

　　幅度−符号法是否能够作为有符号整数的表示方法呢？其实问题没有这么简单。这是因为幅度−符号法在表示有符号数方面有很大的局限性。比如，对于+0 和−0 这两个整数，虽然它们的值（幅度）都为零，但是使用幅度−符号法表示零的时候却出现完全不同的结果，即+0 表示为"00000000"、−0 表示为"10000000"。

　　进一步地，从图 2.1（a）可知，将 8 位字长的二进制数从 00000000 开始，以顺时针方向递增，并均匀排列在圆上，即得到从"00000000"到"11111111"的排列形式。根据幅度−符号表示法，二进制序列"00000000"表示为+0，二进制序列"10000000"表示为−0，二进制序列"01111111"表示为+127，二进制序列"11111111"表示为−127。

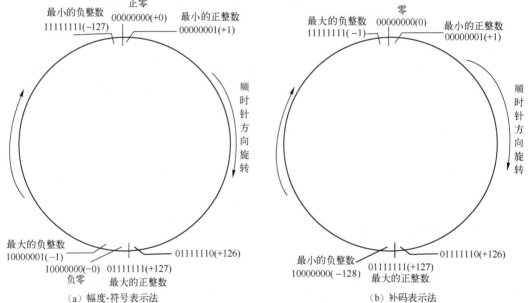

图 2.1　有符号整数的不同表示方法

　　这样，在二进制序列+0 的左侧是最小的负整数−127，而在二进制序列+0 的右侧是最小的正整数+1。很明显，在正零的两侧出现了不连续区域（突变），即从−127 跳变到 0，然后再变化到+1。这与在 X 轴上表示正整数、零和负整数的方法出现了冲突，我们知道在 X 轴上正常应该是−1、0 和+1 的变化。

　　所以，采用幅度−符号或"原码"表示有符号整数是有问题的。那应该如何解决这个问题呢？根据数字逻辑电路上所介绍的使用全加器执行减法运算的规则可知，如果将减数所对应的二进制数先全部按位取反然后再加一，就可以将减法运算转化为加法运算，此时就可以使用加法器实现减法运算。这种变换方法在计算机里称为二进制序列的"补码"运算。那如何使用二进制序列的补码形式来表示有符号数呢？下面通过几个例子来说明得到负整数所对应二进制补码的方法。

> **注：**对于有符号数中的正整数来说，其补码与原码（幅度-符号表示法）完全相同。

1）求取-1 的二进制补码形式（8 位字长）

首先得到-1 所对应的+1 的二进制原码（无符号正整数不考虑符号位）表示，即"00000001"；然后将该原码序列全部按位取反，"0"变成"1"，"1"变成"0"，得到所对应的反码为"11111110"；最后将所得到的反码结果加 1，即得到"11111111"，因此-1 的二进制补码序列为"11111111"。

2）求取-0 的二进制补码形式（8 位字长）

首先得到-0 所对应的+0 的二进制原码（无符号正整数不考虑符号位）表示，即"00000000"；然后将该原码序列全部按位取反，"0"变成"1"，"1"变成"0"，得到所对应的反码为"11111111"；最后将所得到的反码结果加 1，即得到"100000000"，由于是 8 位字长，舍弃第 9 位的"1"，最终得到-0 的二进制补码序列为"00000000"。

也就是说，+0 的二进制补码序列和-0 的二进制补码序列完全相同，这样就解决了在使用幅度-符号表示法时出现对 0 的二义性的描述问题。

3）求取-128 的二进制补码形式（8 位字长）

首先得到-128 所对应的+128 的二进制原码（无符号正整数不考虑符号位）表示，即"1000000"；然后将该原码序列全部按位取反，"0"变成"1"，"1"变成"0"，得到所对应的反码为"01111111"；最后将所得到的反码结果加 1，即得到"10000000"，最终得到-128 的二进制补码序列为"10000000"。

规则总结：得到负整数所对应正整数原码（不考虑符号位）表示，然后将所得到的原码全部按位取反得到对应的反码，最后在反码上加 1，这样就得到了负整数所对应的二进制补码表示形式。

是不是使用二进制补码形式就解决了幅度-符号表示法的缺陷呢？再观察图 2.1（b），二进制数的排列规则和图 2.1（a）完全相同，只是二进制序列所对应的有符号整数的含义发生了变化。首先，从图中可知，整数中的零只有一个对应的二进制序列"00000000"。其次，在零值左侧，二进制补码序列"11111111"所对应的是-1；在零值右侧，二进制补码序列"00000001"所对应的是+1，因此从-1 到 0 再到 1 的变化是连续的，而不是突变的。最大正整数+127 左侧的二进制补码序列"10000000"，所对应的是-128。这与传统上在 X 轴上表示从-128 到+127 是完全相同的。因此，使用二进制补码的形式来表示有符号的整数（包括正整数、零和负整数）。

从图 2.1（b）中可知，对于 8 位字长的二进制序列来说，其可表示的整数范围为-128~+127，用公式表示为 $-2^{8-1} \sim 2^{8-1}-1$。

推而广之，对于 n 位字长的二进制序列，其可以表示的整数范围为 $-2^{n-1} \sim 2^{n-1}-1$。比如，对于 16 位字长的二进制序列，其可以表示的整数范围是 $-2^{15} \sim 2^{15}-1$，即-32768~

+32767；对于 32 位字长的二进制序列，其可以表示的整数范围是 − 2147483648 ~ +2147483647。

前面给出的是通过对原码取反加 1 得到补码的方法，下面介绍通过比较法得到二进制补码的方法。以十进制有符号负整数–97 转换为所对应的 8 位二进制补码序列为例，如表 2.8 所示。

表 2.8　十进制有符号负整数–97 的二进制补码比较法实现过程

转换的数	−97	31	31	31	15	7	3	1
权值	-2^7（−128）	2^6（64）	2^5（32）	2^4（16）	2^3（8）	2^2（4）	2^1（2）	2^0（1）
二进制数	1	0	0	1	1	1	1	1
余数	31	31	31	15	7	3	1	0

（1）得到需要转换负数的最小权值，该权值为负数，以-2^i表示（i 为所对应符号位的位置），使其满足：

$$-2^i \leqslant 需要转换的负数$$

并且，-2^i 与所要转换的负整数有最小的距离，保证绝对差值最小。

（2）取比该权值绝对值 2^i 小的权值，以从 2^{i-1} 到 2^0 的顺序表示。比较过程描述如下。

① 需要转换的负数加上 2^i，得到了正整数，该正整数作为下一次比较的基准。

② 后面的比较过程与前面介绍的正整数比较方法一致。

根据表 2.8 给出的比较过程，得到负整数–97 所对应的二进制补码序列为"10011111"。

思考与练习 2-7：计算下面负整数所对应的补码，并给出详细的计算过程。

（1）−127 的补码是_____（使用 8 位二进制数表示）。

（2）−32767 的补码是_____（使用 16 位二进制数表示）。

（3）−2 的补码是_____（使用 16 位二进制数表示）。

思考与练习 2-8：对于一个 8 位的二进制序列"10100101"，当该序列表示无符号数时，所对应的十进制正整数为_____；当该序列表示有符号数时，所对应的十进制整数为_____。

这里需要强调，当使用补码表示整数（包括负整数、零和正整数）时，正整数的二进制原码和补码完全相同，只是负整数需要使用二进制补码表示而已。

2.2.3　二进制整数的加法运算规则

二进制整数的加法，满足"逢二进一"的规则。首先，考虑一位二进制数相加的情况，即 0+0＝0、1+0＝1、0+1＝1、1+1＝10。很明显，由于 1+1＝2，按照二进制加法运算规则需要逢二进一，因此就变成 10。

【例 2-1】两个无符号整数 98 和 109 相加，假设 8 位字长。

（1）得到无符号整数 98 所对应的二进制数序列为"01100010"。

（2）得到无符号整数 109 所对应的二进制数序列为"01101101"。

（3）使用二进制数加法规则，执行两个二进制数序列的相加操作：

```
    0 1 1 0 0 0 1 0
+   0 1 1 0 1 1 0 1
  ─────────────────
    1 1 0 0 1 1 1 1
```

（4）相加的结果为二进制数序列"11001111"，其对应的无符号整数为 207，与两个无符号整数 98 和 109 的十进制数加法得到的结果一致。

【例 2-2】两个无符号整数 123 和 140 相加，假设 8 位字长。

（1）得到无符号整数 123 所对应的二进制数序列为"01111011"。

（2）得到无符号整数 140 所对应的二进制数序列为"10001100"。

（3）使用二进制数加法规则，执行两个二进制数序列的相加操作：

$$
\begin{array}{r}
0\ 1\ 1\ 1\ 1\ 0\ 1\ 1 \\
+\quad 1\ 0\ 0\ 0\ 1\ 1\ 0\ 0 \\
\hline
1\ 0\ 0\ 0\ 0\ 0\ 1\ 1\ 1
\end{array}
$$

（4）相加的结果为二进制数序列"100000111"，其对应的无符号整数为 263，与两个无符号整数 123 和 140 的十进制数加法得到的结果一致。

> **注**：当计算机的字长为 8 位时，将第 9 位称为进位标志。通常，将进位标志保存在一个特殊的寄存器中，用于指示在相加的过程中向最高位产生了进位。

【例 2-3】两个有符号数+98 和+109 相加，假设 8 位字长。

该例子前三步和【例 2-1】完全相同，得到相加后的二进制序列为"11001111"，由于是有符号数相加，因此将该序列理解为二进制补码，其对应的整数为-49。很明显，相加的两个数为正整数，而相加的结果却成为负整数。这在计算机中称为溢出，这是由于数的表示范围的限制所导致的。在计算机中，通常也将该标志保存到一个特殊的寄存器中。在计算机中，溢出是一个比较严重的错误，需要进行相应的处理。

> **注**：两个正整数相加，或者两个负整数相加，都可能产生"溢出"。当产生溢出时，两个正整数相加的结果为负整数，两个负整数相加的结果为正整数。

【例 2-4】两个有符号数-35 和-87 相加，假设 8 位字长。

（1）得到有符号整数-35 所对应的二进制补码形式的序列为"11011101"。

（2）得到有符号整数-87 所对应的二进制补码形式的序列为"10101001"。

（3）使用二进制数加法规则，执行两个二进制数序列的相加操作：

$$
\begin{array}{r}
1\ 1\ 0\ 1\ 1\ 1\ 0\ 1 \\
+\quad 1\ 0\ 1\ 0\ 1\ 0\ 0\ 1 \\
\hline
1\ 1\ 0\ 0\ 0\ 0\ 1\ 1\ 0
\end{array}
$$

（4）相加结果的二进制数序列为"110000110"，第 9 位为进位标志（值为 1），由于字长为 8 位，因此只考虑 8 位二进制序列"10000110"，该二进制序列理解为有符号数的补码形式，其对应的整数为-122，与两个负整数的十进制加法的结果完全相同。

这里需要强调，无符号整数实际上对应于整数中的正整数，也就是不考虑符号位；有符号数对应于整数（包括负整数，零和正整数），需要考虑符号位。

思考与练习 2-9：对于两个 8 位二进制数序列"10000001"和"00101111"来说：

（1）当计算机将这两个二进制序列理解为无符号数时，等效的十进制正整数分别表示为_____和_____；将这两个二进制数相加时，得到的运算结果使用二进制数表示为_____，等效的十进制正整数表示为_____（给出具体的相加过程，以验证加法过程的正确性）。

（2）当计算机将这两个二进制数序列理解为有符号数时，等效的十进制整数分别表示为_____和_____；将这两个二进制数相加时，得到的运算结果使用二进制数表示为_____，等效的十进制整数表示为_____（给出具体的相加过程，以验证加法过程的正确性）。

（3）当这两个8位二进制序列作为无符号数扩展为16位等效的二进制序列时，结果分别表示为_____和_____。当这两个8位二进制序列作为有符号数扩展为16位等效的二进制序列时，结果分别表示为_____和_____。

2.2.4　二进制整数的减法运算规则

二进制数的减法运算和十进制数的减法运算类似，当当前位不够进行减法运算时，需要向前一位借位。对于一位的二进制减法运算来说，$1-1=0$，$1-0=1$，$0-0=0$，$0-1=11$（前一位1表示向前借位）。

【例2-5】两个整数105和49相减，假设8位字长。

该例子可使用两种方法进行处理。

1）方法一

（1）得到整数105对应的二进制数序列为"01101001"（补码同原码）。

（2）得到整数49对应的二进制数序列为"00110001"（补码同原码）。

（3）使用二进制数的减法规则，执行两个二进制序列的相减操作。

$$
\begin{array}{r}
0\,1\,1\,0\,1\,0\,0\,1 \\
-\ 0\,0\,1\,1\,0\,0\,0\,1 \\
\hline
0\,0\,1\,1\,1\,0\,0\,0
\end{array}
$$

（4）相减结果的二进制数序列为"00111000"，其对应的整数为56（补码同原码），与两个整数105和49执行十进制减法运算所得到的结果完全相同。

2）方法二

将二进制数的减法运算转换为二进制数的加法运算，对于两个整数105和49的减法运算，可以将其转换为105+(-49)的加法运算。

（1）得到整数105对应的以补码形式表示的二进制数序列为"01101001"（补码同原码）。

（2）得到整数-49对应的以补码形式表示的二进制数序列为"11001111"。

（3）使用二进制数的加法规则，执行两个二进制数序列的相加操作：

$$
\begin{array}{r}
0\,1\,1\,0\,1\,0\,0\,1 \\
+\ 1\,1\,0\,0\,1\,1\,1\,1 \\
\hline
1\,0\,0\,1\,1\,1\,0\,0\,0
\end{array}
$$

（4）相加结果的二进制序列为"100111000"，由于字长为8位，所以只考虑8位二进制序列"00111000"，计算机将该二进制序列理解为补码形式（补码同原码），得到对应的整数为56，与方法一得到的运算结果完全相同。

这样，就提示我们在执行二进制整数的减法运算时，可以将减法运算转换为加法运算。因此，就可以通过数字电子计算机中的算术逻辑单元来进行加法运算。

【例 2-6】 两个整数 -75 和 +41 相减，假设 8 位字长。

为了验证前面结论的正确性，在该例子中仍然使用两种方法。

1）方法一

（1）得到整数 -75 对应的以补码形式表示的二进制数序列为"10110101"。

（2）得到整数 +41 对应的以补码形式表示的二进制数序列为"00101001"（补码同原码）。

（3）使用二进制数的减法规则，执行两个二进制序列的相减操作：

$$
\begin{array}{r}
1\,0\,1\,1\,0\,1\,0\,1 \\
-\ 0\,0\,1\,0\,1\,0\,0\,1 \\
\hline
1\,0\,0\,0\,1\,1\,0\,0
\end{array}
$$

（4）相减结果的二进制数序列为"10001100"，将该二进制序列理解为二进制补码形式，对应的整数为 -116，与两个整数 -75 和 +41 执行十进制减法运算所得到的结果完全相同。

2）方法二

将二进制数的减法运算转换为二进制数的加法运算，对于两个整数 -75 和 +41 的减法运算，可以将其转换为 (-75)+(-41) 的加法运算。

（1）得到整数 -75 对应的以补码形式表示的二进制数序列为"10110101"。

（2）得到整数 -41 对应的以补码形式表示的二进制数序列为"11010111"。

（3）使用二进制数的加法规则，执行两个二进制序列的相加操作：

$$
\begin{array}{r}
1\,0\,1\,1\,0\,1\,0\,1 \\
+\ 1\,1\,0\,1\,0\,1\,1\,1 \\
\hline
1\,1\,0\,0\,0\,1\,1\,0\,0
\end{array}
$$

（4）相加结果的二进制序列为"110001100"，由于字长为 8 位，所以只考虑 8 位二进制序列"10001100"，计算机将该二进制序列理解为补码形式，得到对应的整数为 -116，与方法一计算的结果完全相同。

该例子进一步证明了在数字电子计算机中将减法运算转换为加法运算的正确性。

思考与练习 2-10： 对于两个整数 150 和 200 相减来说，使用：

（1）当使用传统的二进制减法时，得到的二进制计算结果为＿＿＿＿＿＿（给出详细的过程）。

（2）将减法运算转换为加法运算时，得到的二进制计算结果为＿＿＿＿＿＿（给出详细的过程）。

2.2.5　二进制整数的乘法运算规则

很早以前，读者就学习过十进制数的乘法运算规则。执行十进制数的乘法首先是得到部分乘积，并将部分乘积向左移动，最后将部分乘积相加。在十进制乘法中，最困难的部分是获得部分乘积，因为这涉及用一个长整数乘以一位整数（从 0 到 9）。

$$
\begin{array}{r}
1\ 2\ 3 \\
\times\ 4\ 5\ 6 \\
\hline
7\ 3\ 8 \\
6\ 1\ 5\ \ \ \\
+\ 4\ 9\ 2\ \ \ \ \ \\
\hline
5\ 6\ 0\ 8\ 8
\end{array}
$$

从上式可知，部分乘积 738 是 123×6 的结果。部分乘积 615 是 123×5 的结果，并且将该部分积左移一列。部分乘积 492 是 123×4 的结果，并且将部分积左移两列。

数字电子计算机执行与十进制数完全相同的乘法运算规则，但使用的是二进制数。在二进制数乘法中，每个长二进制序列都乘以一位二进制数（"0"或"1"），这比十进制数乘法要容易得多，因为与"0"或"1"乘积的结果只是简单的逻辑"与"运算。因此，两个二进制数的乘法归结为计算部分乘积，并将它们左移，最后使用二进制数的加法将它们相加。对于下面的两个十进制正整数 11 和 14 的乘法运算（采用四位二进制序列表示），乘积的位宽为乘数与被乘数对应的二进制数的位宽之和（在该例子中，乘数与被乘数对应的二进制数的位宽均为四位，因此以二进制表示的乘积结果需要使用八位位宽表示），计算过程如下。

（1）将十进制整数 11 转换为对应的二进制数 1011（用四位宽度表示）。

（2）将十进制整数 14 转换为对应的二进制数 1110（用四位宽度表示）。

（3）进行二进制无符号整数的乘法运算：

$$
\begin{array}{r}
1\ 0\ 1\ 1 \\
\times\ 1\ 1\ 1\ 0 \\
\hline
0\ 0\ 0\ 0 \\
1\ 0\ 1\ 1\ \ \ \\
1\ 0\ 1\ 1\ \ \ \ \ \\
+\ 1\ 0\ 1\ 1\ \ \ \ \ \ \ \\
\hline
1\ 0\ 0\ 1\ 1\ 0\ 1\ 0
\end{array}
$$

从上式给出的正整数计算过程可知，第一行的部分乘积"0000"是"1011"×0 的结果；第二行的部分乘积"1011"是"1011"×1 的结果，并且向左移动了一列；第三行的部分乘积"1011"是"1011"×1 的结果，并且向左移动了两列；第四行的部分乘积"1011"是"1011"×1 的结果，并且向左移动了三列。最后，将左移的四个部分积执行二进制数的加法运算后，得到最终的计算结果为"10011010"，对应的十进制正整数为 154。

进一步观察二进制数的乘法运算过程，可知部分乘积的计算实际是逻辑"与"运算的结果。例如，对于"1011"×0，等效于"1011"中的四个二进制数"1"、"0"、"1"和"1"分别与二进制数"0"做逻辑"与"运算，得到的二进制数序列为"0000"；对于 1011×1，等效于 1011 中的四个二进制数"1"、"0"、"1"和"1"分别与二进制数 1 做逻辑"与"运算，得到的二进制数序列为"1111"。

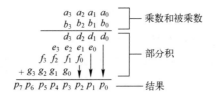

因此，二进制数的乘法运算就简化为逻辑"与"运算和二进制数的加法运算。移位过程可以简化为乘法器阵列的固定位置，由硬件电路进行相应位置的对齐即可。

更一般的，对于一个四位二进制数的乘法而言，将被乘数表示为 $a_3a_2a_1a_0$，将乘数表示为 $b_3b_2b_1b_0$，其相乘的过程如图 2.2 所示。

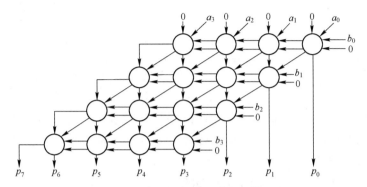

图 2.2　四位二进制数的乘法运算过程

对于有负整数的二进制数的乘法运算来说，情况较复杂，将其分为下面两种情况。

（1）参与乘法运算的两个数，如果一个是负整数而另一个是正整数，那么需要对负整数进行符号扩展。例如整数−42 和 45 相乘（8 位宽度表示），其计算过程如下。

① 将负整数−42 以二进制补码的形式表示为"11010110"。

② 将正整数 45 以二进制补码的形式表示为"00101101"。

③ 执行二进制有符号整数的乘法运算：

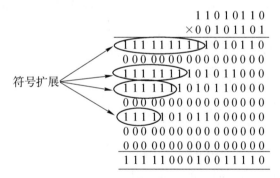

从上面的计算过程可知，被乘数"11010110"与乘数中的每一位相乘得到部分积时，需要对部分积进行符号扩展，如对于部分积"11010110"来说，将其符号扩展为"1111111111010110"（总的位宽为 8+8＝16 位）。

（2）当乘数和被乘数都为负整数时，需要减去最后一个部分积。通过使用最后一个部分积的补码形式，将减去最后一个部分积的计算过程变成加上最后一个部分积的补码计算过程。

① 将负整数−42 以二进制补码的形式表示为"11010110"。

② 将负整数−83 以二进制补码的形式表示为"10101101"。

③ 进行二进制有符号整数的乘法运算：

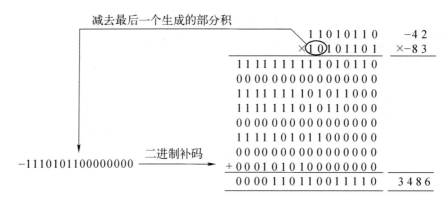

从上面的计算过程可知，被乘数"11010110"与乘数中的每一位相乘得到部分积时，不但需要对部分积进行符号扩展，而且需要减去最后一个部分积（通过将其转换为二进制的补码形式做加法运算）。

思考与练习2–11：两个正整数141和245相乘，则：

（1）它们分别对应的二进制数为＿＿＿＿＿＿＿＿＿＿和＿＿＿＿＿＿＿＿＿＿（8位宽度）。

（2）乘积结果的二进制位宽为＿＿＿＿＿＿，乘积结果用二进制数表示为＿＿＿＿＿＿＿＿＿＿，等效的十进制数表示为＿＿＿＿＿＿＿＿＿。

（3）请详细写出执行乘法运算的过程。

思考与练习2–12：两个整数–99和+103相乘，则：

（1）它们分别对应的二进制数为＿＿＿＿＿＿＿＿＿和＿＿＿＿＿＿＿＿＿（8位宽度）。

（2）乘积结果的二进制位宽为＿＿＿＿＿＿，乘积结果用二进制数表示为＿＿＿＿＿＿＿＿＿＿，等效的十进制数表示为＿＿＿＿＿＿＿＿＿。

（3）请详细写出执行乘法运算的过程。

2.2.6　二进制整数的除法运算规则

二进制整数的除法也类似于十进制整数的除法。在下面的二进制数除法运算的例子中，除数为5，被除数为27，其除法过程如下。

① 将除数5转换为对应的二进制数"101"。

② 将被除数27转换为对应的二进制数"11011"。

③ 执行二进制数的除法运算：

$$
\begin{array}{r}
101 \\
101{\overline{\smash{\big)}\,11011}} \\
\underline{-101} \\
00111 \\
\underline{101} \\
101
\end{array}
$$

从上面的计算可知：

① 除数101与被除数的前三位"110"对齐，商为"1"。该结果乘以除数，并从被除数的前三位数字中减去该结果，得到余数为

$$1\,1\,0-1\,0\,1=0\,0\,1$$

② 将被除数的第四位"1"与前面得到的余数"001"进行拼接，生成新的三位序列"011"，将该序列与除数"101"进行比较，因为二进制序列"011"<二进制序列"101"，因此商的第二位为"0"，并保留生成的三位序列"011"。

③ 将被除数的第五位"1"与前面生成的二进制序列"011"中的后两位"11"进行拼接，生成新的三位序列"111"，将该序列与除数"101"进行比较，因为二进制序列"111"大于二进制序列"101"，因此商的第三位为"1"，执行"111" – "101"的运算，得到的余数为"010"。

④ 因为被除数没有更多的位用于生成新的序列，因此结束该除法运算过程。最终得到的商为"101"（对应的十进制整数为5），余数为"010"（对应的十进制整数为2）。

> **注：** 二进制数的除法和十进制数的除法类似，即要求除数不能为零。

对于包含负整数的除法运算而言，进行下面的步骤。

（1）取被除数的绝对值。

（2）取除数的绝对值。

（3）对这两个绝对值执行除法运算，得到商和余数。

（4）按下面的规则添加符号。

① 余数的符号与被除数相同。

② 如果被除数和除数的符号不一致，则在商的前面添加"负号"；否则，无须在商前面添加"负号"。例如：

a. +7 除以+2，商为+3，余数为+1；

b. –7 除以+2，商为–3，余数为–1；

c. +7 除以–2，商为–3，余数为+1；

d. –7 除以–2，商为+3，余数为–1。

思考与练习 2–13： 两个正整数+203（8 位宽度）和+14（4 位宽度）相除：

（1）两个数分别用二进制表示为_____和_____。

（2）得到的商的最小位宽为_____，其所对应的二进制数为_____，等效的十进制数为_____。

（3）得到的余数的最小位宽为_____，其所对应的二进制数为_____，等效的十进制数为_____。

（4）详细写出进除法运算的过程，并且验证运算结果的正确性。

2.3　小数的二进制表示方法

计算机中提供了两种表示小数的方法，即定点数和浮点数，这两种表示方法在性能和精度上有所区别。定点数运行速度快，但是需要在动态范围和精度之间进行权衡；浮点数运行速度比定点数慢，但是可以同时满足动态范围和精度的要求。

2.3.1　定点二进制数格式

定点数就是二进制小数点在固定位置的数，将二进制小数点的左侧定义为整数部分，而将小数点的右侧定义为小数部分。例如，对于二进制无符号定点数"101.01011"来说，3个二进制整数位"101"对应无符号整数5；5个二进制小数位"01011"对应无符号的小数0.34375；将整数位和小数位组合在一起则对应十进制无符号小数5.34375。

通常，将定点数表示为 $Qm.n$ 格式，即

$$b_{n+m-1}\cdots b_n. b_{n-1}\cdots b_1 b_0$$

其中：

（1） $b_{n+m-1}\cdots b_n$ 为定点数的整数部分。m 为整数部分的位宽，m 越大，所表示定点数的动态范围越大；m 越小，所表示定点数的动态范围越小。

（2） $b_{n-1}\cdots b_1 b_0$ 为定点数的小数部分。n 为小数部分的位宽，n 越大，所表示定点数的精度越高；n 越小，所表示定点数的精度越低。

由于定点数的位宽为定值（$m+n$ 的值为常数），因此只能根据设计要求，在动态范围和精度之间进行权衡。

例如，对于位宽为8位的二进制定点数来说：

（1）"11010.110"（$m=5$，$n=3$）所表示的十进制小数为-5.25；

（2）"110.10110"（$m=3$，$n=5$）所表示的十进制小数为-1.3125。

很明显，在定点数位宽为定值的情况下，当增加 m 的值时，所表示定点数的范围就会增加，但是定点数的精度会降低；当增加 n 的值时，所表示定点数的精度就会增加，但是定点数的动态范围会降低。

有符号定点数的表示方法，如表2.9所示。

表 2.9　有符号定点数的表示方法

比　特　位								十进制整数
-2^2（符号位）	2^1	2^0	2^{-1}	2^{-2}	2^{-3}	2^{-4}	2^{-5}	
-4	2	1	0.5	0.25	0.125	0.0625	0.03125	
0	0	0	0	0	0	0	1	0.03125
0	0	0	0	0	0	1	0	0.0625
1	0	1	0	0	0	0	0	-3.0
1	1	0	0	0	1	1	1	-1.78125
1	1	1	1	1	1	1	1	-0.03125

注：使用比较法，得到定点小数所对应的十进制小数。

对于下面给出的位宽为12位的二进制定点数，包括7个整数位、5个小数位，所表示的有符号十进制小数为

| 1 | 1 | 0 | 0 | 0 | 0 | 1 | 1 | 0 | 1 | 0 | 1 | 1 |

$$-29+2^{-2}+2^{-4}+2^{-5}=-29+0.34375=-28.65625$$

表 2.10 给出了范围在 $[-1,1]$ 之间的定点小数的表示方法。

表 2.10　范围在 $[-1,1]$ 之间的定点小数的表示方法

比　特　值						十进制整数
-2^0	2^{-1}	2^{-2}	2^{-3}	2^{-4}	2^{-5}	
0	0	0	0	0	1	0.03125
0	0	0	0	1	0	0.0625
1	0	0	0	0	0	−1.0
0	0	0	1	1	1	0.96875
1	1	1	1	1	1	−0.03125

思考与练习 2-14：对于一个位宽为 8 位、整数部分为 3 位的二进制无符号定点数，其可以表示的十进制小数的范围为_____。

思考与练习 2-15：对于与一个位宽为 8 位、整数部分为 3 位的二进制有符号定点数，其可以表示的十进制小数的范围为_____。

2.3.2　定点二进制小数的运算

本节将说明定点二进制小数的运算规则，并讨论定点二进制小数的动态范围和精度问题。

1. 定点二进制小数加法运算

如图 2.3 所示，无符号定点二进制小数的运算与无符号定点十进制小数的运算规则类似，都需要从最低位开始进行计算。实际上，就是无符号二进制整数加法运算的过程，只是需要在运算结果中添加小数点，以区分小数部分和整数部分。因此，在进行无符号定点二进制小数运算时，可以先去掉小数点，并按照无符号二进制整数的加法规则从最低位相加。最后，在原先固定的位置重新添加小数点。

```
 10.375          10.375
+ 3.125         + 8.125
 13.500          18.500
```
（a）无符号定点十进制小数加法运算

```
 1010.011        1010.011
+0011.001       +1000.001
 1101.100       10010.100
```
（b）无符号定点二进制小数加法运算

图 2.3　无符号定点十进制和
无符号二进制定点小数的加法运算

从上面的计算过程可知，一旦固定了小数点的位置，则确定了可表示的整数范围，同时也决定了小数的精度。

假设两个有符号的十进制小数 26 和 -15.625，前一个十进制小数使用位宽为 7 位的二进制数表示（其中小数部分为 1 位），后一个十进制小数使用位宽为 8 位的二进制数表示（其中小数部分位宽为 3 位），这两个二进制数相加后的结果使用位宽为 10 位的二进制数表示（其中小数部分为 3 位）。计算过程如下：

（1）将位宽为 7 位的有符号二进制定点小数（其中小数部分为 1 位）所表示的十进制小数 26 扩展为位宽为 10 位的二进制定点小数 0011010.000（其中小数部分为 3 位）。

（2）将位宽为 8 位的有符号二进制定点小数（其中小数部分为 3 位）所表示的十进制数 -15.625 扩展为位宽为 10 位的二进制定点小数 "1110000.011"（其中小数部分为 3 位）。

（3）两个定点数执行相加运算：

$$0\ 0\ 1\ 1\ 0\ 1\ 0\ .\ 0\ 0\ 0$$
$$+\ 1\ 1\ 1\ 0\ 0\ 0\ 0\ .\ 0\ 1\ 1$$
$$\overline{1\ 0\ 0\ 0\ 1\ 0\ 1\ 0\ .\ 0\ 1\ 1}$$

最后的计算结果使用 10 位的二进制定点小数表示为 "0001010.011"，对应的十进制小数为 10.375。注意，舍弃计算结果的第 11 位（该位可看作进位位）。

对两个十进制小数执行十进制减法运算，得到 26-15.625=10.375。因此，说明二进制定点小数加法运算结果的正确性。

思考与练习 2-16：两个无符号十进制小数 2.623 和 4.276，分别使用 8 位宽度的二进制数表示，其中整数部分使用 3 位二进制数表示。回答下面的问题：

（1）两个无符号十进制小数等效的二进制定点小数分别表示为＿＿＿＿和＿＿＿＿；使用这种表示方法，是否存在误差？（如果有）误差的大小分别为＿＿＿＿和＿＿＿＿。

（2）两个二进制定点小数执行加法运算后的结果为＿＿＿＿＿＿，其等效的十进制小数表示为＿＿＿＿＿。计算结果是否存在误差？（如果有）误差为＿＿＿＿＿。

（3）给出两个无符号二进制定点小数相加的详细过程。

思考与练习 2-17：两个有符号十进制小数 -2.578 和 4.123，分别使用 8 位宽度的二进制数表示，其中整数部分使用 4 位二进制数表示。回答下面的问题：

（1）两个有符号十进制小数等效的二进制定点小数分别表示为＿＿＿＿和＿＿＿＿；使用这种表示方法，是否存在误差？（如果有）误差的大小分别为＿＿＿＿和＿＿＿＿。

（2）两个二进制定点小数执行加法运算后的结果为＿＿＿＿＿＿，其等效的十进制小数表示为＿＿＿＿＿。计算结果是否存在误差？（如果有）误差为＿＿＿＿＿。

（3）给出两个有符号二进制定点小数相加的详细过程。

2. 定点二进制小数减法运算

如图 2.4 所示，无符号定点二进制小数减法的运算规则类似无符号十进制小数减法的运算规则。类似在二进制整数的减法运算中，将减法运算转换为负数补码的加法运算（注意符号扩展的问题），如图 2.5 所示。比较图 2.4（a）和图 2.4（b）给出的运算结果，说明两个算法的等效性。

$$\begin{array}{r} 10.375 \\ -\ \ 3.125 \\ \hline 7.250 \end{array} \qquad \begin{array}{r} 14.125 \\ -\ \ 3.375 \\ \hline 10.750 \end{array}$$

（a）无符号定点十进制数的减法运算

$$\begin{array}{r} 1010.011 \\ -\ 0011.001 \\ \hline 0111.010 \end{array} \qquad \begin{array}{r} 1110.001 \\ -\ 0011.011 \\ \hline 1010.110 \end{array}$$

（b）无符号定点二进制数的减法运算

图 2.4　无符号定点十进制和
二进制数的减法运算

$$\begin{array}{r} 1010.011 \\ +\ 1100.111 \\ \hline 10111.010 \end{array} \qquad \begin{array}{r} 1110.001 \\ +\ 1100.101 \\ \hline 11010.110 \end{array}$$

图 2.5　无符号定点二进制数的
减法运算转换为加法运算

类似地，对于有符号定点二进制小数的减法运算来说，使用有符号定点二进制小数的补码格式，将减法运算转换为加法运算，在该转换过程中，需要根据最终的减法运算结果对操作数进行符号扩展。

假设两个有符号十进制小数-7 和-3. 375，前一个小数使用 7 位的二进制数表示，其中小数部分为 1 位；后一个小数使用 8 位的二进制数表示，其中小数部分为 3 位。规定，它们相加的结果使用 10 位的二进制表示，其中小数部分为 3 位。计算过程如下：

（1）将宽度为 7 位的有符号二进制定点小数（其中小数部分为 1 位）所表示的十进制小数-7，扩展到位宽为 10 位的二进制定点小数"1111001. 000"（其中小数部分为 3 位）。

（2）由于规定为减法运算。首先，宽度为 8 位的有符号二进制定点小数（其中小数部分为 3 位）所表示的十进制小数-3. 375，转换为可以使用加法运算的十进制小数+3. 375；然后，扩展到位宽为 10 位的二进制定点小数"0000011. 011"（其中小数部分为 3 位）。

（3）两个定点数执行相加运算：

$$
\begin{array}{r}
1111001.000 \\
+\ 0000011.011 \\
\hline
1111100.011
\end{array}
$$

得到最终的计算结果为 1111100. 011。

（4）如何将补码表示的二进制定点小数转换为对应的十进制小数？将步骤（3）得到的定点小数"1111100. 011"去掉小数点，就相当于将小数点右移三位，这样就变成了二进制有符号整数 1111100011（使用二进制补码形式表示），所对应的十进制整数为-29，因为去掉小数点等效于小数点向右移动三位，现在需要将小数点重新向左移动三位，以得到等效的十进制小数。很明显，将小数点左移三位，等效于将得到有符号整数-29 除以 2^3，即 $-29/2^3 = -29/8 = -3. 625$。

该计算结果与下面两个有符号的十进制定点小数的计算结果相同，说明计算过程是正确的：

$$-7-(-3. 375) = -7+3. 375 = -3. 625$$

思考与练习 2-18：两个有符号十进制数-3. 154 和-5. 321，分别使用 8 位宽度的二进制数表示，其中整数部分使用 4 位位宽的二进制数表示。回答下面的问题：

（1）两个十进制小数等效的二进制定点数分别表示为＿＿＿＿＿＿和＿＿＿＿＿＿；使用这种表示方法，是否存在误差？（如果有）误差的大小分别为＿＿＿＿和＿＿＿＿。

（2）两个数执行减法运算后的结果为＿＿＿＿＿＿，其等效的十进制小数表示为＿＿＿＿＿＿。计算结果是否存在误差？（如果有）误差为＿＿＿＿＿＿。

（3）给出两个二进制定点小数相减的详细过程。

3. 定点二进制小数乘法运算

无符号定点二进制小数的乘法运算和无符号十进制小数的乘法运算如图 2.6 所示。从该计算结果可知，对于以 m 位整数和 n 位小数表示的被乘数，以及以 p 位整数和 q 位小数表示的乘数来说，其乘积用（$m+p$）位整数和（$n+q$）位小数表示。

假设两个有符号十进制小数-2. 5 和+4. 625，前一个小数使用 6 位位宽的二进制数表示，其中小数部分为 1 位；后一个小数使用 7 位位宽的二进制数表示，其中小数部分为 3 位。它们相乘的结果使用 13 位位宽的二进制数表示，其中小数部分为 4 位。计算过程如下：

（1）将十进制小数-2. 5 用 6 位位宽的二进制定点小数（其中小数部分为 1 位）表示为

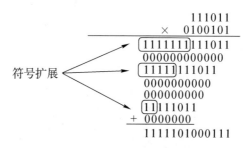

（a）无符号定点二进制小数的乘法运算　　　（b）对应的十进制小数的乘法运算

图 2.6　无符号定点二进制数和十进制小数的乘法运算

"11101.1"。将该二进制定点小数去掉小数点后，变成二进制整数序列"111011"。

（2）将十进制小数+4.625 用 7 位位宽的二进制定点小数（其中小数部分为 3 位）表示为 0100.101。将该二进制定点小数去掉小数点后，变成整数序列"0100101"。

（3）两个有符号二进制定点数的乘法运算就转换为两个有符号二进制整数的乘法运算：

$$
\begin{array}{r}
111011 \\
\times\ 0100101 \\
\hline
1111111\,111011 \\
0000000000 \\
11111\,111011 \\
0000000000 \\
000000000 \\
11\,111011 \\
+\ 0000000 \\
\hline
1111101000111
\end{array}
$$

符号扩展

最终的计算结果为"1111101000111"，其对应的十进制整数为−185。

（4）在前面将定点二进制小数转换为对应的二进制整数时，被乘数和乘数分别扩大了 2^1 倍和 2^3 倍，总计 2^4 倍。因此，需要将得到的有符号十进制整数−185 缩小 2^4，即 $(−185)/2^4 = −185/16 = −11.5625$。与两个十进制小数直接相乘 $(−2.5)×(+4.625) = −11.5625$ 的结果相比，两个计算过程得到的结果完全相同。

因此，可将定点二进制小数转换为对应的二进制整数，然后按照二进制整数的运算规则得到乘积后，再对该乘积结果进行标定（缩小），就可以得到定点小数的乘积结果。

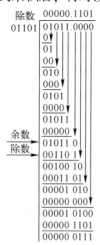

除数 00000.1101
01101　01011.0000

余数
除数

图 2.7　无符号定点小数的除法运算过程

思考与练习 2-19：两个无符号十进制小数 3.75 和 4.875，分别使用 8 位位宽的二进制定点小数表示，其中使用 4 位位宽的二进制数表示小数部分。回答下面的问题：

（1）这两个十进制小数等效的二进制定点小数分别为＿＿＿＿＿和＿＿＿＿＿；

（2）这两个二进制定点小数执行乘法运算后，得到的乘积结果，需要＿＿＿＿＿位才能表示该乘积的整数部分，需要＿＿＿＿＿位才能表示该乘积的小数部分；

（3）给出这两个二进制定点小数详细的乘法运算过程。

4. 定点二进制小数除法运算

无符号定点小数的除法运算过程如图 2.7 所示。在图 2.7 中，被除数为无符号的整数"01011"，对应于无符号十进制整数 11；除数为无符号的整数"01101"，对应于无符号十进制整数 13。两个整数

11 和 13 执行除法运算，得到的结果用定点二进制小数的格式表示。其中，商用二进制小数表示为"0.1101"，对应于十进制小数 0.8125；余数用二进制小数表示为"0.0111"，对应于十进制小数 0.875。执行逆运算后得到：

$$0.8125 \times 13 + 0.4375 = 11$$

假设两个有符号十进制小数 -15 和 $+4.5$，前一个小数使用 6 位位宽的二进制定点小数表示，其中小数部分为 1 位；后一个小数使用 7 位位宽的二进制定点小数表示，其中小数部分为 3 位。规定，这两个二进制定点小数相除的结果使用 13 位位宽的二进制定点小数表示，其中小数部分为 4 位。计算过程如下：

（1）取除数和被除数的绝对值，分别表示为 15 和 4.5。

（2）将 15 用 2^1 标定为 30，将 4.5 用 2^1 标定为 9。这样，就可以将无符号二进制定点小数的除法运算转换为无符号二进制整数的除法运算。

（3）将十进制整数 30 用 5 位位宽的二进制数表示为"11110"（使用最小位宽）。

（4）将十进制整数 9 用 4 位位宽的二进制数表示为 1001（使用最小位宽）。

（5）执行无符号二进制数的除法运算。按要求使用 13 位位宽的二进制定点小数表示，其中小数部分为 4 位。得到的商为"11.0101"，对应于十进制数 3.3125；余数为"0.0011"，对应于十进制数 0.1875。

```
                11.0101
       1001 √ 11110
          -   1001
              001100
          -    1001
               001100
          -     1001
                001100
          -      1001
                 0011
```

在执行完上面的除法运算后，得到以二进制定点小数表示的商为 11.0101，对应于十进制小数 3.3125；得到的以二进制定点小数表示的余数为 0.0011，对应于十进制小数 0.1875。

（6）按照整数二进制除法的运算规则，如果被除数和除数的符号不一致，则商前面添加"负号"，即对应的商为 -3.3125；余数与被除数的符号相同，则余数为 -0.1875。则：

$$(-3.3125) \times 9 + (-0.1875) = -30$$

按照十进制数的除法运算规则，得到：

```
            3.3
   45 √ -150
      -  135
         -150
      -  -135
          -15
```

思考与练习 2-20：分别使用 8 位和 4 位位宽的二进制数表示整数 $+14$ 和 -3。对两个整数执行二进制定点数的除法运算。回答下面的问题：

（1）这两个十进制整数等效的二进制整数分别表示为＿＿＿＿＿＿和＿＿＿＿＿＿。

（2）用 8 位位宽的二进制定点数表示得到的商，其中整数部分使用 4 位位宽的二进制数表示，结果为_____。

（3）给出详细的二进制定点数除法运算的过程。

2.3.3　浮点二进制数格式

为了应对越来越多的浮点运算操作，在微处理器中增加了专用浮点处理单元（Float-Point Unit，FPU），用于实现浮点数的运算，这样就显著提高了微处理器对浮点数的处理能力。本节将介绍浮点数的表示方法。

单精度浮点变量在计算机中的表示方法遵循 IEEE754 标准，其数据格式如表 2.11 所示。

表 2.11　IEEE754 单精度浮点数的数据格式

31	30	23	22	0
S	阶码		尾数	

（1）S，符号位。当 $S=0$ 时，表示浮点数为正数；当 $S=1$ 时，表示浮点数为负数。

（2）阶码，以 8 位二进制数表示。真实的阶码值=阶码−127。

（3）尾数，以 23 位二进制数表示。采用隐含尾数最高位为 1 的表示方法。实际尾数为 24 位，尾数真值=1+尾数。

因此，这种格式的非 0 浮点数的真值由下式得到：

$$(-1)^S \times 2^{\text{阶码}-127} \times (1.\text{尾数})$$

单精度浮点数 300.57 在计算机中表示为 0x439648F6，其等效的二进制数如表 2.12 所示。

表 2.12　浮点数 300.57 等效的二进制数表示

31	30	29	28	27	26	25	24	23	22	21	20	19	18	17	16	15	14	13	12	11	10	9	8	7	6	5	4	3	2	1	0
0	1	0	0	0	0	1	1	1	0	0	1	0	1	1	0	0	1	0	0	1	0	0	0	1	1	1	1	0	1	1	0

按照 IEEE754 标准划分得到的浮点数 300.57 的二进制数据格式如表 2.13 所示。

表 2.13　浮点数 300.57 的 IEEE754 数据格式

31	30	29	28	27	26	25	24	23	22	21	20	19	18	17	16	15	14	13	12	11	10	9	8	7	6	5	4	3	2	1	0
0	1	0	0	0	0	1	1	1	0	0	1	0	1	1	0	0	1	0	0	1	0	0	0	1	1	1	1	0	1	1	0

从表 2.13 中可知：

（1）用二进制数表示的阶码为"10000111"，其等效于十进制数 135。因此，真实的以十进制数表示的阶码为 135−127=8。

（2）用二进制数表示的尾数为"00101100100100011110110"，其对应的十进制小数表示为

$$2^{-3}+2^{-5}+2^{-6}+2^{-9}+2^{-12}+2^{-16}+2^{-17}+2^{-18}+2^{-19}+2^{-21}+2^{-22}$$
$$=0.1741015911102294921875$$

因此，等效的十进制数表示为

$$2^8 \times 1.1741015911102294921875 = 300.57000732421875 \approx 300.570007$$

单精度浮点数 245.6e30 在计算机中表示为"0x7541BE86"，其等效的二进制数如表 2.14 所示。

表 2.14 浮点数 245.6e30 等效的二进制数表示

31	30	29	28	27	26	25	24	23	22	21	20	19	18	17	16	15	14	13	12	11	10	9	8	7	6	5	4	3	2	1	0
0	1	1	1	0	1	0	1	0	1	0	0	0	0	0	1	1	0	1	1	1	1	1	0	1	0	0	0	0	1	1	0

按照 IEE754 标准划分得到的浮点数 245.6e30 的二进制数据格式如表 2.15 所示。

表 2.15 浮点数 245.6e30 的 IEEE754 数据格式

31	30	29	28	27	26	25	24	23	22	21	20	19	18	17	16	15	14	13	12	11	10	9	8	7	6	5	4	3	2	1	0
0	1	1	1	0	1	0	1	0	1	0	0	0	0	0	1	1	0	1	1	1	1	1	0	1	0	0	0	0	1	1	0

从表 2.15 中可知：

（1）用二进制数表示的阶码为"11101010"，其等效于十进制数 234。因此，真实的以十进制数表示的阶码为 $234-127=107$。

（2）用二进制数表示的尾数为"10000011011111010000110"，其对应的十进制小数表示为

$$2^{-1}+2^{-7}+2^{-8}+2^{-10}+2^{-11}+2^{-12}+2^{-13}+2^{-14}+2^{-16}+2^{-21}+2^{-22}$$
$$=0.5136268138885498046875$$

因此，等效的十进制数表示为

$$2^{107}\times1.5136268138885498046875=2.4559999221086241726273762308915e+32$$
$$\approx2.4559999e+32$$

单精度浮点数 -1000.0 在计算机中表示为"0xC47A0000"，其等效的二进制数如表 2.16 所示。

表 2.16 浮点数 -1000.0 等效的二进制数表示

31	30	29	28	27	26	25	24	23	22	21	20	19	18	17	16	15	14	13	12	11	10	9	8	7	6	5	4	3	2	1	0
1	1	0	0	0	1	0	0	0	1	1	1	1	0	1	0	0	0	0	0	0	0	0	0	0	0	0	0	0	0	0	0

按照 IEE754 标准划分得到的浮点数 -1000.0 的二进制数据格式如表 2.17 所示。

表 2.17 浮点数 -1000.0 的 IEEE754 数据格式

31	30	29	28	27	26	25	24	23	22	21	20	19	18	17	16	15	14	13	12	11	10	9	8	7	6	5	4	3	2	1	0
1	1	0	0	0	1	0	0	0	1	1	1	1	0	1	0	0	0	0	0	0	0	0	0	0	0	0	0	0	0	0	0

从表 2.17 中可知：

（1）用二进制数表示的阶码为"10001000"，其等效于十进制数 136。因此，真实的以十进制数表示的阶码为 $136-127=9$。

（2）用二进制数表示的尾数为"11110100000000000000000"，其对应的十进制小数表示为

$$2^{-1}+2^{-2}+2^{-3}+2^{-4}+2^{-6}=0.953125$$

因此，等效的十进制数表示为

$$-2^{9}\times1.953125=-1000$$

浮点数 0.001 在计算机中表示为"0x3A83126F"，其等效的二进制数如表 2.18 所示。

表 2.18 浮点数 0.001 等效的二进制数表示

31	30	29	28	27	26	25	24	23	22	21	20	19	18	17	16	15	14	13	12	11	10	9	8	7	6	5	4	3	2	1	0
0	0	1	1	1	0	1	0	1	0	0	0	0	0	1	1	0	0	0	1	0	0	1	0	0	1	1	0	1	1	1	1

按照 IEE754 标准划分得到的浮点数 0.001 的二进制数据格式如表 2.19 所示。

表 2.19　浮点数 0.001 的 IEEE754 数据格式

31	30	29	28	27	26	25	24	23	22	21	20	19	18	17	16	15	14	13	12	11	10	9	8	7	6	5	4	3	2	1	0
0	0	1	1	1	0	1	0	1	0	0	0	0	0	1	1	0	0	0	1	0	0	1	0	0	1	1	0	1	1	1	1

从表 2.19 中可知：

（1）用二进制数表示的阶码为"01110101"，其等效于十进制数 117。因此，真实的以十进制数表示的阶码为 $117-127=-10$。

（2）用二进制数表示的尾数为"00000110001001001101111"，其对应的十进制小数表示为

$$2^{-6}+2^{-7}+2^{-11}+2^{-14}+2^{-17}+2^{-18}+2^{-20}+2^{-21}+2^{-22}+2^{-23}$$
$$=0.02400004863739013671875$$

因此，等效的十进制数表示为

$$2^{-10}\times1.02400004863739013671875=0.001000000047497451305389404296888$$
$$\approx0.00100000005$$

IEEE 的单精度和双精度浮点格式如表 2.20 所示。

表 2.20　IEEE 的单精度和双精度浮点格式

	单　精　度	双　精　度
字长	32	64
尾数	23	52
指数	8	11
偏置	127	1023
范围	2^{128}	2^{1024}

在浮点数的乘法运算中，尾数部分可以如定点数一样相乘，而指数部分则相加。浮点数的减法运算复杂一些，因为首先需要将尾数归一化，即将两个数都调整到较大的指数。然后将两个数的尾数相加。对于加法和乘法的混合运算，最终的归一化就是将结果的尾数再统一乘以小数 $1.m$ 形式的表达式，这是非常必要的。

思考与练习 2-21：对于十进制浮点数 100.0，其在计算机中使用二进制数表示为
_____。请使用该二进制数的数据格式还原出其所对应的十进制浮点数，以验证其正确性。

2.4　十六进制数的表示方法

本章前面介绍了十进制数和二进制数，它们都比较容易理解，这是因为日常生活中我们经常使用十进制系统，而数字电子计算机中使用的是二进制系统。那么十六进制数又是如何得到的？为什么可以使用十六进制表示一个数？这些都是本节所要解决的问题。

将无符号二进制数（8 位位宽）和十进制数按递增顺序排序，如表 2.21 所示。

表 2.21 将无符号二进制数（8 位位宽）和十进制数按递增顺序排序

十进制数	二进制数表示（8 位位宽）	十进制数	二进制数表示（8 位位宽）	十进制数	二进制数表示（8 位位宽）	十进制数	二进制数表示（8 位位宽）
0	0000 0000	16	0001 0000	32	0010 0000	48	0011 0000
1	0000 0001	17	0001 0001	33	0010 0001	49	0011 0001
2	0000 0010	18	0001 0010	34	0010 0010	50	0011 0010
3	0000 0011	19	0001 0011	35	0010 0011	51	0011 0011
4	0000 0100	20	0001 0100	36	0010 0100	52	0011 0100
5	0000 0101	21	0001 0101	37	0010 0101	53	0011 0101
6	0000 0110	22	0001 0110	38	0010 0110	54	0011 0110
7	0000 0111	23	0001 0111	39	0010 0111	55	0011 0111
8	0000 1000	24	0001 1000	40	0010 1000	56	0011 1000
9	0000 1001	25	0001 1001	41	0010 1001	57	0011 1001
10	0000 1010	26	0001 1010	42	0010 1010	58	0011 1010
11	0000 1011	27	0001 1011	43	0010 1011	59	0011 1011
12	0000 1100	28	0001 1100	44	0010 1100	60	0011 1100
13	0000 1101	29	0001 1101	45	0010 1101	61	0011 1101
14	0000 1110	30	0001 1110	46	0010 1110	62	0011 1110
15	0000 1111	31	0001 1111	47	0010 1111	63	0011 1111

观察表 2.21 可知以下的事实。

（1）无符号整数 0~15 对应的最低四位二进制数由 "0000" 变化到 "1111"；到无符号整数 16 时，对应的最低四位二进制回卷到 "0000"，然后又开始递增，无符号整数 16~31 对应的最低四位二进制数也由 "0000" 变化到 "1111"。很明显，每隔 16 个整数，所对应的最低四位二进制数就回卷一次。当然，这并不是简单的回卷到 0000，而是同时向高位进位。也就得到我们说的 "逢十六进一的规则"。

（2）通过从最低位开始，将每四个二进制数分为一组，就可以简单地从二进制数得到十六进制数。能不能用从 0 到 15 的十六进制数来对应从 "0000" ~ "1111" 变化的四位二进制数？经过分析，从 0~9 的数可以对应从 "0000" ~ "1001" 变化的四位二进制数。但是，如果使用十六进制的 10 来对应四位二进制数 "1010"，这就会出现问题。因为十六进制的 10，用十六进制的表示规则表示为

$$1 \times 16^1 + 0 \times 16^0 = 16$$

也就是十六进制数 10 对应于十进制数的 16，而十进制数 16 对应的二进制数为 "00010000"，并不是 "1010"；这种情况从十六进制的 10 一直持续到十六进制的 15，如表 2.22 所示。

表 2.22 十六进制、十进制和二进制的对应关系

十六进制数	十 进 制 数	二 进 制 数
10	16	0001 0000
11	17	0001 0001
12	18	0001 0010

十六进制数	十 进 制 数	二 进 制 数
13	19	0001 0011
14	20	0001 0100
15	21	0001 0101

因此，十六进制的 0~9 对应于十进制的 0~9，但是十六进制的 10~15 不对应于十进制的 10~15。那如何解决十进制数 10~15 与十六进制数对应的关系呢？人们就想出了一种方法，巧妙地解决了这个问题，如表 2.23 所示。从表 2.23 中可知，使用字母 A/a、B/b、C/c、D/d、E/e 和 F/f 与十进制数 10~15 对应。因此，在十六进制系统中，由 0~9 之间的数字和 A/a~F/f 之间的字母来表示任意一个十六进制数。

表 2.23　十进制数 10~15 与十六进制数和二进制数的对应关系

十六进制数	十 进 制 数	二 进 制 数
A/a	10	1010
B/b	11	1011
C/c	12	1100
D/d	13	1101
E/e	14	1110
F/f	15	1111

前面介绍使用二进制数分组的方法就可以将二进制数直接转换为十六进制数。例如：

（1）对于无符号二进制序列"0101 1010 1000"来说，通过四位分组的方法，即"0101,1010,1000"，就得到对应的十六进制数"5A8"，其对应的十进制无符号数表示为

$$5 \times 16^2 + 10 \times 16^1 + 8 = 1280 + 160 + 8 = 1448$$

（2）对于无符号二进制序列"1010 1011 1000 1100"来说，通过四位分组的方法，即"1010,1011,1000,1100"，就得到对应的十六进制数"AB8C"，其对应的十进制无符号数表示为

$$10 \times 16^3 + 11 \times 16^2 + 8 \times 16^1 + 12 \times 16^0 = 43916$$

从上面的例子可知，当使用十六进制数表示一个无符号整数时，其权值为 16 的幂次方，用公式表示为 $\sum h_i \times 16^i$，其中 i 从 0 开始，且顺序由右向左，h_i 表示第 i 位十六进制数字，取值为 0~9、A/a~F/f。

在编写程序代码时，为了显式说明十六进制数，通常在十六进制数前面添加前导的 0x，或者在十六进制数后面添加后缀 h 来表示它。

与使用二进制序列表示一个数相比，使用十六进制数表示一个数会显著缩短序列的长度，这是十六进制数之所以存在的一个重要原因。

类似地，可以使用比较法将十进制数转换为十六进制数。

2.5　八进制数的表示方法

除上面使用十进制数、二进制数和十六进制数表示一个数外，在编写程序代码时也提供

了使用八进制数表示一个数的方法。

将无符号二进制数（8 位位宽）和十进制数按递增顺序重新排序，如表 2.24 所示。

表 2.24　将无符号二进制数（8 位位宽）和十进制数按递增顺序重新排序

十进制数	二进制数表示（8 位位宽）	十进制数	二进制数表示（8 位位宽）	十进制数	二进制数表示（8 位位宽）	十进制数	二进制数表示（8 位位宽）
0	00 000 000	8	00 001 000	16	00 010 000	24	00 011 000
1	00 000 001	9	00 001 001	17	00 010 001	25	00 011 001
2	00 000 010	10	00 001 010	18	00 010 010	26	00 011 010
3	00 000 011	11	00 001 011	19	00 010 011	27	00 011 011
4	00 000 100	12	00 001 100	20	00 010 100	28	00 011 100
5	00 000 101	13	00 001 101	21	00 010 101	29	00 011 101
6	00 000 110	14	00 001 110	22	00 010 110	30	00 011 110
7	00 000 111	15	00 001 111	23	00 010 111	31	00 011 111

细心的读者会从表 2.24 中发现，每个十进制数所对应的二进制序列从最低有效位（Least Significant Bit，LSB）开始向左，每三个比特或位分成一组，对于 8 位位宽，将其分为三组。进一步观察，发现这样一个规律，即二进制序列中最低的三个比特或位每隔 8 个数就会循环一次。显然存在下面的事实。

（1）对于十进制数 0~7 来说，其最低三位从 "000" 变化到 "111"，当递增到十进制数 8 时，最低三位回卷到 "000"，然后向二进制序列的第四位进位 "1"，第二组二进制数变成 "001"。

（2）对于十进制数 8~15 来说，最低三位仍然从 "000" 变化到 "111"，当递增到十进制数 16 时，最低三位回卷到 "000"，然后向二进制序列的第四位继续进位 "1"，第二组二进制数变成 "010"。

（3）对于十进制数 16~23 来说，最低三位仍然从 "000" 变化到 "111"，当递增到十进制数 24 时，最低三位回卷到 "000"，然后向二进制序列的第四位继续再进位 "1"，第二组二进制数变成 "011"。

从上面的分析可以看出，二进制序列从 LSB 开始向左，每逢 8 向前进位 1，然后低三位回卷到 "000"。因此，通过这种分割二进制数的方法很容易将二进制数转换为对应的八进制数。

（1）对于十进制数 100 来说，其对应的二进制数（8 位宽度）从 LSB 开始向左，每三个二进制数为一组分割为 "01 100 100"，直接得到八进制数 "144"。类似二进制数、十进制数和十六进制数加权求和的方法，根据下面的公式，可以得到八进制数 "144" 对应的十进制数 100：

$$1 \times 8^2 + 4 \times 8^1 + 4 \times 8^0 = 64 + 32 + 4 = 100$$

（2）对于十进制数 224 来说，其对应的二进制数（8 位位宽）从 LSB 开始向左，每三个二进制数为一组分割为 "11 100 000"，直接得到八进制数 "340"。类似上面的方法，根据下面的公式，可以得到 8 进制数 "340" 对应的十进制数 224：

$$3 \times 8^2 + 4 \times 8^1 + 0 \times 8^0 = 192 + 32 + 0 = 224$$

　　从上面的例子可知，当使用八进制数表示一个无符号整数时，其权值为 8 的幂次方，用公式表示为 $\sum h_i \times 8$，其中 i 从 0 开始，且顺序由右向左，h_i 表示第 i 位八进制数字，取值为 0~7 之间的数字。

　　这里也有一个问题，十进制数用 0~9 之间的数字表示，八进制数用 0~7 之间的数字表示。如果不加以区分，无法区分到底是十进制数还是八进制数，如 224，可能是十进制数，也可能是八进制数，那怎么办呢？人们也想出一个办法来解决这个问题，如果一个数是八进制数，则在该数的前面添加一个前导的数字 0 来表示它。例如，上面的 224，如果表示为 0224，则该数是八进制数而不是十进制数；如果表示为 224，则该数是十进制数，这是因为该数前面没有前导数字 0。

　　思考与练习 2-22：对于十进制整数 63527，使用 16 位位宽的二进制数表示为_____，使用十六进制数表示为_____，使用八进制数表示为_____。

　　思考与练习 2-23：对于十进制整数 –10022，使用 16 位位宽的二进制数表示为_____，使用十六进制数表示为_____，使用八进制数表示为_____。

第 3 章　存储器的分类和原理

在计算机硬件系统中，由不同类型存储器所构成的存储器子系统是整个计算机系统中非常重要的一部分。随着半导体技术的不断发展，存储器子系统中越来越多地采用半导体存储设备来保存程序代码或者处理过程中产生的暂时或者永久数据。

本章将系统介绍存储器的分类、SRAM 存储器原理、DRAM 存储器原理、Flash 存储器原理，以帮助读者理解和掌握不同类型存储器的工作原理，以及它们在计算机系统中的使用方法。

3.1　存储器的分类

一般将存储器分成两类，即易失性存储器和非易失性存储器。

3.1.1　易失性存储器

当给易失性存储器（Volatile Memory）断电时，则会丢失保存在易失性存储器中的数据。然而，它比非易失性存储器速度更快且价格更低。这种类型的存储器主要用作计算机系统的主存储器，因为在关闭计算机时数据将保存在硬盘（固态硬盘或机械硬盘）上。

随机访问存储器（Random Access Memory，RAM）已经成为任何可以执行写入和读取操作的半导体存储器的通用术语，而只读存储器（Read-Only Memory，ROM）只能执行读取操作。

> **注**：许多半导体存储器，而不仅仅是 RAM，都具有随机存取/访问特性。

1. 动态随机访问存储器

动态随机访问存储器（Dynamic Random Access Memory，DRAM），它使用由一个 MOS 场效应晶体管（MOS Field-Effect Transistor，MOSFET）和一个 MOS 电容构成的金属氧化物半导体（Metal Oxide Semiconductor，MOS）存储器单元来保存一个比特或位。这种类型的 RAM 最便宜，密度也最高，因此用作计算机中的主存储器。但是，存储单元中用于保存数据的电荷会慢慢泄露，因此必须定期刷新（重写）存储单元，这就需要额外的电路。刷新过程由计算机系统内部自动处理，对使用者是透明的。

1）快速页面模式 DRAM

快速页面模式 DRAM（Fast Page Mode DRAM，FPM DRAM）是一种比较老的异步 DRAM 类型，它允许以更快的速度重复访问单个存储器"页面"来改进以前的类型。该类型的存储器在 20 世纪 90 年代中期使用。

2）扩展数据输出 DRAM

扩展数据输出 DRAM（Extend Data Out DRAM，EDO DRAM）是一种较老类型的异步 DRAM，其访问时间比早期类型更快，因为它能够在上次访问的数据仍在传输的同时启动新的存储器访问。它在 20 世纪 90 年代后期使用。

3）视频随机访问存储器

视频随机访问存储器（Video Random Access Memory，VRAM）是一种较老的双端口存储器，曾用作视频卡的帧缓冲区。

4）同步动态随机存取存储器

同步动态随机存取存储器（Synchronous Dynamic Random Access Memory，SDRAM）。给 DRAM 添加的电路可以用添加到计算机存储器总线的时钟来同步所有操作。这就允许芯片使用流水线同时处理多个存储器请求，以提高速度。将芯片上的数据进行分组，每个分组可以同时进行存储器操作。到 2000 年左右，它成为计算机主存储器的主要类型。

（1）双数据率 SDRAM（Dual-Data Rate Synchronous Dynamic Random Access Memory，DDR SDRAM）。通过双泵（在时钟脉冲的上升沿和下降沿传输数据），可以在每个时钟周期传输两次数据（两个连续的字）。这个想法的扩展是 2012 年用于提高存储器访问速率和吞吐量的技术。由于事实证明难以进一步提高存储器芯片的内部时钟速度，因此这些芯片通过在每个时钟周期传输更多的数据字来提高传输速率。例如，DDR2 SDRAM 在每个内部时钟周期传输 4 个连续的字；DDR3 SDRAM 在每个内部时钟周期传输 8 个连续的字；DDR4 SDRAM 在每个内部时钟周期传输 16 个连续的字。

（2）Rambus DRAM。Rambus DRAM 简称 RDRAM，一种替代的双数据率存储器标准，曾用于一些英特尔系统，但最终输给了 DDR SDRAM。例如，极限速率 DRAM（Extreme Data Rate DRAM，XDR DRAM）。

（3）同步图形 RAM。同步图形 RAM（Synchronous Graphics RAM，SGRAM）是一种专门为图形适配器制作的 SDRAM。它可以执行诸如位屏蔽和块写入等图形的相关操作，并且一次可以打开两页存储器。例如，GDDR SDRAM、GDDR2 SDRAM、GDDR3 SDRAM、GDDR4 SDRAM、GDDR5 SDRAM、GDDR6 SDRAM。

（4）高带宽存储器（High Bandwidth Memory，HBM）。一种用于图形卡的 SDRAM 开发，可以以更快的速度传输数据。它由多个堆叠在一起的存储器芯片组成，具有更宽的数据总线。

5）伪静态 RAM

伪静态 RAM（Pseudo-Static RAM，PSRAM）是一种 DRAM，它有在芯片上执行存储器刷新的电路，因此它的作用类似于 SRAM，它允许关闭外部存储器控制器以节省能源，用于一些游戏机，如 Wii。

2. 静态随机访问存储器

静态随机访问存储器（Static Random Access Memory，SRAM）将每一位二进制数据保存在称为触发器的电路中，该电路由 4~6 个晶体管构成。与 DRAM 相比，SRAM 的密度更低，每个比特或位的成本更高，但速度更快，不需要存储器刷新操作。它用于处理器芯片中；较小的高速缓存。

3. 内容可寻址存储器

内容可寻址存储器（Content Addressable Memory，CAM）是一种特殊类型存储器，其取代使用地址访问数据，而是应用数据字。如果字保存在存储器中，则返回位置。它主要集成在其他芯片中，如用于高速缓存的位处理器。

思考与练习 3-1：易失性存储器的特点是＿＿＿＿＿＿＿，主要用于＿＿＿＿＿＿。

思考与练习 3-2：允许执行写入/读取操作的存储器称为＿＿＿＿＿＿，只允许执行读取操作的存储器称为＿＿＿＿＿＿。

思考与练习 3-3：查阅资料，说明快速页面模式 DRAM 的工作原理。

思考与练习 3-4：与异步 DRAM 相比，在同步 DRAM 中增加了＿＿＿＿＿信号，同步 DRAM 的其他信号线都与该信号同步。

思考与练习 3-5：双数据率 SDRAM 存储器，尝试使用＿＿＿＿＿＿＿＿方法来提高存储器的访问速度和吞吐量。

思考与练习 3-6：DDR2 SDRAM 在每个内部时钟周期传输＿＿＿个连续的字；DDR3 SDRAM 在每个内部时钟周期传输＿＿＿个连续的字；DDR4 SDRAM 在每个内部时钟周期传输＿＿＿个连续的字。

思考与练习 3-7：与 DRAM 相比，SRAM 的优点是＿＿＿＿＿，缺点是＿＿＿。

思考与练习 3-8：内容可寻址存储器的原理是＿＿＿＿＿，可用于＿＿＿＿＿。

3.1.2　非易失性存储器

在给非易失性存储器（Non-Volatile Memory，NVM）断电时，信息仍然保存在该存储器中。因此，它可用作没有磁盘的便携式设备的存储器，或者用作可移动存储卡。非易失性半导体存储器（Non-Volatile Semiconductor Memory，NVSM）将数据保存在浮栅存储单元中，每个单元都由一个浮栅 MOSFET 组成。

1. 只读存储器

只读存储器（Read-Only Memory，ROM）旨在永久保存数据。在正常的操作过程中只能读取 ROM 中的内容，而不能写入。它通常用于保存计算机必须立即访问的系统软件，如启动计算机的 BIOS 程序，以及用于便携式设备和嵌入式计算机（如微控制器）的软件（微码）。

1）掩模编程只读存储器与掩模只读存储器

对于掩模编程只读存储器（Mask Programmed ROM，MPROM）与掩模只读存储器（Mask ROM，MROM）来说，在制造它们时，就将数据编程（写入）到芯片中，因此这种存储器仅用于大批量生产，不能重新写入新的数据。

2）可编程只读存储器

对于可编程只读存储器（Programmable ROM，PROM）来说，在将其装配到电路中之前就将数据写到现有的 PROM 芯片中，但它只能写入一次。当将 PROM 芯片插入专用的编程器设备中时，就可以将数据写到 PROM 中。

3）可擦除可编程只读存储器

对于可擦除可编程只读存储器（Erasable Programmable Read-Only Memory，EPROM）来

图 3.1　EPROM 芯片的封装

说，可以从印刷电路板上取下该芯片，然后将其暴露在紫外线下以擦除现有的数据，并将其插入专用的编程器中就可以将新的数据重新写入 ERPOM 芯片中。EPROM 芯片封装的顶部有一个小的透明"窗口"，其允许紫外线照进 EPROM 芯片，如图 3.1 所示。EPROM 通常用于原型和小型生产运行设备，该芯片中的程序一般需要在工厂进行更改。

4）电可擦除的可编程只读存储器

电可擦除的可编程只读存储器（Electronically Erasable Programmable Read-Only Memory，EEPROM）可以用电方式重新写入新的数据，而芯片仍然装配在电路板上，但写入的过程很慢。该存储器用于保存固件，即运行硬件设备（如大多数计算机中的 BIOS 程序）的底层微代码，以方便可以随时对其进行更新。

2. 非易失性随机访问存储器

非易失性随机访问存储器（Non-Volatile Random Access Memory，NVRAM）的典型代表是铁电随机访问存储器（Ferroelectric Random Access Memory，FRAM/FeRAM），它是一种独立的非易失性存储器，可以在断电时立即捕获和保存关键数据。

3. Flash 存储器（闪存）

对于这种类型的存储器，写入过程的速度介于 EEROM 和 RAM 存储器之间。它可以写入数据，但速度不够快，无法用作计算机的内存/主存。它通常用作硬盘的半导体版本（以前计算机的硬盘采用的是机械硬盘），用于存储文件。它也用于便携式设备，如 PDA、USB 闪存驱动器，以及用于数码相机和手机的可移动存储卡。

思考与练习 3-9：只读存储器主要包含＿＿＿＿＿、＿＿＿＿＿、＿＿＿＿＿＿和＿＿＿＿。其中，不允许用户修改存储器内容的是＿＿＿＿＿＿＿＿，可以使用紫外线擦除存储器内容的是＿＿＿＿＿＿。

思考与练习 3-10：非易失性存储器主要包含＿＿＿＿、＿＿＿＿和＿＿＿＿＿。其中，写入速度最快的是＿＿＿＿＿。

3.2　SRAM 存储器原理

半导体双极 SRAM 于 1963 年由仙童半导体公司的罗伯特·诺曼（Robert Norman）发明。MOS SRAM 于 1964 年由仙童公司的约翰·施密特（John Schmidt）发明，它是一个 64 位的 MOS P 沟道 SRAM。

1965 年，阿诺德·法伯（Arnold Farber）和尤金·施利格（Eugene Schlig）为 IBM 工作，他们使用晶体管栅极和隧道二极管锁存器创建了硬连线的存储单元。他们用两个晶体管和两个电阻器替换了锁存器，这种配置后来称为 Farber-Schlig 单元。1965 年，本杰明·奥古斯塔（Benjamin Agusta）和他在 IBM 的团队创建了基于 Farber-Schlig 单元的 16 位硅存储芯片，其中包含 80 个晶体管、64 个电阻和 4 个二极管。

3.2.1 SRAM 存储器结构

SRAM 可以集成为微控制器中的 RAM 或高速缓存（通常从 32 字节到 128KB），作为强大微处理器（如 x86 系列）中的主要高速缓存，以及许多其他（从 8KB 到许多兆字节）用于存储某些微处理器中使用的状态机的寄存器和部件、专用集成电路（Application Specific Integrated Circuit，ASIC），以及现场可编程门阵列（Field Programmable Gate Array，FPGA）和复杂的可编程逻辑器件（Complex Programmable Logic Device，CPLD）。

如图 3.2 所示，一个典型的 SRAM 单元由 6 个晶体管（MOSFET）组成。SRAM 单元中的每一位都保存在形成两个交叉耦合反相器的 4 个晶体管（M_1、M_2、M_3 和 M_4）中。该存储单元具有两个稳定状态，用于表示逻辑 "0" 和逻辑 "1"。两个额外的访问晶体管用于在读取和写入操作期间对存储单元的访问。除这种六晶体管（6T）SRAM 外，其他类型 SRAM 芯片的每个比特或位使用 4、8、10（4T、8T、10T SRAM）或更多的晶体管。四晶体管 SRAM 在独立 SRAM 设备中很常见（与用于 CPU 缓存的 SRAM 相对），在特殊工艺中实现，具有额外的多晶硅层，允许使用阻值非常高的上拉电阻。如图 3.3 所示，使用 4T SRAM 的主要缺点是由于恒定电流流过其中一个下拉晶体管从而增加了静态功耗。

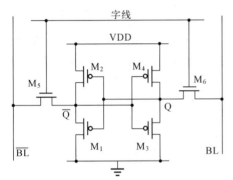

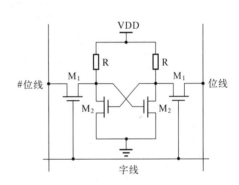

图 3.2　由 6 个晶体管组成的 SRAM 单元　　图 3.3　由 4 个晶体管构成的 SRAM 单元

通常，每个单元所需的晶体管数量越少，每个单元的面积就可以越小。由于处理硅晶圆的成本相对固定，因此使用较少的晶体管并在一个单元上封装更多位可以降低每位存储器的成本。

从图 3.2 中可知，由控制两个存取晶体管 M_5 和 M_6 的字线使能对单元的访问，而 M_5 和 M_6 又控制单元是否应该连接到位线 BL 和#BL（$\overline{BL}$）上。它们用于为读取和写入操作传输数据。尽管不是严格要求必须有两条位线，但通常提供原信号和互补信号以改善噪声容限。

3.2.2 SRAM 访问时序

对于具有 m 位地址线和 n 位数据线的 SRAM 来说，其容量为 $2^m \times n$ 位。最常见的字长为 8 位，这意味着可以对 SRAM 芯片内的 2^m 个不同字中的每一个读取或写入一个字节。例如，一个具有 11 条地址线和 8 位宽度数据的 SRAM 芯片，容量为 $2^{11} \times 8$ 位，称为 2K×8 位 SRAM（这里的 1K 等于 1024）。

在集成电路中，SRAM 单元的尺寸由用于制造集成电路工艺的最小特征尺寸决定。

下面以芯成半导体有限公司（Integrated Silicon Solution Inc, ISSI）的 IS61C64AL 为例，介绍 SRAM 芯片的用法，该器件为 8K×8 高速 CMOS 静态 RAM，其内部结构如图 3.4（a）所示，其 TSOP 封装结构如图 3.4（b）所示。

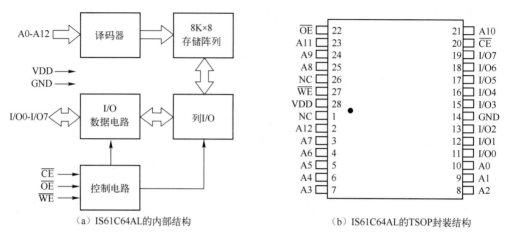

（a）IS61C64AL的内部结构　　　　　　　（b）IS61C64AL的TSOP封装结构

图 3.4　IS61C64AL 的内部结构和封装

当 $\overline{CE}$ 为高（无效）时，器件处于待机模式。在该模式下，CMOS 输入电平的功耗可降低到 150μW（典型值）。通过芯片使能（Chip Enable, CE）信号，可以很容易地扩展存储器。写使能（Write Enable, WE）信号用于控制存储器的写入和读取操作。

SRAM 的读时序如图 3.5 所示。

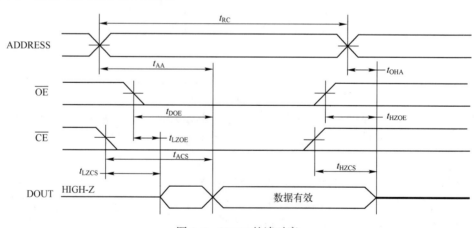

图 3.5　SRAM 的读时序

（1）在开始读 SRAM 操作之前，处理器在 A［12∶0］/ADDRESS 上给出有效的地址信息。

（2）处理器拉低 $\overline{CE}$ 信号，表示使能当前的存储器芯片。

（3）处理器拉低 $\overline{OE}$ 信号，表示允许将 SRAM 内的数据送到 SRAM 的 I/O［7∶0］/DOUT 引脚。

（4）等待一段时间后，从 SRAM 读取的有效数据放在了 SRAM 的 I/O［7∶0］/DOUT 引脚上。

（5）处理器将$\overline{OE}$和$\overline{CE}$信号置为高（无效），读取 SRAM 的过程结束。

SRAM 的写时序如图 3.6 所示。

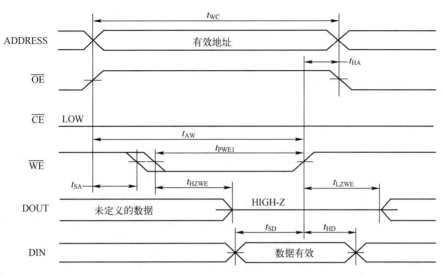

图 3.6　SRAM 的写时序

（1）在开始写 SRAM 操作之前，处理器在 A［12:0］/ADDRESS 上给出有效的地址信息。

（2）处理器拉低$\overline{CE}$信号，使能当前的存储器芯片。

（3）处理器拉低$\overline{WE}$信号，表示处理器要把数据写到 SRAM 中。

（4）等待一小段时间后，处理器把写到 SRAM 的有效数据放在 SRAM 的 I/O［7:0］/DIN 引脚上。

（5）等待一小段时间后，处理器先将$\overline{WE}$信号置为高（无效），然后再将$\overline{CE}$信号置为高（无效），写入 SRAM 的过程结束。

思考与练习 3-11：根据本小节介绍的知识简述 SRAM 的用途。

思考与练习 3-12：根据图 3.2，简述六晶体管 SRAM 单元的工作原理。

思考与练习 3-13：对于地址线为 A0~A13、数据宽度为 8 位的一片 SRAM，其存储容量为_____（按字节计）或_____（按位计），其地址变化范围是_____（以十六进制计算）。

思考与练习 3-14：在图 3.4 给出的 SRAM 的内部结构中，译码器的作用是_____。

思考与练习 3-15：根据图 3.5 和图 3.6，简述 SRAM 的读/写操作过程。

3.2.3　SRAM 的扩展实例

在一个计算机系统中，中央处理单元提供了外部存储器总线接口（External Memory Interface，EMIF），用于扩展物理存储器的容量。一般而言，中央处理器单元提供的可扩展物理存储器的容量要大于单个存储器芯片的容量。

本节将以 SRAM 扩展为例，介绍扩展存储器系统容量的方法。

1. 深度扩展

当外扩存储器接口的深度大于单个存储器芯片的深度（或者说外扩存储器接口地址线

的位数要多于单个存储器芯片地址线的位数）时，我们就可以使用多片 SRAM 对存储器系统进行深度扩展。

本小节将以中央处理器通过 EMIF 外接 SRAM 为例，说明深度扩展的原理，如图 3.7 所示。在该扩展 SRAM 系统中，使用了型号为 HM6116 的 SRAM，该存储器提供了 11 根地址信号线（A0～A10）和 8 根数据线（D0～D7）。因此，该存储器的深度为 $2^{11} = 2 \times 2^{10} = 2K$。因为数据线为 8 位，因此该存储器的容量为 $2K \times 8 = 16Kb = 2KB$（小写的 b 表示比特或位，大写的 B 表示字节）。该 SRAM 的访问时序与 3.2.2 小节所介绍的 SRAM 读/写时序相同。

如图 3.7 所示，假设中央处理器向外提供了 A0～A13 一共 14 根地址线，而 HM6116 只有 11 根地址线，这样中央处理单元多出 3 根地址线。在该设计中，中央处理器单元向外提供的 14 根地址线中的低 11 根地址线直接连接到了 HM6116 的地址引脚上。而多出来的 3 根地址线送给了 74LS138 译码器。根据 74LS138 译码器的原理可知，当 G1 = 1、G2A = 0 且 G2B = 0 时，74LS138 译码器的 3 个输入信号 C、B 和 A 有效。从该设计可知，中央处理器单元向外提供地址的最高 3 位地址线 A13、A12 和 A11 分别连接到 74LS138 译码器的 3 个输入 C、B 和 A。74LS138 译码器 3 个输入信号和 8 个输出信号的逻辑关系如表 3.1 所示。从表 3.1 中可知，在任意一个时刻，74LS138 译码器的输出 Y0～Y7 中只有一个输出为低电平，其余输出均为高电平。因此，在该设计中，74LS138 译码器的 8 个输出分别用作 8 个 SRAM 片选信号的输入。

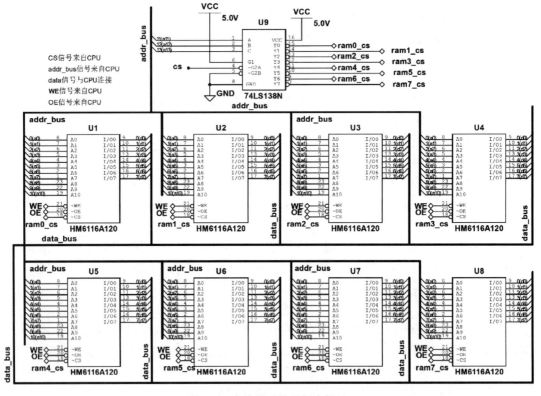

图 3.7　存储器系统的深度扩展

表 3.1 74LS138 译码器 3 个输入信号与 8 个输出信号的逻辑关系

地址输入			74LS138 译码器的输出							
C	B	A	Y0	Y1	Y2	Y3	Y4	Y5	Y6	Y7
A13	A12	A11	ram0_cs	ram1_cs	ram2_cs	ram3_cs	ram4_cs	ram5_cs	ram6_cs	ram7_cs
0	0	0	0	1	1	1	1	1	1	1
0	0	1	1	0	1	1	1	1	1	1
0	1	0	1	1	0	1	1	1	1	1
0	1	1	1	1	1	0	1	1	1	1
1	0	0	1	1	1	1	0	1	1	1
1	0	1	1	1	1	1	1	0	1	1
1	1	0	1	1	1	1	1	1	0	1
1	1	1	1	1	1	1	1	1	1	0

从图 3.7 给出的扩展结构可知，在中央处理单元的外部通过深度扩展方式，外接了 8 片 HM6116 芯片，由于单片 HM6116 存储器的容量为 16Kb（等效于 2KB），因此 8 片 HM6116 存储器的总容量为 128Kb（等效于 16KB）。

根据该设计，可知道 8 片存储器的地址范围分别为

（1）标记为 U1 的 SRAM 存储器地址范围为 000 00000000000～000 11111111111；

（2）标记为 U2 的 SRAM 存储器地址范围为 001 00000000000～001 11111111111；

（3）标记为 U3 的 SRAM 存储器地址范围为 010 00000000000～010 11111111111；

（4）标记为 U4 的 SRAM 存储器地址范围为 011 00000000000～011 11111111111；

（5）标记为 U5 的 SRAM 存储器地址范围为 100 00000000000～100 11111111111；

（6）标记为 U6 的 SRAM 存储器地址范围为 101 00000000000～101 11111111111；

（7）标记为 U7 的 SRAM 存储器地址范围为 110 00000000000～110 11111111111；

（8）标记为 U8 的 SRAM 存储器地址范围为 111 00000000000～111 11111111111。

对于 SRAM 芯片 HM6116 来说，当芯片的 CS 引脚输入为高电平时，I/O0～I/O7 呈现高阻状态（High-Z），可以理解为，当呈现这种状态时，就好像 SRAM 芯片的 I/O0～I/O7 引脚与数据总线 data_bus 的连接处于断开状态。因此，就允许将 8 片 SRAM 芯片 HM6116 的 I/O0～I/O7 引脚都连接到数据总线 data_bus 上。

2. 宽度扩展

当外扩存储器接口的位宽大于单个存储器芯片的位宽（或者说外扩存储器接口数据线的位数要多于单个存储器芯片数据线的位数）时，我们就可以使用多片 SRAM 对存储器系统的位宽进行扩展。

下面将在深度扩展的基础上进行宽度扩展，假设中央处理单元外部存储器的总线接口提供了 16 位数据线。作为例子，我们只对 U1～U4 进行了深度和宽度扩展，如图 3.8 所示。

该设计是在前面存储器系统深度扩展的基础上，增加了存储器系统的宽度扩展：

（1）标记为 U1 和 U5 的一对存储器芯片共用 ram0_cs 片选，当该片选信号有效时，中央处理单元在执行读/写访问期间，将读取/写入该对存储器的 16 位数据（D0～D7 和 D8～D15）；

（2）标记为 U2 和 U6 的一对存储器芯片共用 ram1_cs 片选，当该片选信号有效时，中央处理单元在执行读/写访问期间，将读取/写入该对存储器的 16 位数据（D0～D7 和 D8～D15）；

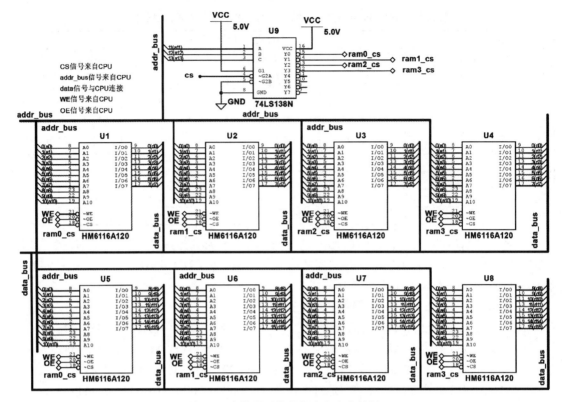

图 3.8　存储器系统的深度和宽度扩展

（3）标记为 U3 和 U7 的一对存储器芯片共用 ram2_cs 片选，当该片选信号有效时，中央处理单元在执行读/写访问期间，将读取/写入该对存储器的 16 位数据（D0~D7 和 D8~D15）；

（4）标记为 U4 和 U8 的一对存储器芯片共用 ram3_cs 片选，当该片选信号有效时，中央处理单元在执行读/写访问期间，将读取/写入该对存储器的 16 位数据（D0~D7 和 D8~D15）。

显然，在任意一个时刻，ram0_cs~ram3_cs 信号中只有一个信号是有效的（低电平），其他 3 个信号是无效的（高电平）。因此，在任意一个时刻，这 4 对 SRAM 中只有一对 SRAM 的16 位数据（D0~D7 和 D8~D15）是有效的，其余 3 对 SRAM 的 16 位数据呈现高阻（High-Z）状态。

思考与练习3-16：根据本小节所讲述的内容，分析图 3.8 给出的扩展存储器系统的工作原理，掌握对存储器系统进行深度扩展和宽度扩展的方法。

3.3　DRAM 存储器原理

图 3.9 给出了在现代 DRAM 器件中用于保存一位数据的由单晶体管单电容（1T1C）构成的 DRAM 单元。在该单元中，通过在访问（存取）晶体管的栅极施加电压而导通该晶体管时，将代表数据值的电压置于位线上，并且给存储电容进行充电。在关闭访问（存储）晶体管并且去除字线上的电压后，存储电容保留存储的电荷。然而，存储电容中存储的电荷会随着时间的推移而逐渐泄露。为了确保数据的完整性，DRAM 器件必须在称为"刷新"的过程中读取和写回 DRAM 单元中保存的数据。

　　早期的 DRAM 设计中使用了不同的单元结构，如图 3.10 中的由三晶体管和单电容器（3T1C）构成的 DRAM 单元，其具有单独的读访问、写访问和存储晶体管功能。3T1C 单元的结构有一个有趣的特性，这是因为从存储单元读取数据时不需要将单元内容放电到共享位线上。也就是说，对 DRAM 单元的数据读取在 3T1C 单元中没有破坏性，并且简单的读取周期不需要像在 1T1C 单元中那样将数据恢复到存储单元中。因此，3T1C 单元的随机读取周期比 1T1C 单元更快。然而，1T1C 的优势确保了这种基本结构的单元用于所有现代的 DRAM 器件。

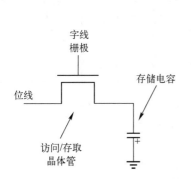

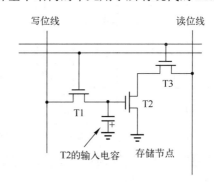

图 3.9　由 1T1C 构成的 DRAM 单元　　　　图 3.10　由 3T1C 构成的 DRAM 单元

DRAM 单元阵列的基本结构如图 3.11 所示。

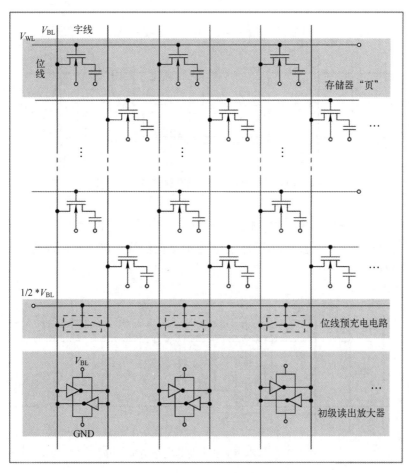

图 3.11　DRAM 单元阵列的基本结构

3.3.1 基本感应放大器的电路结构和原理

基本感应放大器的电路结构如图 3.12 所示。

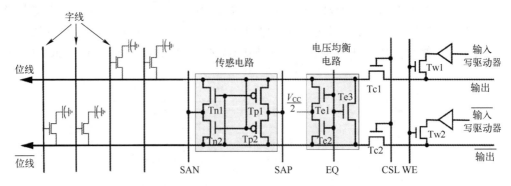

图 3.12 基本感应放大器的电路结构

1. 从存储电容器中读取信息时执行的过程

1）预充电

如图 3.12 和图 3.13 所示，在预充电阶段，在 EQ 信号的控制下，开启 Te1、Te2 和 Te3 晶体管，位线和位线上的电压稳定在 V_{ref}，$V_{ref} = V_{CC}/2$，然后进入下一个阶段。

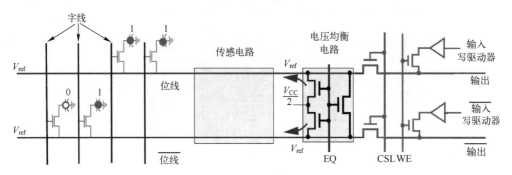

图 3.13 基本感应放大器的电路结构-预充电

2）访问

如图 3.14 所示，在预充电之后，位线和位线上的电压已经稳定在 V_{ref} 上，此时通过控制字线信号开启晶体管。存储电容器中的存储正电荷流向位线，进而将位线的电压拉高到 V_{ref}^+，然后进入下一阶段。

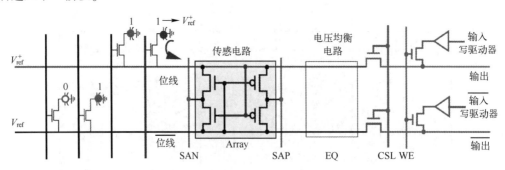

图 3.14 基本感应放大器的电路结构-访问

3) 传感

如图 3.12 和图 3.15 所示，由于在访问阶段将位线的电压上拉到 V_{ref}^{+}，Tn2 比 Tn1 更导电，Tp1 比 Tp2 更导电。

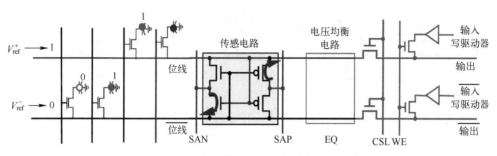

图 3.15　基本感应放大器的电路结构–传感

此时，感应放大器 N-Fet 控制（Sense-Amplifier N-Fet Control，SAN）将设置为逻辑"0"电压，感应放大器 P-Fet 控制（Sense-Amplifier P-Fet Control，SAP）将设置为逻辑"1"，其电压为 V_{cc}。由于 Tn2 比 Tn1 更导电，则位线上的电压将被 SAN 更快地拉到逻辑"0"电压。同样，位线的电压将被 SAP 拉到逻辑"1"电压。然后，Tp1 和 Tn2 进入开启状态，Tp2 和 Tn1 进入关闭状态。

最后，位线和位线的电压都处于稳定状态，正确呈现了存储电容器所存储的信息位。

4) 恢复

如图 3.12 和图 3.16 所示，位线处于稳定的逻辑"1"电压 V_{cc}，此时位线将为存储电容器充电。一定时间后，存储电容器的电荷可以恢复到读操作之前的状态。

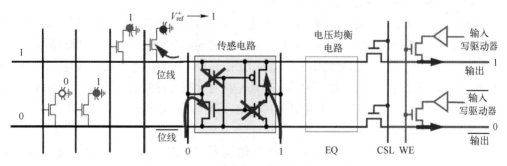

图 3.16　基本感应放大器的电路结构–恢复

最后，通过 CSL 信号使 Tc1 和 Tc2 导通，外部可以从位线上读取具体信息。

2. 将信息写入存储电容器中时执行的过程

如图 3.17 所示，前面的写操作过程与读操作过程相同，执行预充电、访问、传感和恢复操作。不同的是，在恢复阶段之后，还会执行写恢复操作。

在写恢复阶段，通过控制写使能（Write Enable，WE）信号使得 Tw1 和 Tw2 导通。此时，将位线拉到逻辑"0"电平，将位线拉到逻辑"1"电平。

在一定时间后，当存储电容器的电荷放电到"0"时，可以控制字线，切断存储电容器的接入晶体管。

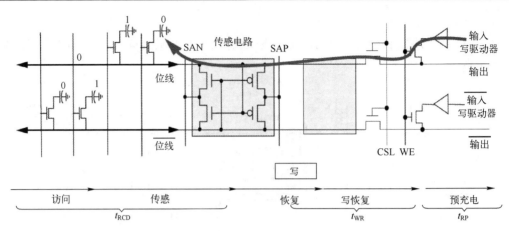

图 3.17　行激活，将列写入 DRAM 单元

3.3.2　SDRAM 的控制信号

最早的 DRAM 通常与 CPU 时钟同步，并且与早期的 Intel 处理器一起使用。在 20 世纪 70 年代，DRAM 转向异步设计，但在 20 世纪 90 年代又恢复到同步操作。

第一个商用 SDRAM 是三星 KM48SL2000 存储芯片，容量为 16MB，它是由三星电子于 1992 年使用互补金属氧化物半导体（Complementary Metal Oxide Semiconductor，CMOS）制造工艺制造的，并于 1993 年批量生产。

在 SDRAM 中，所有命令都是相对时钟信号的上升沿进行驱动的。除时钟外，还有 6 个控制信号，它们大多数是低电平有效，并且在时钟的上升沿采样。

1）时钟使能（Clock Enable，CKE）信号

当该信号为低电平时，芯片表现为时钟停止。该信号与其他控制信号线的状态无关，它的实际作用是延迟了一个时钟周期。也就是说，当前时钟周期照常进行，但要忽略掉接下来的时钟周期，除非再次测试 CKE 信号的输入。当对 CKE 信号采样为高电平后，恢复在时钟上升沿的正常操作。换句话说，所有其他芯片的操作都是相对屏蔽时钟的上升沿进行驱动的。屏蔽时钟是输入时钟与前一个输入时钟上升沿期间的 CKE 信号状态的逻辑"与"操作。

2）片选（Chip Select，CS）信号

当该信号为高电平时，芯片将忽略所有其他输入（CKE 除外），就像接收到 NOP 命令一样工作。

3）数据掩码（Data Mask，DQM）

之所以称为 DQM，而不是 DM，这是因为按照数字逻辑惯例，将数据线称为 DQ 线。当该信号为高电平时，这些信号会抑制掉 I/O 数据。当该信号伴随写入数据时，数据并未真正写到 DRAM 中。当在读取到周期的前两个周期为高电平时，不会从芯片输出读取的数据。×16存储器芯片或 DIMM 上每 8 位有一个 DQM 线。

4）命令信号

（1）行地址选通（Row Address Strobe，RAS）信号。尽管使用这个名字，但不是一个选通，而只是一个命令位。它与 CAS 和 WE 一起，用于选择 8 个命令中的一个。

（2）列地址选通（Column Address Strobe，CAS）信号。这也不是选通，而是命令位。

它与 RAS 和 WE 一起，用于选择 8 个命令中的一个。

（3）写使能（Write Enable，WE）信号。该信号与 RAS 和 CAS 信号一起，用于选择 8 个命令中的一个。它通常用来区分读和写操作。

5）组选择（Bank Selection，BAn）

SDRAM 器件在内部分为 2 个、4 个或 8 个独立的内部数据组，可选的组地址输入信号为 BA0、BA1 和 BA2，用于选择命令指向的组。

6）寻址（A10/An）

许多命令也使用出现地址输入引脚上的一个地址。一些不使用地址或显示列地址的命令也使用 A10 用于选择"变种"。

SDR SDRAM 的命令如表 3.2 所示。

表 3.2 SDR SDRAM 的命令

$\overline{CS}$	$\overline{RAS}$	$\overline{CAS}$	$\overline{WE}$	BAn	A10	An	命 令
H	×	×	×	×	×	×	命令禁止（无操作）
L	H	H	H	×	×	×	无
L	H	H	L	×	×	×	猝发终止：停止正在进行的猝发读或猝发写
L	H	L	H	组	L	列	读：从当前活动的行中读取猝发数据
L	H	L	H	组	H	列	使用自动预充电读取：如上所述，完成后预充电（关闭行）
L	H	L	L	组	L	列	写：将猝发数据写到当前活动的行
L	H	L	L	组	H	列	使用自动充电的写：如上所述，完成或预充电（关闭行）
L	L	H	H	组	行		活动（激活）：为读和写命令打开一行
L	L	H	L	组	L	×	预充电：停用（关闭）所选组的当前行
L	L	H	L	×	H	×	预充电所有：停用（关闭）所有组的当前行
L	L	L	H	×	×	×	自动刷新：使用内部计数器刷新每组的一行。所有组必须预充电
L	L	L	L	00	模式		加载模式寄存器：加载 A0~A9 以配置 DRAM 芯片。最重要的设置是 CAS 延迟（2 或 3 个周期）和突发长度（1 个、2 个、4 个或 8 个周期）

所有 SDRAM（包括 SDR 和 DDRx）都使用基本相同的命令，变化如下。

（1）额外的地址位以支持更大内存的器件。

（2）额外的组选择位。

（3）更宽的模式寄存器（DDR2 及以上使用 13 位，A0~A12）。

（4）额外扩展的模式寄存器（由组地址位选择）。

（5）DDR2 删除了猝发终止命令；DDR3 将其重新分配为"ZQ 校准"。

（6）DDR3 和 DDR4 在读写命令期间使用 A12 表示"猝发终止"（Burst Chop），半长数据传输。

（7）DDR4 更改激活命令的编码。一个新的 ACT 信号控制它，在此期间其他控制线用作 16、15 和 14 行地址位。当 ACT 为高时，其他命令同上。

3.3.3 SDR SDRAM 实例

本小节将以美国美光公司的 SDR SDRAM 芯片 MT48LC16M16A2（4M×16×4 组）为例，

其 54 脚的 TSOP II 封装如图 3.18 所示，其内部结构如图 3.19 所示。

图 3.18　MT48LC16M16A2 芯片的 54 脚 TSOP II 封装

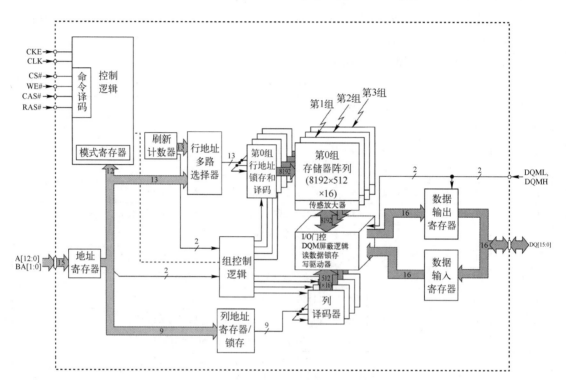

图 3.19　MT48LC16M16A2 芯片的内部结构

1）激活（ACTIVE）命令

ACTIVE 命令用于激活特定组中的行以供后续访问。BA0 和 BA1 上的输入选择组，提供的地址用于选择行。用于访问的该行保持有效，直到向该组发出预充电（PRECHARGE）命令。在打开相同组中不同的行之前，必须发出 PRECHARGE 命令。

ACTIVE 命令对应的信号如图 3.20 所示。

2）读（READ）命令

READ 命令用于启动对活动行的一个猝发读取访问。BA0 和 BA1 上的输入选择组，提供的列地址选择起使列的位置。输入 A10 的值确定是否使用自动预充电。如果选择自动预充电，则在 READ 猝发结束时对正在访问的行进行预充电；如果未选择自动预充电，则该行维持打开状态以供后续访问。

根据 DQM 输入上的逻辑电平提前两个时钟在 DQ 上出现读取数据。如果给定的 DQM 信号寄存为高电平，则相应的 DQ 将在两个时钟后变成高组态；如果 DQM 信号寄存为低电平，则 DQ 将提供有效数据。

READ 命令的对应的信号如图 3.21 所示。

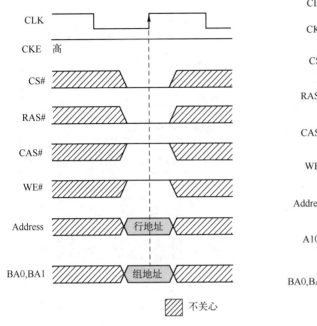

图 3.20　ACTIVE 命令对应的信号

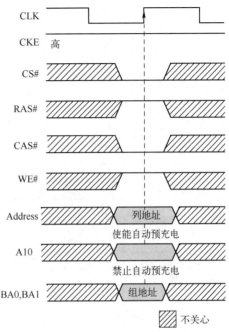

图 3.21　READ 命令对应的信号

3）写（WRITE）命令

WRITE 命令用于启动对活动行的猝发写访问。BA0 和 BA1 输入上的值选择组，提供的列地址选择开始的列位置。输入 A10 的值决定是否使用自动预充电。如果选择自动预充电，则在写猝发结束时对正在访问的行进行预充电；如果未选择自动预充电，则该行保持打开状态以用于随后的访问。

根据伴随数据出现的 DMQ 信号的逻辑电平，将出现在 DQ 信号上的输入数据写到存储器阵列。如果给定的 DQM 信号寄存为低电平，则将相应的数据写入存储器；如果 DQM 信号寄存为高电平，则忽略相应的数据输入，并且不会对该字节/列位置执行写操作。

WRITE 命令对应的信号如图 3.22 所示。

4）预充电（PRECHARGE）命令

PRECHARGE 命令用于取消特定组或所有组中所激活的行。在发出预充电命令后，在指定的时间（t_{RP}）后，组可用于后续的行访问。输入 A10 的值决定是预充电一个组还是所有的组，在只对一个组预充电的情况下，输入 BA0 和 BA1 用于选择组。否则，将 BA0 和 BA1 看作"无关紧要"的输入。对一个组预充电后，它将处于空闲状态，必须在向该组发出任何读或写命令之前激活它。

PRECHARGE 命令对应的信号如图 3.23 所示。

5）猝发终止（BURST TERMINATE）命令

猝发终止命令用于截断固定长度或连续页面的猝发。在猝发终止命令之前，必须截断最近寄存的读或写操作。

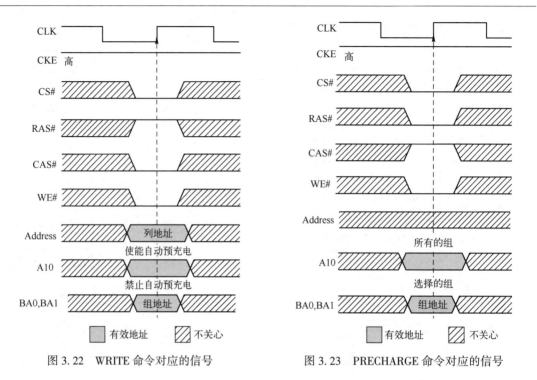

图 3.22　WRITE 命令对应的信号　　　　　　图 3.23　PRECHARGE 命令对应的信号

6）刷新（REFRESH）命令

（1）自动刷新（AUTO REFRESH）命令。在 SDRAM 正常工作期间使用自动刷新命令，类似于传统 DRAM 中的 CAS#-BEFORE-RAS#（CBR）刷新。该命令是非持久性的，因此每次需要刷新时都必须发出它。在发出自动刷新命令之前，必须对所有活动的组进行预充电。在预充电命令之后，在满足最小的 t_{RP} 之前，都不应该发出自动刷新命令，如图 3.24 所示。

由内部刷新控制器生成寻址，这使得地址位在自动刷新命令期间成为"无关"。无论器件的宽度如何，256MB SDRAM 要求每 64ms（商业和工业）或 16ms（汽车）需要 8192 个自动刷新周期。每 7.813μs（商业和工业）或 1.953μs（汽车）提供一个分布式刷新命令将满足刷新要求并确保刷新每一行。或者，在每个最小周期速率（t_{RFC}），以猝发形式发出 8192 个刷新命令，每 64ms（商业和工业）或 16ms（汽车）一次。

（2）自刷新（SELF REFRESH）命令。即使系统的其余部分断电，自刷新命令可用于在 SDRAM 中保留数据。在自刷新模式下，SDRAM 保留数据而没有外部时钟。

除禁止 CKE（低）外，自刷新命令的启动类似自动刷新命令。在寄存自刷新命令后，除 CKE 信号必须保持低电平外，SDRAM 的所有输入都变成无关，如图 3.25 所示。

当使能自刷新模式后，SDRAM 提供自己的内部时钟，使其执行自己的自动刷新周期。SDRAM 必须在等于 t_{RAS} 的最短时间内保持自刷新模式，并且可以在超过该时间段的无限时间内保持自刷新模式。

退出自刷新过程需要一系列命令。首先，在 CKE 信号回到高电平之前，CLK 信号必须是稳定的（将稳定时钟定义为时钟引脚指定的时序约束内信号周期）。在 CKE 信号为高电平后，SDRAM 必须在 t_{XSR} 发出 NOP 命令（至少两个周期），因为完成任何正在进行的内部刷新都需要时间。

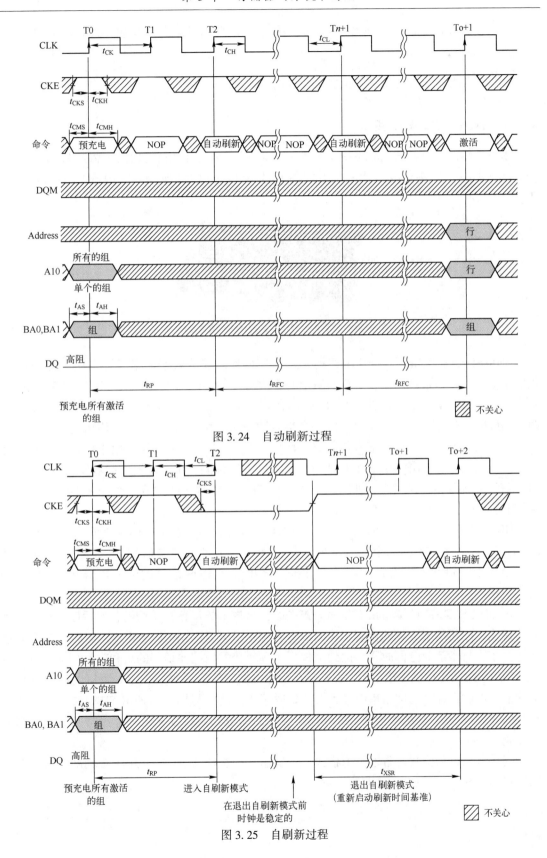

图 3.24　自动刷新过程

图 3.25　自刷新过程

退出自刷新模式后，必须以指定的时间间隔发出自刷新命令，因为自刷新和自动刷新都使用行刷新计数器。

> 注：在汽车的温度级芯片中不支持自刷新。

3.3.4　DDR SDRAM 实例

本小节将以美国美光公司的双数据率（Dual Data Rate，DDR）SDRAM 芯片 MT46V16M16（4M×16×4 组）为例，该芯片 66 脚的 TSOP 封装如图 3.26 所示，其内部架构如图 3.27 所示。

图 3.26　MT46V16M16 芯片的 66 脚 TSOP 封装

DDR SDRAM 使用双数据速率架构实现高速操作。双倍数据速率架构本质上是一种 $2n$ 预取架构，其接口设计用于在 I/O 引脚上每个时钟周期传输两个数据字。对 DDR SDRAM 的单个读或写访问实际上由内部 DRAM 内核的单个 $2n$ 位宽、一个时钟周期的数据传输，以及两个相应的 n 位宽、在 I/O 引脚上的一个半时钟周期（Half-Clock）数据传输组成。

双向数据选通（DQS）信号与数据（DQ）信号一起从外部传输，用于接收器的数据捕获。在读期间，由 DDR SDRAM 发出 DQS 信号；在写期间，由存储器控制器发出 DQS 信号。DQS 信号与读数据边缘对齐，如图 3.28 所示；并与写数据中心对齐，如图 3.29 所示。×16 存储器有两个数据选通，一个用于低字节，另一个用于高字节。

DDR SDRAM 使用差分时钟（CK 和 CK#）运行；CK 变高与 CK#变低的交叉点称为 CK 的上升沿。在 CK 的每个上升沿处，寄存命令（地址和控制信号）。在 DQS 信号的两个边沿（上升沿和下降沿）寄存输入数据，输出参考 DQS 信号的两个边沿和 CK 信号的两个边沿。

对 DDR SDRAM 的读写访问是面向猝发的；从选定的位置开始访问，然后以编程的序列继续持续访问所编程数量的位置。访问以寄存激活（ACTIVE）命令开始，然后可能跟着读或写命令。与激活命令同时寄存的地址位用于选择猝发访问要访问的组和起始列的位置。

DDR SDRAM 提供 2 个、4 个或 8 个位置的可编程读或写猝发长度。可以使能自动预充电功能以提供在猝发访问结束时启动的自定时行预充电。与标准的 SDR SDRAM 一样，DDR SDRAM 的流水线、多组架构允许并发操作，从而通过隐藏行预充电和激活时间来提供高有效带宽。

提供自动刷新模式与省电掉电模式。所有输入均符合 SSTL_2 的 JEDEC 标准，所有全驱动选项均与 SSTL_2，Class II 兼容。

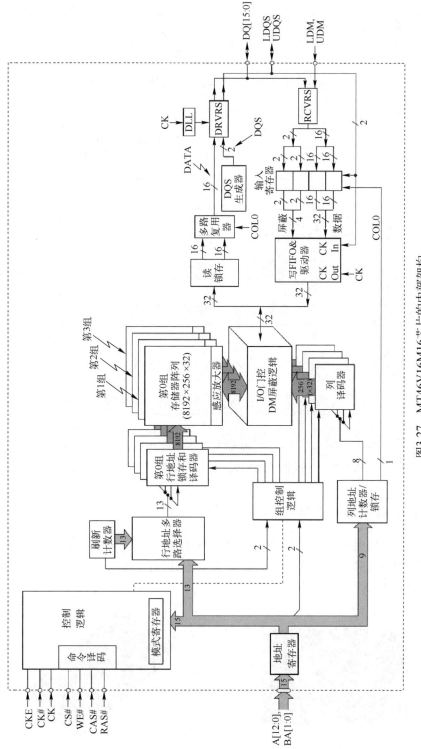

图3.27　MT46V16M16芯片的内部架构

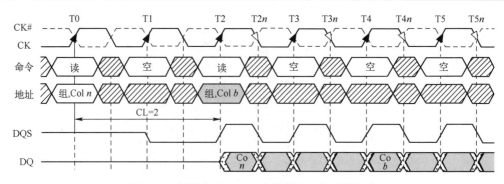

图 3.28　读操作时，DQS 与数据 DQ 之间的关系

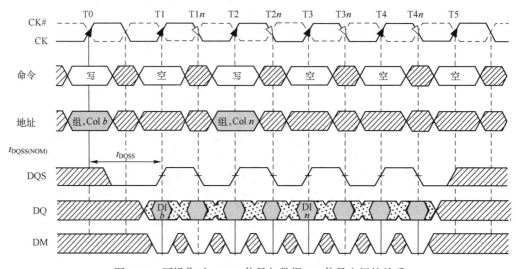

图 3.29　写操作时，DQS 信号与数据 DQ 信号之间的关系

3.3.5　DDR2 SDRAM 实例

本小节将以美国美光公司的第二代双倍数据率（Dual Data Rate Two，DDR2）SDRAM 芯片 MT47H32M16（8M×16×4 组）为例，该芯片 84 脚的 FBGA 封装如图 3.30 所示，其内部架构如图 3.31 所示。

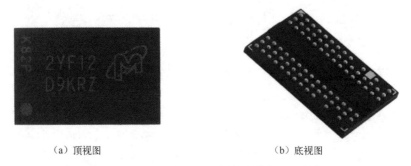

（a）顶视图　　　　　　　　　　　（b）底视图

图 3.30　MT47H32M16 芯片的 84 脚 FBGA 封装

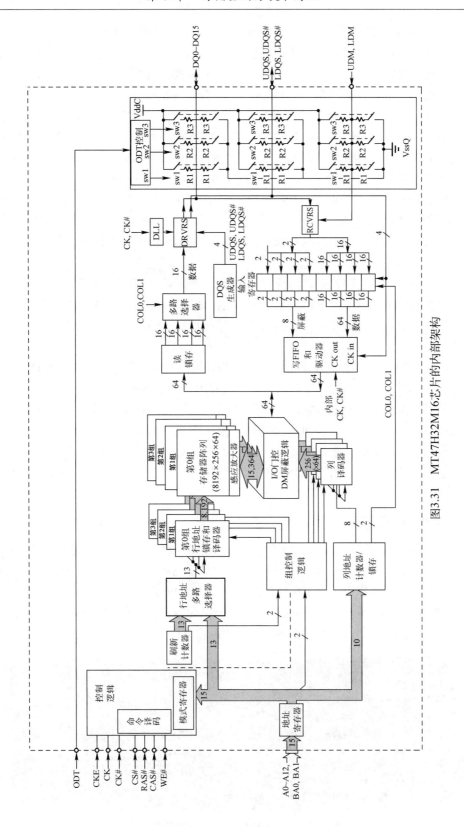

图3.31 MT47H32M16芯片的内部架构

DDR2 SDRAM 使用双数据率架构来实现高速运行。双数据率架构本质上是一种 $4n$ 预取架构，其接口用于在 I/O 引脚上每个时钟传输两个数据字。DDR2 SDRAM 的单个读或写操作实际上由内部 DRAM 核的单个 $4n$ 位宽、两个时钟周期的数据传输和 I/O 引脚上的 4 个相应的 n 位，以及一个半时钟周期（Half-Clock）的数据传输构成。

双向数据选通（DQS，DQS#）信号与数据信号一起从外部传输，用于接收器捕获数据。DQS 信号是 DDR2 SDRAM 在读期间和存储器控制器在写期间发送的选通信号。DQS 信号与读数据边缘对齐，并与写数据中心对齐。×16 位的 DDR2 SDRAM 芯片有两个数据选通，一个用于低字节（LDQS、LDQS#），一个用于高字节（UDQS、UDQS#）。

DDR2 SDRAM 使用差分时钟（CK 和 CK#）运行；CK 信号变高和 CK#信号变低的交叉点称为 CK 信号的上升沿。在 CK 信号的每个上升沿寄存命令（地址和控制信号）。在 DQS 信号的两个边沿（上升沿和下降沿）寄存输入数据，输出数据参考 DQS 信号的两个边沿和 CK 信号的两个边沿。

对 DDR2 SDRAM 的读写访问是面向猝发的；从选定的位置开始访问，并按编程的序列持续访问编程的数量。访问以寄存激活命令开始，然后跟着读或写命令。与激活命令同时寄存的地址位选择要访问的组和行。与读或写命令同时寄存的地址位用于为猝发访问选择组和起始列的位置。

DDR2 SDRAM 提供 4 个或 8 个位置的可编程读或写猝发长度。DDR2 SDRAM 支持用另一个读操作来打断一个 8 个的猝发读取操作，或者用另一个写操作来打断一个 8 个的猝发写操作入。可以使能自动预充电功能以提供在猝发访问结束时启动的自定时行预充电。

与标准 DDR SDRAM 一样，DDR2 SDRAM 的流水线、多组架构支持并发操作，从而通过隐藏行预充电和激活时间来提供高且有效的带宽。该存储器芯片提供了自刷新模式，以及省电、掉电模式。其所有输入均符合 SSTL_18 的 JEDEC 标准，并且所有全驱动强度输出均与 SSTL_18 兼容。

3.3.6 SDRAM 的扩展

SDRAM 的扩展，类似于 SRAM 的扩展，包括深度扩展和宽度扩展。存储器厂商已经提供了包含多片 SRAM 的"内存条"，这种内存条常见于笔记本电脑和台式电脑中，如图 3.32 所示。通常，将内存条称为双列直插存储器模块（Dual In-line Memory Module，DIMM），也称为 RAM 棒（RAM Stick），它是包含多个动态随机存取存储器的集成电路。这些模块安装在印刷电路板上，用于个人电脑、工作站、打印机和服务器。

图 3.32　PC133 512MB SDR SDRAM 内存条

随着 SDRAM 技术的不断发展，双列直插存储器模块代替了单列直插式存储器模块（Single In-line Memory Module，SIMM），已成为主要的存储器模块类型。标准 SIMM 具有 32 位数据路径，而标准的 DIMM 有 64 位数据路径。使用 SDR SDRAM 的 DIMM 性能如表 3.3 所示，使用 DDR SDRAM 的 DIMM 性能如表 3.4 所示，使用 DDR2 SDRAM 的 DIMM 性能如表 3.5 所示。

表 3.3　使用 SDR SDRAM 的 DIMM 性能

芯　　片	模　　块	有效时钟	传输速率	电　　压
SDR-66	PC-66	66MHz	66MT/s	3.3V
SDR-100	PC-100	100MHz	100MT/s	3.3V
SDR-133	PC-133	133MHz	133MT/s	3.3V

表 3.4　使用 DDR SDRAM 的 DIMM 性能

芯　　片	模　　块	有效时钟	传输速率	电　　压
DDR-200	PC-1600	100MHz	200MT/s	2.5V
DDR-266	PC-2100	133MHz	266MT/s	2.5V
DDR-333	PC-2700	166MHz	333MT/s	2.5V
DDR-400	PC-3200	200MHz	400MT/s	2.5V

表 3.5　使用 DDR2 SDRAM 的 DIMM 性能

芯　　片	模　　块	有效时钟	传输速率	电　　压
DDR2-400	PC2-3200	200MHz	400MT/s	1.8V
DDR2-533	PC2-4200	266MHz	533MT/s	1.8V
DDR2-667	PC2-5300	333MHz	667MT/s	1.8V
DDR2-800	PC2-6400	400MHz	800MT/s	1.8V
DDR2-1066	PC2-8500	533MHz	1066MT/s	1.8V

以美国美光（Micron）公司 DDR2 SDRAM 的 DIMM 为例，说明扩展 SDRAM 的方法。

1. 小外形双列直插存储器模块

小外形双列直插存储器模块（Small-Outline Dual In-line Memory Module，SODIMM）通常用于空间有限的系统，如笔记本电脑。它们通常具有与常规 DIMM 相同大小的数据路径和速度额定值，但是通常具有较小的容量。

美光公司的 MT16HTF12864HZ-1GB 是 200 个引脚的 DDR2 SDRAM SODIMM，其组织形式为 128Mb×64，采用了 JEDEC 标准的 1.8V I/O（与 SSTL_18 兼容），如图 3.33 所示。该 SODIMM 使用了 MT47H64M8 DDR2 SDRAM 芯片，组织形式为 64MB×8，配置为 16M×8×4 组，行地址为 A[13:0](16K)，组地址为 BA[1:0]，列地址为 A[11, 9:0](2K)。

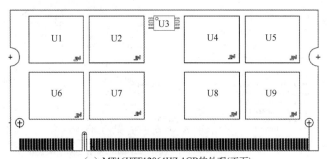

（a）MT16HTF12864HZ-1GB的外观(正面)

图 3.33　MT16HTF12864HZ-1GB 的外观

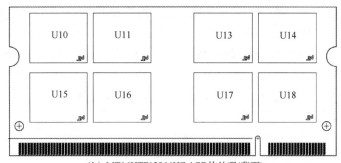

（b）MT16HTF12864HZ-1GB的外观(背面)

图 3.33　MT16HTF12864HZ-1GB 的外观（续）

MT16HTF12864HZ-1GB 的内部电路结构如图 3.34 所示。从图中可知，该存储器模块内的地址、命令和数据均没有寄存/缓冲。

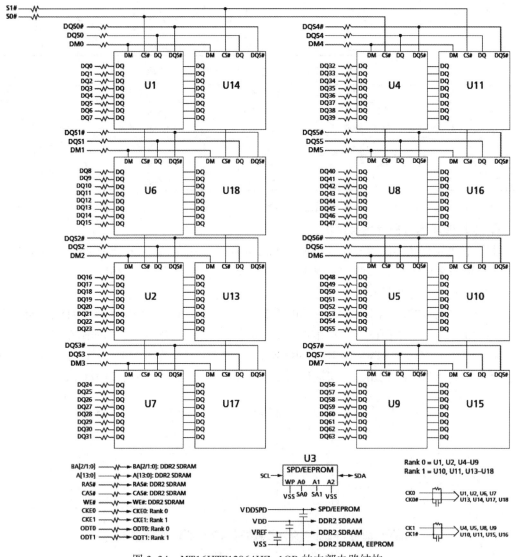

图 3.34　MT16HTF12864HZ-1GB 的内部电路结构

2. 小外形寄存的双列直插存储器模块

小外形寄存的双列直插存储器模块（Small‑Outline Registered Dual In‑line Memory Module，SORDIMM）支持 ECC 检错和纠错功能、地址和命令的寄存功能、PLL 功能，以及温度传感器功能。例如，美光公司的 SORDIMM 组织形式为 64M×72b，该 DIMM 也使用了 MT47H64M8 DDR2 SDRAM 存储器芯片，其外观如图 3.35 所示。

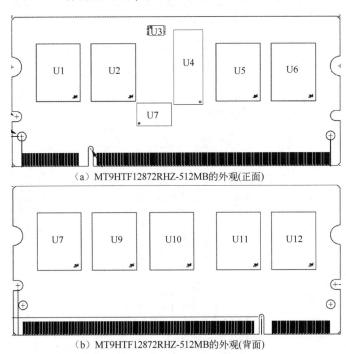

（a）MT9HTF12872RHZ-512MB的外观(正面)

（b）MT9HTF12872RHZ-512MB的外观(背面)

图 3.35　MT9HTF12872RHZ‑512MB 的外观

MT9HTF12872RHZ‑512MB 的内部电路结构如图 3.36 所示。

思考与练习 3‑17：根据图 3.9 给出的 1T1C DRAM 结构说明其工作原理。

思考与练习 3‑18：DRAM 中基本感应放大器读取信息时，包括_____、_____、_____和_____过程。当写入信息时，还需要额外的_____过程。

思考与练习 3‑19：简述控制 SDRAM 芯片的 6 个信号的主要功能。

思考与练习 3‑20：在 SDRAM 中，对于不同的命令，回答下面的问题。

（1）激活命令的作用是_____，简述其对应的时序。

（2）读命令的作用是_____，简述其对应的时序。

（3）写命令的作用是_____，简述其对应的时序。

（4）预充电命令的作用是_____，简述其对应的时序。

思考与练习 3‑21：在 SDRAM 中，提供了_____和_____两种刷新模式，说明这两种刷新模式的主要区别。

思考与练习 3‑22：与单数据率 SDRAM 相比，双数据率 SDRAM 与之最大的区别在于_____（提示：在时钟双沿的操作）。

思考与练习 3‑23：简要说明 DDR SDRAM 和 DDR2 SDRAM 在数据传输上的区别。

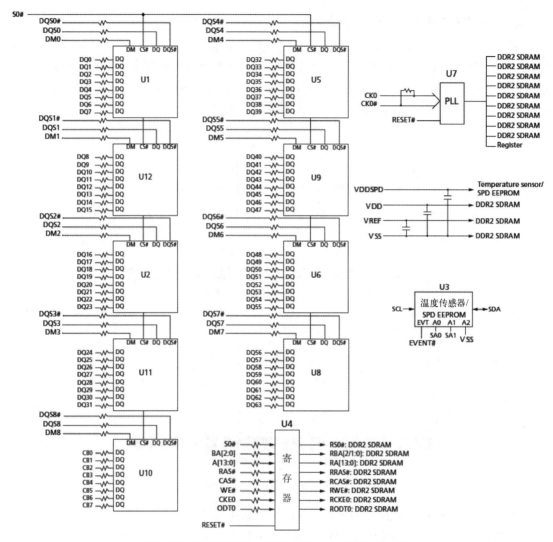

图 3.36　MT9HTF12872RHZ-512MB 的内部电路结构

思考与练习 3-24：根据图 3.34 给出的电路结构，说明对 DDR2 SDRAM 进行深度和宽度扩展的方法。

3.4　Flash 存储器原理

目前使用的两种主要的非易失性 Flash 存储器（以下简称闪存）包括 NOR 闪存和 NAND 闪存。下面将介绍 NAND 闪存和 NOR 闪存的工作原理，并讨论两者的区别。

3.4.1　浮栅 MOSFET 的原理

在闪存中，每个存储单元类似于一个标准的金属氧化物半导体场效应晶体管（Metal-Oxide-Semiconductor Field-Effect Transistor，MOSFET），只是晶体管有两个栅极而不是一个栅极，如图 3.37 所示。

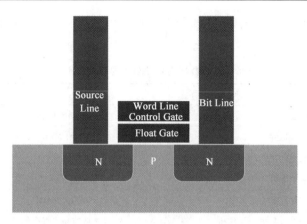

图 3.37　一个闪存单元

图中，Bit Line 表示位线，Source Line 表示源线，Word Line 表示字线。

这些单元可以看作一个电子开关，其中电流在两个端子（源极和漏极）之间流动，并且由浮栅（Float Gate，FG）和控制栅（Control Gate，CG）控制。CG 类似于其他 MOS 晶体管中的栅极，但在其下方，FG 四周被氧化层绝缘。FG 介于 CG 和 MOSFET 通道之间，由于 FG 被其绝缘层电隔离，因此在其上的电子会被捕获。当用电子给 FG 充电时，该电荷会屏蔽来自 CG 的电场，从而增加单元的阈值电压（V_{T1}）。这意味着现在必须向 CG 施加更高的电压（V_{T2}）才能使沟道导电。如果沟道在此中间电压下导通，则 FG 肯定没有充电（如果已经充电，则不会导通，因为中间电压小于 V_{T2}），因此，逻辑"1"保存在栅极中。如果沟道在中间电压下不导通，则表明 FG 已经充电，因此，逻辑"0"保存在栅极中。当在 CG 上的中间电压有效时，通过确定是否有电流流过晶体管来感应逻辑"0"和逻辑"1"的存在。在每个单元保存多于一位的多电平单元器件中，检测电流量（而不是简单地存在或不存在），以便更精确地确定在 FG 上的电荷水平。

之所以称为浮栅 MOSFET，是因为浮栅和硅之间有一层电绝缘的隧道氧化层，因此栅"浮"在硅上面。氧化物将电子限制在浮栅中。由于氧化物所经历的极高电场（每厘米 1000 万电子伏特），会发生退化或磨损（以及浮栅闪存的有限耐久性）。随着时间的推移，这种高电压密度会破坏相对较薄的氧化物中的原子键，逐渐降低其电绝缘性能，允许捕获电子并从浮栅自由（泄露）进入氧化物，增加数据丢失的可能性，这是因为电子（其数量通常用于表示不同的电荷水平，每个电子分配给 MLC 闪存中的不同位组合）通常位于浮栅中。这就是为什么数据保留会下降并且数据丢失的风险随着退化的增加而增加的原因。

在嵌入式系统中使用 NAND 闪存和 NOR 闪存有特定的优点和缺点。NAND 闪存最适合文件或顺序数据应用，NOR 闪存最适合随机存取。与 NOR 闪存相比，NAND 闪存的优势在于快速编程和擦除操作。NOR 闪存的优势在于其随机访问和字节写入能力。

随机访问为 NOR 闪存提供了就地执行（Execute-In-Place，XiP）功能，这在嵌入式应用程序中非常必要。越来越多的处理器包括直接 NAND 闪存接口，并且支持直接从 NAND 闪存器件（无 NOR 闪存）启动。当成本、空间和存储容量非常重要时，这些处理器提供了很好的解决方案。使用这些处理器，将 NAND 闪存设计为嵌入式应用时，XiP 功能将不再是考虑因素。

NAND 闪存和 NOR 闪存的性能比较如表 3.6 所示。通过该表，可帮助读者了解两者之间的主要差别。

表 3.6　NAND 闪存和 NOR 闪存的性能比较

类　型	NAND 闪存	NOR 闪存
优势	快速编程	随机访问/存取
	快速擦除	可能的字节编程
劣势	较慢随机访问/存取	较慢编程
	字节编程困难	较慢擦除
应用	文件（磁盘）应用	替代 EPROM
	语音、数据、录像机	从非易失性存储器直接执行
	任何大的顺序数据	—

3.4.2　NOR 闪存

NOR 闪存最常用于需要写入和读取单个数据字节的应用程序，并且最常用于需要随机访问和就地访问技术的应用程序。由于每次读取访问花费的时间相同，因此顺序读取并不比随机访问快。擦除/编程周期通常很长。

目前，NOR 闪存可提供兆位或千兆位的容量。根据器件的不同，在写入数据之前必须擦除单个字节或扇区，擦除/编程速度通常低于 1MB/s。

NOR 闪存具有高可靠性，通常可以保持数据完整性 20 年或更长时间。

如图 3.38 所示，在 NOR 闪存中，每个单元的一端直接接地，另一端直接连接到位线。这种排列称为"NOR 闪存"，因为它的作用类似于"或非"（NDR）门：当拉高其中一条字线（连接到单元的 CG）时，相应的存储晶体管就会将输出位线拉低。

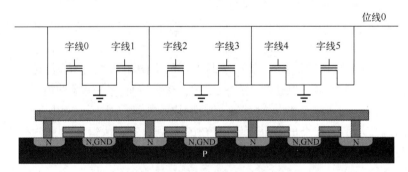

图 3.38　NOR Flash 原理

1. 编程

如图 3.39 所示，处于默认状态的单级 NOR 闪存单元在逻辑上等效于二进制的"1"，因为在向控制栅极施加适当电压的情况下，电流将流经沟道，从而拉低位线电压。

可以通过以下过程编程 NOR 闪存单元或将其设置为二进制的"0"值。

（1）向 CG 施加升高的导通电压（通常大于 5V）。

（2）沟道现在是打开的，因此电子可以从源极流向漏极（假设是 NMOS 晶体管）。

（3）源极–漏极电流足够大，通过称为热电子注入的过程，导致一些高能电子通过绝缘层跳到 FG 上。

2. 擦除

如图 3.40 所示，为了擦除 NOR 闪存单元（将其复位到"1"状态），在 CG 和源端子之间施加极性相反的大电压，通过量子隧道将电子拉离 FG。现代 NOR 闪存芯片分为擦除段（通常称为块或扇区）。

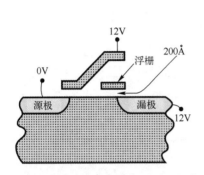

图 3.39　通过热电子注入的 NOR 闪存

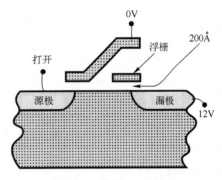

图 3.40　擦除 NOR 闪存

擦除操作只能以块为单位进行；擦除段中的所有单元必须一起擦除。但是，NOR 单元通常可以一次执行一个字节或一个字的编程。

3. 通用闪存接口

用于锁定、解锁、编程或擦除 NOR 存储器的特定命令因不同的制造商而有所不同。为了避免为制造的每个器件都需要单独的驱动程序软件，特殊的通用闪存接口（Common Flash Memory Interface，CFI）命令允许器件识别自身，以及它的关键操作参数。

4. 芯片实例

本部分将以中国台湾旺宏电子的单电压 3V NOR 闪存 MX29GL512G 为例说明其原理和接口。

1）接口信号

该器件的接口如图 3.41 所示，接口信号的定义如表 3.7 所示。

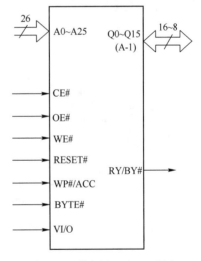

图 3.41　单电压 3V NOR 闪存
MX29GL512G 的接口

表 3.7　单电压 3V NOR 闪存 MX29GL512G 接口信号的定义

信　　号	功　　能
A0～A25	地址输入 A0～A24（器件 MX29GL512G） A0～A25（器件 MX68GL1G0G）
Q0～Q14	数据输入/输出
Q15/A−1	Q15（字模式）/地址 LSB（字节模式）

信　号	功　能
CE#	芯片使能输入
WE#	写使能输入
OE#	输出使能输入
RESET#	硬件复位引脚，低有效
WP#/ACC	硬件写保护/编程加速输入
RY/BY#	准备/忙输出
BYTE#	选择 8 位或 16 位模式
VCC	+3.0V 单电源供电
GND	器件地
NC	内部未连接引脚
VI/O	用于输入/输出的供电电源

2）内部结构分析

单电压 3V NOR 闪存的内部结构如图 3.42 所示。图中的每个块代表实际芯片中用于访问、擦除、编程和读取存储器阵列的一个或多个电路模块。

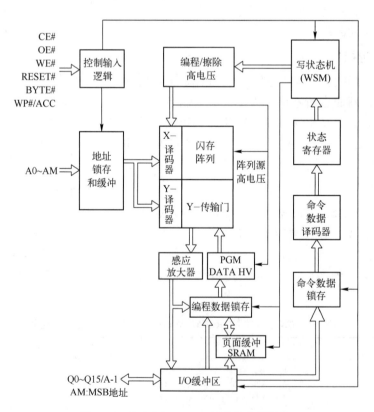

图 3.42　单电压 3V NOR 闪存的内部结构

控制输入逻辑块接收输入引脚 CE#、OE#、WE#、RESET#、BYTE#和 WP#/ACC。它根据输入引脚创建内部时序控制信号并输出到地址锁存和缓冲块，以锁存外部地址引脚 A0~AM（AM=A24，用于 MX29GL512G；AM=A25，用于 MX68GL1G0G）。内部地址从该块输出到主阵列和由 X-译码器、Y-译码器、Y-传输门与闪存阵列组成的译码器。X-译码器对闪存阵列的字线进行译码，而 Y-译码器对闪存阵列的位线进行译码。通过 Y-传输门，选择位线电气连接到感应放大器和编程数据高电压（PGM DATA HV）块。

感应放大器用于读出闪存的内容，而编程数据高电压块用于在编程期间有选择地向位线提供高功率。I/O 缓冲区块控制 Q0~Q15/A−1 引脚上的输入和输出。在读操作期间，I/O 缓冲区接收来自感应放大器的数据并相应地驱动输出引脚。在编程命令的最后一个周期，I/O 缓冲区块将 Q0~Q15/A−1 上的数据传输到编程数据锁存块，它控制编程数据高电压块中的大功率驱动器，根据用户的输入模式选择性地编程字/字节中的位。在写到缓冲区序列期间，I/O 缓冲区块将 Q0~Q15 上的数据传输到页面缓冲区 SRAM 以保存用户数据。当用户发出确认命令后，页面缓冲区 SRAM 的数据将依次传输到编程数据锁存块并通过编程数据高电压块将数据编程到闪存单元中。

编程/擦除高电压块包含产生和传输必要的高电压到 X-译码器、闪存阵列和编程数据高电压块。逻辑控制模块包括写状态机、状态寄存器和命令数据译码器以及命令数据锁存块。当用户通过切换 WE#发出命令时，Q0~Q15/A−1 上的命令会锁存在命令数据锁存块中，并由命令数据译码器译码。状态寄存器接收命令并记录器件当前的状态。写状态机块通过控制图中的每个块，根据当前命令状态实现编程或擦除的内部算法。

3）扇区构成

对于 MX29GL512G 来说，其扇区结构如表 3.8 所示。

表 3.8　MX29GL512G 的扇区结构

扇区大小		扇区	扇区地址 A24~A16	地址范围（×16）
字节	字			
128	64	SA0	000000000	0000000h~000FFFFh
128	64	SA1	000000001	0010000h~001FFFFh
128	64	SA2	000000010	0020000h~002FFFFh
…	…	…	…	…
128	64	SA511	111111111	1FF0000h~1FFFFFFh

4）典型操作

本部分将通过扇区的擦除操作说明命令的用法。扇区擦除操作用于通过将扇区所有存储位置返回到"1"状态来清除扇区内的数据。启动擦除操作需要 6 个命令周期，前两个周期是"解锁周期"，第三个是配置周期，第四个和第五个也是"解锁周期"，第六个周期是扇区擦除命令，具体操作命令如表 3.9 所示。

表 3.9 扇区擦除命令

周　　期		第一周期	第二周期	第三周期	第四周期	第五周期	第六周期
地址	字节模式	AAA	555	AAA	AAA	555	扇区
	字模式	555	2AA	555	555	2AA	扇区
数据		AA	55	80	AA	55	30

当扇区擦除操作开始后，将忽略掉除暂停擦除和扩展状态寄存器读取之外的所有命令。中断擦除操作的唯一方法是使用擦除挂起命令或硬件复位。硬件复位将完全终止操作并将器件返回到读取模式。

3.4.3 NAND 闪存

NAND 闪存按块排列，可以在其中写入、读取或擦除数据。在顺序读取期间，接收第一个数据字节的延迟远高于 NOR 闪存，但随后检索数据的顺序字节比使用 NOR 闪存快得多。写入数据时，可以将整块数据快速传输到 NAND 闪存，然后在一次操作中写入该块。有效的读写速度与块擦除时间都比 NOR 闪存快得多。

NAND 闪存最适合执行大型顺序数据访问的系统，这很好地映射了当今用作具有面向块的存储子系统的计算系统和操作系统的主要存储设备的用途。

由于闪存单元的物理硅设计，对于类似的工艺技术，NAND 闪存单元比 NOR 闪存单元占用的硅片面积少约 40%。

NAND 闪存的结构如图 3.43 所示。NAND 闪存也使用浮栅晶体管，但它们的连接方式类似于"与非"（NAND）门：几个晶体管串联连接，只有当所有字线都拉高时（高于晶体管的 V_T），位线才会拉低。然后，这些组通过一些额外的晶体管连接到 NOR 类型的位线阵列，就像单个晶体管在 NOR 闪存中的连接一样。

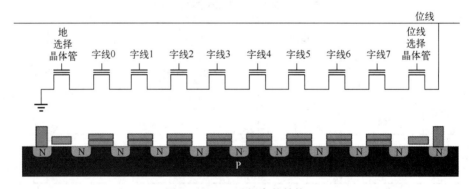

图 3.43 NAND 闪存的结构

与 NOR 闪存相比，用串行连接组替换单个晶体管增加了额外的寻址级别。NOR 闪存可以按页、字和位寻址。位级寻址适合位串行应用程序（如硬盘仿真），一次只能访问一位。另外，就地执行应用程序同时访问一个字中的每一位，这要求字级寻址。在任何情况下，位寻址模式和字寻址模式均可用于 NOR 或 NAND 闪存。

要读取数据，首先选择所需要的组（与从 NOR 阵列中选择单个晶体管的方式相同）。接下来，将大部分字线上拉到已编程位的 V_T 以上，而将其中之一则上拉到刚好高于已擦除

的 V_T。如果所选位尚未编程，则串联组将导通（并将位线拉低）。

尽管增加了晶体管，地线和位线的减少允许更密集的布局和每个芯片更大的存储容量（地线和位线实际上比图中的线宽多）。此外，NAND 闪存通常允许包含一定数量的故障（用于 BIOS ROM 的 NOR 闪存期望无故障）。制造商尝试通过缩小晶体管的尺寸使可用的存储量最大化。

1. 类型

根据工艺的不同，将 NAND 闪存划分为以下类型，如图 3.44 所示。

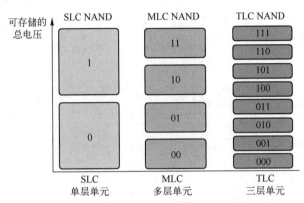

图 3.44　NAND 闪存的分类（根据工艺的不同）

1）单层单元 NAND 闪存

单层单元（Single Level Cell，SLC）技术在每个单元中保存一位数据。单元保存"0"或"1"。SLC 技术提供 NAND 闪存技术的最高可靠性和耐用性。

2）多层单元 NAND 闪存

多层单元（Multi-Level Cell，MLC）技术在每个单元中保存多于一位的数据，导致数据密度增加，因此容量比 SLC 技术更高。今天，每单元 2 位、3 位甚至 4 位 MLC 闪存技术非常普遍。由于每个单元保存的不仅仅是一位数据，分割单元不同位解释的电压裕度降低，当单元内的充电电压随时间变化时，MLC 技术对数据错误更加敏感。因此，MLC 闪存技术的耐用性比 SLC 闪存技术低得多。

3）三层单元

三层单元（Triple Level Cell，TLC）是 MLC 的一个子集，专门用于每单元 3 位的功能。

如今，采用 SLC 技术获得大容量 NAND 闪存 SSD 变得越来越困难。相反，许多供应商正在使用 MLC 闪存阵列的多个位状态来模拟 SLC 闪存阵列的可靠性来实现 SLC 的可靠性与耐用性。通过每个有效 SLC 位使用多个 MLC 位状态，SLC 模式下的闪存阵列的有效容量小于原始的 MLC 容量。

2. 写和擦除

NAND 闪存使用隧道注入进行写入操作，以及使用隧道释放进行擦除操作。NAND 闪存构成了称为 USB 闪存驱动器的可移动 USB 存储设备的核心，以及当今可用的大多数存储卡格式与固态驱动器。

NAND 闪存的层次结构从单元级开始，它建立串，然后是页、块、平面，最后是晶圆。

串是一系列连接的 NAND 单元，其中一个单元的源极连接到下一个单元的漏极。根据 NAND 技术，一个串通常由 32~128 个 NAND 单元组成。将串组织成页，然后组织成块，其中每个串连接到称为位线（BL）的单独线。串中具有相同位置的所有单元通过字线（WL）的控制门连接。包含一定数量块的平面，它们通过相同的 BL 连接。闪存晶圆由一个或多个平面，以及执行所有读/写/擦除操作所需的外围电路组成。一个 2GB NAND 闪存的典型组成结构（包含 2048 个块）如图 3.45 所示。

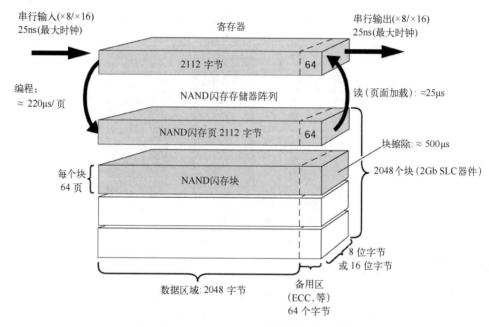

图 3.45　一个 2GB NAND 闪存的典型组成结构

NAND 闪存的架构意味着数据可以按页读取和编程，通常大小为 4~16KB，但只能在由多个页和大小为兆字节组成的整个块级别进行擦除。当擦除一个块时，将所有单元在逻辑上设置为"1"。数据只能在一次通过时编程到被擦除的块中的一页。通过编程设置为"0"的任何单元只能通过擦除整个块来复位为"1"，这意味着在将新数据编程到已经包含数据的页面之前，必须将页面的当前内容加上新数据复制到新的擦除页面。如果有合适的页面可用，则可以立即将数据写入其中。如果没有可用的已擦除页面，则必须先擦除该块，其次将数据复制到该块中的页面，最后才能将旧页面标记为无效，这样就可以擦除和重新使用。

3. 接口标准

一个名为开放 NAND 闪存接口工作组（Open Flash Interface Working Group，ONFI）的小组已经为 NAND 闪存芯片开发了标准化的底层接口。这允许来自不同供应商的符合标准的 NAND 器件之间的互操作性。ONFI 规范版本 1.0 于 2006 年 12 月 28 日发布。它规定：

（1）TSOP-48、WSOP-48、LGA-52 和 BGA-63 封装中 NAND 闪存的标准物理接口（引脚排列）；

（2）用于读取、写入和擦除 NAND 闪存芯片的标准命令集；

（3）一种自我识别机制（类似于 SDRAM 存储器模块的串行存在检测功能）。

ONFI 得到了主要 NAND 闪存制造商的支持，包括海力士（Hynix）、英特尔（Intel）、美光科技（Micron Technology）和恒忆（Numonyx），以及包含 NAND 闪存芯片的主要芯片制造商。

两个主要的闪存芯片制造商［东芝（Toshiba）和三星（Samsung）］，选择使用它们自己设计的接口，称为 Toggle 模式（现在是 Toggle V2.0）。此接口与 ONFI 规范不兼容，结果是为一个供应商的器件生产的产品可能无法使用另一个供应商的器件。

包括英特尔、戴尔（Dell）和微软（Microsoft）在内的一组供应商组成了一个非易失性存储器主机控制器接口（Non‐Volatile Memory Host Controller Interface，NVMHCI）工作组。该小组的目标是为非易失性存储器子系统提供标准的软件和硬件编程接口，包括连接到 PCI Express 总线的"闪存缓存"器件。

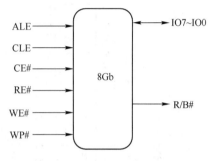

图 3.46　MX60UF8G18AC NAND 闪存的接口信号

4. 芯片实例

本部分将以中国台湾旺宏电子的 1.8V 8Gb NAND 闪存 MX60UF8G18AC 为例，说明其原理和接口。该器件的接口信号如图 3.46 所示，接口信号的定义如表 3.10 所示。

表 3.10　MX60UF8G18AC NAND 闪存接口信号的定义

引　　脚	功　　能
IO7~IO0	数据 I/O 端口
CE#	芯片使能（低有效）
RE#	读使能（低有效）
WE#	写使能（低有效）
CLE	命令锁存使能
ALE	地址锁存使能
WP#	写保护（低有效）
R/B#	准备/忙（集电极开漏）
VSS	地
VCC	用于器件工作的供电电压
NC	内部没有连接
DNU	没有使用（不要连接）

该芯片的内部结构如图 3.47 所示，其是一款 8Gb SLC NAND 闪存芯片。该芯片具有标准的 NAND 闪存特性和典型的编程/擦除 10 万个周期（带有 ECC）的可靠质量，适合嵌入式系统代码和数据的存储。该系列器件要求每（512+16）个字节就需要 4 位纠错码（Error Correcting Code，ECC）。

MX60UF8G18AC 通常以 2112 字节的页访问，以进行读取和编程操作。该闪存由数千个块组成，每块由 64 个页面组成，一个页面包括（2048+64）个字节，由两个 NAND 串结构组成，每个串中有 32 个串联单元。每个页面有额外的 64 个字节用于 ECC 和其他用途。该器件具有 2112 字节的片上缓冲区，用于数据的加载和访问。

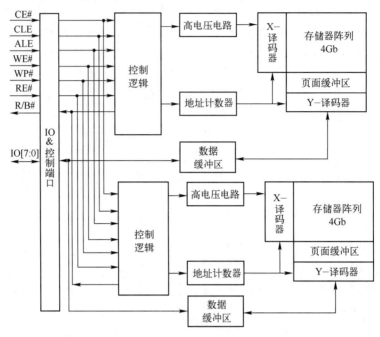

图 3.47 MX60UF8G18AC 芯片的内部结构

MX60UF8G18AC 的缓存读操作实现首字节读访问延迟 25μs，顺序读取 25ns，下一个顺序页的延迟时间从 t_R 缩短到 t_{RCBSY}。该器件在所有操作模式（读取/编程/擦除）期间的电流为 30mA，在待机模式下为 100μA。

所有 NAND 闪存操作都是通过发出一个命令周期来启动的，这是通过将命令置于 I/O[7:0] 上，将 CE# 驱动为低电平，将 CLE 驱动为高电平，然后发出写时钟（WE#）来实现的。在 WE# 的上升沿将命令、地址和数据驱动到 NAND 闪存器件，如图 3.48 所示。命令周期和地址周期如表 3.11 所示。地址周期的地址分配策略如表 3.12 所示。

表 3.11 命令周期和地址周期

命　令	命令周期 1	地址周期个数	要求的数据周期	命令周期 2	忙时有效
读取页面操作	00h	5	无	30h	否
读页面缓存顺序操作	31h	—	无	—	否
最后读取页面缓存顺序操作	3Fh	—	无	—	否
用于内部数据移动的读取	00h	5	无	35h	否
随机数据读取	05h	2	无	E0h	否
读 ID	90h	1	无	—	否
读状态	70h	—	无	—	是
编程页面	80h	5	是	10h	否
编程页面缓存	80h	5	是	15h	否

命　　令	命令周期 1	地址周期个数	要求的数据周期	命令周期 2	忙时有效
用于内部数据移动的编程	85h	5	可选	10h	否
随机数据输入	85h	2	是	—	否
擦除块	60h	3	否	D0h	否
复位	FFh	—	否	—	是

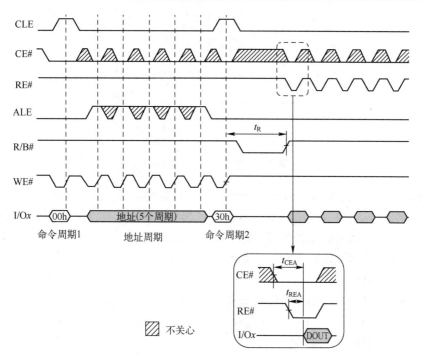

图 3.48　NAND 闪存操作的命令周期

表 3.12　地址周期的地址分配策略

地　　址	IO7	IO6	IO5	IO4	IO3	IO2	IO1	IO0
列地址–第一个周期	A7	A6	A5	A4	A3	A2	A1	A0
列地址–第二个周期	L	L	L	L	A11	A10	A9	A8
行地址–第三个周期	A19	A18	A17	A16	A15	A14	A13	A12
行地址–第四个周期	A27	A26	A25	A24	A23	A22	A21	A20
行地址–第五个周期	L	L	L	L	L	A30	A29	A28

表 3.12 中：

（1）A18 是选择平面。

（2）A30 是选择晶圆。

A30＝0 时选择下面的 4Gb；A30＝1 时选择上面的 4Gb。

此外，需要注意的是，NAND 闪存中实际有两个寄存器，一个数据寄存器和一个缓存寄存器，如图 3.49 所示，这两个寄存器的属性在各种 NAND 闪存缓存模式中起着重要的作用。

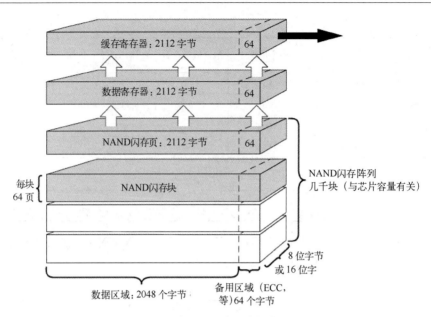

图 3.49 读页面缓存顺序操作

页面读取缓存模式使能用户在输出先前访问的数据的同时，对来自阵列的下一个顺序访问进行流水线处理。这种双缓冲技术可以隐藏读传输时间 t_R。数据最初从 NAND 闪存阵列传输到数据寄存器。如果高速缓存寄存器可用（不忙），则数据会快速从数据寄存器移动到高速缓存寄存器。数据传输到缓存寄存器后，数据寄存器可用，可以开始从 NAND 闪存阵列加载下一个连续页面。

在 8 位 I/O 器件上，使用页面读取缓存模式命令比传统的页面读命令提高了 33% 的性能，吞吐量高达 31MB/s。在 16 位 I/O 器件上，吞吐量可以增加到 37MB/s，与正常的页面读取操作相比，性能提高了 40%。

思考与练习 3-25：简述浮栅 MOSFET 的原理，以及表示逻辑"1"和逻辑"0"的方法。

思考与练习 3-26：简述 NOR 闪存和 NAND 闪存的结构原理。

思考与练习 3-27：简述 NOR 闪存和 NAND 闪存的优点和缺点，以及它们主要应用领域。

思考与练习 3-28：当使用 MX68GL1G0G NOR 闪存存储器时，当配置为×16 位字模式时，其地址 A25～A16 用于选择扇区，总共可以访问_____个扇区。当地址 A[25:16] = "1111111101"时，该扇区的地址范围为_____。

思考与练习 3-29：查阅本书所提供配套资源中的 MX29GL512G/MX68GL1G0G 数据手册，给出编程 NOR 闪存的操作序列。

思考与练习 3-30：简述 NOR 闪存编程和擦除一个单元的原理。

思考与练习 3-31：简述 NOR 闪存和 NAND 闪存的信号接口差异。

思考与练习 3-32：参考图 3.45，说明 NAND 闪存内部结构的组织形式。

思考与练习 3-33：在 NAND 闪存中，所有的操作都是由启动命令开始的，简述该命令的时序和含义。

第 4 章　软件开发工具的下载、安装和应用

本章将介绍在龙芯 1B 处理器上开发"裸机"应用程序时所使用软件的下载和安装方法，并通过一个简单的设计实例，介绍在龙芯 IDE 集成开发工具中编写软件应用程序的基本流程。

掌握了龙芯 IDE 集成开发工具的基本使用方法，读者就可以在学习本书后续内容时将理论和实践进行结合，深入理解并掌握计算机系统底层的原理。

4.1　软件开发工具的下载和安装

本节将介绍在龙芯 1B 处理器芯片上开发"裸机"应用程序时所使用工具的下载和安装方法，包括 MSYS 工具的下载和安装、龙芯集成开发环境的下载和安装、硬件设备状态的检查和处理，以及 GNU 工具链的下载与安装。

4.1.1　MSYS 工具的下载和安装

LoongIDE 使用在 MinGW 环境下编译的 GNU 工具链，所以在使用 gcc、gdb 等 GNU 工具时，需要 MinGW 运行环境的支持。读者可以选择安装 MSYS 1.0 或者 MSYS2 运行环境。

下载和安装 MSYS 1.0 的步骤主要如下。

（1）在 Windows 10 操作系统中，启动 Microsoft Edge 浏览器工具。

（2）在 Microsoft Edge 浏览器工具的地址栏中，输入 http://www.loongide.com 后，弹出新的页面。

（3）在新的页面中，单击工具栏中的软件下载按钮，出现软件下载与安装页面，如图 4.1 所示。

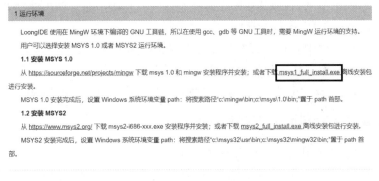

图 4.1　软件下载与安装页面

（4）在软件下载与安装页面中，单击图 4.1 黑框中的 msys1_full_install. exe，开始下载软件。

（5）下载完成后，在下载路径中找到并双击名字为"msys1_full_install. exe"的文件，弹出安装-MSYS && MinGW 对话框。

（6）在安装-MSYS && MinGW 对话框中，提示"欢迎使用 MSYS && MinGW 安装向导"信息。

（7）单击下一步按钮，弹出新的安装-MSYS && MinGW 对话框。

（8）在安装-MSYS && MinGW 对话框中，提示"将安装 MSYS 1.0 和 MinGW 到你的系统"信息。在该对话框中，读者可以设置 msys 和 mingw 的安装目录。在此，选择默认安装路径 C：\msys 和 C：\mingw 单击下一步按钮，弹出新的安装-MSYS && MinGW 对话框。

（9）在安装-MSYS && MinGW 对话框中，提示"安装程序正在安装 MSYS && MinGW 到您的电脑中，请等待"信息，同时开始安装软件。

（10）安装完成后，弹出新的安装-MSYS && MinGW 对话框。在该对话框中，提示"MSYS && MinGW 安装向导完成"信息。

（11）单击完成按钮，结束安装过程。

（12）鼠标右键单击 Windows 10 操作系统左下角的开始按钮，弹出浮动菜单。在浮动菜单内，选择系统选项，弹出新的设置界面。

（13）在设置界面右侧一列的相关设置选项中单击高级系统设置按钮，出现新的属性界面。

（14）在属性界面中，单击右下角的环境变量按钮，弹出环境变量界面。

（15）在环境变量界面下面的系统变量窗口中，确认为系统变量 Path 设置了 C：\mingw\bin 和 C：\msys\1.0\bin 路径。

> 　　**注**：如果没有为系统变量 Path 设置 C：\mingw\bin 和 C：\msys\1.0\bin 路径，则需要选中系统变量名字为"Path"的那一行，然后手工单击编辑按钮。在出现的编辑系统变量界面中，单击右侧的编辑按钮，手工输入 C：\mingw\bin 和 C：\msys\1.0\bin 路径。

（16）重新启动计算机。

（17）鼠标右键单击 Windows 10 操作系统左下角的开始按钮，弹出浮动菜单。在浮动菜单内，选择运行选项，弹出运行对话框。

（18）在运行对话框中，打开其右侧的文本框，在其中输入 cmd。

（19）单击确定按钮，弹出运行命令窗口，如图 4.2 所示。

在命令行后面输入命令 make -v，即可看到"This program built for i686-pc-msys"信息。

4.1.2　龙芯集成开发环境的下载和安装

下载和安装龙芯集成开发环境的步骤主要如下。

（1）打开网址 http://www. loongide. com 指向的页面。在该页面左侧的窗口中，找到软件下载与安装标题。在该标题下面，找到并单击安装 IDE 选项，在右侧出现安装 IDE 页面。

```
Microsoft Windows [版本 10.0.19043.1110]
(c) Microsoft Corporation。保留所有权利。

C:\Users\hebin>make -v
GNU Make 3.81
Copyright (C) 2006  Free Software Foundation, Inc.
This is free software; see the source for copying conditions.
There is NO warranty; not even for MERCHANTABILITY or FITNESS FOR A
PARTICULAR PURPOSE.

This program built for i686-pc-msys

C:\Users\hebin>
```

图 4.2　运行命令窗口

（2）如图 4.3 所示，在安装 IDE 页面中单击最新 1.1 beta2 版本链接，出现最新 beta 版本页面。

安装 IDE

下载"龙芯 1x 嵌入式集成开发环境"安装程序 loongide_1.0_setup.exe。

点击下载安装最新 1.1 beta2 版本

图 4.3　安装 IDE 页面

注：软件的版本在不断更新，请读者下载最新版本的龙芯集成开发环境。

（3）如图 4.4 所示，在最新 beta 版本页面的下方，单击下载 loongide_1.1_beta2_setup.exe 标准安装程序中的 loongide_1.1_beta2_setup.exe 链接。

最新 beta 版本

loongide 1.1 beta2 主要更新（更新日期 2021.9.6）：

- 修正龙芯1x代码库bug
- 增加调试时汇编窗口显示机器码
- 增加调试时"内存查看"功能
- 增加 Astyle 代码格式化处理
- 更新 libc 库，增加 time 等相关函数
- 增加 ftp server 用于管理 nand-flash 上的文件系统
- 增加 modbus 协议栈
- 增加 lvgl 图形库(7.0.1)

安装程序打包了gcc工具链，可以不用另外安装工具链。

下载 loongide_1.1_beta2_setup.exe 标准安装程序。

下载 loongide_1.1_beta2_setup_for_1X.exe "龙芯中科1+X项目专用"安装程序。

图 4.4　最新 beta 版本页面

（4）等下载过程结束后，在包含该下载文件的目录中找到并双击名字为"loongide_1.1_beta2_setup. exe"的文件。

（5）鼠标右键单击 loongide_1.1_beta2_setup. exe，弹出浮动菜单。在浮动菜单内，选择以管理员身份运行选项，弹出新的对话框。

（6）在新的对话框中提示"你要允许来自未知发布者的此应用对你的设备进行更改吗？"。

（7）单击"是"按钮，退出对话框的同时弹出安装–龙芯 1x 嵌入式集成开发环境对话框。

（8）在安装–龙芯 1x 嵌入式集成开发环境对话框中，提示"欢迎使用龙芯 1x 嵌入式集成开发环境安装向导"信息，单击下一步按钮，弹出新的安装–龙芯 1x 嵌入式集成开发环境对话框。

（9）在新的安装–龙芯 1x 嵌入式集成开发环境对话框中，提示"许可协议"信息，勾选"我同意此协议"前面的复选框，单击下一步按钮，再次弹出新的安装–龙芯 1x 嵌入式集成开发环境对话框。

（10）在安装–龙芯 1x 嵌入式集成开发环境对话框中的文本框中输入安装文件的目录，如 C:\LoongIDE，单击下一步按钮，弹出新的安装–龙芯 1x 嵌入式集成开发环境对话框。

（11）在安装–龙芯 1x 嵌入式集成开发环境对话框中，不勾选 SDE Lite 4.5.2 for MIPS 前面的复选框，同时也不勾选 MIPS GCC 4.4.6 for RTEMS 前面的复选框，单击下一步按钮，弹出新的安装–龙芯 1x 嵌入式集成开发环境对话框。

（12）在安装–龙芯 1x 嵌入式集成开发环境对话框中，提示"选择开始菜单文件夹"信息，此处使用默认的文件夹名字"Embedded LS1x IDE"，单击下一步按钮，弹出新的安装–龙芯 1x 嵌入式集成开发环境对话框。

（13）在安装–龙芯 1x 嵌入式集成开发环境对话框中，提示"准备安装"信息，单击安装按钮，弹出新的安装–龙芯 1x 嵌入式集成开发环境对话框。

（14）在安装–龙芯 1x 嵌入式集成开发环境对话框中，显示安装进度。

（15）当安装过程结束后，弹出新的安装–龙芯 1x 嵌入式集成开发环境对话框。在该对话框中，提示"龙芯 1x 嵌入式集成开发环境安装向导完成"信息。注意，在该对话框上，勾选安装 LxLink 驱动程序，单击完成按钮。

4.1.3　驱动程序的重新安装

本小节将介绍重新安装驱动程序的方法，主要步骤如下。

（1）使用 Mini-USB 电缆，将龙芯 1B 开发板上的 USB 接口与 PC/笔记本电脑的 USB 接口进行连接，并通过外部+5V 电源给龙芯 1B 开发板供电，然后打开龙芯 1B 开发板上的电源开关。

（2）鼠标右键单击 Windows 10 操作系统桌面左下角的开始按钮，出现浮动菜单。在浮动菜单内，选择设备管理器选项，弹出设备管理器界面。

（3）如图 4.5 所示，在设备管理器界面中找到并展开通用串行总线控制器选项。在展开项中，看到名字为"USB Serial Converter A"和"USB Serial Converter B"的设备处于正常状态。

（4）鼠标右键单击 USB Serial Converter A 选项，出现浮动菜单。在浮动菜单内，选择删除设备选项，弹出卸载设备对话框。

图 4.5 设备管理器界面

（5）如图 4.6 所示，在卸载设备对话框中勾选删除此设备的驱动程序软件前面的复选框，并单击卸载按钮，完成驱动程序的卸载。

（6）通过类似的方法删除图 4.5 中的 USB Serial Converter B 的驱动程序。

（7）重新插拔连接龙芯 1B 开发板 USB 接口和 PC/笔记本 USB 接口的 USB 电缆。在设备管理器界面中可以看到卸载驱动程序后的设备状态，如图 4.7 所示。

图 4.6 卸载设备对话框   图 4.7 设备管理器界面

（8）鼠标右键单击 EJTAG Probe V1.2 选项，出现浮动菜单。在浮动菜单内，选择更新驱动程序选项，弹出更新驱动程序-EJTAG Probe V1.2 对话框。

（9）如图 4.8 所示，在更新驱动程序-EJTAG Probe V1.2 对话框中，单击浏览我的电脑以查找驱动程序（R），弹出更新驱动程序-EJTAG Probe V1.2 对话框。

（10）如图 4.9 所示，单击弹出更新驱动程序-EJTAG Probe V1.2 对话框中的浏览（R）…按钮，弹出浏览文件夹对话框。在该对话框中，将路径定位到安装盘符:\LoongIDE\driver\CDM21228_Setup_x86。单击确定按钮，退出浏览文件对话框。

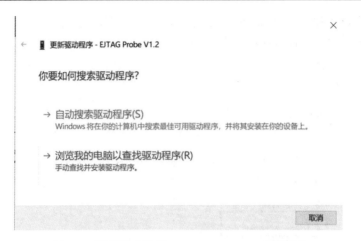

图 4.8　更新驱动程序–EJTAG Probe V1.2 对话框

注：读者根据自己安装龙芯 IDE 开发环境的路径确认设备驱动文件所在的位置。

（11）单击图 4.9 中的下一页（N）按钮，开始安装驱动程序。成功安装驱动程序后，将弹出新的对话框，提示成功安装驱动程序的信息。

图 4.9　更新驱动程序–EJTAG Probe V1.2 对话框

（12）重复步骤（8）~步骤（11），为第二个 EJTAG Probe V1.2 设备安装驱动程序。

注：重新安装完驱动程序后，请务必重新启动 PC/笔记本电脑，使得新安装的驱动程序生效。

4.1.4　GNU 工具链的下载和安装

本小节将介绍下载和安装 GNU 工具链的方法，主要步骤如下。

（1）打开网址 http://www.loongide.com 指向的页面。在该页面左侧的窗口中，找到软件下载与安装标题。在该标题下面，找到并单击 GNU 工具链选项，在右侧的 GNU 工具链窗口中单击 SDE Lite 4.9.2 链接，如图 4.10 所示。

GNU 工具链

LoongIDE 使用 SDE Lite for MIPS 工具链或者 RTEMS GCC for MIPS 工具链来实现项目的编译和调试。用户可以在 LoongIDE 中安装一个或者多个工具链，使用时根据项目的实际情况来选择适用的工具链。

1. SDE Lite for MIPS 工具链

下载 SDE Lite 4.5.2 或者 SDE Lite 4.9.2 安装程序进行安装；安装完成后使用"C/C++ 工具链管理"窗口导入工具链。

建议在以下的项目类型时使用：

○ 裸机编程项目

○ RT-Thread 项目

○ FreeRTOS 项目

○ uCOSII 项目

2. RTEMS GCC for MIPS 工具链

下载 RTEMS 4.10 for LS1x、RTEMS 4.11 for LS1x 安装程序进行安装；安装完成后使用"C/C++ 工具链管理"窗口导入工具链。

建议在以下的项目类型时使用：

○ 裸机编程项目

○ RTEMS 项目

○ FreeRTOS 项目

○ uCOSII 项目

RTEMS GCC for LS1x 内置LS1B、LS1C 的 BSP 包，以库文件方式供应用程序使用。

图 4.10　下载 GNU 工具链的入口

（2）等待下载过程结束后，在包含下载文件的目录中找到并双击名字为"sdelite_4.9.2_for_mips.exe"的文件，弹出安装–SDE Lite 4.9.2 对话框。

（3）在安装–SDE Lite 4.9.2 对话框中，提示"欢迎使用 SDE Lite 4.9.2 安装向导"信息，单击下一步按钮，弹出新的安装–SDE Lite 4.9.2 对话框。

（4）在安装–SDE Lite 4.9.2 对话框中，提示"选择目标位置"信息。并将路径设置为安装盘符:\LoongIDE\mips-2015.05，单击下一步按钮，弹出新的安装–SDE Lite 4.9.2 对话框。

（5）在安装–SDE Lite 4.9.2 对话框中，提示"准备安装"信息，单击安装按钮，弹出新的安装–SDE Lite 4.9.2 对话框。

（6）在安装–SDE Lite 4.9.2 对话框中，提示"正在安装"信息。

（7）等待安装过程结束后，弹出新的安装–SDE Lite 4.9.2 对话框。在该对话框中，提示"SDE Lite 4.9.2 安装向导完成"信息。

（8）单击完成按钮，结束 GNU 工具链的安装过程。

> **注：**在随书提供的资料中，给出了安装软件遇到问题的解决方法。

4.2　龙芯集成开发环境基本设计流程

本节将介绍龙芯集成开发环境（Integrated Development Environment，IDE）的基本设计流程。

4.2.1　启动集成开发环境

本小节将介绍启动 LoongIDE 集成开发环境的方法，主要步骤如下。

（1）使用下面其中一种方法启动龙芯集成开发环境。

① 在 Windows 10 操作系统桌面上，找到并双击名字为"Embedded IDE for LS1x"的图

标，如图 4.11 所示。

②单击 Windows 10 操作系统左下角的开始按钮，弹出浮动菜单。在浮动菜单内，找到并展开 Embedded LS1x IDE 文件夹，如图 4.12 所示。在展开项中，找到并单击名字为"Embedded IDE for LS1x"的选项。

图 4.11　桌面上名字为"Embedded IDE for LS1x"的图标

图 4.12　开始菜单中名字为"Embedded IDE for LS1x"的选项

（2）如图 4.13 所示，弹出 Embedded IDE for Loongson-Version 1.0 界面（以下简称为 LoongIDE 主界面）。

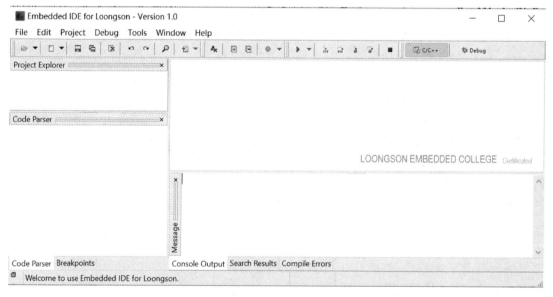

图 4.13　Embedded IDE for Loongson-Version 1.0 界面

4.2.2　配置开发环境参数

本小节将介绍如何配置开发环境中的参数，主要步骤如下。

（1）在 LoongIDE 主界面主菜单下，选择 Tools->Environments Parameters。

（2）如图 4.14 所示，弹出 Environment Options 对话框。

①单击 General 标签，在该标签页内设置字体、字体大小、语言等参数，如图 4.14 所示。

②单击 Directories 标签。如图 4.15 所示，在该标签页内需要设置 Workspace（Default Project Directory）。本书将其设置为 E:\loongson1B_example。在该目录下，保存着本书配套

的所有设计实例。保持 Templates Directory 和 Language Directory 默认的路径设置。

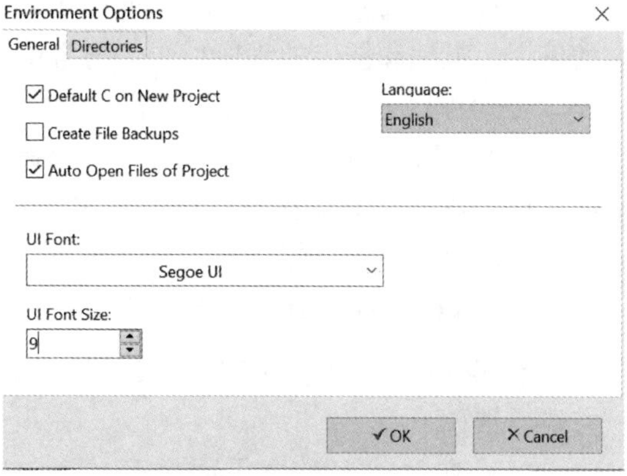

图 4.14　Environment Options 对话框
（General 标签页）

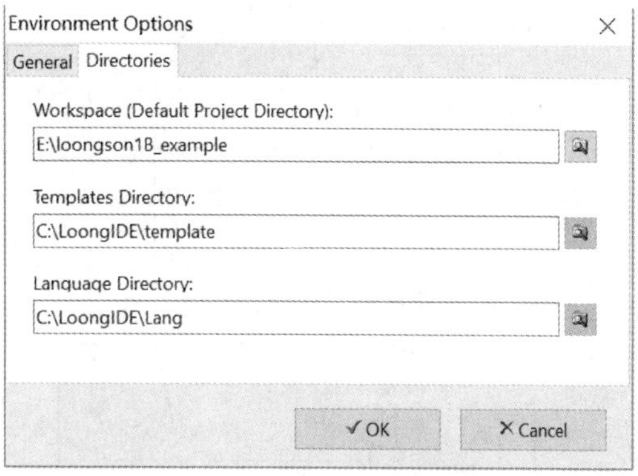

图 4.15　Directories 标签页

（3）单击 OK 按钮，退出 Environment Options 对话框。

注：读者可以根据自己的习惯设置放置工程的目录路径，建议不要使用中文路径。

4.2.3　GNU 工具链原理及配置

本小节将介绍 GNU 工具链和在 LoongIDE 中配置 GNU 工具链的方法。

1. SDE 与 GNU 工具链流程

软件开发环境（Software Development Environment，SDE）是软件开发人员的 MIPS 架构处理器交叉开发系统，旨在用于在"裸机"CPU 或轻量级操作系统上运行的静态链接嵌入式应用程序。它是 MIPS 软件工具包（MIPS Software Toolkit，MTK）的一个组件，其中不仅包含 SDE，还包含其他工具和库，旨在加速在采用 MIPS 技术的处理器核上运行的高质量、高性能应用程序的开发。SDE Lite 是 SDE 的一个免费下载的，但是不受支持的子集。

GNU 工具本身是可自由再分发的软件，MIPS 公司提供了一个免费下载的 SDE 子集，称为 SDE Lite。它具有与完整版相同的功能，但专有的运行时软件仅作为预编译库提供，而不是作为可重用的源代码。

虽然 SDE 在 Windows 系统上运行良好，但它起源于 UNIX。SDE 使用"Cygwin"系统移植到 Windows，Cygwin 支持 Windows 路径名（带反斜杠）和带正斜杠的 UNIX 风格的文件路径名。

SDE 工具是真正的 32 位 Windows 应用程序，但除调试器外，它们是最容易从控制台窗口启动的命令行程序。本书中使用的 LoongIDE 就是将这些命令行工具进行打包，这样程序开发人员就不需要再通过在 Shell 窗口中输入命令行来运行这些工具，而是在 IDE 中通过图形化的方式控制工具的运行。

基于 GNU 工具链和 SDE 的软件程序处理流程如图 4.16 所示。

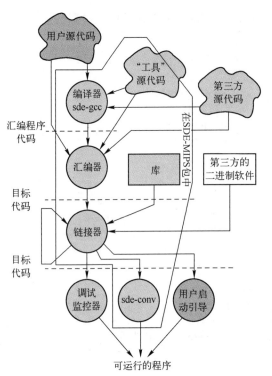

图 4.16　基于 GNU 工具链和
SDE 的软件程序处理流程

（1）图 4.16 中，圆形的对象是程序员运行的程序。通常，程序员不需要链接真正的编译、汇编和链接的程序。它们通常由单个"驱动程序 sde-gcc 负责"编排。

（2）背景为深灰色的对象显示用户提供的文件，背景为中度灰色的对象在 SDE 中，背景为浅色的对象可能是第三方的软件。

2. GNU 工具链配置方法

本部分将介绍配置 GNU 工具链的方法，主要步骤如下。

（1）在龙芯 IDE 主界面主菜单下，选择 GNU C/C++ Toolchain…。

（2）弹出 Toolchain Manager 对话框，如图 4.17 所示。单击该对话框左侧窗口 Available Toolchains 右侧的 按钮（该按钮用于添加新的工具链路径）。

（3）弹出 Select RTEMS C/C++ ToolChain Base Path 对话框。在该对话框中，将路径指向安装龙芯 IDE 工具的位置。在本书中，该路径设置为 C:\LoongIDE\mips-2015.05。

（4）单击选择文件夹按钮，退出 Select RTEMS C/C++ ToolChain Base Path 对话框。

（5）在 Toolchain Manager 对话框中，找到并列出了所有的工具链，如图 4.18 所示。

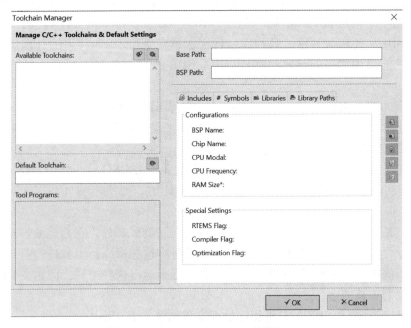

图 4.17　Toolchain Manager 对话框（1）

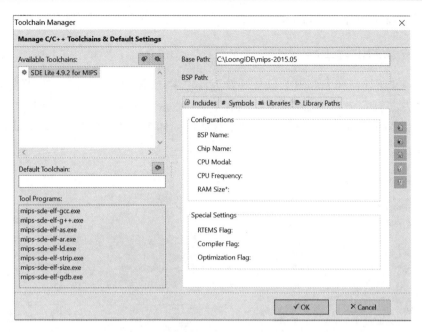

图 4.18　Toolchain Manager 对话框（2）

3. GNU 工具链的功能

本部分将介绍 GNU 工具链的功能。

（1）mips-sde-elf-gcc. exe 是支持 MIPS ISA 的 SDE 版本的 C 语言编译器。GCC 是 GNU Compiler Collection（GNU 编译器套装）的常用简写术语，这既是编译器最通用的名字，也是在强调编译 C 语言使用的名字（作为以前代表"GNU C Compiler"的缩写）。

（2）mips-sde-elf-g++. exe 是支持 MIPS ISA 的 GNU C++编译器。

（3）mips-sde-elf-as. exe 是支持 MIPS ISA 的 GNU 汇编器。

（4）mips-sde-elf-ar. exe 是目标代码的归档库管理器。该工具用于生成静态库/归档库。在使用 LoongIDE 工具创建新的工程时，可以选择 C Static Library/C++ Static Library。当使用 gcc 编译器或 g++编译器的时候，就会将编写的代码转换为对应的 C 静态库/C++静态库。这样做的好处，就是别人需要使用库里相关的函数的时候，只需要引用静态库，不需要知道实现相关函数的细节。

（5）mips-sde-elf-ld. exe 是链接编辑器/定位器工具（通常由 sde-gcc 自动运行），它支持用于构建复杂镜像的复杂脚本文件。

（6）mips-sde-elf-strip. exe 工具用于删除目标文件的符号表，以节省磁盘空间。

（7）mips-sde-elf-size. exe 工具用于打印目标文件中各段的大小。

（8）mips-sde-elf-gdb. exe 工具是 GNU 调试器，它提供了复杂的源代码和机器级调试。调试器有一个可选的图形用户界面，称为 Insight。调试器在安装 LoongIDE 的计算机上运行并且与目标通信-可以是真实的或者是仿真的硬件，任何运行 MIPS 指令的东西。对于真正的目标板，该调试器工具可以：

① 通过串行线或通过 TCP/IP 网络连接到目标板上的监视器程序（通过终端集线器，或通过 TCP 堆栈直接连接到监视器）；

② 或者通过 TCP/IP 下载到 NetROM 设备。

4.2.4　建立新的设计工程

本小节将介绍如何在龙芯 IDE 软件开发工具中建立新的设计工程，主要步骤如下。

（1）在龙芯 IDE 主界面主菜单中，选择 File->New->New Project Wizard...。

（2）弹出 New Project Wizard_C Project 对话框，如图 4.19 所示。在该对话框中，按如下设置参数。

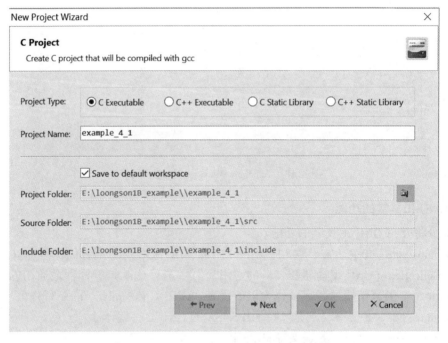

图 4.19　New Project Wizard_C Project 对话框

① Project Type：C Executable（通过勾选 C Executable 前面的复选框设置）；

② Project Name：example_4_1（读者可根据自己的习惯设置文件名）；

③ 勾选 Save to default workspace 前面的复选框。

（3）单击 Next 按钮。

（4）弹出 New Project Wizard-MCU, Toolchain & RTOS 对话框，如图 4.20 所示。在该对话框中，按如下设置参数。

① Mcu Modal：LS1B200（LS232）（通过下拉框设置）；

② Tool Chain：SDE Lite 4.9.2 for MIPS（通过下拉框设置）；

③ Using RTOS：None（bare programming）（通过下拉框设置）。

（5）单击 Next 按钮。

（6）弹出 New Project Wizard-Bare Program Components 对话框，如图 4.21 所示。在该对话框中，不需要选择 Bare Program components list 窗口中的任何可选择组件。

（7）单击 Next 按钮。

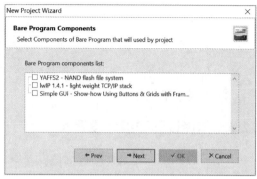

图 4.20 New Project Wizard_MCU,
Toolchain & RTOS 对话框

图 4.21 New Project Wizard-Bare
Program Components 对话框

（8）弹出 New Project Wizard-New project summary 对话框，如图 4.22 所示。在该对话框中，提示新建工程的信息。同时，确认勾选 Add Source codes as Framework of new Application 前面的复选框。

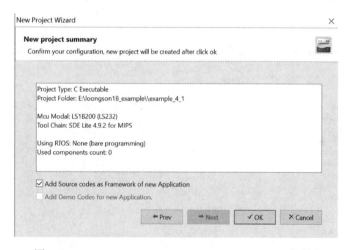

图 4.22 New Project Wizard-New project summary 对话框

（9）单击 OK 按钮，结束创建新设计工程的过程。

4.2.5 修改 C 语言源文件

本小节将介绍如何修改 C 语言源文件，主要步骤如下。

（1）在 LoongIDE 主界面左侧的 Project Explorer 窗口中，找到并双击 main. c 文件。

（2）用代码清单 4-1 给出的代码来替换原来 main. c 文件中给出的 C 源代码。

代码清单 4-1 在 main. c 文件中添加新的 C 语言代码

```
int main( void)
{
    volatile const signed char a=-100,b=-10;      //定义两个有符号常量 a 和 b
    volatile signed char x,y;                       //定义两个有符号变量 x 和 y
    x=a+b;                                          //实现两个有符号数 a 和 b 的相加,结果保存到 x
```

```
    y=a-b;                              //实现两个有符号数 a 和 b 的相减,结果保存到 y

    return 0;
}
```

（3）保存该设计文件。

4.2.6　编译设计和编译设置

本小节将介绍编译设计的过程，以及编译优化的选项含义。

1. 编译设计

本部分将介绍如何设置编译器选项，并对设计进行编译和链接，主要步骤如下。

（1）在 LoongIDE 主界面主菜单下，选择 Project->Compile Options。

（2）弹出 Compiler Settings 对话框，如图 4.23 所示。在该对话框左侧的 Settings 窗口中，找到并展开 SDELite C Compiler 选项。在展开项中，找到并选择 Optimization 选项。在右侧窗口中，通过 Optimization level 右侧的下拉框将其设置为 Optimize（-O1）。

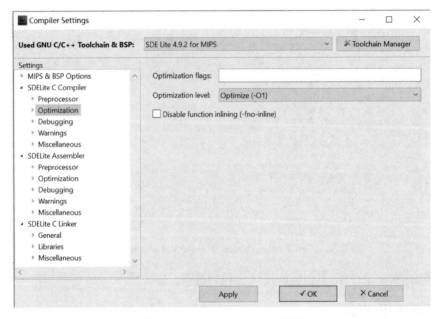

图 4.23　Compiler Settings 对话框

（3）单击 Settlings 窗口下的 MIPS & BSP Options 选项，在右侧窗口中给出龙芯 1B 处理器的一些信息，如下所示。

① Mips cpu：LS1B200（LS232）。

② Mips arch：mips32。

③ Mips endian：little-endian。

④ FP hardware：（none）。

⑤ FP API：soft-float。

（4）单击 OK 按钮，退出 Compiler Settings 对话框。

（5）在 LoongIDE 主界面主菜单中，选择 Project->Compile & Build，对当前的设计工程进行编译和链接。在 LoongIDE 主界面右下角的 Console Output 标签页中，给出了编译和链接过程的信息。如图 4.24 所示，最后生成了名字为"example_4_1.exe"的可执行文件。

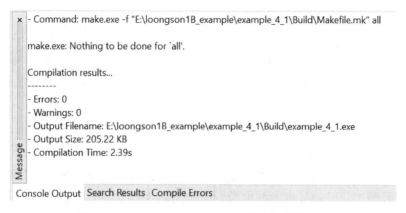

图 4.24 Console Output 标签页中给出的编译结果

2. 优化选项的功能

图 4.23 右侧窗口中的 Optimization level 提供了各种可用的优化技术。传统上，提供的优化级别的数字越大，优化就越多。除非在调试代码，否则应用程序的开发人员至少不应该在没有-O（相当于-O1）的情况下进行编译；GNU C 未优化的代码实际上就是没有优化的。严重的应用程序代码至少会使用-O2 编译；更高的数字可能会使得代码更大，因此有时候需要进行权衡。

使用 GCC，每个数字都增加了更多的优化技术，同时保留了较低数字的所有选项。

（1）-O0：不进行优化；

（2）-O，-O1：尝试减少代码长度和执行时间来优化代码，但不执行任何需要大量编译时间的优化。

如果没有-O，编译的目标是降低编译成本并使调试器产生预期的结果。语句是独立的：如果在语句之间使用断点停止程序，那么可以为任何变量分配一个新值或将程序计数器更改为函数中的任何其他语句，并从源代码中得到准确所期望的结果。

如果没有-O，编译器只会将声明为 register 的变量放在寄存器中。最终生成的代码比没有-O 的 PCC 生成的代码要差一些。

使用-O，编译器会尝试减少代码长度和执行时间。

当指定-O 时，编译器会在所有机器上使能-fthread-jumps 和-fdefer-pop。编译器在具有延迟隙的机器上使能-fdelayed-branch，即使没有帧指针，其也能支持在调试的机器上使能-fomit-frame-pointer。在某些机器上，编译器还会打开其他标志。

（3）-O2：执行几乎所有可用的优化，但不会显著增加代码的长度。特别地，当指定-O2 时，编译器不会执行循环展开或函数内联。与-O 相比，该选项增加了编译时间和生成diamagnetic 的性能。

-O2 使能除循环展开和函数内联外的所有可选优化，它还在所有机器上打开-fforcemem 选项，并在不干扰调试的情况下打开帧指针消除。

（4）–O3：优化更多。–O3 使能–O2 指定的所有优化，同时使能 inline-function（内联函数）选项。

（5）–Os：优化代码长度。–Os 使能所有通常不会增加代码长度的–O2 优化。它还执行旨在减少代码长度的进一步优化。

如果使用了多个–O 选项，无论是否有级别编号，最后一个选项是有效的。

> **注**：–fflag 形式的选项指定与机器无关的标志，详见本书配套提供文档《Using the GNU Compiler Collection》的 2.8 一节 Options That Control Optimization 的相关内容。

4.2.7　调试设计

本小节将介绍调试设计的方法，主要步骤如下。

（1）通过 Mini-USB 电缆，将龙芯 1B 开发板的 USB 接口与 PC/笔记本电脑的 USB 接口进行连接，并且通过外部+5V 电源和电源开关给龙芯 1B 开发板供电。该步骤使得龙芯 1B 开发板处于正常的工作状态和调试准备状态。

（2）在 LoongIDE 主界面主菜单中，选择 Debug->Run。

（3）进入 LoongIDE 调试主界面，如图 4.25 所示。在 main.c 文件的第 10 行和第 11 行，分别用鼠标左键单击行号 10 和行号 11 设置两个断点。

（4）默认，在 LoongIDE 调试主界面右上角出现 Watchs 窗口。在该窗口中，提供了 Watchs 标签页和 CPU Registers 标签页，如图 4.26 所示。单击 Watchs 标签，进入 Watchs 标签页。在该标签页中，添加监视点变量。

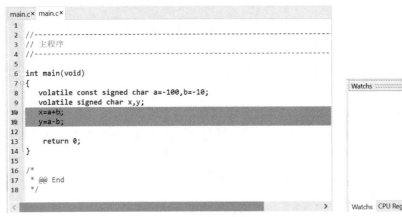

图 4.25　LoongIDE 调试主界面

图 4.26　Watchs 窗口

① 在 Watchs 标签页中，单击鼠标右键，出现浮动菜单。在浮动菜单内，选择 Add Wacth，弹出 Add Variable Watch 对话框面。在该对话框的文本框中输入 a，将常量 a 添加到 Watchs 标签页中。

② 在 Watchs 标签页中，单击鼠标右键，出现浮动菜单。在浮动菜单内，选择 Add Wacth，弹出 Add Variable Watch 对话框。在该对话框的文本框中输入 b，将常量 b 添加到 Watchs 标签页中。

③ 在 Watchs 标签页中，单击鼠标右键，出现浮动菜单。在浮动菜单内，选择 Add Wacth，弹出 Add Variable Watch 对话框。在该对话框的文本框中输入 x，将变量 x 添加到 Watchs 标签页中。

④ 在 Watchs 标签页中，单击鼠标右键，出现浮动菜单。在浮动菜单内，选择 Add Wacth，弹出 Add Variable Watch 对话框。在该对话框的文本框中输入 y，将变量 y 添加到 Watchs 标签页中。

添加完常量和变量后的 Watch 标签页如图 4.27 所示。

（5）在 LoongIDE 调试主界面底部的 Message 窗口中，单击 Disassembly 标签。在该标签页中，其给出了 main. c 文件中 C 语言和对应的反汇编代码，如图 4.28 所示。

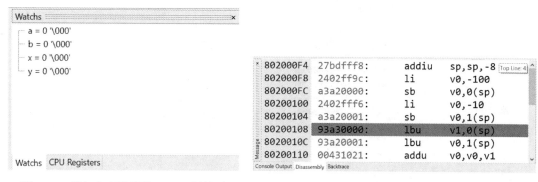

图 4.27　添加完变量后的 Watchs 标签页　　　　图 4.28　Disassembly 标签页

下面对图 4.28 进行说明。

① 下面一行代码的背景为黑色：

lbu v1, 0(sp)

用于表示程序的入口点。但是该设计的程序入口，实际上是从地址 802000F4 开始的。

② 图中最左侧一列的十六进制数 80200xxx 表示的是代码在主存储器中的地址（特别要注意，这是虚拟地址而不是物理地址，关于这个问题在本书后面将要详细介绍）。

③ 图中中间一列的十六进制数表示的是右侧每一行汇编助记符所对应的机器指令，如以汇编语言助记符所表示的指令 addu v0, v0, v1，其对应的机器指令为 00431021。

> 注：为了便于查看机器指令，在显示机器指令的格式时，采用的是大端模式，这样读者可以直接将机器指令和汇编助记符指令进行对应。

④ 图中最右侧一列为汇编语言助记符指令，读者可以清楚地看到所编写的 C 语言翻译成汇编语言助记符后的结果。

（6）单步运行程序。

① 在 LoongIDE 调试主界面中，选择 Debug->Trace Into，或者按快捷键 F5，均可执行 C 代码调试。

② 在 LoongIDE 调试主界面中，选择 Debug->Step Over，或者按快捷键 F6，均可执行 C 代码调试，执行到下一行 C 代码。

③ 在 LoongIDE 调试主界面中，选择 Debug->Trace Into Instruction，或者按快捷键 F7，

均可执行汇编代码调试，如果是函数则进入函数。

④ 在 LoongIDE 调试主界面中，选择 Debug->Step Over Instruction，或者按快捷键 F8，均可执行汇编代码调试，执行到下一行汇编代码。

读者可以选择在 C 语言或汇编指令模式下运行程序。

（7）在调试代码的过程中，CPU Registers 标签页中的寄存器值会发生变化，如图 4.29 所示。

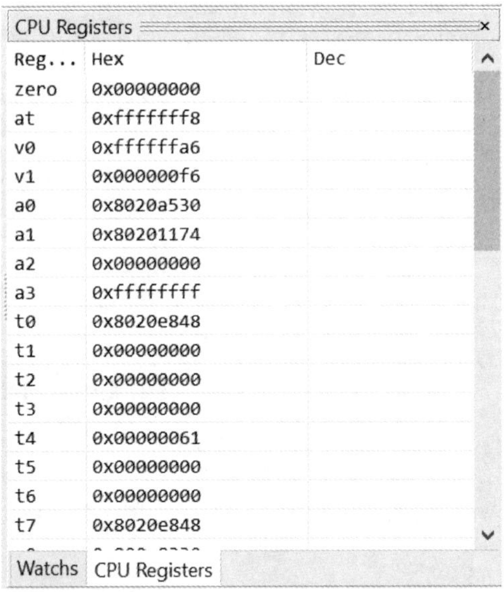

Reg...	Hex	Dec
zero	0x00000000	
at	0xfffffff8	
v0	0xffffffa6	
v1	0x000000f6	
a0	0x8020a530	
a1	0x80201174	
a2	0x00000000	
a3	0xffffffff	
t0	0x8020e848	
t1	0x00000000	
t2	0x00000000	
t3	0x00000000	
t4	0x00000061	
t5	0x00000000	
t6	0x00000000	
t7	0x8020e848	

图 4.29　CPU Registers 标签页中的寄存器列表

注： 关于寄存器符号的具体含义，在本书指令架构一章会详细说明。

（8）在调试程序的过程中，将鼠标光标放置于不同的变量上会显示变量当前的值，如图 4.30 所示。

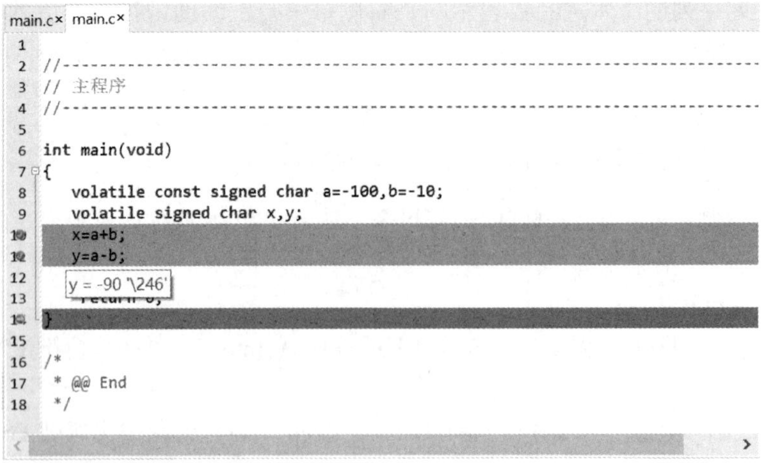

```
1
2  //----------------------------------------
3  // 主程序
4  //----------------------------------------
5
6  int main(void)
7  {
8      volatile const signed char a=-100,b=-10;
9      volatile signed char x,y;
10     x=a+b;
11     y=a-b;
12                y = -90 '\246'
13     return 0;
14  }
15
16  /*
17   * @@ End
18   */
```

图 4.30　鼠标光标置于变量名字之上，以显示变量当前的值

（9）在 Watchs 标签页中查看变量的值，如图 4.31 所示。

（10）将鼠标光标放在图 4.30 中，单击鼠标右键，出现浮动菜单。在浮动菜单内，选择 View Memory，弹出 View Memory 对话框如图 4.32 所示。

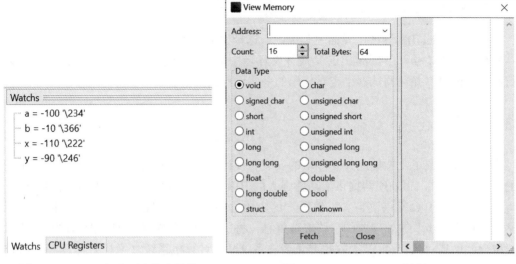

图 4.31　Watchs 标签页中的变量值　　　　　　图 4.32　View Memory 对话框（1）

（11）在 View Memory 对话框中 Address 右侧的文本框中输入所要观察的存储器的起始地址 0x8020e920。

（12）单击图 4.33 中的 Fetch 按钮，可以看到代码中的变量 a、b、x 和 y 分别保存在存储器中地址为 0x8020E920、0x8020E921、0x8020E922 和 0x8020E923 的位置。

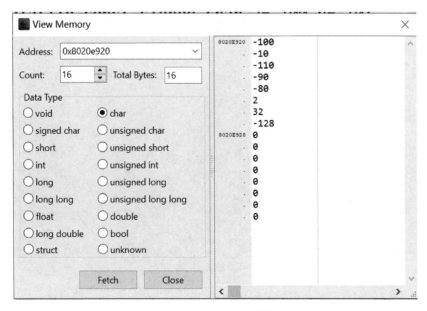

图 4.33　View Memory 对话框（2）

（13）单击 Close 按钮，退出 View Memory 对话框。

> **注：** 另一种简单的方法就是在图 4.29 所示的 CPU Registers 标签页中找到并双击名字为"sp"的一行，然后会自动弹出 View Memory 对话框，并且在该对话框中自动添加了所要观察内容的存储器地址。

（14）在 LoongIDE 调试主界面主菜单中，选择 Debug->Stop，退出调试器界面。

思考与练习 4-1： 在 LoongIDE 集成开发环境中编写一个小的 C 语言程序，然后对设计进行编译与链接，并在调试器中查看代码的一些设计细节。

4.3　小结

本章详细介绍了龙芯集成开发环境的安装和设计流程。从设计流程可知，通过与生态伙伴的合作，为龙芯 1B 处理器提供了功能强大的 IDE 工具。读者可以在该图形化的集成开发环境中，实现基于 C/C++ 语言和汇编语言的应用程序开发，并且可以通过具有强大功能的调试器工具进一步掌握处理器的一些细节信息，将所学的计算机系统的理论知识与实践操作进行结合，做到"人机合一"，这也是读者在系统学完计算机系统（微机）原理和接口技术课程后应该达到的境界。

本书所涉及的计算机系统原理中所有的知识难点都将通过这个 IDE 工具进行"破解"，理论和实践在 IDE 工具中的结合，是本书最大的特点。

第 5 章　指令集架构

龙芯 GS232 处理器核兼容 MIPS32 的 Release 2 架构。MIPS32 和 MIPS64 架构是高性能、符合行业标准的架构，其可提供强大且精简的指令集，具有从 32 位到 64 位的可扩展性，并受各种硬件和软件开发工具（包括编译器）的支持，包括调试器、在线仿真器、中间件、应用平台和参考设计。

本章将主要介绍字节顺序和端、指令集架构的概念、指令的基本概念、MIPS 指令架构的发展和特征、MIPS 寄存器集、MIPS 指令类型、MIPS 指令寻址方式和 MIPS32 指令集。通过对这些内容的讲解，以帮助读者更好地理解和掌握 GS232 处理器核的指令集架构。

5.1　字节顺序和端

较大 CPU 数据格式（半字、字和双字）中的字节可以按大端或小端顺序进行配置。端定义了在更大的数据结构中字节 0 的位置。

5.1.1　大端顺序

当配置为大端顺序时，字节 0 是最高有效（左手侧）字节，图 5.1 给出了这个配置。

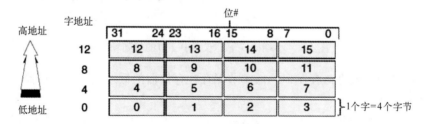

图 5.1　大端字节顺序

当配置为大端顺序时，双字（64 位）中的字节顺序如图 5.2 所示。

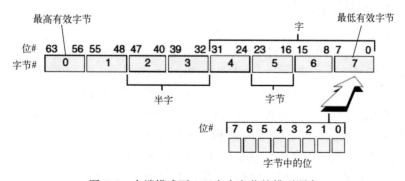

图 5.2　大端模式下，双字中字节的排列顺序

更通俗地来说，就是将寄存器中的低字节保存在存储器的高地址，而寄存器中的高字节保存在存储器的低地址。

5.1.2　小端顺序

当配置为小端顺序时，字节 0 总是在最低有效（右手侧）字节，图 5.3 给出了这个配置。

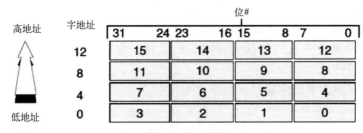

图 5.3　小端字节顺序

当配置为小端顺序时，双字（64 位）中的字节顺序如图 5.4 所示。

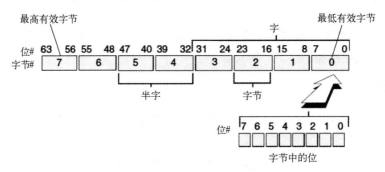

图 5.4　小端模式下，双字中字节的排列顺序

更通俗地来说，就是寄存器中的低字节保存在存储器的低地址，而寄存器中的高字节保存在存储器的高地址。

> **注**：GS232 处理器核只工作在小端模式。

5.2　指令集架构的概念

在计算机科学中，指令集架构（Instruction Set Architecture，ISA）也称为计算机架构，是计算机的抽象模型。下一章所介绍的中央处理器单元就是 ISA 的具体实现。

通常，ISA 定义了支持的数据类型、寄存器、管理主存储器的硬件支持、基本的功能（如存储器一致性、寻址模式、虚拟存储器），以及 ISA 一系列实现的输入/输出模型。

ISA 以不依赖于该实现的特征的方式指定在该 ISA 的实现上运行的机器代码的行为，以提供实现之间的二进制兼容性。这使得 ISA 的多种实现在性能、物理大小、货币成本（以及其他方面）有所不同，但是能够运行相同的机器代码，因此可将性能较低、成本较低的机器替换为无须更改软件即可获得更高成本、更高性能的机器。它还支持该 ISA 实现的微架构的演化，以使得更新、更高性能的 ISA 实现可以运行在前几代实现上运行的软件。

如果操作系统为特定 ISA 维护一个标准的并且兼容的应用二进制接口（Application Binary Interface，ABI），则该 ISA 和操作系统的机器码将在该 ISA 的未来实现和该操作系统的更新版本上运行。但是，如果一个 ISA 支持运行多个操作系统，它并不能保证一个操作系统的机器代码会在另一个操作系统上运行，除非第一个操作系统支持为另一个操作系统构建的机器代码。

可以通过添加指令或其他功能，或添加对更大地址和数据值的支持来扩展 ISA；扩展 ISA 的实现仍然能够为没有这些扩展的 ISA 版本执行机器代码。使用这些扩展的机器代码只会在支持这些扩展的实现上运行。它们提供的二进制兼容性使得 ISA 成为计算中最基本的抽象之一。

ISA 可以按多种不同方式分类。例如，一个常见的分类方式是按照架构的复杂性来分类。其中，复杂指令集（Complex Instruction Set Computer，CISC）有许多专门的指令，其中一些在实际程序中很少使用。精简指令集计算机（Reduced Instruction Set Computer，RISC）通过高效地实现在程序中经常使用的指令来简化处理器，而不太常见的操作则作为子程序实现，从而导致额外的处理器执行时间因不经常使用而抵消。

其他类型包括超长指令字（Very Long Instruction Word，VLIW）架构，以及密切相关的长指令字（Long Instruction Word，LIW）和显式并行指令计算（Explicitly Parallel Instruction Computing，EPIC）架构。这些架构通过让编译器负责指令发布和调度，以比 RISC 和 CISC 更少的硬件来开发指令集并行性。

思考与练习 5-1：请说明对于 32 位寄存器中的数据 0xFFEEDDCC，假设将该寄存器的数据保存在存储器地址范围为 0x00000000～0x00000003 的位置。当采用大端顺序时，该数据在存储器中的存储方式。当采用小端顺序时，该数据在存储器中的存储方式。

5.3 指令的基本概念

中央处理单元从程序存储器中取出"指令"。从宏观上来说，指令就是"0"和"1"按一定规则组合而构成的具有特殊含义的二进制序列。CPU 的指令通道看到这个二进制序列的时候，它要对这个二进制序列进行"分析"，也就是我们常说的"译码"。在对这个二进制序列"分析"完成后，就决定如何向 CPU 内的各个功能部件"发号施令"，也就是我们常说的"执行"。"执行"就是一系列动作序列的组合，我们通常称为"微指令"或"微指令控制序列"。

对二进制序列进行"分析"和"执行"的过程，是设计 CPU 的工程师需要解决的问题。从复杂数字系统设计的角度来说，取指、译码和执行指令的过程由复杂的有限自动状态机（Finite State Machine，FSM）实现。

5.3.1 指令通道的概念

程序计数器（Program Counter，PC）是一个特殊的寄存器，用于保存要执行的下一条指令的存储器地址。在取指阶段，将 PC 中保存的地址复制到存储器地址寄存器（Memory Address Register，MAR）中，且 PC 递增以"指向"要执行的下一条指令的存储器地址。然后，CPU 在 MAR 描述的存储器地址处获取指令，并将其复制到存储器数据寄存器中（Memory Data Register，MDR）。MDR 还充当双向寄存器，用于保存从存储器中获取的数据或等待保存在存储器中的数据，因此也称为存储器缓冲寄存器（Memory Buffer Register，MBR）。最终，将 MDR 中的指令复制到指令寄存器（CIR）中，该寄存器充当刚刚从存储器中提取指令的临时存放地。

在译码阶段，控制单元（Control Unit，CU）将对 CIR 中的指令进行译码/解码。然后 CU 将信号发送到 CPU 内的其他单元，如算术逻辑单元（Arithmetic Logic Unit，ALU）和浮点单元（Float Point Unit，FPU）。ALU 执行算术运算，如加法和减法运算，还可以通过重复的加法和减法运算进行乘法与除法运算。此外，它还执行逻辑运算，如逻辑"与"、逻辑"或"、逻辑"非"和二进制移位。FPU 保留用于执行浮点运算。

每台计算机的 CPU 可以根据不同的指令集有不同的周期，但会类似于以下周期。

（1）取指阶段：从当前保存在 PC 中的存储器地址取出下一条指令，并保存到指令寄存器中。在取指操作结束时，PC 指向将在下一个周期读取的下一条指令。

（2）译码阶段。在该阶段，由译码器解释指令寄存器中所寄存的指令。

（3）执行阶段。CPU 的控制单元将译码后的信息作为控制信号序列传递给 CPU 的相关功能单元，以执行指令所需要的动作，如从寄存器中读取值，传递给 ALU 执行对它们进行数学或逻辑操作，并将结果写回寄存器。如果涉及 ALU，它会将条件信号发送回 CU。操作产生的结果保存在主存储器中或发送到输出设备。根据来自 ALU 的反馈，PC 可能会更新到不同的地址，从该地址提取下一条指令。

（4）重复上面的过程。

5.3.2 指令的内容

下面以 CPU 对一条 MIPS 指令的分析和执行过程来说明"指令"的本质含义。对于 MIPS 指令，指令中的字段按小端布局，与处理器执行的端模式无关。指令的位（位索引号）0 始终是指令中最右侧的位，而位（位索引号）31 始终是指令中最左侧的位。主要操作码始终是指令最左边的 6 位。

> **注**：在下面介绍 MIPS 指令时，为了方便起见，采用大端格式表示，但实际上是小端格式。

当基于 MIPS ISA 的 CPU 指令通道看到下面的二进制序列时：

00100000001000100000000010101110

其开始根据 MIPS ISA 规则对该二进制序列进行分析/译码：

（1）根据 MIPS 指令架构的规则，最高有效位（Most Significant Bit，MSB）往下的 6 位序列为"001000"。

读者可以在 MIPS 指令集手册中找到该序列所对应的指令（加法指令），用"助记符"表示为 ADDI，其指令格式如图 5.5 所示。

31	26	25	21	20	16	15	0
ADDI（助记符）		rs		rt		immediate	
0　0　1　0　0　0		0　0　0　0　1		0　0　0　1　0		0　0　0　0　0　0　0　0　0　1　0　1　0　1　1　1　1　0	

图 5.5　ADDI 的指令格式

（2）位（位索引号）25～位（位索引号）21 对应的五位二进制序列是 "0　0　0　0　1"，为寄存器的编号，对应于处理器中的寄存器 r1。

（3）位（位索引号）20～位（位索引号）16 对应的五位二进制序列是 "0　0　0　1　0"，为寄存器的编号，对应于处理器中的寄存器 r2。

（4）位（位索引号）15～位（位索引号）0 对应的十六位二进制序列是 "0　0　0　0　0　0　0　1　0　1　0　1　1　1　1　0"，表示十进制立即数 350，符号扩展到 32 位。

（5）CPU 指令通道通过对该二进制序列的分析，将其解释为一条加法指令，该指令中二进制序列位 25（位索引号）～位 0（位索引号）给出的信息是将寄存器 r1 中的内容与立即数 350 相加，结果送到寄存器 r2 中。

对于该二进制序列所对应的 "指令" 来说，位（位索引号）31～位（位索引号）26 的二进制编码序列告诉 CPU 将要执行什么样的操作，也就是通常所说的操作类型，而位（位索引号）25～位（位索引号）0 给出的信息是告诉 CPU 当执行该操作类型时，所需要的操作对象的位置。在该指令中，操作对象来自寄存器 r1 和指令本身所包含的立即数，操作的结果将要保存到寄存器 r2 中。

在计算机中，将指令序列中用于指示操作类型的字段称为操作码，剩余的用于指示操作对象位置的字段称为操作数。

（6）计算机中处理器的指令通道在得到指令的所有信息后会给处理器内的相应功能部件发出控制信号，以实现当前指令序列需要实现的功能。

① 向寄存器 r1 发出控制信号，以得到 r1 寄存器的内容，并将其放到与处理器内 ALU 功能部件相连的总线上。

② 将指令中所提供的立即数的值放到与 ALU 功能部件相连到另一个总线上。

③ 向 ALU 发出控制信号，指示 ALU 执行加法运算。

④ 完成加法运算后，通过处理器内的总线将 ALU 输出的运算结果送寄存器 r2 中。

⑤ 如果运算结果出现溢出，则进行相应的异常处理。

读者一定会问，指令又是怎么产生的呢？之前我们都学过 C 语言程序设计的课程，使用 C 语言编写过程序。当用 C 语言编写完程序代码后，我们需要使用 Visual Studio 工具中提供的 C 语言编译器对 C 语言进行编译，生成目标代码；然后再使用工具中的链接器，将这些目标代码进行链接后生成可执行的文件。在这个可执行的文件中，就包含若干这样的 "指令"（也称为机器指令）。

综上所述，一条指令（机器指令）是操作码和操作数的组合。

5.3.3　指令长度

指令的大小或长度变化很大，从一些微控制器中的四位指令长度到一些 VLIW 系统中的好几百位指令长度。个人电脑、大型机和超级计算机中使用的处理器指令长度为 8～64 位。

x86 上最长的指令是 15 个字节（120 位）。在一个指令集中，不同的指令可能有不同的长度。在某些架构中，尤其是大多数的 RISC，指令的长度是固定的，通常与该架构的字长相对应。在其他架构中，指令具有可变长度，通常是字节或半字的整数倍。其他一些指令，比如带有 Thumb 扩展的 Arm 有混合可变的编码，但是采用两种固定的指令长度，通常是 32 位和 16 位编码，其中指令不能自由切换，而必须在分支之间切换。

RISC 指令集通常具有固定的指令长度（通常为 4 个字节＝32 位），而典型的 CISC 指令集可能具有长度变化很大的指令（x86 为 1~15 个字节）。出于多种原因（例如，不必检查指令是否跨越高速缓存行或虚拟存储器页边界），固定长度指令的处理不如可变长度指令复杂，因此更容易优化速度。

5.3.4　代码密度

在 20 世纪 60 年代早期，主存价格昂贵并且容量非常小，甚至大型机也是这种情况。将程序代码长度最小化以确保它能适配到有限的存储器中，这成为最核心的问题。因此，执行特定任务所需的所有指令的组合大小，即代码密度，是任何指令集的一个重要特征。它对于小型计算机和微处理器最初很小的存储器仍然非常重要。对于手机，以及应用于嵌入式应用的 ROM，密度仍然是一个非常重要的问题。增加密度的一个更普遍的优势就是提高了缓存和指令预取的效率。

具有高代码密度的计算机通常具有用于程序入口、参数化返回、循环等的复杂指令（因此追溯命名为复杂指令计算机）。但是，更典型或频繁的 CISC 指令仅将基本 ALU 操作（如"添加"）与存储器中一个或多个操作数的访问（使用诸如直接、间接、索引等寻址模式）结合起来。某些架构可能允许直接在存储器中使用两个或三个操作数（包括结果），或者可能能够执行指针自动递增功能。软件实现的指令集可能具有更复杂和更强大的指令。

精简指令集计算机（RISC）最初是在存储器子系统快速增长时期广泛实施的。他们牺牲代码密度来简化实现电路，并尝试通过更高的时钟频率和更多的寄存器来提高系统性能。单个 RISC 指令通常仅执行单个操作，如寄存器的"加法"或从一个存储器位置"加载"到寄存器中。RISC 指令集通常具有固定的指令长度，而 CISC 指令集具有长度变化很大的指令。但是，由于 RISC 通常需要更多且更长的指令来执行给定的任务，因此对总线带宽和高速缓存的使用不太理想。

通过使用代码压缩技术，某些嵌入式 RISC ISA（如 Thumb 和 AVR32）通常表现出非常高的密度。这种技术将两条 16 位指令打包成一个 32 位字，然后在译码阶段解包并作为两条指令执行。

思考与练习 5-2：在一个处理器的指令通道中，指令最基本的 3 个操作包括_____、_____和_____。

思考与练习 5-3：在计算机的处理器中，用于控制指令按顺序执行的功能部件是_____，其英文全称为_____，英文缩写为_____。

思考与练习 5-4：一条机器指令由_____和_____两部分组成。

思考与练习 5-5：一条指令中的操作数可以来自_____、_____和_____。

5.4　MIPS 指令架构的发展和特征

本节将介绍 MIPS 指令架构的发展和特征。

5.4.1　指令架构的发展

MIPS 架构的第一个版本是由 MIPS 计算机系统（MIPS Computer Systems）公司为其 R2000 微处理器设计的，这是 MIPS 的第一个实现。MIPS 和 R2000 都是在 1985 年一起推出的。当 MIPS II 推出时，将 MIPS 重新命名为 MIPS I，以区别于新的版本。

MIPS 计算机系统的 R6000 微处理器（1989 年）是第一个 MIPS II 实现。R6000 专门为服务器设计，由双极集成技术（Bipolar Integrated Technology）公司制造和销售，但在商业上失败了。20 世纪 90 年代，许多用于嵌入式系统的新 32 位 MIPS 处理器都是 MIPS II 实现的，因为 1991 年引入 64 位 MIPS III 架构使得 MIPS II 成为最新的 32 位 MIPS 架构，直到 1999 年推出 MIPS32。

MIPS 计算机系统的 R4000 微处理器（1991）是第一个 MIPS III 实现，用于个人、工作站和服务器计算机。MIPS 计算机系统公司积极推广 MIPS 架构和 R4000，建立高级计算环境联盟（Advanced Computing Environment，ACE）以推进其高级 RISC 计算（Advanced RISC Computing，ARC）标准，旨在将 MIPS 建立微主导的个人计算平台。ARC 在个人计算机上几乎没有取得成功，但是 R4000（和 R4000 衍生产品）广泛应用于工作站和服务器计算机，尤其是其最大用户美国硅图公司（Silicon Graphics）。R4000 的其他用途包括高端嵌入式系统和超级计算机。MIPS III 最终由众多嵌入式微处理器实现。量子效应设计（Quantum Effect Design）公司的 R4600（1993）及其衍生产品广泛应用于高端嵌入式系统和低端工作站与服务器。MIPS 技术公司（MIPS Technologies）的 R4200（1994）是为嵌入式系统、膝上型电脑和个人电脑设计的。NEC 电子制造的衍生产品 R4300i 用于任天堂 64（Nintendo 64，简称 N64）游戏机。N64 和 PlayStation 是 20 世纪 90 年代中期 MIPS 架构处理器的最大用户之一。

第一个 MIPS IV 实现是 MIPS 技术公司的 R8000 微处理器芯片组（1994）。R8000 的设计始于硅图公司，它仅用于高端工作站和服务器。后来的实现是 MIPS 技术公司的 R10000（1996）与量子效应设计公司的 R5000（1996）和 RM7000（1998）。NEC 电子与东芝制造和销售的 R10000 及其衍生品被 NEC、Pyramid Technology、硅图公司、天腾计算机（Tandem Computer）公司（及其他公司）用于工作站、服务器和超级计算机。R5000 和 R7000 可用于高端嵌入式系统、个人计算机，以及低端工作站和服务器。东芝 R5000 的衍生产品 R5900 用于索尼计算机娱乐公司的情感引擎（Emotion Engine），该引擎为其 PlayStation2 游戏机提供动力。

MIPS V 于 1996 年 10 月 21 日在微处理器论坛上与 MIPS 数字媒体扩展（MIPS Digital Media Extensions，MDMX）一起发布，旨在提高 3D 图形转换的性能。在 20 世纪 90 年代中期，非嵌入式 MIPS 微处理器的主要用途是 SGI 的图形工作站。MIPS V 由仅整数的 MDMX 扩展完成，为提高 3D 图形应用程序的性能提供了一个完整的系统。MIPS V 的实现再也没有出现，1997 年 5 月 12 日，SGI 发布了"HI"（野兽）和"H2"（卡皮坦）微处理器。前者是第一个 MIPS V 实现，于 1999 年上半年推出。"H1"和"H2"项目后来合并，最终在 1998 年取消。

当 MIPS 技术公司于 1998 年从硅图公司分拆出来后，它重新专注于嵌入式市场。直到 MIPS V，每个后续版本都是前一个版本的严格超集，但是发现这个属性是一个问题，后来更改为 32 位和 64 位的架构：MIPS32 和 MIPS64，两者都是在 1999 年推出的。MIPS32 基于 MIPS II 并带有 MIPS III、MIPS IV 与 MIPS V 的一些附加特性；MIPS64 基于 MIPS V。在宣布 MIPS64 后，NEC、东芝和 SiByte（后来被博通收购）都获得了许可证。飞利浦、LSI Logic、集成设备技术公司（Integrated Device Technology，IDT）、Raza 微电子、凯为半导体（Cavium）、龙芯科技（Loongson Technology）和君正半导体（Ingenic Semiconductor）已加入其中。2012 年 12 月 6 日，发布了 MIPS32/MIPS64 第 5 个版本，跳过了第 4 个版本。

2018 年 12 月，MIPS 架构的新所有者 Wave Computing 宣布 MIPS ISA 将在一个名为"MIPS 开放计划"的项目中开源，该计划旨在开放对 32 位和 64 位设计最新版本的访问，使其无须任何许可或版税即可使用，并授予参与者现有 MIPS 专利的许可。

2019 年 3 月，该架构的一个版本在免除版税许可下可用，但该年晚些时候再次关闭了该项目。

MIPS 是一种模块化架构，最多支持 4 个协处理器（CP0、CP1、CP2 和 CP3）。在 MIPS 术语中：

（1）CP0 是系统控制协处理器（MIPSI-V 中实现定义的处理器的重要部分）。

（2）CP1 是可选的浮点单元。

（3）CP2/3 是可选的实现定义的协处理器（MIPS III 删除了 CP3 并将其操作码重新用于其他目的）。例如，在 PlayStation 视频游戏机中，CP2 是几何变换引擎（Geometry Transformation Engine，GTE），它可以加速 3D 计算机图形中的几何处理。

5.4.2 加载和存储架构

通常，在存储器中执行操作要比在片上寄存器中执行操作需要更长的时间。这是因为访问存储器（快）和主存储器（慢）所需的时间不同。

为了消除对存储器操作的较长访问时间或延迟，MIPS 处理器通过加载/保存设计来实现对存储器的访问操作。处理器核内部有很多寄存器，所有除访问存储器以外的其他操作都是在这些寄存器中完成的。

只能通过加载和保存指令访问主存储器，其优势为：

（1）减少存储器访问次数，降低存储器带宽要求；

（2）简化指令集；

（3）使编译器更容易优化寄存器的分配。

思考与练习 5-6：MIPS 处理器采用的是加载/保存架构，这种架构的含义是什么？采用这种架构/方法的优势是什么？

思考与练习 5-7：MIPS ISA 中的指令长度是_____（固定的/可变的）。

5.5　MIPS 寄存器集

MIPS 架构定义了以下 CPU 寄存器：

（1）32 个 32 位通用寄存器（General-Purpose Registers，GPR），范围为 r0~r31；

（2）特殊程序计数器（Program Counter，PC），仅受某些指令间接影响并且在架构上不可见；

（3）一对特殊寄存器（HI 和 LO），用于保存整数乘法、除法和乘-累加运算的结果。

5.5.1　CPU 通用寄存器

两个 CPU 通用寄存器分配了以下特殊的功能。

（1）r0 寄存器硬连线到零值。它可以用作丢弃任何结果的指令的目标寄存器，并且可以在需要零值时用作源寄存器。

（2）r31 是过程调用分支/跳转和链接指令（如 JAL 和第 6 版 JALC）使用的目标寄存器。

其余寄存器可用作通用用途。需要注意，尽管将寄存器称为"通用"，但在软件中通常会出于特定目的使用某些特定的寄存器。这不是硬件要求的，而是程序员通过设置规则避免混淆的一种方式。例如，寄存器$8 到$15 通常用于保存临时值，这些寄存器的助记符名字是 t0~t7。

扩展汇编器使用助记符名字来明确寄存器的使用方式，助记符名字与寄存器编号之间的对应关系如表 5.1 所示。

表 5.1　助记符名字与寄存器编号之间的对应关系

寄存器号	二进制编码	助记符名字	常　规　用　途
$0	00000	zero	无论向 0 号寄存器写入什么值，永远返回 0
$1	00001	at	由汇编器生成的综合指令使用，比如避免寄存器使用冲突，保存编译器编译过程中的中间变量等
$2	00010	v0	子程序返回的值，且必须为非浮点类型的数据
$3	00011	v1	
$4	00100	a0	参数寄存器，用于保存子程序中前 4 个非浮点参数
$5	00101	a1	
$6	00110	a2	
$7	00111	a3	
$8	01000	t0	暂存寄存器，保存临时变量
$9	01001	t1	
$10	01010	t2	
$11	01011	t3	
$12	01100	t4	
$13	01101	t5	
$14	01110	t6	
$15	01111	t7	

续表

寄存器号	二进制编码	助记符名字	常 规 用 途
$16	10000	s0	保存寄存器，子程序需要确定其值在调用前后保持不变
$17	10001	s1	
$18	10010	s2	
$19	10011	s3	
$20	10100	s4	
$21	10101	s5	
$22	10110	s6	
$23	10111	s7	
$24	11000	t8	暂存寄存器，保存临时变量
$25	11001	t9	
$26	11010	k0	用于异常处理程序
$27	11011	k1	
$28	11100	gp	全局指针寄存器，用于指向全局偏移量表的指针
$29	11101	sp	堆栈指针寄存器，用于移动堆栈指针
$30	11110	fp（或s8）	堆栈帧指针寄存器，用于当无法计算相对于栈指针的偏移量时，跟踪堆栈的变化
$31	11111	ra	用于保存子程序调用指令的返回地址

1. 堆栈指针寄存器的作用

从表 5.1 中可知，编号为 29 的通用寄存器可以作为堆栈指针寄存器使用，那么什么是堆栈（Stack），它的作用又是什么呢？

在计算机上编写程序代码时，经常会涉及程序的调用和返回操作。在调用和返回程序的过程中，堆栈起着非常重要的作用。

这是因为当主程序调用子程序时，需要知道子程序保存在存储器的什么位置，这样程序的程序计数器（Program Counter，PC）就可以指向该子程序的入口；同时，处理器也需要知道进入子程序之前中断主程序执行代码的位置，以便当执行完子程序并且从子程序返回后可以继续执行主程序。

此外，在进入并执行子程序后，按照函数调用的规则，不可避免地要使用到处理器的通用寄存器，而这些通用寄存器可能事先保存着主程序中的一些信息，怎么办呢？我们可以将主程序所使用到的寄存器的内容保存起来，等待子程序使用完这些寄存器后再将事先保存的寄存器的内容"重新恢复"到寄存器中。

因此，在调用和返回程序的过程中，用于保存和恢复重要信息的一个方法，我们称之为"堆栈"，堆栈实际上是在主存储器中划分出来的一个特定区域。那么计算机中的处理器如何知道这个特定区域的位置呢？从表 5.1 中可知，使用编号为 29 的通用寄存器作为堆栈指针寄存器，该堆栈指针寄存器的内容是存储器地址的值，该地址用于标识堆栈的"栈顶"位置。

在 MIPS 架构中，为每个函数调用分配一块堆栈空间，我们将其称为堆栈帧（Stack Frame）。

注：在 MIPS 架构中，入栈和出栈操作采用的是"软堆栈"的方法，这与其他架构（如 x86 和 Arm）并不相同。在 x86 和 Arm 架构中，专门提供了用于入栈和出栈操作的指令。这也是 MIPS 架构的一个特点。

（1）当调用一个函数时，它会在堆栈上创建一个新的堆栈帧，该堆栈帧将用于本地存储。

（2）在函数返回之前，它必须弹出其堆栈帧，以将其恢复到最初的状态。

此外，堆栈帧还可以用于多个用途。例如：

（1）可以将调用者（Caller）和被调用者（Callee-save）保存寄存器放在堆栈中。

（2）堆栈帧还可以保存局部变量，或额外的参数和返回值。

在基于 MIPS 架构的处理器系统中，在主存储器中专门划分出一块区域保留用于堆栈。

（1）堆栈在主存地址方向上向下增长。

（2）按照规约，栈顶元素的地址保存在堆栈指针寄存器 sp 中。

【例 5-1】如代码清单 5-1 所示，下面通过一个例子说明堆栈的工作原理，以及堆栈指针寄存器的作用。此外，进一步理解加载/保存的含义。

代码清单 5-1　算术运算的 C 语言代码描述

```
int main( void)                      //定义主函数
{
    unsigned char a=11,b=55;         //定义两个无符号字符型变量 a 和 b
    unsigned int x=a*b;              //定义一个无符号整型变量 x,并执行乘法操作
    return 0;
}
```

注：（1）读者可以进入本书提供资源的\loongson1B_example\example_5_1 目录中，用 LoongIDE 打开名字为"example_5_1.lxp"的工程文件，该工程已经经过编译和链接，并生成了 example_5_1.exe 文件。

（2）使用编译器对该段代码进行处理时，未使用任何优化编译，即 Optimization level 设置为 None（-O0）。

进入调试器界面的 Disassembly 窗口，该段 C 代码对应的反汇编代码如代码清单 5-2 所示，并且程序计数器指向地址 0x80200100 的位置。

代码清单 5-2　算术运算的反汇编代码

```
802000F4      27bdfff0:      addiu      sp,sp,-16
802000F8      afbe000c:      sw         s8,12(sp)
802000FC      03a0f021:      move       s8,sp          //sp=s8=0x802128b8
80200100      2402000b:      li         v0,11
80200104      a3c20000:      sb         v0,0(s8)
80200108      24020037:      li         v0,55
8020010C      a3c20001:      sb         v0,1(s8)
80200110      93c30000:      lbu        v1,0(s8)
```

80200114	93c20001:	lbu	v0,1(s8)
80200118	00620018:	mult	v1,v0
8020011C	00001012:	mflo	v0
80200120	afc20004:	sw	v0,4(s8)
80200124	00001021:	move	v0,zero
80200128	03c0e821:	move	sp,s8
8020012C	8fbe000c:	lw	s8,12(sp)
80200130	27bd0010:	addiu	sp,sp,16

下面对该段代码进行分析。

（1）按下按键 F7，单步运行反汇编代码，执行完：

| 80200100 | 2402000b: li | v0,11 |

该行代码将立即数 11 保存到寄存器 v0（对应于通用寄存器 2）中。

（2）按下按键 F7，单步运行反汇编代码，执行完：

| 80200104 | a3c20000: sb | v0,0(s8) |

该行代码将寄存器 v0 中第 8 位的内容保存到堆栈帧指针寄存器 s8 指向的存储器的地址，即把字符型立即数 11 保存到存储器的地址 0x802128b8 中。

（3）按下按键 F7，单步运行反汇编代码，执行完：

| 80200108 | 24020037: li | v0,55 |

该行代码将立即数 55 保存到寄存器 v0（对应于通用寄存器 2）中。

（4）按下按键 F7，单步运行反汇编代码，执行完：

| 8020010C | a3c20001: sb | v0,1(s8) |

该行代码将寄存器 v0 的内容保存到堆栈帧指针寄存器 s8 指向的存储器的基地址加上一个字节偏移地址的位置，即把字符型立即数 55 保存到存储器的地址 0x802128b9 中。

（5）按下按键 F7，单步运行反汇编代码，执行完：

| 80200110 | 93c30000: lbu | v1,0(s8) |

该行代码将堆栈帧指针寄存器 s8 指向的存储器的基地址的一个字节的内容加载到寄存器 v1 中。即 v1 寄存器的内容是 11。

（6）按下按键 F7，单步运行反汇编代码，执行完：

| 80200114 | 93c20001: lbu | v0,1(s8) |

该行代码将堆栈帧指针寄存器 s8 指向的存储器基地址加上一个偏移字节所构成有效地址的一个字节内容加载到寄存器 v0 中，即 v0 寄存器的内容是 55。

（7）按下按键 F7，单步运行反汇编代码，执行完：

| 80200118 | 00620018: mult | v1,v0 |

该行代码将寄存器 v1 和寄存器 v0 的内容进行相乘，产生 64 位的结果。根据该条指令所实现的功能，将低 32 位结果保存到 CPU 特殊寄存器 LO 中，将高 32 位结果保存到 CPU 特殊

寄存器 HI 中，即特殊寄存器 LO 中的结果为 25D（十六进制表示）。

（8）按下按键 F7，单步运行反汇编代码，执行完：

```
8020011C   00001012：mflo        v0
```

该行代码将 CPU 特殊寄存器 LO 中的内容加载到通用寄存器 v0 中，通用寄存器 v0 中的内容变成了 25D（十六进制表示）。

（9）按下按键 F7，单步运行反汇编代码，执行完：

```
80200120   afc20004：sw          v0,4(s8)
```

该行代码将通用寄存器 v0 中的内容保存到堆栈帧指针寄存器 s8 指向的存储器基地址加上 4 个字节偏移所构成有效地址（0x802128b8 + 4 = 0x802128bc）的存储器位置（连续 4 个字节）中。

（10）按下按键 F7，单步运行反汇编代码，执行完：

```
80200124   00001021：move        v0,zero
```

该行代码将 0 加载到通用寄存器 v0 中。

在如图 5.6 所示的 Watchs 窗口中，看到变量 x 的最终结果与预期值完全相同。

（11）在调试器界面的右上方窗口中，找到并单击 CPU Registers 标签。在该标签页中，找到并双击 Register（寄存器）名字为"sp"的一行。

（12）自动弹出 View Memory 对话框，如图 5.7 所示。在该对话框 Address 右侧自动填充了地址值 0x802128b8。在 Data Type 中找到并选中 unknown 前面的复选框。

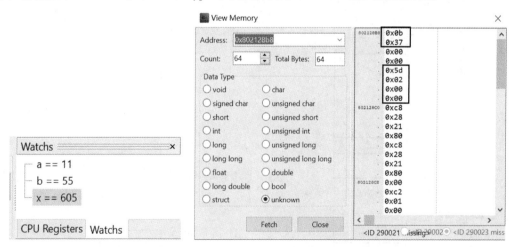

图 5.6　Watchs 窗口中的变量　　　　　　　图 5.7　View Memory 对话框
　　　　　和变量地址信息

（13）单击 Fetch 按钮。在 View Memory 对话框右侧窗口中，地址为 0x802128B8 的内容为 0x0b（对应于十进制数 11），往下依次类推，地址为 0x802128b9 的内容为 0x37（对应于十进制数 55）。显然，这是程序代码中变量 a 和 b 的值。

进一步分析，往下依次类推，地址为 0x802128bc 的内容为 0x5d，地址为 0x802128bd 的内容为 0x02，地址 0x802128be ～ 地址 0x802128bf 的内容为 0x0000。因为龙芯 1B 处理器采用的是小端模式，因此 0x5d 为低字节、0x02 为高字节，0x0000 为最高字节。将这 4 个字节拼起来为 0x0000025d，其所对应的十进制数就是 605。显然，这是程序代码中变量 x 的值。因此，变量 x 保存在起始地址为 0x802128bc 的位置，给其连续分配 4 个字节。

在执行和跟踪反汇编代码时，可以很清楚地看到 MIPS 的"入栈"和"出栈"操作是通过程序代码实现的，而不是通过硬件的入栈和出栈指令实现。

接下来根据上述代码我们来分析一下 MIPS 架构中的堆栈机制。

（1）下面 3 行代码是初始化堆栈条件：

0x802000f4	27bdfff0 :	addiu	sp,sp,-16
0x802000f8	afbe000c :	sw	s8,12(sp)
0x802000fc	03a0f021 :	move	s8,sp

因为调用 main( )主函数，因此创建了新的堆栈帧，其实现的功能如下。

① (sp) - 16→(sp)。根据调试器给出的信息，堆栈指针寄存器 sp 原来的内容为 0x802128c8，如图 5.8（a）所示。当堆栈指针寄存器 sp 的内容减去 16 后，堆栈指针寄存器 sp 的内容变为 0x802128b8，如图 5.8（b）所示。

② 将堆栈帧指针寄存器 s8 的内容保存到(sp)+12 所指向存储地址的位置（连续 4 个字节）。根据调试器给出的信息，堆栈帧指针寄存器 s8 的内容为 0x802128c8，如图 5.8（b）所示。

③ 将堆栈指针寄存器 sp 的内容复制到堆栈帧指针寄存器 s8 中，此时堆栈帧指针寄存器 s8 的内容和堆栈指针寄存器 sp 的内容相同。

（2）保存完变量 a 和 b 后堆栈的变化情况如图 5.8（d）所示。

（3）保存完乘积结果后堆栈的变化情况如图 5.8（d）所示。

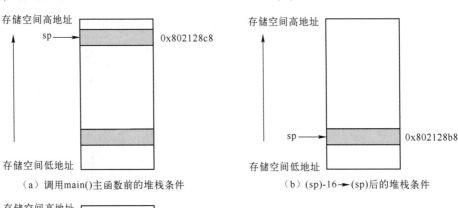

（a）调用 main()主函数前的堆栈条件　　　　（b）(sp)-16→(sp)后的堆栈条件

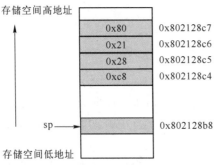

（c）保存堆栈帧指针寄存器 s8　　　　（d）保存变量 a、b 和 x 的存储空间位置

图 5.8　堆栈的变化情况

（4）在执行完代码清单 5-2 给出的反汇编代码后，执行恢复堆栈初始环境的操作，如代码清单 5-3 所示。

代码清单 5-3　恢复堆栈初始环境的操作

```
0x80200128    03c0e821:    move    sp,s8
0x8020012c    8fbe000c :   lw      s8,12(sp)
0x80200130    27bd0010:    addiu   sp,sp,16
```

① 指令 move sp,s8。将堆栈帧指针寄存器 s8 的内容复制到堆栈指针寄存器 sp 中。执行完该指令后，堆栈指针寄存器 sp 的内容为 0x802128b8。

② 指令 lw s8,12(sp)。堆栈指针寄存器 sp 所指向存储空间的基地址加上偏移量 12 后生成有效的存储空间地址，然后从该地址位置取出一个字（4 个字节）加载到堆栈帧指针寄存器 s8 中。根据图 5.8（c）可知，执行完该指令后，堆栈帧指针寄存器 s8 的内容为 0x802128c8。

③ addiu sp,sp,16。将堆栈指针寄存器 sp 的内容加上 16，得到的结果再保存到堆栈指针寄存器 sp 中。执行完该指令后，堆栈指针寄存器 sp 的内容为 0x802128c8。

此时堆栈指针寄存器 sp 所指向的存储空间地址又回到了它一开始所指向的存储空间地址位置。

在整个过程中，注意堆栈指针寄存器 sp 和堆栈帧指针寄存器 s8 的作用。更简单地来说，在调用 main() 主函数时，创建新的堆栈帧；在从所调用的函数 main() 返回时，释放掉前面新创建的堆栈帧。

2. 函数调用中寄存器的作用

【例 5-2】下面将通过一个函数调用和返回的例子说明通用寄存器的用法，如代码清单 5-4 所示。

代码清单 5-4　函数调用和返回的 C 语言代码

```c
//定义子函数 cmp,带入参数为 x 和 y,返回类型为 unsigned char
unsigned char cmp(unsigned char x, unsigned char y)
{
    return x>=y ? 1 : 0;              //比较 x 和 y 的大小,并返回比较结果
}

int main()                           //定义主函数 main()
{
    unsigned char a=50,b=20;         //定义两个 unsigned char 型变量 a 和 b
    unsigned char c=cmp(a,b);        //调用函数 cmp,并将结果赋值给 c
    return 0;
}
```

注：（1）读者可以进入本书提供资源的 \loongson1B_example\example_5_2 目录中，用 LoongIDE 打开名字为"example_5_2.lxp"的工程文件，该工程已经经过编译和链接，并生成了 example_5_2.exe 文件。

（2）使用编译器对该段代码进行处理时，未使用任何优化编译，即 Optimization level 设置为 None（-O0）。

子函数 cmp 的反汇编代码如代码清单 5-5 所示。

代码清单 5-5　子函数 cmp 的反汇编代码

0x802000f4	27bdfff8：	addiu	sp,sp,-8	//(sp-8)→sp,sp 的内容为 0x802128f0
0x802000f8	afbe0004：	sw	s8,4(sp)	//寄存器 s8 的内容保存到(sp)+4 的地址
0x802000fc	03a0f021：	move	s8,sp	//s8=sp=0x802128f8,s8 堆栈帧寄存器
0x80200100	00801821：	move	v1,a0	//将寄存器 a0 的内容加载到寄存器 v1 中
0x80200104	00a01021：	move	v0,a1	//将寄存器 a1 的内容加载到寄存器 v0 中
0x80200108	a3c30008：	sb	v1,8(s8)	//将寄存器 v1 的内容保存到(s8)+8 的存储空间地址
0x8020010c	a3c2000c：	sb	v0,12(s8)	//将寄存器 v0 的内容保存到(s8)+12 的存储空间地址
0x80200110	93c30008：	lbu	v1,8(s8)	//将(s8)+8 存储空间地址内容加载到寄存器 v1
0x80200114	93c2000c：	lbu	v0,12(s8)	//将(s8)+12 存储空间地址内容加载到寄存器 v0
0x80200118	0062102b：	sltu	v0,v1,v0	//比较指令,v1>v0,所以 0→v0
0x8020011c	38420001：	xori	v0,v0,0x1	//v0 与 0x1 进行逻辑或运算,1→v0
0x80200120	304200ff：	andi	v0,v0,0xff	//v0 与 0xff 进行逻辑与运算,1→v0
0x80200124	03c0e821：	move	sp,s8	//s8→sp=0x802128f0
0x80200128	8fbe0004：	lw	s8,4(sp)	//s8 寄存器内容保存到(sp)+4 的存储空间地址
0x8020012c	27bd0008：	addiu	sp,sp,8	//(sp)+8→sp
0x80200130	03e00008：	jr	ra	//返回 ra 指向的存储空间地址
0x80200134	00000000：	nop		

主函数 main 的反汇编代码如代码清单 5-6 所示。

代码清单 5-6　主函数 main 的反汇编代码

0x80200138	27bdffe0：	addiu	WBsp,sp,-32	//(sp-32)→sp
0x8020013c	afbf001c：	sw	ra,28(sp)	//寄存器 ra 的内容保存到(sp)+28 指向的地址
0x80200140	afbe0018：	sw	s8,24(sp)	//寄存器 s8 的内容保存到(sp)+24 指向的地址
0x80200144	03a0f021：	move	s8,sp	//sp→s8, sp=s8=0x802128f8
0x80200148	24020032：	li	v0,50	//立即数 50 保存到寄存器 v0 中
0x8020014c	a3c20010：	sb	v0,16(s8)	//寄存器 v0 的内容保存到(s8)+16 指向的地址
0x80200150	24020014：	li	v0,20	//立即数 20 保存到寄存器 v0 中
0x80200154	a3c20010：	sb	v0,17(s8)	//寄存器 v0 的内容保存到(s8)+16 指向的地址
0x80200158	93c39910：	lbu	v1,16(s8)	//将(s8)+16 地址的内容加载到寄存器 v1
0x8020015c	93c20011：	lbu	v0,17(s8)	//将(s8)+16 地址的内容加载到寄存器 v0
0x80200160	00602021：	move	a0,v1	//将寄存器 v1 的内容复制到寄存器 a0 中
0x80200164	00402821：	move	a1,v0	//将寄存器 v0 的内容复制到寄存器 a1 中
0x80200168	0c08003d：	jal	0x802000f4 <cmp>	//跳转到 cmp 子程序的入口
0x8020016c	00000000：	nop		//注意,ra 寄存器的内容变成 0x80200170
0x80200170	afc20014：	sb	v0,18(s8)	//寄存器 v0 的内容保存到(s8)+18 的地址
0x80200174	00001021：	move	v0,zero	//0→寄存器 v0
0x80200178	03c0e821：	move	sp,s8	//s8→sp=0x802128f8
0x8020017c	8fbf001c：	lw	ra,28(sp)	//将(sp)+28 地址的内容恢复到寄存器 ra 中
0x80200180	8fbe0018：	lw	s8,24(sp)	//将(sp)+24 地址的内容恢复到寄存器 s8 中
0x80200184	27bd0020：	addiu	sp,sp,32	//(sp)+32→sp

从上面给出的代码可知，通过寄存器 a0 和寄存器 a1，将 main()主函数中的参数值传递到子函数 cmp()中。在从子函数 cmp()返回时，又通过寄存器 v0 将计算结果返回主函数 main()中。

按前面给出的方法，在 View Memory 对话框中观察存储器中数据的内容，如图 5.9 所示。

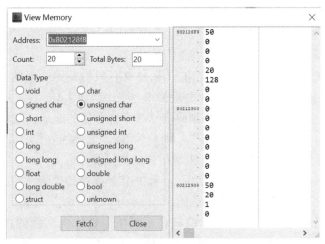

图 5.9　View Memory 对话框

通过前面两个例子的讲解，读者可能会发现 C、汇编和底层硬件之间的对应关系，这就涉及处理器指令集中指令的功能，以及处理器内核的问题。因此，系统学习指令集架构，以及处理器内部结构是掌握 C 语言和底层对应关系的关键所在。

5.5.2　CPU 特殊寄存器

在版本 6 之前，CPU 包含 3 个特殊寄存器：

（1）PC-程序计数器寄存器；

（2）HI-乘法和除法寄存器较高的结果（在第 6 版中删除）；

（3）LO-乘法和除法寄存器较低的结果（在第 6 版中删除）。

① 在乘法运算期间，HI 和 LO 寄存器保存整数乘法的乘积。

② 在乘–加或乘–减操作中，HI 和 LO 寄存器保存整数乘–加或乘–减的结果。

③ 在乘–累加期间，HI 和 LO 寄存器保存操作的累加结果。

从版本 6 开始，HI 和 LO 寄存器，以及相关指令已经从基本指令架构中删除，并且仅存在于 DSP 模块中。

思考与练习 5-8：在 MIPS 架构的处理器中，一共有＿＿＿＿＿个通用寄存器。

思考与练习 5-9：在 MIPS 处理器所提供的通用处理器中，寄存器＿＿＿＿＿用于保存子程序调用指令的返回地址。

思考与练习 5-10：在 MIPS 处理器所提供的通用处理器中，寄存器＿＿＿＿＿用作堆栈指针。

思考与练习 5-11：在 MIPS 2.0 版本的处理器中，提供了两个特殊寄存器＿＿＿＿＿和＿＿＿＿＿，可以用于保存乘法/除法的运算结果。

思考与练习 5-12：根据本节对堆栈过程的分析，说明 MIPS 软堆栈实现入栈和出栈操作的原理，以及地址的变化方向。

5.6　MIPS 指令类型

MIPS 是一种加载/保存架构（也称为寄存器–寄存器架构），除用于访问存储器的加载/

存储指令外，其他所有指令都在寄存器上进行操作。

所有 MIPS 指令的长度相同，都是 32 位。为了让指令的格式刚好合适，设计者做了折衷：将所有指令定长，但是不同的指令有不同的格式。

在 MIPS 架构中，规定指令的最高 6 位（从最高有效位开始往下的 6 位）均为操作码，剩下的 26 位可以将指令分为 3 种类型，分别为 R 型、I 型和 J 型。

（1）R 型指令用连续 3 个 5 位二进制码表示 3 个寄存器的地址，然后用 1 个 5 位二进制码表示移位的位数（如果未使用移位操作，则全为 0）。最低的 6 位（从最低有效位往上的六位）是功能码，它与操作码共同决定 R 型指令的具体操作方式。

（2）I 型指令用连续 2 个 5 位二进制码表示 2 个寄存器的地址，后面跟着一个 16 位二进制码，用于表示一个立即数的二进制编码。

（3）J 型指令用 26 位二进制码表示跳转目标的指令地址（实际的指令地址应为 32 位，其中最低 2 位为 "00"，最高 4 位由 PC 的当前地址决定）。

5.6.1　R 型指令

R 型指令是寄存器类型（Register Type）的缩写，其包含三个寄存器操作数（两个源操作数和一个目的操作数）和三个类型码（操作码、位移码和功能码）。该类型指令中的每个字段为 5 位或 6 位，如图 5.10 所示。

31　　　　　26	25　　　　21	20　　　　16	15　　　　11	10　　　6	5　　　　0
操作码	寄存器rs	寄存器rt	寄存器rd	移位码	功能码
6位	5位	5位	5位	5位	6位

图 5.10　R 型指令的格式

MIPS 指令执行的操作由指令格式中的操作码和功能码两个字段编码确定。对于 R 型指令来说，具体操作由操作码字段和功能码字段的编码确定。移位码字段仅用于移位操作，保存在移位码字段中的二进制值指示移位的个数。对于不涉及移位操作的所有 R 型指令来说，移位码字段为 0。

对于 R 型指令来说，前两个寄存器 rs 和 rt 是源操作数寄存器，rd 是目的操作数寄存器。

5.6.2　I 型指令

I 类型是立即数类型（Immediate Type）的缩写。I 型指令使用两个寄存器操作数和一个立即操作数，该类型的指令由 4 个字段构成，即操作码、寄存器 rs、寄存器 rt 和立即数。I 型指令的格式如图 5.11 所示。

31　　　　26	25　　　　21	20　　　　16	15　　　　　　　　　　　　　0
操作码	寄存器 rs	寄存器 rt	立即数
6位	5位	5位	16位

图 5.11　I 型指令的格式

I 型指令的操作码和寄存器操作数与 R 型指令在含义与功能上相同。不同的是，对于
I 型指令来说，其具体实现的操作类型仅由操作码确定。立即数操作数字段用于表示一个
16 位的操作数，用二进制补码形式表示，可以符号扩展到 32 位，参与寄存器内容的
运算。

在 I 型指令中，寄存器 rs 和立即数总是作为源操作数，某些指令（如 addi 和 LW）将寄
存器 rt 用作目的操作数，而在其他一些指令（如 SW）中，寄存器 rt 作为一个源操作数。

5.6.3　J 型指令

J 类型为跳转类型（Jump Type）的缩写，J 类型仅用于跳转指令。J 型指令的格式使用
一个 26 位地址操作数 addr。与其他格式一样，J 型指令以 6 位操作码开始，其余位用于指定
跳转地址 addr，如图 5.12 所示。

31　　　　　　　　　26	25　　　　　　　　　　　　　　　　　　　　　　　　　　0
操作码	addr
6位	26位

图 5.12　J 型指令的格式

思考与练习 5-13：在 MIPS ISA 中，其指令可分为 ＿＿＿＿＿ 型、＿＿＿＿＿ 型和
＿＿＿＿＿ 型。

思考与练习 5-14：请说明 MIPS ISA 中的 R 型、I 型和 J 型指令的特点。

5.7　MIPS 指令寻址方式

根据前面介绍的 MIPS 指令的类型可知，对于每个指定的操作类型，都有该操作类型所
对应的操作对象/操作数。中央处理器单元要执行指令指定的操作，那就需要知道与该操作
有关的操作对象在哪里，从哪里可以找到操作对象/操作数。在计算机系统中，操作对象/操
作数通常来源于：

（1）中央处理单元内的寄存器；

（2）与中央处理器单元打交道的主存储器中；

（3）指令的操作数部分。

简单来说，CPU 可以从指令本身、寄存器和存储器中找到操作对象。但是，如何找到
它们呢？这就涉及寻找它们所在"位置"的不同方法，称为"寻址模式"。不同的计算机系
统由于其架构不同，因此提供的寻址模式也并不相同。

对于基于 MIPS 架构的龙芯 1B 处理器来说，它有 5 种寻址模式，包括寄存器寻址、立
即数寻址、基地址寻址、PC 相对寻址和伪直接寻址。

5.7.1　寄存器寻址

最简单的寻址方式是寄存器寻址。使用寄存器的指令，其执行速度快，这是因为它们没有
与存储器访问相关的延迟。但是，寄存器的数量是有限的，因为只保留了 5 位来选择寄存器。

寄存器寻址是直接寻址的一种形式。寄存器中的值是一个操作数，而不是一个操作数所在的存储器的地址。寄存器寻址的一个典型例子就是：

```
add  $3,$4,$5
```

该寻址模式的硬件映射结构如图 5.13 所示。

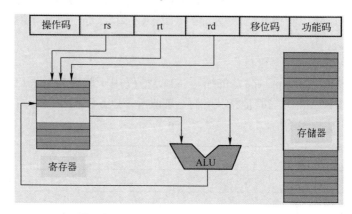

图 5.13　寄存器寻址模式的硬件映射结构

5.7.2　立即数寻址

立即数寻址意味着一个操作数是指令本身内的常数。使用这种寻址方式的好处就是不需要额外的存储器访问来获得操作数。需要注意，操作数的大小/位宽限制为 16 位。

例如，采用立即数寻址的指令是：

```
addi  $18, $19, 35
```

该寻址模式的硬件映射结构如图 5.14 所示。

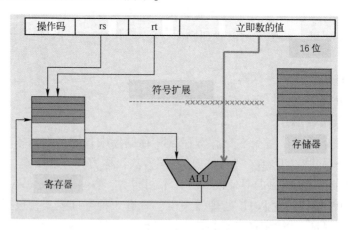

图 5.14　立即数寻址模式的硬件映射结构

5.7.3　基地址寻址

在基地址寻址中，操作数所在的存储空间有效地址是立即数和寄存器（rs）内容的求和结果。其中，16 位的立即数是二进制的补码形式。

例如，采用基地址寻址的指令是：

```
lw  $15,16($12)
```

该寻址模式的硬件映射结构如图 5.15 所示。

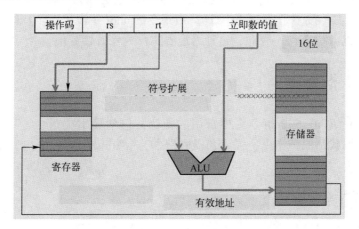

图 5.15 基地址寻址模式的硬件映射结构

5.7.4 PC 相对寻址

PC 相对寻址用于条件分支。地址是程序计数器和指令中的常数（立即数）之和。将立即数字段的值理解为下一条指令的偏移量（当前指令 PC+4）。

例如，采用 PC 相对寻址的指令是：

```
beq  $0,$3,label
```

该寻址模式的硬件映射结构，如图 5.16 所示。

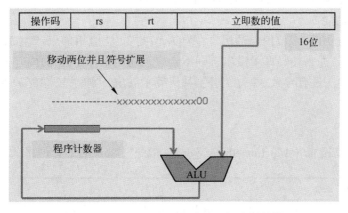

图 5.16 PC 相对寻址模式的硬件映射结构

5.7.5 伪直接寻址

在直接寻址中，指令中指定了地址。在理想情况下，跳转指令 j 和 jal 应该使用直接寻址方式来指明 32 位跳转目标地址（Jump Target Address，JTA），以便跳转到下一条要执行的指令地址。

但是 J 型指令编码没有足够的位来指定一个完整的 32 位 JTA。J 型指令的最高 6 位（从最高有效位往下的 6 位）用于指定操作码，因此只剩下 26 位可用于编码 JTA。

幸运的是，JTA 的最低两位[1:0]应该总是为 0，这是因为 MIPS32 指令总是字对齐的（4 个字节长度）。JTA 接下来的 26 位[27:2]由指令的 addr 字段提取。JTA 的最高 4 位[31:28]由 PC+4 的最高 4 位获得。因此，这种寻址方式称为伪直接寻址。

5.8 MIPS32 指令集

本节将详细介绍 MIPS32 指令集中常用的指令，包括算术类指令、移位指令、逻辑指令、移动指令、加载和保护指令、插入和提取指令、指令控制指令、分支和跳转指令，以及陷阱指令。

5.8.1 算术类指令

本小节将介绍算术类指令。

1. add 指令

（1）字相加（Add Word）指令（add 指令）的格式如图 5.17 所示。

31　　　　　　　26	25　　　　21	20　　　　　16	15　　　　　11	10　　　6	5　　　　　　　0
0　0　0　0　0　0	rs	rt	rd	0　0　0　0　0	1　0　0　0　0　0
操作码（6 位）	寄存器编号（5 位）	寄存器编号（5 位）	寄存器编号（5 位）	位移码（5 位）	功能码（6 位）

图 5.17　add 指令的格式

（2）汇编指令格式为 "add　rd，rs，rt"。

（3）指令的功能如下。

通用寄存器 rt 中的 32 位值与通用寄存器 rs 中的 32 位值相加以产生 32 位结果。如果加法运算导致 32 位二进制补码算术溢出，则不会修改通用寄存器 rd 的内容，并且会发生整数溢出异常；如果加法没有导致 32 位二进制补码算术溢出，则将 32 位结果保存到通用寄存器 rd 中。

2. addi 指令

（1）与立即数相加（Add Immediate Word）指令（addi 指令）的格式如图 5.18 所示。

31　　　　　　26	25　　　　21	20　　　　16	15　　　　　　　　　　　　　　　0
0　0　1　0　0　0	rs	rt	imm16
操作码（6 位）	寄存器编号（5 位）	寄存器编号（5 位）	立即数（16 位）

图 5.18　addi 指令的格式

（2）汇编指令格式为 "addi rt, rs, imm16"。

（3）指令的功能如下。

将 16 位有符号立即数 imm16 进行符号扩展并与通用寄存器 rs 中的 32 位值进行相加以产生 32 位结果。如果加法运算导致 32 位的二进制补码算术溢出，则不会修改通用寄存器 rt，并且会发生整数溢出异常；如果 32 位的二进制补码加法没有溢出，则将 32 位结果保存到通用寄存器 rt 中。

3. addiu 指令

（1）加无符号立即数（Add Immediate Unsigned Word）指令（addiu 指令）的格式如图 5.19 所示。

31 26	25 21	20 16	15 0
0 0 1 0 0 1	rs	rt	imm16
操作码（6 位）	寄存器编号（5 位）	寄存器编号（5 位）	立即数（16 位）

图 5.19　addiu 指令的格式

（2）汇编指令格式为 "addiu rt, rs, imm16"。

（3）指令的功能如下。

将 16 位有符号立即数 imm16 进行符号扩展并与通用寄存器 rs 中的 32 位值进行相加，并将 32 位算术结果保存到通用寄存器 rt 中。在任何情况下，该指令都不会发生整型溢出异常。

> **注**：在 MIPS 的指令手册中，指出指令中的 "u" 表示 "unsigned"，这是用词不当。

4. addu 指令

（1）无符号数相加（Add Unsigned Word）指令（addu 指令）的格式如图 5.20 所示。

31 26	25 21	20 16	15 11	10 6	5 0
0 0 0 0 0 0	rs	rt	rd	0 0 0 0 0	1 0 0 0 0 1
操作码（6 位）	寄存器编号（5 位）	寄存器编号（5 位）	寄存器编号（5 位）	位移码（5 位）	功能码（6 位）

图 5.20　addu 指令的格式

（2）汇编指令格式为 "addu rd, rs, rt"。

（3）指令的功能如下。

将通知寄存器 rt 中的 32 位值与通用寄存器 rs 中的 32 位值相加，并将 32 位算术结果保存到通用寄存器 rd 中。在任何情况下，该指令都不会发生整型溢出异常。

【例 5-3】加法指令所对应的机器指令和运行结果如表 5.2 所示。

表 5.2　加法指令所对应的机器指令和运行结果

序号	加法指令（汇编助记符表示）	对应的机器指令（十六进制表示）	执行指令后的结果（十六进制表示）
1	addi v0, zero, -100	2002ff9c	寄存器 v0 的结果为 ffffff9c
2	addi v1, zero, -70	2003ffba	寄存器 v1 的结果为 ffffffba

续表

序号	加法指令 （汇编助记符表示）	对应的机器指令 （十六进制表示）	执行指令后的结果 （十六进制表示）
3	addu s0, v0, v1	00438021	寄存器 s0 的结果为 ffffff56
4	addi v0, zero, 65535	2002ffff	寄存器 v0 的结果为 ffffffff

注：读者可以进入本书提供资源的 \loongson1B_example\example_5_3 目录中，用 LoongIDE 打开名字为 "example_5_3.lxp" 的工程。在该工程的 bsp_start.S 文件中找到该段代码，并设置断点。然后进入调试器环境，单步运行这些指令，观察其运行结果。

思考与练习 5-15：根据加法指令的格式和功能填写表 5.3 中的空格。

表 5.3 填写加法指令所对应的机器指令和运行结果

序号	加法指令 （汇编助记符表示）	对应的机器指令 （十六进制表示）	执行指令后的结果 （十六进制表示）
1	addi t1, zero, -7		
2	addi t2, zero, 18		
3	add s1, t1, t2		

5. clo 指令

（1）计算一个字中前导 "1" 的个数（Count Leading Ones in Word）指令（clo 指令）的格式如图 5.21 所示。

31 26	25 21	20 16	15 11	10 6	5 0
0 1 1 1 0 0	rs	rt	rd	0 0 0 0 0	1 0 0 0 0 1
操作码（6位）	寄存器编号（5位）	寄存器编号（5位）	寄存器编号（5位）	位移码（5位）	功能码（6位）

图 5.21 clo 指令的格式

（2）汇编指令格式为 "clo rd, rs"。

（3）指令的功能如下。

从最高有效位（MSB）开始向最低有效位（LSB）方向逐位检查通用寄存器 rs 每一位的取值（取值为 "0" 或 "1"），直到遇到取值为 "0" 的位后停止检查，然后将该位之前所统计的取值为 "1" 的所有位的个数保存到通用寄存器 rd 中。

如果通用寄存器 rs 的所有位取值都为 "1"，即通用寄存器 rs 的内容为 0xffffffff，则将数值 32 保存到的通用寄存器 rd 中。在该指令中，rt 字段的寄存器编号必须与 rd 字段的寄存器编号相同。

6. clz 指令

（1）计算一个字中前导 "0" 的个数（Count Leading Zeros in Word）指令（clz 指令）的格式如图 5.22 所示。

（2）汇编指令格式为 "clz rd, rs"。

（3）指令的功能如下。

31　　　　　　　26	25　　　　　21	20　　　　　　16	15　　　　　11	10　　　　　6	5　　　　　　0
0　1　1　1　0　0	rs	rt	rd	0　0　0　0　0	1　0　0　0　0
操作码（6 位）	寄存器编号（5 位）	寄存器编号（5 位）	寄存器编号（5 位）	位移码（5 位）	功能码（6 位）

图 5.22　clz 指令的格式

从最高有效位（MSB）开始向最低有效位（LSB）方向逐位检查通用寄存器 rs 每一位的取值（取值为"0"或"1"），直到遇到取值为"1"的位后停止检查，然后将该位之前所统计的取值为"0"的所有位的个数保存到通用寄存器 rd 中。

如果通用寄存器 rs 的所有位取值都为"0"，即通用寄存器 rs 的内容为 0x00000000，则将数值 32 保存到的通用寄存器 rd 中。在该指令中，rt 字段的寄存器编号必须与 rd 字段的寄存器编号相同。

【例 5-4】clo 指令和 clz 指令所对应的机器指令和运行结果如表 5.4 所示。

表 5.4　col 指令和 clz 指令所对应的机器指令和运行结果

序号	加法指令（汇编助记符表示）	对应的机器指令（十六进制表示）	执行指令后的结果（十六进制表示）
1	addi v0, zer0, 32767	20027fff	寄存器 v0 的结果为 00007fff
2	clo a0, v0	70442021	寄存器 a0 的结果为 0x00000000
3	clz a1, v0	0x70452820	寄存器 a1 的结果为 0x00000011

注：读者可以进入本书提供资源的 \loongson1B_example\example_5_4 目录中，用 LoongIDE 打开名字为"example_5_4.lxp"的工程。在该工程的 bsp_start.S 文件中找到该段代码，并设置断点。然后进入调试器环境，单步运行这些指令，观察其运行结果。

思考与练习 5-16：根据 clo 指令和 clz 指令的格式和功能，填写表 5.5 中的空格。

表 5.5　填写 col 指令和 clz 指令所对应的机器指令和运行结果

序号	加法指令（汇编助记符表示）	对应的机器指令（十六进制表示）	执行指令后的结果（十六进制表示）
1	addi　v0, zero, 32768		
2	clo　s0, v0		
3	clz　s1, s0		

7. div 指令

（1）字相除（Divide Word）指令（div 指令）的格式如图 5.23 所示。

注：该指令的目标寄存器不是 rd，而是特殊寄存器 HI 和 LO。

（2）汇编指令格式为"div rs, rt"。

（3）指令的功能如下。

31　　　　　　26	25　　　　21	20　　　　16	15　　　　　　　　　　6	5　　　　0
0 0 0 0 0 0	rs	rt	0 0 0 0 0 0 0 0 0 0	0 1 1 0 1 0
操作码（6位）	寄存器编号（5位）	寄存器编号（5位）	（10位）	功能码（6位）

图 5.23　div 指令的格式

通用寄存器 rs 中的 32 位值除以通用寄存器 rt 中的 32 位值，将这两个操作数都看作有符号数。执行完除法运算后，32 位的商保存到特殊寄存器 LO 中，32 位的余数保存到特殊寄存器 HI 中。在任何情况下，该指令都不会发生算术异常。

8. divu 指令

（1）无符号字相除（Divide Unsigned Word）指令（divu 指令）的格式如图 5.24 所示。

31　　　　　　26	25　　　　21	20　　　　16	15　　　　　　　　　　6	5　　　　0
0 0 0 0 0 0	rs	rt	0 0 0 0 0 0 0 0 0 0	0 1 1 0 1 1
操作码（6位）	寄存器编号（5位）	寄存器编号（5位）	（10位）	功能码（6位）

图 5.24　divu 指令的格式

> **注**：该指令的目标寄存器不是 rd，而是特殊寄存器 HI 和 LO。

（2）汇编指令格式为 "divu rs, rt"。

（3）指令的功能如下。

通用寄存器 rs 中的 32 位值除以通用寄存器 rt 中的 32 位值，将两个操作数都看作无符号数。执行完除法运算后，将 32 位的商保存到特殊寄存器 LO 中，而 32 位的余数保存到特殊寄存器 HI 中。在任何情况下，该指令都不会发生算术异常。

9. madd 指令

（1）有符号字相乘并与 HI 和 LO 相加（Multiply and Add Word to HI & LO）指令（madd 指令）的格式如图 5.25 所示。

31　　　　　　26	25　　　　21	20　　　　16	15　　　　11	10　　　　6	5　　　　0
0 1 1 1 0 0	rs	rt	0 0 0 0 0	0 0 0 0 0	0 0 0 0 0 0
操作码（6位）	寄存器编号（5位）	寄存器编号（5位）	（5位）	（5位）	功能码（6位）

图 5.25　madd 指令的格式

> **注**：该指令的目标寄存器不是 rd，而是特殊寄存器 HI 和 LO。

（2）汇编指令格式为 "madd rs, rt"。

（3）指令的功能如下。

将通用寄存器 rs 中的 32 位值与通用寄存器 rt 中的 32 位值相乘，将两个操作数都看作有符号数。执行完乘法运算后产生 64 位的结果，将该结果与特殊寄存器 HI 和 LO 的 64 位并置值{HI,LO}相加。执行完加法运算后，将结果的最高有效 32 位[63:32]保存到特殊寄存器 HI 中，将结果的最低有效 32 位[31:0]保存到特殊寄存器 LO 中。在任何情况下，该指令都不会发生算术异常。

10. maddu 指令

（1）无符号字相乘并与 HI 和 LO 相加（Multiply and Add Unsigned Word to HI & LO）指令（maddu 指令）的格式如图 5.26 所示。

31　　　　　　26	25　　　　21	20　　　　　　16	15　　　　11	10　　　　6	5　　　　　0
0 1 1 1 0 0	rs	rt	0 0 0 0 0	0 0 0 0 0	0 0 0 0 0 1
操作码（6 位）	寄存器编号（5 位）	寄存器编号（5 位）	（5 位）	（5 位）	功能码（6 位）

图 5.26　maddu 指令的格式

注： 该指令的目标寄存器不是 rd，而是特殊寄存器 HI 和 LO。

（2）汇编指令格式为"maddu rs, rt"。

（3）指令的功能如下。

将通用寄存器 rs 中的 32 位值与通用寄存器 rt 中的 32 位值相乘，将两个操作数都看作无符号数。执行完乘法运算后产生 64 位的结果，将该结果与特殊寄存器 HI 和 LO 的 64 位并置值{HI,LO}相加。执行完加法运算后，将结果的最高有效 32 位[63:32]保存到特殊寄存器 HI 中，将结果的最低有效 32 位[31:0]保存到特殊寄存器 LO 中。在任何情况下，该指令都不会发生算术异常。

11. msub 指令

（1）有符号字相乘并且从 HI 和 LO 中减去该乘积（Multiply and Subtract Word to HI & LO）指令（msub 指令）的格式如图 5.27 所示。

31　　　　　　26	25　　　　21	20　　　　　　16	15　　　　11	10　　　　6	5　　　　　0
0 1 1 1 0 0	rs	rt	0 0 0 0 0	0 0 0 0 0	0 0 0 1 0 0
操作码（6 位）	寄存器编号（5 位）	寄存器编号（5 位）	（5 位）	（5 位）	功能码（6 位）

图 5.27　msub 指令的格式

注： 该指令的目标寄存器不是 rd，而是特殊寄存器 HI 和 LO。

（2）汇编指令格式为"msub rs, rt"。

（3）指令的功能如下。

将通用寄存器 rs 中的 32 位值与通用寄存器 rt 中的 32 位值相乘，将两个操作数都看作有符号数。执行完乘法运算后产生 64 位的结果，从特殊寄存器 HI 和 LO 的 64 位并置值{HI,LO}中减去 64 位的乘积结果。执行完减法运算后，将结果的最高有效 32 位[63:32]保存到特殊寄存器 HI 中，将最低有效 32 位[31:0]保存到特殊寄存器 LO 中。在任何情况下，该指令都不会发生算术异常。

12. msubu 指令

（1）无符号字相乘并且从 HI 和 HO 中减去该乘积（Multiply and Subtract Word to HI & LO Unsigned）指令（msubu 指令）的格式如图 5.28 所示。

31 26	25 21	20 16	15 11	10 6	5 0
0 1 1 1 0 0	rs	rt	0 0 0 0 0	0 0 0 0 0	0 0 0 1 0 1
操作码（6 位）	寄存器编号（5 位）	寄存器编号（5 位）	（5 位）	（5 位）	功能码（6 位）

图 5.28　msubu 指令的格式

> **注：** 该指令的目标寄存器不是 rd，而是特殊寄存器 HI 和 LO。

（2）汇编指令格式为"msubu rs, rt"。

（3）指令的功能如下。

将通用寄存器 rs 中的 32 位值与通用寄存器 rt 中的 32 位值相乘，将两个操作数都看作无符号数。执行完乘法运算后产生 64 位的结果，从特殊寄存器 HI 和 LO 的 64 位并置值 {HI,LO} 中减去 64 位的乘积结果。执行完减法运算后，将结果的最高有效 32 位[63:32]保存到特殊寄存器 HI 中，将最低有效 32 位[31:0]保存到特殊寄存器 LO 中。在任何情况下，该指令都不会发生算术异常。

13. mul 指令

（1）无符号字相乘且结果保存到通用寄存器（Multiply Word to GPR）指令（mul 指令）的格式如图 5.29 所示。

31 26	25 21	20 16	15 11	10 6	5 0
0 1 1 1 0 0	rs	rt	rd	0 0 0 0 0	0 0 0 0 1 0
操作码（6 位）	寄存器编号（5 位）	寄存器编号（5 位）	寄存器编号（5 位）	位移码（5 位）	功能码（6 位）

图 5.29　mul 指令的格式

（2）汇编指令格式为"mul rd, rs, rt"。

（3）指令的功能如下。

将通用寄存器 rs 中的 32 位值与通用寄存器 rt 中的 32 位值相乘，将两个操作数都看作有符号数。执行完乘法运算后产生 64 位的结果。将乘积的最低有效 32 位[31:0]保存到通用寄存器 rd 中。HI 和 LO 的内容在操作后不可预测。在任何情况下，该指令都不会发生算术异常。

14. mult 指令

（1）字相乘（Multiply Word）指令（mult 指令）的格式如图 5.30 所示。

> **注：** 该指令的目标寄存器不是 rd，而是特殊寄存器 HI 和 LO。

（2）汇编指令格式为"mult rs, rt"。

（3）指令的功能如下。

31 26	25 21	20 16	15 6	5 0
0 0 0 0 0 0	rs	rt	0 0 0 0 0 0 0 0 0 0	0 1 1 0 0 0
操作码（6位）	寄存器编号（5位）	寄存器编号（5位）	（10位）	功能码（6位）

图 5.30 mult 指令的格式

将通用寄存器 rt 中的 32 位值与通用寄存器 rs 中的 32 位值相乘，将两个操作数都看作有符号数。执行乘法运算后产生 64 位结果。将结果的低 32 位字[31:0]保存到特殊寄存器 LO 中，将高 32 位字[63:32]保存到特殊寄存器 HI 中。在任何情况下，该指令都不会发生算术异常。

15. multu 指令

（1）无符号字相乘（Multiply Unsigned Word）指令（multu 指令）的格式如图 5.31 所示。

31 26	25 21	20 16	15 6	5 0
0 0 0 0 0 0	rs	rt	0 0 0 0 0 0 0 0 0 0	0 1 1 0 0 1
操作码（6位）	寄存器编号（5位）	寄存器编号（5位）	（10位）	功能码（6位）

图 5.31 multu 指令的格式

> **注**：该指令的目标寄存器不是 rd，而是特殊寄存器 HI 和 LO。

（2）汇编指令格式为"multu rs, rt"。

（3）指令的功能如下。

将通用寄存器 rt 中的 32 位值与通用寄存器 rs 中的 32 位值相乘，将两个操作数都看作无符号数。执行乘法运算后产生 64 位的结果。将结果的低 32 位字[31:0]保存到特殊寄存器 LO 中，将高 32 位字[63:32]保存到特殊寄存器 HI 中。在任何情况下，该指令都不会发生算术异常。

【例 5-5】算术指令所对应的机器指令和运行结果如表 5.6 所示。

表 5.6 算术指令所对应的机器指令和运行结果（1）

序号	加法指令 （汇编助记符表示）	对应的机器指令 （十六进制表示）	执行指令后的结果 （十六进制表示）
1	addi s0, zero, -667	2010fd65	寄存器 s0 的内容为 fffffd65
2	addi s1, zero, 32	20110020	寄存器 s1 的内容为 00000020
3	mult s0, s1	02110018	寄存器 HI 的内容为 ffffffff，寄存器 LO 的内容为 fffaca0
4	multu s0, s1	02110019	寄存器 HI 的内容为 0x0000001f，寄存器 LO 的内容为 0xfffaca0

> **注**：读者可以进入本书提供资源的 \loongson1B_example\example_5_5 目录中，用 LoongIDE 打开名字为"example_5_5.lxp"的工程。在该工程的 bsp_start.S 文件中找到该段代码，并设置断点。然后进入调试器环境，单步运行这些指令，观察其运行结果。

思考与练习 5-17：根据上面给出的运算结果，比较 mult 指令和 multu 指令的区别。

【**例 5-6**】算术指令所对应的机器指令和运行结果如表 5.7 所示。

表 5.7 算术指令所对应的机器指令和运行结果 (2)

序号	加法指令 （汇编助记符表示）	对应的机器指令 （十六进制表示）	执行指令后的结果 （十六进制表示）
1	addi s0, zero, −1232	2010fb30	寄存器 s0 的内容为 fffffb30
2	addi s1, zero, −78	2011ffb2	寄存器 s1 的内容为 ffffffb2
3	div s0, s1	0211001a	寄存器 hi 的内容为 ffffffc2，寄存器 lo 的内容为 0000000f

> **注**：读者可以进入本书提供资源的 \loongson1B_example\example_5_6 目录中，用 LoongIDE 打开名字为 "example_5_6. lxp" 的工程。在该工程的 bsp_start. S 文件中找到这段代码，并设置断点。然后进入调试器环境，单步运行这些指令，观察其运行结果。

【**例 5-7**】下面指令所对应的机器指令和运行结果。

假设特殊寄存器 HI 的内容为 0x00000000，特殊寄存器 LO 的内容为 0x00000016，通用寄存器 a2 的内容为 200，通用寄存器 a3 的内容为 101，执行下面的指令：

```
madd a2, a3
```

即 $\{HI, LO\} = (a2 \times a3) + \{HI, LO\} = \{0000\ 0000\ 0000\ 4EE8\} + \{0000\ 0000\ 0000\ 0016\} = \{0000\ 0000\ 0000\ 4efe\}$

因此，特殊寄存器 HI 的内容为 0x0000 0000，特殊寄存器 LO 的内容为 0x0000 4efe。

思考与练习 5-18：当寄存器 s0 的内容为 1000，寄存器 s1 的内容为 101 时，执行完该指令后，寄存器 HI 的内容为＿＿＿＿＿，寄存器 LO 的内容为＿＿＿＿＿＿。

16. seb 指令（Release 2 Only）

（1）字节符号扩展（Sign-Extend Byte）指令（seb 指令）的格式如图 5.32 所示。

31 26	25 21	20 16	15 11	10 6	5 0
0 1 1 1 1 1	0 0 0 0 0	rt	rd	1 0 0 0 0	1 0 0 0 0 0
操作码（6位）	（5位）	寄存器编号（5位）	寄存器编号（5位）	功能码（5位）	功能码（6位）

图 5.32 seb 指令的格式

（2）汇编指令格式为 "seb rd, rt"。

（3）指令的功能如下。

对通用寄存器 rt 的最低有效字节（8 位）进行符号扩展并将该值保存到通用寄存器 rd 中。

> **注**：SDE Lite 4.9.2 for MIPS 工具不支持该指令。

17. seh 指令（Release 2 Only）

（1）半字符号扩展（Sign-Extend Halfword）指令（seh 指令）的格式如图 5.33 所示。

31 26	25 21	20 16	15 11	10 6	5 0
0 1 1 1 1 1	0 0 0 0 0	rt	rd	1 1 0 0 0	1 0 0 0 0 0
操作码（6位）	（5位）	寄存器编号（5位）	寄存器编号（5位）	功能码（5位）	功能码（6位）

图 5.33　seh 指令的格式

（2）汇编指令格式为"seh rd, rt"。

（3）指令的功能如下。

对通用寄存器 rt 的最低有效半字（16 位）进行符号扩展并将该值保存到通用寄存器 rd 中。

> 注：SDE Lite 4.9.2 for MIPS 工具不支持该指令。

18. slt 指令

（1）小于设置（Set on Less Than）指令（slt 指令）的格式如图 5.34 所示。

31 26	25 21	20 16	15 11	10 6	5 0
0 0 0 0 0 0	rs	rt	rd	0 0 0 0 0	1 0 1 0 1 0
操作码（6位）	寄存器编号（5位）	寄存器编号（5位）	寄存器编号（5位）	位移码（5位）	功能码（6位）

图 5.34　slt 指令的格式

（2）汇编指令格式为"slt rd, rs, rt"。

（3）指令的功能如下。

将通用寄存器 rs 和通用寄存器 rt 的内容作为有符号整数进行比较，并在通用寄存器 rd 中记录比较的布尔结果。如果通用寄存器 rs 中的值小于通用寄存器 rt 中的值，则比较结果为"1"（真）；否则，比较结果为"0"（假），并将这个结果保存到通用寄存器 rd 中。

算术比较指令不会导致整数溢出异常。

19. sltu 指令

（1）无符号小于设置（Set on Less Than Unsigned）指令（sltu 指令）的格式如图 5.35 所示。

31 26	25 21	20 16	15 11	10 6	5 0
0 0 0 0 0 0	rs	rt	rd	0 0 0 0 0	1 0 1 0 1 1
操作码（6位）	寄存器编号（5位）	寄存器编号（5位）	寄存器编号（5位）	位移码（5位）	功能码（6位）

图 5.35　sltu 指令的格式

（2）汇编指令格式为"sltu rd, rs, rt"。

（3）指令的功能如下。

将通用寄存器 rs 和通用寄存器 rt 的内容作为无符号整数进行比较，并在通用寄存器 rd 中记录比较的布尔结果。如果通用寄存器 rs 中的值小于通用寄存器 rt 中的值，则比较结果为"1"（真）；否则，比较结果为"0"（假），并将这个结果保存到通用寄存器 rd 中。

算术比较指令不会导致整数溢出异常。

20. slti 指令

（1）小于立即数设置（Set on Less Than Immediate）指令（slti 指令）的格式如图 5.36 所示。

31　　　　　　　　26	25　　　　　21	20　　　　　16	15　　　　　　　　　　　　　　0
0　0　1　0　1　0	rs	rt	imm16
操作码（6 位）	寄存器编号（5 位）	寄存器编号（5 位）	立即数（16 位）

图 5.36　slti 指令的格式

（2）汇编指令格式为"slti rt, rs, imm16"。

（3）指令的功能如下。

将通用寄存器 rs 的值和 16 位带符号立即数 imm16 的值（符号扩展至 32 位）作为有符号整数进行比较，并在通用寄存器 rt 中记录比较的布尔结果。如果通用寄存器 rs 中的值小于有符号立即数 imm16 的值，则比较结果为"1"（真）；否则，比较结果为"0"（假），并将这个结果保存到通用寄存器 rd 中。

算术比较指令不会导致整数溢出异常。

21. sltiu 指令

（1）小于无符号立即数设置（Set on Less Than Immediate Unsigned）指令（sltiu 指令）的格式如图 5.37 所示。

31　　　　　　　　26	25　　　　　21	20　　　　　16	15　　　　　　　　　　　　　　0
0　0　1　0　1　1	rs	rt	imm16
操作码（6 位）	寄存器编号（5 位）	寄存器编号（5 位）	立即数（16 位）

图 5.37　sltiu 指令格式

（2）汇编指令格式为"sltiu rt, rs, imm16"。

（3）指令的功能如下。

将通用寄存器 rs 的值和符号扩展的 16 位立即数的内容作为无符号整数进行比较，并将比较结果保存到通用寄存器 rt 中。如果通用寄存器 rs 中的值小于立即数 imm16，则比较结果为"1"（真）；否则，比较结果为"0"（假），并将比较的结果保存到通用寄存器 rt 中。

由于在比较之前对 16 位立即数 imm16 进行符号扩展，因此该指令可以表示最小或最大的无符号数。算术比较指令不会导致整数溢出异常。

22. sub 指令

（1）字相减（Subtract Word）指令（sub 指令）的格式如图 5.38 所示。

（2）汇编指令格式为"sub rd, rs, rt"。

（3）指令的功能如下。

31	26	25	21	20	16	15	11	10	6	5	0
0　0　0　0　0　0		rs		rt		rd		0　0　0　0　0		1　0　0　0　1　0	
操作码（6 位）		寄存器编号（5 位）		寄存器编号（5 位）		寄存器编号（5 位）		位移码（5 位）		功能码（6 位）	

图 5.38　sub 指令的格式

将从通用寄存器 rs 中的 32 位值中减去通用寄存器 rt 中的 32 位值，并产生 32 位的运算结果。如果减法导致 32 位二进制补码算术溢出，则不会修改目标寄存器 rd，并且会发生整数溢出异常；如果减法没有导致 32 位二进制补码算术溢出，则将 32 位的运算结果保存到通用寄存器 rd 中。

23. subu 指令

（1）无符号字相减（Subtract Unsigned Word）指令（subu 指令）的格式如图 5.39 所示。

31	26	25	21	20	16	15	11	10	6	5	0
0　0　0　0　0　0		rs		rt		rd		0　0　0　0　0		1　0　0　0　1　1	
操作码（6 位）		寄存器编号（5 位）		寄存器编号（5 位）		寄存器编号（5 位）		位移码（5 位）		功能码（6 位）	

图 5.39　subu 指令格式

（2）汇编指令格式为"subu rd, rs, rt"。

（3）指令的功能如下。

将从通用寄存器 rs 中的 32 位值中减去通用寄存器 rt 中的 32 位值，产生 32 位的运算结果，并将 32 位的运算结果保存到通用寄存器 rd 中。

在任何情况下，该指令都不会发生整数溢出异常。

> **注**：指令名字中的术语"无符号"用词不当。该操作是 32 位模运算，不会在溢出时"陷入"。它适用于无符号算术，如地址算术，或忽略溢出的整数算术环境，如 C 语言算术。

【例 5-8】算术指令所对应的机器指令和运行结果如表 5.8 所示。

表 5.8　算术指令所对应的机器指令和运行结果

序号	加法指令（汇编助记符表示）	对应的机器指令（十六进制表示）	执行指令后的结果（十六进制表示）
1	addi a0, zero, −1	2004ffff	寄存器 a0 中的内容为 ffffffff，即（−1）进行符号扩展到 32 位 ffffffff，然后与 0 相加后的结果为 ffffffff
2	addi a1, zero, 0xfffe	2005fffe	寄存器 a1 中的内容为 fffffffe，即 fffe 进行符号扩展后变成 fffffffe，然后与 0 相加后的结果为 fffffffe
3	slt s0, a1, a0	00a4802a	a1 和 a0 中的数当作有符号数比较，将 a1 的内容理解为−2，a0 的内容理解为−1，因为 a1<a0，因此设置为"1"，并将该结果复制到 s0，则 s0 最终的结果为 00000001
4	sltu s1 a1, a0	00a4882b	将 a1 和 a0 中的数当作无符号数比较，将 a1 的内容理解为 fffffffe，对应于无符号正数；将 a0 的内容理解为 ffffffff，对应于无符号的正数，因为 a1<a0，因此设置为"1"，并将该结果复制到 s1 中，则 s1 最终结果为 00000001

注：（1）虽然指令 3 和指令 4 最终的比较结果相同，但本质上比较的方法却不一样。

（2）读者可以进入本书提供资源的 \loongson1B_example\example_5_8 目录中，用 LoongIDE 打开名字为"example_5_8.lxp"的工程。在该工程的 bsp_start.S 文件中找到该段代码，并设置断点。然后进入调试器环境，单步运行这些指令，观察其运行结果。

【例 5-9】算术指令所对应的机器指令和运行结果如表 5.9 所示。

表 5.9　算术指令所对应的机器指令和运行结果

序号	加法指令 （汇编助记符表示）	对应的机器指令 （十六进制表示）	执行指令后的结果 （十六进制表示）
1	addi a0, zero, -1	2004ffff	结果同例 5-8 的第 1 条指令
2	addi a1, zero, 0xfffe	2005fffe	结果同例 5-8 的第 2 条指令
3	sub s0, a0, a1	00858022	该指令执行(-1)-(-2)=(-1)+2=1，并将该结果复制到寄存器 s0，则 s0 的结果为 00000001
4	subu s1, a0, a1	00858823	该指令执行(-1)-(-2)=(-1)+2=1，并将该结果复制到寄存器 s1，则 s1 的结果为 00000001

注：读者可以进入本书提供资源的 \loongson1B_example\example_5_9 目录中，用 LoongIDE 打开名字为"example_5_9.lxp"的工程。在该工程的 bsp_start.S 文件中找到该段代码，并设置断点。然后进入调试器环境，单步运行这些指令，观察其运行结果。

思考与练习 5-19：根据算术指令的格式和功能，填写表 5.10 中的空格。

表 5.10　填写指令序列的执行结果

序号	加法指令 （汇编助记符表示）	对应的机器指令 （十六进制表示）	执行指令后的结果 （十六进制表示）
1	addi　t1, zero, -15		
2	addi　t2, zero, -8		
3	slt　s0, t1, t2		
4	sltu　s1, t1, t2		
5	sub　s2, t1, t2		

5.8.2　移位指令

本小节将介绍移位指令。

1. rotr 指令（Release 2 Only）

（1）字向右旋转（Rotate Word Right）指令（rotr 指令）的格式如图 5.40 所示。

（2）汇编指令格式为"rotr rd, rt, sa"。

（3）指令的功能如下。

31	26	25	22	21	20	16	15	11	10	6	5	0
0 0 0 0 0 0		0 0 0 0		R	rt		rd		sa		0 0 0 0 1 0	
操作码（6 位）		（6 位）		1	寄存器编号（5 位）		寄存器编号（5 位）		位移码（5 位）		功能码（6 位）	

图 5.40　rotr 指令的格式

通用寄存器 rt 的低 32 位内容向右旋转，将旋转的结果保存在通用寄存器 rd 中。旋转的位数由 sa 字段指定。

注：SDE Lite 4.9.2 for MIPS 工具不支持该指令。

2. rotrv 指令（Release 2 Only）

（1）字向右旋转可变位数（Rotate Word Right Variable）指令（rotrv 指令）的格式如图 5.41 所示。

31	26	25	21	20	16	15	11	10	7	6	5	0
0 0 0 0 0 0		rs		rt		rd		0 0 0 0		R	0 0 0 1 1 0	
操作码（6 位）		寄存器编号（5 位）		寄存器编号（5 位）		寄存器编号（5 位）		（4 位）		1	功能码（6 位）	

图 5.41　rotrv 指令的格式

（2）汇编指令格式为"rotrv rd, rt, rs"。

（3）指令的功能如下。

通用寄存器 rt 的低 32 位内容向右旋转，将旋转的结果保存在通用寄存器 rd 中。旋转的位数由通用寄存器 rs 的低 5 位指定。

注：SDE Lite 4.9.2 for MIPS 工具不支持该指令。

3. sll 指令

（1）字逻辑左移（Shift Word Left Logical）指令（sll 指令）的格式如图 5.42 所示。

31	26	25	21	20	16	15	11	10	6	5	0
0 0 0 0 0 0		0 0 0 0 0		rt		rd		sa		0 0 0 0 0 0	
操作码（6 位）		5 位		寄存器编号（5 位）		寄存器编号（5 位）		位移码（5 位）		功能码（6 位）	

图 5.42　sll 指令的格式

（2）汇编指令格式为"sll rd, rt, sa"。

（3）指令的功能如下。

将通用寄存器 rt 的低 32 位字内容向左移，在右侧空位中插入零，并将移位后的结果保存到通用寄存器 rd 中。左移的位数由位移码字段 sa 指定。

4. sllv 指令

（1）字逻辑左移可变位数（Shift Word Left Logical Variable）指令（sllv 指令）的格式如

图 5.43 所示。

31　　　　　　　　26	25　　　　　21	20　　　　　　16	15　　　　　11	10　　　　6	5　　　　　　　0
0　0　0　0　0　0	rs	rt	rd	0　0　0　0　0	0　0　0　1　0　0
操作码（6 位）	寄存器编号（5 位）	寄存器编号（5 位）	寄存器编号（5 位）	位移码（5 位）	功能码（6 位）

图 5.43　sllv 指令的格式

（2）汇编指令格式为"sllv rd, rt, rs"。

（3）指令的功能如下。

将通用寄存器 rt 的低 32 位字内容向左移，在右侧空位中插入零，并将移位结果保存到通用寄存器 rd 中。左移的位数由通用寄存器 rs 的低 5 位指定。

5. sra 指令

（1）字向右算术移位（Shift Word Right Arithmetic）指令（sra 指令）的格式如图 5.44 所示。

31　　　　　　　26	25　　　　　21	20　　　　　　16	15　　　　　11	10　　　　6	5　　　　　　0
0　0　0　0　0　0	0　0　0　0　0	rt	rd	sa	0　0　0　0　1　1
操作码（6 位）	5 位	寄存器编号（5 位）	寄存器编号（5 位）	位移码（5 位）	功能码（6 位）

图 5.44　sra 指令的格式

（2）汇编指令格式为"sra rd, rt, sa"。

（3）指令的功能如下。

将通用寄存器 rt 的低 32 位字内容右移，重复左侧空位中的符号位（第 31 位），并将移位后的结果保存在通用寄存器 rd 中。由位移码字段 sa 指定右移的位数。

6. srav 指令

（1）字向右算术移位可变位数（Shift Word Right Arithmetic Variable）指令（srav 指令）的格式如图 5.45 所示。

31　　　　　　　26	25　　　　　21	20　　　　　　16	15　　　　　11	10　　　　6	5　　　　　　0
0　0　0　0　0　0	rs	rt	rd	0　0　0　0　0	0　0　0　1　1　1
操作码（6 位）	寄存器编号（5 位）	寄存器编号（5 位）	寄存器编号（5 位）	位移码（5 位）	功能码（6 位）

图 5.45　srav 指令的格式

（2）汇编指令格式为"srav rd, rt, rs"。

（3）指令的功能如下。

将通用寄存器 rt 的低 32 位字的内容右移，重复左侧空位中的符号位（第 31 位），并将移位的结果保存在通用寄存器 rd 中。由通用寄存器 rs 的低 5 位指定右移的位数。

7. srl 指令

（1）字向右逻辑移位（Shift Word Right Logical）指令（srl 指令）的格式如图 5.46 所示。

31	26	25	22	21	20	16	15	11	10	6	5	0
0 0 0 0 0 0		0 0 0 0		R	rt		rd		sa		0 0 0 0 1 0	
操作码（6 位）		（4 位）		0	寄存器编号（5 位）		寄存器编号（5 位）		位移码（5 位）		功能码（6 位）	

图 5.46　srl 指令的格式

（2）汇编指令格式为"srl rd, rt, sa"。

（3）指令的功能如下。

将通用寄存器 rt 的低阶 32 位字的内容右移，将 0 插入左侧空位中，并将移位后的结果字保存到通用寄存器 rd 中。由位移码字段 sa 指定右移的位数。

8. srlv 指令

（1）字向右逻辑移位可变位数（Shift Word Right Logical Variable）指令（srlv 指令）的格式如图 5.47 所示。

31	26	25	21	20	16	15	11	10	7	6	5	0
0 0 0 0 0 0		rs		rt		rd		0 0 0 0		R	0 0 0 1 1 0	
操作码（6 位）		寄存器编号（5 位）		寄存器编号（5 位）		寄存器编号（5 位）		4 位		0	功能码（6 位）	

图 5.47　srlv 指令的格式

（2）汇编指令格式为"srlv rd, rt, rs"。

（3）指令的功能如下。

将通用寄存器 rt 的低 32 位字内容右移，将 0 插入左侧空位中，并将移位后的结果保存到通用寄存器 rd 中。由通用寄存器 rs 的低 5 位指定右移位数。

【例 5-10】移位指令所对应的机器指令和运行结果如表 5.11 所示。

表 5.11　移位指令所对应的机器指令和运行结果

序号	加法指令 （汇编助记符表示）	对应的机器指令 （十六进制表示）	执行指令后的结果 （十六进制表示）
1	addi s0, zero, -28	2010ffe4	寄存器 s0 的内容为 ffffffe4
2	addi s1, zero, 8	20110008	寄存器 s1 的内容为 00000008
3	sll t0, s0, 4	00104100	左移 4 位，寄存器 t0 的内容为 ffffe40
4	sllv t1, s0, s1	02304804	左移 8 位，寄存器 t1 的内容为 ffffe400
5	sra t2, s0, 4	00106102	算术右移 4 位，寄存器 t2 的内容为 fffffffe
6	srav t3, s0, s1	02305807	算术右移 8 位，寄存器 t3 的内容为 ffffffff
7	srl t4, s0, 4	00106102	逻辑右移 4 位，寄存器 t4 的内容为 0ffffffe
8	srlv t5, s0, s1	02306806	逻辑右移 8 位，寄存器 t5 的内容为 00ffffff

注：读者可以进入本书提供资源的\loongson1B_example\example_5_10 目录中，用 LoongIDE 打开名字为"example_5_10.lxp"的工程。在该工程的 bsp_start.S 文件中找到该段代码，并设置断点。然后进入调试器环境，单步运行这些指令，观察其运行结果。

思考与练习5-20：根据指令的格式和功能，填写表 5.12 中的空格。

表 5.12　填写指令序列的执行结果

序号	加法指令 （汇编助记符表示）	对应的机器指令 （十六进制表示）	执行指令后的结果 （十六进制表示）
1	addi s0, zero, -250		
2	addi s1, zero, 12		
3	sll t0, s0, 8		
4	sllv t1, s0, s1		
5	sra t2, s0, 8		
6	srav t3, s0, s1		
7	srl t4, s0, 8		
8	srlv t5, s0, s1		

5.8.3　逻辑指令

本小节将介绍逻辑运算指令。

1. and 指令

（1）按位逻辑"与"（Logical And）指令（and 指令）的格式如图 5.48 所示。

31　　　　　　　　26	25　　　　　21	20　　　　　16	15　　　　　11	10　　　6	5　　　　　0
0　0　0　0　0　0	rs	rt	rd	0　0　0　0　0	1　0　0　1　0　0
操作码（6位）	寄存器编号（5位）	寄存器编号（5位）	寄存器编号（5位）	位移码（5位）	功能码（6位）

图 5.48　and 指令的格式

（2）汇编指令格式为"and rd, rs, rt"。

（3）指令的功能如下。

将通用寄存器 rs 的内容与通用寄存器 rt 的内容进行按位逻辑"与"运算，并将逻辑运算后的结果保存到通用寄存器 rd 中。

2. andi 指令

（1）与立即数按位逻辑"与"（And Immediate）指令（andi 指令）的格式如图 5.49 所示。

（2）汇编指令格式为"andi rt, rs, imm16"。

（3）指令的功能如下。

31	26	25	21	20	16	15	0
0　0　1　1　0　0		rs		rt		imm16	
操作码（6 位）		寄存器编号（5 位）		寄存器编号（5 位）		立即数（16 位）	

图 5.49　andi 指令的格式

将 16 位立即数 imm16 进行零扩展，并与通用寄存器 rs 的内容进行按位逻辑"与"运算，并将逻辑运算后的结果保存到通用寄存器 rt 中。

3. lui 指令

（1）立即数加载到高（Load Upper Immediate）指令（lui 指令）的格式如图 5.50 所示。

31	26	25	21	20	16	15	0
0　0　1　1　1　1		0　0　0　0　0		rt		imm16	
操作码（6 位）		5 位		寄存器编号（5 位）		立即数（16 位）	

图 5.50　lui 指令的格式

（2）汇编指令格式为"lui rt, imm16"。

（3）指令的功能如下。

将 16 位立即数 imm16 左移 16 位，然后用 16 个"0"填充低 16 位，即 {imm16, 0000000000000000}，并将该结果保存到通用寄存器 rt 中。

4. nor 指令

（1）按位逻辑"或非"（Not Or）指令（nor 指令）的格式如图 5.51 所示。

31	26	25	21	20	16	15	11	10	6	5	0
0　0　0　0　0　0		rs		rt		rd		0　0　0　0　0		1　0　0　1　1　1	
操作码（6 位）		寄存器编号（5 位）		寄存器编号（5 位）		寄存器编号（5 位）		位移码（5 位）		功能码（6 位）	

图 5.51　nor 指令的格式

（2）汇编指令格式为"nor rd, rs, rt"。

（3）指令的功能如下。

将通用寄存器 rs 的内容与通用寄存器 rt 的内容进行按位逻辑"或非"运算，并将逻辑运算后的结果保存到通用寄存器 rd 中。

5. or 指令

（1）按位逻辑"或"（Logical Or）指令（or 指令）的格式如图 5.52 所示。

（2）汇编指令格式为"or rd, rs, rt"。

（3）指令的功能如下。

将通用寄存器 rs 中的内容与通用寄存器 rt 中的内容按位进行逻辑"或"运算，并将逻辑运算后的结果保存到通用寄存器 rd 中。

31　　　　　　　　26	25　　　　　21	20　　　　　16	15　　　　　11	10　　　　6	5　　　　　0
0　0　0　0　0　0	rs	rt	rd	0　0　0　0　0	1　0　0　1　0　1
操作码（6位）	寄存器编号（5位）	寄存器编号（5位）	寄存器编号（5位）	位移码（5位）	功能码（6位）

图 5.52　or 指令的格式

6. ori 指令

（1）与立即数按位逻辑"或"（Or Immediate）指令（ori 指令）的格式如图 5.53 所示。

31　　　　　26	25　　　　21	20　　　　16	15　　　　　　　　　　　　　0
0　0　1　1　0　1	rs	rt	imm16
操作码（6位）	寄存器编号（5位）	寄存器编号（5位）	立即数（16位）

图 5.53　ori 指令的格式

（2）汇编指令格式为"ori rt, rs, imm16"。

（3）指令的功能如下。

将 16 位立即数 imm16 向左进行零扩展，并与通用寄存器 rs 中的内容按位进行逻辑"或"运算，并将逻辑运算后的结果保存到通用寄存器 rt 中。

7. xor 指令

（1）按位逻辑"异或"（Exclusive OR）指令（xor 指令）的格式如图 5.54 所示。

31　　　　　　26	25　　　　21	20　　　　16	15　　　　　11	10　　　　6	5　　　　　0
0　0　0　0　0　0	rs	rt	rd	0　0　0　0　0	1　0　0　1　1　0
操作码（6位）	寄存器编号（5位）	寄存器编号（5位）	寄存器编号（5位）	位移码（5位）	功能码（6位）

图 5.54　xor 指令的格式

（2）汇编指令格式为"xor rd, rs, rt"。

（3）指令的功能如下。

将通用寄存器 rs 中的内容与通用寄存器 rt 中的内容按位进行逻辑"异或"运算，并将逻辑运算后的结果保存到通用寄存器 rd 中。

8. xori 指令

（1）与立即数按位逻辑"异或"（Exclusive OR Immediate）指令（xori 指令）的格式如图 5.55 所示。

（2）汇编指令格式为"xori rt, rs, imm16"。

（3）指令的功能如下。

31	26	25	21	20	16	15	0
0　0　1　1　1　0		rs		rt		imm16	
操作码（6 位）		寄存器编号（5 位）		寄存器编号（5 位）		立即数（16 位）	

图 5.55　xori 指令格式

将 16 位立即数 imm16 向左进行零扩展，并与通用寄存器 rs 中的内容按位进行逻辑"异或"运算，并将逻辑运算后的结果保存到通用寄存器 rt 中。

【例 5-11】逻辑运算指令所对应的机器指令和运行结果如表 5.13 所示。

表 5.13　逻辑运算指令所对应的机器指令和运行结果

序号	加法指令（汇编助记符表示）	对应的机器指令（十六进制表示）	执行指令后的结果（十六进制表示）
1	addi s0, zero, 0xa5a5	2010a5a5	寄存器 s0 中的内容为 ffffa5a5
2	sll s1, s0, 16	00108c00	寄存器 s0 中的内容左移 16 位后，将其结果复制到寄存器 s1 中，寄存器 s1 中的内容为 a5a50000
3	addi v0, zero, 0xffff	2002ffff	有符号的加法运算，寄存器 v0 的内容为 ffffffff
4	srl v1, v0, 16	00021c02	将寄存器 v0 中的内容向右逻辑移位 16 位后的结果保存到寄存器 v1 中，寄存器 v1 中的内容为 0000ffff
5	and t0, s0, v1	02034024	将寄存器 s0 中的内容和寄存器 v1 中的内容进行逻辑"与"运算，将逻辑运算后的结果保存在寄存器 t0 中，寄存器 t0 中的内容为 0000a5a5
6	or t1, t0, s1	01114825	将寄存器 t0 中的内容与寄存器 s1 中的内容进行逻辑"或"运算，将逻辑运算后的结果保存在寄存器 t1 中，寄存器 t1 中的内容为 a5a5a5a5
7	xor t2, t1, v0	01225026	将寄存器 t1 中的内容与寄存器 v0 中的内容进行逻辑"异或"运算，将逻辑运算后的结果保存在寄存器 t2 中，寄存器 t2 中的内容为 5a5a5a5a
8	lui t3, 0xa5a5	3c0ba5a5	将立即数 0xa5a5 左移 16 位后的结果保存在寄存器 t3 中，寄存器 t3 中的内容为 a5a50000
9	ori t4, t3, 0xa5a5	356ca5a5	将寄存器 t3 中的内容与立即数 0xa5a5 进行逻辑"或"运算，将逻辑运算后的结果保存在寄存器 t4 中，寄存器 t4 中的内容为 a5a5a5a5

注：读者可以进入本书提供资源的 \loongson1B_example\example_5_11 目录中，用 LoongIDE 打开名字为"example_5_11.lxp"的工程。在该工程的 bsp_start.S 文件中找到该段代码，并设置断点。然后进入调试器环境，单步运行这些指令，观察其运行结果。

思考与练习 5-21：使用 MIPS 指令集中的指令，实现对通用寄存器 s0 中所保存 32 位数 0x12345678 的高 16 位和低 16 位分别执行逻辑"与"、逻辑"或"、逻辑"或非"，以及逻辑"异或"运算。根据指令格式和功能，填写表 5.14 中的空格。

表 5.14　指令序列的执行结果

序号	加法指令 （汇编助记符表示）	对应的机器指令 （十六进制表示）	执行指令后的结果 （十六进制表示）
1	addi s0, zero, 0x1234		
2	sll s0, s0, 16		
3	addi s0, s0, 0x5678		
4	srl s1, s0, 16		
5	andi s0, s0, 0xffff		
6	and t0, s0, s1		
7	or t1, s0, s1		
8	nor t2, s0, s1		
9	xor t3, s0, s1		

5.8.4　移动指令

本小节将介绍移动指令。

1. mfhi 指令

（1）从特殊寄存器 HI 移动（Move From HI Register）指令（mfhi 指令）的格式如图 5.56 所示。

31　　　　　　　26	25　　　　　　　　　　　　16	15　　　　11	10　　　　6	5　　　　0
0 0 0 0 0 0	0 0 0 0 0 0 0 0 0 0	rd	0 0 0 0 0	0 1 0 0 0 0
操作码（6 位）	10 位	寄存器编号（5 位）	位移码（5 位）	功能码（6 位）

图 5.56　mfhi 指令的格式

（2）汇编指令格式为"mfhi rd"。

（3）指令的功能如下。

将特殊寄存器 HI 中的内容加载到通用寄存器 rd 中。

2. mflo 指令

（1）从特殊寄存器 LO 移动（Move From LO Register）指令（mflo 指令）的格式如图 5.57 所示。

31　　　　　　　26	25　　　　　　　　　　　　16	15　　　　11	10　　　　6	5　　　　0
0 0 0 0 0 0	0 0 0 0 0 0 0 0 0 0	rd	0 0 0 0 0	0 1 0 0 1 0
操作码（6 位）	10 位	寄存器编号（5 位）	位移码（5 位）	功能码（6 位）

图 5.57　mflo 指令的格式

（2）汇编指令格式为"mflo rd"。

（3）指令的功能如下。

将特殊寄存器 LO 中的内容加载到通用寄存器 rd 中。

3. movf 指令

（1）浮点为"假"时的有条件移动（Move Conditional on Floating Point False）指令（movf 指令）的格式如图 5.58 所示。

31　　　　　26	25　　　　21	20　　18	17	16	15　　　　11	10　　　　6	5　　　　　0
0　0　0　0　0　0	rs	cc	0	0	rd	0　0　0　0　0	0　0　0　0　0　1
操作码（6位）	寄存器编号（5位）	（3位）	（1位）	tf	寄存器编号（5位）	位移码（5位）	功能码（6位）

图 5.58　movf 指令的格式

（2）汇编指令格式为"movf rd, rs, cc"。

（3）指令的功能如下。

如果 cc 指定的浮点条件码为 0，则将通用寄存器 rs 中的内容复制到通用寄存器 rd 中。

4. movn 指令

（1）非零有条件移动（Move Conditional on Not Zero）指令（movn 指令）的格式如图 5.59 所示。

31　　　　　26	25　　　　21	20　　　　16	15　　　　11	10　　　　6	5　　　　　0
0　0　0　0　0　0	rs	rt	rd	0　0　0　0　0	0　0　1　0　1　1
操作码（6位）	寄存器编号（5位）	寄存器编号（5位）	寄存器编号（5位）	位移码（5位）	功能码（6位）

图 5.59　movn 指令的格式

（2）汇编指令格式为"movn rd, rs, rt"。

（3）指令的功能如下。

如果通用寄存器 rt 中的值不等于 0，则将通用寄存器 rs 的内容保存到通用寄存器 rd 中。

5. movt 指令

（1）浮点为"真"时有条件移动（Move Conditional on Floating Point True）指令（movt 指令）的格式如图 5.60 所示。

31　　　　　26	25　　　　21	20　　18	17	16	15　　　　11	10　　　　6	5　　　　　0
0　0　0　0　0　0	rs	cc	0	tf	rd	0　0　0　0　0	0　0　0　0　0　1
操作码（6位）	寄存器编号（5位）	（3位）	0	1	寄存器编号（5位）	位移码（5位）	功能码（6位）

图 5.60　movt 指令的格式

（2）汇编指令格式为"movt rd, rs, cc"。

（3）指令的功能如下。

如果 cc 指定的浮点条件码为 1，则将通用寄存器 rs 中的内容复制到通用寄存器 rd 中。

6. movz 指令

（1）为零时有条件移动（Move Conditional on Zero）指令（movz 指令）的格式如图 5.61 所示。

31 26	25 21	20 16	15 11	10 6	5 0
0 0 0 0 0 0	rs	rt	rd	0 0 0 0 0	0 0 1 0 1 0
操作码（6位）	寄存器编号（5位）	寄存器编号（5位）	寄存器编号（5位）	位移码（5位）	功能码（6位）

图 5.61 movz 指令的格式

（2）汇编指令格式为"movz rd, rs, rt"。

（3）指令的功能如下。

如果通用寄存器 rt 中的值等于零，则将通用寄存器 rs 中的内容保存到通用寄存器 rd 中。

7. mthi 指令

（1）移动到特殊寄存器 HI（Move to HI Register）指令（mthi 指令）的格式如图 5.62 所示。

31 26	25 21	20 6	5 0
0 0 0 0 0 0	rs	0 0 0 0 0 0 0 0 0 0 0 0 0 0 0	0 1 0 0 0 1
操作码（6位）	寄存器编号（5位）	（15位）	功能码（6位）

图 5.62 mthi 指令的格式

（2）汇编指令格式为"mthi rs"。

（3）指令的功能如下。

将通用寄存器 rs 中的内容复制到特殊寄存器 HI 中。

8. mtlo 指令

（1）移动到特殊寄存器 LO（Move to LO Register）指令（mtlo 指令）的格式如图 5.63 所示。

31 26	25 21	20 6	5 0
0 0 0 0 0 0	rs	0 0 0 0 0 0 0 0 0 0 0 0 0 0 0	0 1 0 0 1 1
操作码（6位）	寄存器编号（5位）	（15位）	功能码（6位）

图 5.63 mtlo 指令的格式

（2）汇编指令格式为"mtlo rs"。

（3）指令的功能如下。

将通用寄存器 rs 中的内容复制到特殊寄存器 LO 中。

9. rdhwr 指令（Release 2 Only）

（1）读硬件寄存器（Read Hardware Register）指令（rdhwr 指令）的格式如图 5.64 所示。

（2）汇编指令格式为"rdhwr rt, rd"。

31　　　　　　　26	25　　　　　21	20　　　　　　16	15　　　　　　11	10　　　　　6	5　　　　　　0
0 1 1 1 1 1	0 0 0 0 0	rt	rd	0 0 0 0 0	1 1 1 0 1 1
操作码（6 位）	（5 位）	寄存器编号（5 位）	寄存器编号（5 位）	位移码（5 位）	功能码（6 位）

图 5.64　rdhwr 指令的格式

（3）指令的功能如下。

如果特权软件使能该操作，则将硬件寄存器中的内容移动到通用寄存器 rt 中。硬件寄存器由 rd 指定，如表 5.15 所示。

表 5.15　硬件寄存器的定义

寄存器号（rd 的值）	寄存器名字	内　　　容
0	CPUNum	当前运行程序的 CPU 编号。这直接来自 CP0 的 EBaseCPUNum 字段
1	SYNCI_Step	与 SYNCI 指令一起使用的地址步长。有关该值的使用，请参阅该指令的说明
2	CC	高分辨率周期计数器。这直接来自 CP0 计数器寄存器
3	CCRes	CC 寄存器的分辨率，该值表示更新寄存器之间的周期数。例如： （1）在一个 CPU 周期，递增 CC 寄存器； （2）在每两个 CPU 周期，递增 CC 寄存器； （3）在每三个 CPU 周期，递增 CC 寄存器； （4）其他
其他		访问将导致保留指令异常

> **注：** SDE Lite 4.9.2 for MIPS 工具不支持该指令。

【例 5-12】移动指令所对应的机器指令和运行结果如表 5.16 所示。

表 5.16　移动指令所对应的机器指令和运行结果

序号	加法指令（汇编助记符表示）	对应的机器指令（十六进制表示）	执行指令后的结果（十六进制表示）
1	addi s0, zero, −256	2010ff00	寄存器 s0 中的内容为 ffffff00
2	addi s1, zero, −10	2011fff6	寄存器 s1 中的内容为 fffffff6
3	addi v0, zero, 1	20020001	寄存器 v0 中的内容为 00000001
4	mfhi t0	00004010	将特殊寄存器 HI 中的内容保存到通用寄存器 t0 中
5	mflo t1	00004812	将特殊寄存器 LO 中的内容保存到通用寄存器 t1 中
6	mthi s0	02000011	将通用寄存器 s0 中的内容保存到特殊寄存器 HI，特殊寄存器 HI 中的内容为 ffffff00
7	mtlo s1	02200013	将通用寄存器 s1 中的内容保存到特殊寄存器 LO 中，特殊寄存器 LO 中的内容为 fffffff6
8	movz s2, s0, v0	0202900a	因为寄存器 v0 中的内容不等于 0，所以没有执行将寄存器 s0 中的内容复制到寄存器 s2 中的操作
9	sub v0, v0, 1	汇编器将该指令转换为 addi v0, v0, −1 指令格式 = 2042ffff	将寄存器 v0 中的内容减去 1，寄存器 v0 中的内容为 0

序号	加法指令 （汇编助记符表示）	对应的机器指令 （十六进制表示）	执行指令后的结果 （十六进制表示）
10	movz s2, s0, v0	0202900a	因为寄存器 v0 中的内容等于 0，执行将寄存器 s0 中的内容复制到寄存器 s2 中的操作，寄存器 s2 中的内容为 ffffff00

> **注**：读者可以进入本书提供资源的 \loongson1B_example\example_5_12 目录中，用 LoongIDE 打开名字为"example_5_12. lxp"的工程。在该工程的 bsp_start. S 文件中找到该段代码，并设置断点。然后进入调试器环境，单步运行这些指令，观察其运行结果。

思考与练习5-22：将两个 32 位数 0x12345678 和 0x87654321 相乘得到的 64 位乘积的结果保存到其他寄存器中，根据指令的格式和功能填写下面的表格，如表 5.17 所示。

表 5.17　指令序列的执行结果

序　　号	加法指令 （汇编助记符表示）	对应的机器指令 （十六进制表示）	执行指令后的结果 （十六进制表示）
1	andi v0, zero, 0x0000		
2	lui s0, 0x1234		
3	ori s0, s0, 0x5678		
4	liu s1, 0x5678		
5	ori s1, s1, 0x1234		
6	mult s0, s1		
7	mfhi t0		
8	mflo t1		
9	addi t0, t0, 1		
10	addi t1, t1, 1		
11	movz t2, t0, v0		
12	movz t3, t1, v0		

5.8.5　加载和保存指令

本小节将介绍加载和保存指令。

1. lb 指令

（1）加载字节（Load Byte）指令（lb 指令）的格式如图 5.65 所示。

（2）汇编指令格式为"lb rt, offset(base)"。

（3）指令的功能如下。

①从 base 字段指定的寄存器中得到存储器的基地址，然后将 offset 字段给出的 16 位偏移地址进行符号扩展，将基地址和符号扩展后的偏移量进行相加，得到所访问存储器的有效地址。②从该有效地址中取出一个字节，并将该字节高位进行符号扩展后生成 32 位宽度的

数。③将该数据保存到通用寄存器 rt 中。

31　　　　　　　　26	25　　　　　21	20　　　　　16	15　　　　　　　　　　　　　　　　0
1　0　0　0　0　0	base	rt	offset
操作码（6 位）	（5 位）	寄存器编号（5 位）	16 位

图 5.65　lb 指令的格式

2. lbu 指令

（1）加载无符号字节（Load Byte Unsigned）指令（lbu 指令）的格式如图 5.66 所示。

31　　　　　　　　26	25　　　　　21	20　　　　　16	15　　　　　　　　　　　　　　　　0
1　0　0　1　0　0	base	rt	offset
操作码（6 位）	（5 位）	寄存器编号（5 位）	16 位

图 5.66　lbu 指令格式

（2）汇编指令格式为"lbu rt, offset(base)"。

（3）指令的功能如下。

①从 base 字段指定的寄存器中得到存储器的基地址，然后将 offset 字段给出的 16 位偏移地址进行符号扩展，将基地址和符号扩展后的偏移量进行相加，得到所访问存储器的有效地址。②从该有效地址中取出一个字节，并将该字节高位进行零扩展后生成 32 位宽度的数。③将该数据保存到通用寄存器 rt 中。

3. lh 指令

（1）加载半字（Load Halfword）指令（lh 指令）的格式如图 5.67 所示。

31　　　　　　　　26	25　　　　　21	20　　　　　16	15　　　　　　　　　　　　　　　　0
1　0　0　0　0　1	base	rt	offset
操作码（6 位）	（5 位）	寄存器编号（5 位）	16 位

图 5.67　lh 指令的格式

（2）汇编指令格式为"lh rt, offset(base)"。

（3）指令的功能如下。

①从 base 字段指定的寄存器中得到存储器的基地址，然后将 offset 字段给出的 16 位偏移地址进行符号扩展，将基地址和符号扩展后的偏移量进行相加，得到所访问存储器的有效地址。②从该有效地址中取出一个半字（16 位），并将该字节高位进行符号扩展后生成 32 位宽度的数。③将该数据保存到通用寄存器 rt 中。

> **注**：有效地址必须是自然对齐的，对齐半字边界。如果地址的最低有效位非零，则地址发生错误异常。

4. lhu 指令

（1）加载无符号半字（Load Halfword Unsigned）指令（lhu 指令）的格式如图 5.68 所示。

31	26	25	21	20	16	15	0
1　0　0　1　0　1		base		rt		offset	
操作码（6 位）		（5 位）		寄存器编号（5 位）		16 位	

图 5.68　lhu 指令的格式

（2）汇编指令格式为"lhu rt, offset(base)"。

（3）指令的功能如下。

①从 base 字段指定的寄存器中得到存储器的基地址，然后将 offset 字段给出的 16 位偏移地址进行符号扩展，将基地址和符号扩展后的偏移量进行相加，得到所访问存储器的有效地址。②从该有效地址中取出一个半字（16 位），并将该字节高位进行零扩展后生成 32 位宽度的数。③将该数据保存到通用寄存器 rt 中。

> 注：有效地址必须是自然对齐的，对齐半字边界。如果地址的最低有效位非零，则地址发生错误异常。

5. ll 指令

（1）加载链接字（Load Linked Word）指令（ll 指令）的格式如图 5.69 所示。

31	26	25	21	20	16	15	0
1　1　0　0　0　0		base		rt		offset	
操作码（6 位）		（5 位）		寄存器编号（5 位）		（16 位）	

图 5.69　ll 指令的格式

（2）汇编指令格式为"ll rt, offset(base)"。

（3）指令的功能如下。

从存储器中加载一个字以进行原子读-修改-写（Read-Modify-Write，RMW）操作。ll 和 sc 指令提供了为可同步存储器位置实现原子 RMW 操作的原语。

取出对齐的有效地址指令的存储器位置处的 32 位字内容，并将其加载到通用寄存器 rt 中。将 base 字段指定的寄存器内的基地址和 offset 字段指定的有符号的偏移量进行相加后，生成有效地址。

这将在当前处理器上开始一个 RMW 序列。每个处理器只能有一个活动的 RMW 序列。当执行 ll 时，它会启动一个活动的 RMW 序列，替换任何其他处于活动状态的序列。后续的 sc 指令完成 RMW 序列，该指令要么完成 RMW 序列并成功，要么不完成并失败，在一个处理器上执行 ll 本身不会导致在另一个处理器上用于相同块的 sc 的失败，并不要求在执行 ll 后跟随执行 sc，程序可以自由地放弃 RMW 序列而不尝试写入。

6. lw 指令

（1）加载字（Load Word）指令（lw 指令）的格式如图 5.70 所示。

（2）汇编指令格式为"lw rt, offset(base)"。

（3）指令的功能如下。

①从 base 字段指定的寄存器中得到存储器的基地址，然后将 offset 字段给出的 16 位偏

移地址进行符号扩展，将基地址和符号扩展后的偏移量进行相加，得到所访问存储器的有效地址。②从该有效地址中取出一个字（32 位），并将该字节符号扩展后生成 32 位宽度的数（如果需要）。③将该数据保存到通用寄存器 rt 中。

31　　　　　　　　26	25　　　　　21	20　　　　16	15　　　　　　　　　　　　　　　　0
1　0　0　0　1　1	base	rt	offset
操作码（6 位）	（5 位）	寄存器编号（5 位）	16 位

图 5.70　lw 指令的格式

> **注**：有效地址必须是自然对齐的，即对齐字边界。如果地址的最低两个有效位非零，则地址发生错误异常。

7. lwl 指令

（1）在左侧加载字（Load Word Left）指令（lwl 指令）的格式如图 5.71 所示。

31　　　　　　　　26	25　　　　　21	20　　　　16	15　　　　　　　　　　　　　　　　0
1　0　0　0　1　0	base	rt	offset
操作码（6 位）	（5 位）	寄存器编号（5 位）	（16位）

图 5.71　lwl 指令的格式

（2）汇编指令格式为"lwl rt, offset(base)"。

（3）指令的功能如下。

该指令从未对齐的存储器地址加载一个字的最高有效部分作为一个有符号的值。由 base 字段指定的寄存器中得到 32 位的基地址，然后和 offset 字段指定的 16 位有符号数进行相加运算，然后得到有效地址（EffAddr）。EffAddr 是存储器中从任意字节边界开始形成的一个字（W）的 4 个连续字节的最高有效位的地址。

具体实现过程如下。

①（对于小端）：从指定的存储器有效地址开始，复制存储器的字节到寄存器的最左侧并递减存储器的字节地址，直到到达字对齐的前一个最高存储器地址为止。

②（对于大端）：从指定的存储器有效地址开始，复制存储器的字节到寄存器的最左侧并递增存储器的字节地址，直到到达字对齐的下一个最高存储器地址为止。

从存储器加载到目标寄存器的字节取决于有效地址在一个对齐字的偏移，即地址的低 2 位（vAddr1..0），以及处理器的当前字节排序模式（大端或小端），如图 5.72 所示。

8. lwr 指令

（1）在右侧加载字（Load Word Right）指令（lwr 指令）的格式如图 5.73 所示。

（2）汇编指令格式为"lwr rt, offset(base)"。

（3）指令的功能如下。

该指令从未对齐的存储器地址加载一个字的最低有效部分作为一个有符号的值。由 base 字段指定的寄存器中得到 32 位的基地址，然后和 offset 字段指定的 16 位有符号数进行相加运算，得到有效地址（EffAddr）。EffAddr 是存储器中从任意字节边界开始形成的一个字（W）的 4 个连续字节的最低有效位的地址。

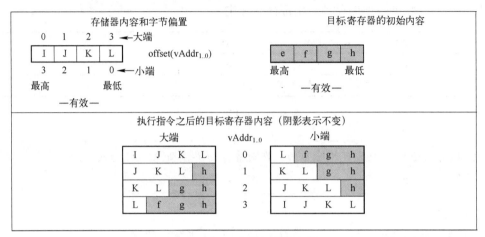

图 5-72 lwl 指令加载的字节

31 26	25 21	20 16	15 0
1 0 0 1 1 0	base	rt	offset
操作码（6 位）	（5 位）	寄存器编号（5 位）	（16 位）

图 5.73 lwr 指令的格式

具体实现过程如下。

① （对于小端）：从指定的存储器有效地址开始，复制存储器中的字节到寄存器的最右侧并递增存储器的字节地址，直到到达字对齐的下一个最高存储器地址为止。

② （对于大端）：从指定的存储器有效地址开始，复制存储器中的字节到寄存器的最右侧并递减存储器的字节地址，直到到达字对齐的前一个最高存储器地址为止。

从存储器加载到目标寄存器的字节取决于有效地址在一个对齐字偏移，即地址的低 2 位（vAddr1..0），以及处理器的当前字节排序模式（大端或小端），如图 5.74 所示。

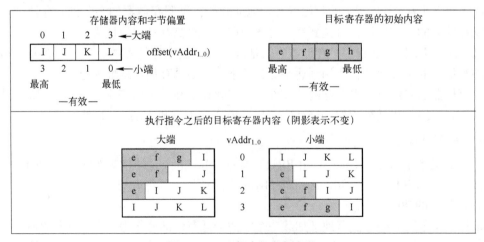

图 5-74 lwr 指令加载的字节

注：LWL 和 LWR 成对使用时，可实现非对齐的访问。

9. pref 指令

（1）预取（Pre-Fetch）指令（pref 指令）的格式如图 5.75 所示。

31 26	25 21	20 16	15 0
1 1 0 0 1 1	base	hint	offset
操作码（6 位）	（5 位）	（5 位）	（16 位）

图 5.75 pref 指令的格式

（2）汇编指令格式为"pref hint, offset（base）"。

（3）指令的功能如下。

在存储器和高速缓存之间移动数据。数据预取就像一些快餐店所做的一样。他们提前烹饪食物以预测需求，从而缩短客户的等待时间。当然，可以提前烹饪的食物量取决于烤架容量和其他烤架需求，这与你的数据需求相同。你可以使用预取指令或 cpu. h 中提供的宏函数，提前将数据放到缓存中，预测代码对数据的需求。例如，当从一个缓冲区到另一个缓冲区进行存储器复制操作时，预取指令则会告诉中央处理单元在不干扰其他数据总线操作的情况下将数据放到缓存中。

offset 字段给出的 16 位有符号偏移量和 base 字段对应的寄存器内给出的 32 位基地址内容进行相加，以生成有效字节地址。hint 字段提供有效数据期望使用方式的信息。

pref 可使能处理器的一些行为，如将数据预取到高速缓存中，以提高程序性能。为特定 pref 指令所执行的操作取决于系统和上下文。只要不改变架构可见状态或改变程序的含义，允许任何行为（包括什么都不做）。期望实现要么什么都不做，要么采取行动来提高程序的性能。PrepareForStore 功能的独特之处就在于它可以修改架构的可见状态。

Pref 不会导致与寻址相关的异常。如果指定的地址会导致寻址异常，则忽略异常条件并且不会发生数据移动。但是，即使没有预取数据，也可能发生一些架构上不可见的操作，如发生脏缓存行的"写回"。

如果检测到总线错误或缓存错误异常，而这些异常是采纳 pref 指令的"副产品"时，是否报告它们则取决于实现。

pref 永远不会为具有未缓存存储器访问类型的位置生成存储器操作。

如果 pref 导致存储器操作，则用于该操作的存储器访问类型由有效地址的存储器访问类型决定，就好像存储器操作是由对有效地址的加载和保存引起的一样。

对于缓存位置，处理器所期望的和有用的操作是预取包含有效地址的数据块。块的大小和它被提取到存储器层次结构的级别是由实现决定的。

字段 hint 提供了数据所期望使用的方式。除了 PrepareForStore，hint 的值不会引起修改架构可见状态的行为。处理器可以使用 hint 值来提高预取操作的有效性。

预取可能比较棘手，这是因为你可能认为它应该提高性能，但是它可能不会。这将取决于你对缓存资源的需求。例如，有时候你可能有大量频繁使用的数据，如果你的代码执行了大量的预取，则可能将这些数据从缓存中去除。因此，可能会提高存储器复制的性能，但是可能会降低其他东西的性能。经常使用的数据还可能会在你实际使用之前强制你将预取的数据从缓存中取出。此处有一些简单的规则可以遵循，包括：

（1）有效的预取需要提前足够多的时间完成，以便需要时数据在缓存中。

（2）例如，在一个循环复制中，可能需要在需要数据之前预取多个数据的循环集成。

（3）当正在使用的数据由 DMA 设备放入存储器时，需要注意。在使用数据之前，你努力预取足够的数据，代码可能会先于 DMA 操作，并且预取的数据不会获取新的数据。

pref 指令中字段 hint 的含义，如表 5.18 所示。

表 5.18 pref 指令中字段 hint 的含义

值	名字	数据用途和期望的预加载行为
0	load（加载）	用途：期望读取预取的数据（没有修改） 行为：获取数据好像用于加载
1	store（保存）	用途：期望保存或修改预取的数据 行为：获取数据好像用于保存
2~3	Reserved（保留）	保留用于将来使用−对于实现不可用
4	load_streamed	用途：希望读取预取的数据（没有修改），但是不会广泛重用；它"流过"缓存 行为：获取数据像要加载，并且将其放在缓存中，这样它就不会取代预取为"保留"的数据
5	store_streamed	用途：希望保存或修改预取的数据，但是不会广泛重用；它"流过"缓存 行为：获取数据像要保存，并且将其放在缓存中，这样它就不会取代预取为"保留"的数据
6	load_retained	用途：希望读取预取的数据（没有修改）且广泛重用；它应该保留在缓存中 行为：获取数据像要读取，并且将其放在缓存中，这样它就不会被预取为"流"的数据所取代
7	store_retained	用途：希望保存或修改预取的数据且广泛重用；它应该保留在缓存中 行为：获取数据像要保存，并且将其放在缓存中，这样它就不会被预取为"流"的数据所取代
8~24	Reserved（保留）	保留用于将来使用−对于实现不可用
25	writeback_invalidate（也称为"轻推"）	用途：预期不再使用数据 行为：对于写回缓存，安排任何脏数据的回写。在写回完成时，将任何写回的缓存行的状态标记为无效
26~29	依赖于实现	架构未分配−可用于依赖于实现的使用
30	PrepareForStore	用途：准备缓存为了写入整行，而无须涉及从存储器填充行的开销 行为：如果引用在缓存中命中，则不采取任何操作。如果缓存中的引用未命中，则选择一行进行替换，将任何有效和脏的"牺牲品"写回存储器，整行填充零数据，并将该行的状态标记为有效和脏 编程注意事项：由于缓存未命中时缓存行填充了零数据，因此软件不能假设该操作本身可用作快速 bzero 类型函数
31	依赖于实现	架构未分配−可用于依赖于实现的使用

10. sb 指令

（1）保存字节（Store Byte）指令（sb 指令）的格式如图 5.76 所示。

（2）汇编指令格式为"sb rt, offset（base）"。

31	26	25	21	20	16	15	0
1　0　1　0　0　0		base		rt		offset	
操作码（6 位）		（5 位）		寄存器编号（5 位）		16 位	

图 5.76　sb 指令的格式

（3）指令的功能如下。

①从 base 字段指定的寄存器中得到存储器的基地址，然后将 offset 字段给出的 16 位偏移地址进行符号扩展，将基地址和符号扩展后的偏移量进行相加，得到所访问存储器的有效地址。②将通用寄存器 rt 中的最低 8 位（1 个字节）保存到所指定的存储器有效地址中。

11. sc 指令

（1）有条件保存字（Store Conditional Word）指令（sc 指令）的格式如图 5.77 所示。

31	26	25	21	20	16	15	0
1　1　1　0　0　0		base		rt		offset	
操作码（6 位）		（5 位）		寄存器编号（5 位）		（16 位）	

图 5.77　sc 指令的格式

（2）汇编指令格式为 "sc rt, offset(base)"。

（3）指令的功能如下。

将字保存到存储器中以完成原子读-修改-写（read-modify-write，rmw）操作。ll 和 sc 指令提供了为可同步存储器位置实现原子 rmw 操作的原语。

通用寄存器 rt 中的 32 位字有条件保存在存储器中对齐的有效地址指定的位置。将 offset 字段中的有符号偏移量值与 base 字段所指定寄存器中的基地址内容相加，以生成有效地址。

sc 完成由处理器上执行的前面 ll 指令开始的 rmw 序列，要以原子方式完成 rmw 序列，会发生以下情况。

（1）通用寄存器 rt 中的 32 位字保存在存储器中对齐的有效地址指定的位置。

（2）1，表示成功，并写入了通用寄存器 rt 中。否则，不会修改存储器，0 表示失败，并写入了通用寄存器 rt 中。

如果在执行 ll 和 sc 之间发生了以下任一事件，则 sc 失败：

（1）由另一个处理器或一致性的 I/O 模块完成的一致性存储，进入包含字的可同步的物理存储器。块的大小和对齐方式取决于实现，但它至少是一个字，最多是页面大小。

（2）执行 eret 指令。

如果在执行 ll 和 sc 之间发生了以下任一事件，则 sc 可能成功，也可能失败；成功或失败是不可预测的。可移植程序不应该导致这些事件之一。

（1）在执行 ll/sc 的处理器上执行访问存储器指令（加载、保存或预取）。

（2）以 ll 开始并以 sc 结束的指令不位于虚拟存储器的 2048 字节连续区域中（该区域不必对齐，指令字所需的对齐除外）。

以下条件必须为真，否则 sc 的结果是不可预测的：

（1）先执行 ll 指令，再执行 sc。

（2）执行 rmw 序列必须在 ll 和 sc 中使用的地址，而不会出现导致 sc 发生故障的干预事件。如果虚拟地址、物理地址和缓存一致性算法相同，则地址相同。

原子 rmw 仅用于可同步的存储器位置。可同步的存储器的位置是与实现 ll/sc 语义所必需的状态和逻辑相关联的存储器位置。存储器位置是否可同步取决于处理器和系统配置，以及用于该位置的存储器访问类型。

（1）单处理器原子性：要在单个处理器上提供原子 rmw，必须使用缓存非一致性或缓存一致性的存储器访问类型来访问该位置。所有访问必须针对一种或另一种访问类型，并且不能混合使用。

（2）MP 原子性：要在多个处理器之间提供原子 rmw，必须使用缓存一致性的存储器访问类型来访问该位置。

（3）I/O 系统：要为原子 rmw 提供一致的 I/O 系统，必须使用缓存一致性的存储器访问类型对位置进行所有访问。如果 I/O 系统不使用一致性存储器操作，则无法提供关于 I/O 读取和写入的原子 RMW。

12. sdc1 指令

（1）保存来自浮点的双字（Store Doubleword from Floating Point）指令（sdc1 指令）的格式如图 5.78 所示。

31 26	25 21	20 16	15 0
1 1 1 1 0 1	base	ft	offset
操作码（6 位）	（5 位）	（5 位）	（16 位）

图 5.78　sdc1 指令的格式

（2）汇编指令格式为"sdc1 ft, offset（base）"。

（3）指令的功能如下。

将浮点寄存器（Float-Point Register，FPR）ft 中的 64 位双字保存在存储器中对齐的有效地址指定的位置。将 offset 字段的有符号偏移量与 base 所对应寄存器的内容相加后生成有效地址。

13. sdc2 指令

（1）保存来自协处理器 2 的双字（Store Doubleword from Coprocessor 2）指令（sdc2 指令）的格式如图 5.79 所示。

31 26	25 21	20 16	15 0
1 1 1 1 1 0	base	rt	offset
操作码（6 位）	（5 位）	（5 位）	（16位）

图 5.79　sdc2 指令的格式

（2）汇编指令格式为"sdc2 rt, offset（base）"。

（3）指令的功能如下。

将协处理器 2（Coprocessor 2）寄存器 rt 中的 64 位双字保存在存储器中对齐的有效地址指

定的位置。将 offset 字段的有符号偏移量与 base 所对应寄存器的内容相加后生成有效地址。

14. sdxc1 指令

（1）保存从浮点索引的双字（Store Doubleword Indexed from Floating Point）指令（sdxc1 指令）的格式如图 5.80 所示。

31　　　　　26	25　　　　　21	20　　　　　16	15　　　　　11	10　　　　　6	5　　　　　0
0　1　0　0　1　1	base	index	fs	0　0　0　0　0	0　0　1　0　0　1
操作码（6 位）	（5 位）	（5 位）	（5 位）	（5 位）	功能码（6 位）

图 5.80　sdxc1 指令的格式

（2）汇编指令格式为"sdxc1 fs, index(base)"。

（3）指令的功能如下。

将浮点寄存器（Float-Point Register，FPR）fs 中的 64 位双字保存在存储器中对齐的有效地址指定的位置。将 index 字段所对应的通用寄存器的内容与 base 所对应通用寄存器的内容相加后生成有效地址。

15. sh 指令

（1）保存半字（Store Halfword）指令（sh 指令）的格式如图 5.81 所示。

31　　　　　26	25　　　　　21	20　　　　　16	15　　　　　　　　　　　　　　　0
1　0　1　0　0　1	base	rt	offset
操作码（6 位）	（5 位）	寄存器编号（5 位）	16 位

图 5.81　sh 指令的格式

（2）汇编指令格式为"sh rt, offset(base)"。

（3）指令的功能如下。

①从 base 字段指定的寄存器中得到存储器的基地址，然后将 offset 字段给出的 16 位偏移地址进行符号扩展，将基地址和符号扩展后的偏移量进行相加，得到所访问存储器的有效地址。②将通用寄存器 rt 的低 16 位（半字）保存到所指定的存储器有效地址中。

16. sw 指令

（1）保存字（Store Word）指令（sw 指令）的格式如图 5.82 所示。

31　　　　　26	25　　　　　21	20　　　　　16	15　　　　　　　　　　　　　　　0
1　0　1　0　1　1	base	rt	offset
操作码（6 位）	（5 位）	寄存器编号（5 位）	16 位

图 5.82　sw 指令的格式

（2）汇编指令格式为"sw rt, offset(base)"。

（3）指令的功能如下。

①从 base 字段指定的寄存器中得到存储器的基地址，然后将 offset 字段给出的 16 位偏移地址进行符号扩展，将基地址和符号扩展后的偏移量进行相加，得到所访问存储器的有效

地址。②将通用寄存器 rt 的 32 位（字）保存到所指定的存储器有效地址中。

17. swl 指令

（1）保存左侧字（Store Word Left）指令（swl 指令）的格式如图 5.83 所示。

31　　　　　　26	25　　　　　21	20　　　　　16	15　　　　　　　　　　　　0
1 0 1 0 1 0	base	rt	offset
操作码（6 位）	（5 位）	寄存器编号（5 位）	（16 位）

图 5.83　swl 指令的格式

（2）汇编指令格式为"swl rt, offset(base)"。

（3）指令的功能如下。

从由 base 字段指定的寄存器中得到 32 位的基地址，然后和 offset 字段指定的 16 位有符号数进行相加运算，得到有效地址（EffAddr）。EffAddr 是存储器中从任意字节边界开始形成的一个字（W）的 4 个连续字节的最高有效位的地址。

具体实现过程如下。

①（对于小端）：从指定的存储器有效地址开始，将寄存器最左侧的内容复制到存储器中并递减存储器的字节地址，直到到达字对齐的前一个最高存储器地址为止。

②（对于大端）：从指定的存储器有效地址开始，复制存储器的字节到寄存器的最左侧并递增存储器的字节地址，直到到达字对齐的下一个最高存储器地址为止。

从源寄存器保存到存储器的字节取决于有效地址在一个对齐字的偏移，即地址的低 2 位（vAddr1..0），以及处理器的当前字节排序模式（大端或小端），如图 5.84 所示。

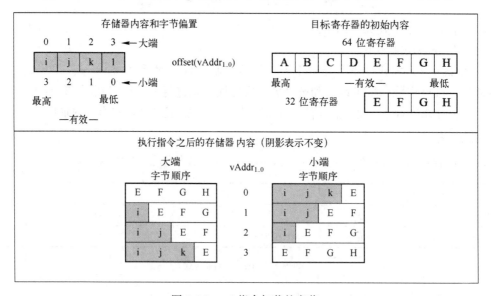

图 5.84　swl 指令加载的字节

18. swr 指令

（1）保存右侧字（Store Word Right）指令（swr 指令）的格式如图 5.85 所示。

31　　　　　　　26	25　　　　　21	20　　　　16	15　　　　　　　　　　　　　　　0
1　0　1　1　1　0	base	rt	offset
操作码（6 位）	（5 位）	寄存器编号（5 位）	（16位）

图 5.85　swr 指令的格式

（2）汇编指令格式为"swr rt, offset（base）"。

（3）指令的功能如下。

从由 base 字段指定的寄存器中得到 32 位的基地址，然后和 offset 字段指定的 16 位有符号数进行相加运算，得到有效地址（EffAddr）。EffAddr 是存储器中从任意字节边界开始形成的一个字（W）的 4 个连续字节的最低有效位的地址。

具体实现过程如下。

① （对于小端）：从指定的存储器有效地址开始，将寄存器最右侧的内容复制到存储器中并递增存储器的字节地址，直到到达字对齐的下一个最高存储器地址为止。

② （对于大端）：从指定的存储器有效地址开始，将寄存器最右侧的内容复制到存储器中并递减存储器的字节地址，直到到达字对齐的前一个最高存储器地址为止。

从源寄存器保存到存储器的字节取决于有效地址在一个对齐字的偏移，即地址的低 2 位（$vAddr_{1..0}$），以及处理器的当前字节排序模式（大端或小端），如图 5.86 所示。

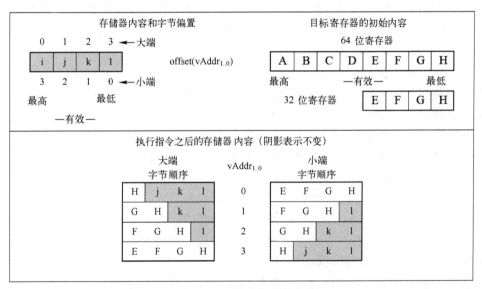

图 5.86　swr 指令加载的字节

19. sync 指令

（1）同步共享存储器（Synchronize Shared Memory）指令（sync 指令）的格式如图 5.87 所示。

（2）汇编指令格式为"sync（stype=0 implied）"。

（3）指令的功能如下。

下面首先进行简单的说明：

31　　　　　　　　　26	25　　　　　　　　　　　　　　　　　　　　　11	10　　　　　6	5　　　　　　0
0　0　0　0　0　0	0　0　0　0　0　0　0　0　0　0　0　0　0　0　0	stype	0　0　1　1　1　1
操作码（6 位）	（15 位）	（5 位）	功能码（6 位）

图 5.87　sync 指令的格式

（1）对加载和保存进行排序。sync 仅影响未缓存和缓存一致性加载与保存。在 sync 之前发生的加载和保存必须在 sync 之后的加载和保存开始之前完成。

（2）写入目标寄存器时完成加载。当保存的值对系统中的每个其他处理器可见时，存储就完成了。

（3）sync 是必须的，可能与 ssnop（在架构的第一版中）或 ehb（在架构的第二版中）结合使用，以确保存储器引用结果在更改操作模式时可见。例如，某些实现在进入和退出调试模式时需要 sync，以确保正确处理存储器影响。

下面进行详细说明：

当 stype 字段为 0 时，在 sync 指令之前发生在指令流中的每个可同步加载和保存必须在执行 sync 之后发生的任何可同步加载或保存之前全局执行，相对于任何其他处理器或一致性 I/O 模块。

sync 不保证执行取指令的顺序。stype 字段的值 1 ~ 31 是保留用于将来的架构扩展。stype 字段的值 0 将始终定义为执行所有定义的同步操作。可以定义非零值来去除一些同步操作。像这样，软件不应该使用 stype 字段的非零值，因为如果非零值删除了同步操作，这可能会无意中导致未来的故障。

下面介绍一些术语。

（1）可同步。如果加载或保存发生在共享存储器中的物理位置，使用具有非缓存或缓存一致性存储器访问类型的虚拟位置，则加载或存储指令是可同步的。共享存储器是可以被多个处理器或一个一致性 I/O 系统模块访问的存储器。

（2）已执行的加载。当由加载返回的值已经确定时，执行加载指令。当 B 对位置的后续存储不能影响负载返回的值时，处理器 A 上的复杂结果已经根据处理器或相关 I/O 块 B 确定。B 的存储必须使用与加载相同的存储器访问类型。

（3）已执行的存储：当存储是可观察时，执行存储指令。当 B 对位置的后续加载返回存储器写入的值时，处理器 A 上的存储对于处理器或一致性 I/O 模块 B 是可观察的。B 的加载必须使用与存储相同的存储器访问类型。

（4）全局执行的加载。当针对所有能够保存到该位置的处理器和一致性模块执行加载指令时，将全局执行加载指令。

（5）全局执行的存储。当一个存储指令是全局可观察时，它将全局执行。当它可以被所有能够从该位置加载的处理器和 I/O 模块观察到时，它就是全局可观察的。

（6）一致性 I/O 模块。一致性 I/O 模块是执行一致性直接存储器访问（Direct Memory Access，DMA）的输入/输出系统部件。它独立地读取和写入存储器，就好像它是一个处理器，执行加载和保存到具有缓存一致性存储器访问类型的位置。

注：在龙芯 gs232 处理器核中，与 MIPS 规范仅有一点不同，即 SYNC 指令仅能保证已经执行完，但是不能保证保存的数据已经写入存储器。

20. synci 指令（Release 2 Only）

（1）同步缓存以使指令写入有效（Synchronize Caches to Make Instruction Writes Effective）指令 Synci 指令的格式如图 5.88 所示。

31　　　　　　　26	25　　　　　21	20　　　　16	15　　　　　　　　　　　　　　　　0
0　0　0　0　0　1	base	1　1　1　1　1	offset
操作码（6 位）	（5 位）	功能码（5 位）	（16 位）

图 5.88　synci 指令的格式

（2）汇编指令格式为"synci offset(base)"。

（3）指令的功能如下。

当与 sync 和 jalr.hb、jr.hb 或 eret 指令结合使用时，该指令在写入新的指令流后使用，以使新指令相对于指令获取有效，如下所述。与 cache 指令不同，synci 指令可用于架构版本 2 的实现中的所有操作模式。

offset 字段的 16 位偏移量经过符号扩展并与 base 字段所对应寄存器中的基地址内容相加后形成有效地址。有效地址用于寻址可能需要与新指令的写入同步的所有高速缓存中的高速缓存行。该操作仅发生在可能包含有效地址的缓存行上。写入的每个缓存行都需要一条 synci 指令。

tlb 重新填充和 tlb 无效（两者的原因代码都等于 tlbl）异常可能会作为该指令的副产品发生。该指令不会导致 tlb 修改异常或 tlb 重新填充异常，其原因代码为 TLBS。

缓存错误异常可能会作为该指令的副产品发生。例如，如果写回操作在操作处理过程中检测到缓存或总线错误，则会通过缓存错误异常报告该错误。类似地，如果该指令调用的总线操作因错误而终止，则可能发生总线错误异常。

如果有效地址引用了通常会导致该类异常的内核地址空间的一部分，则可能会发生地址错误异常（原因代码等于 AdEL）。这种异常是否发生取决于实现。

数据监视是否由地址与监视寄存器地址匹配条件匹配的 synci 指令触发取决于实现。

注：（1）在龙芯 gs232 处理器核中，synci 与两条缓存指令相关，即 cache16 和 cache21，分别是指令缓存命中无效和数据命中回写和无效。

（2）SDE Lite 4.9.2 for MIPS 工具不支持该指令。

【例 5-13】保存指令所对应的机器指令和运行结果如表 5.19 所示。

表 5.19　保存指令所对应的机器指令和运行结果

序　号	加法指令 （汇编助记符表示）	对应的机器指令 （十六进制表示）	执行指令后的结果 （十六进制表示）
1	lui s0, 0x8022	3c108022	生成存储空间地址。寄存器 s0 中的内容为 80220000，即后面存储空间访问的基地址

续表

序　号	加法指令 （汇编助记符表示）	对应的机器指令 （十六进制表示）	执行指令后的结果 （十六进制表示）
2	addi t0, zero, 0xaa	200800aa	寄存器 t0 的低 8 位为 0xaa
3	addi t1, zero, 0xbb	200900bb	寄存器 t1 的低 8 位为 0xbb
4	addi t2, zero, 0xcc	200a00cc	寄存器 t2 的低 8 位为 0xcc
5	addi t3, zero, 0xdd	200b00dd	寄存器 t3 的低 8 位为 0xdd
6	sb t0, 0(s0)	a2080000	将寄存器 t0 的低 8 位保存在存储空间地址为 80220000+0 的地址
7	sb t1, 1(s0)	a2090001	将寄存器 t1 的低 8 位保存在存储空间地址为 80220000+1 的地址
8	sb t2, 2(s0)	a20a0002	将寄存器 t2 的低 8 位保存在存储空间地址为 80220000+2 的地址
9	sb t3, 3(s0)	a20b0003	将寄存器 t3 的低 8 位保存在存储空间地址为 80220000+3 的地址
10	lui s0, 0x8023	3c108023	生成存储空间地址。寄存器 s0 中的内容为 0x80230000，即后面存储空间访问的基地址
11	lui s1, 0x1234	3c111234	0x1234 左移 16 位，将在移后的结果保存在寄存器 s1 中，寄存器 s1 中的内容为 0x12340000
12	ori s1, s1, 0x5678	36315678	0x5678 和寄存器 s1 中的内容进行逻辑"或"运算，寄存器 s1 中的内容为 0x12345678
13	sw s1, 0(s0)	ae110000	将寄存器 s1 中的一个 32 位的字保存到存储空间基地址为 0x80230000 开始的连续 4 个字节的空间
14	lui s0, 0x8024	3c108024	生成存储空间地址。寄存器 s0 中的内容为 0x80240000，即后面存储空间访问的基地址
15	sh s1, 0(s0)	a6110000	将寄存器 s1 中的一个 16 位的半字保存到存储空间基地址为 0x80240000 开始的连续 2 个字节的空间
16	lui s0, 0x8025	3c108025	生成存储空间地址。寄存器 s0 中的内容为 0x80250000，即后面存储空间访问的基地址
17	swl s1, 2(s0)	aa110002	非对齐的访问，对齐规则详见 swl 指令
18	lui s0, 0x8026	3c108026	生成存储空间地址。寄存器 s0 中的内容为 0x80260000，即后面存储空间访问的基地址
19	swr s1, 3(s0)	ba110003	非对齐的访问，对齐规则详见 swr 指令

> **注**：读者可以进入本书提供资源的 \loongson1B_example \example_5_13 目录中，用 LoongIDE 打开名字为 "example_5_13. lxp" 的工程。在该工程的 bsp_start.S 文件中找到该段代码，并设置断点。然后进入调试器环境，单步运行这些指令，观察其运行结果。

思考与练习 5-23：在执行完表 5.19 中序号为 9 的指令后，通过双击寄存器 s0，打开 View Memory 界面，查看存储器的内容（注意：采用了大端方式显示）。

思考与练习 5-24：在执行完表 5.19 中序号为 13 的指令后，通过双击寄存器 s0，打开 View Memory 界面，查看存储器的内容（注意：采用了大端方式显示）。

思考与练习 5-25：在执行完表 5.19 中序号为 15 的指令后，通过双击寄存器 s0，打开

View Memory 界面，查看存储器的内容（注意：采用了大端方式显示）。

　　思考与练习5-26：在执行完表5.19中序号为17的指令后，通过双击寄存器 s0，打开 View Memory 界面，查看存储器的内容（注意：采用了大端方式显示），特别要关注 MIPS 架构中对非对齐的存储器地址的访问规则，并且验证与前面介绍的 swl 指令规则的处理一致性。

　　思考与练习5-27：在执行完表5.19中序号为19的指令后，通过双击寄存器 s0，打开 View Memory 界面，查看存储器的内容（注意：采用了大端方式显示），特别要关注 MIPS 架构中对非对齐的存储器地址的访问规则，并且验证与前面介绍的 swr 指令规则的处理一致性。

　　【例5-14】加载指令所对应的机器指令和运行结果如表5.20所示。

表 5.20　加载指令所对应的机器指令和运行结果

序　号	加法指令 （汇编助记符表示）	对应的机器指令 （十六进制表示）	执行指令后的结果 （十六进制表示）
1	lb t0, 0(s0)	82080000	将 s0 保存的存储空间基地址（0x80230000）的 1 个字节内容加载到寄存器 t0 中，寄存器 t0 的内容为 0x00000078
2	lb t1, 1(s0)	82090001	将 s0 保存的存储空间基地址（0x80230000）加上 1 个偏移生成的有效存储空间地址的 1 个字节的内容加载到寄存器 t1 中，寄存器 t1 中的内容为 0x00000056
3	lb t2, 2(s0)	820a0002	将 s0 保存的存储空间基地址（0x80230000）加上 2 个偏移生成的有效存储空间地址的 1 个字节内容加载到寄存器 t2 中，寄存器 t2 中的内容为 0x00000034
4	lb t3, 3(s0)	820a0003	将 s0 保存的存储空间基地址（0x80230000）加上 3 个偏移生成的有效存储空间地址的 1 个字节内容加载到寄存器 t3 中，寄存器 t3 中的内容为 0x00000012
5	lh t4, 2(s0)	860c0002	将 s0 保存的存储空间基地址（0x80230000）加上 2 个偏移生成的有效存储空间起始地址的 2 个字节内容加载到寄存器 t4 中，寄存器 t4 中的内容为 0x00001234
6	lw t5, 4(s0)	8e0d0004	将 s0 保存的存储空间基地址（0x80230000）加上 4 个偏移生成的有效存储空间起始地址的 4 个字节内容加载到寄存器 t5 中，寄存器 t5 中的内容为 0xaabbccdd
7	addi s0, s0, 4	22100004	将 s0 所保存的有效存储空间的基地址加 4 后生成新的有效存储空间基地址 0x80230004
8	lwr t6, 2(s0)	9a0e0002	存储器非对齐访问，根据 lwr 规则，寄存器 t6 中的内容为 xxxxaabb（xxxx 为寄存器 t6 中原来的内容）
9	lwl t7, 2(s0)	8a0f0002	存储器非对齐访问，根据 lwl 规则，寄存器 t7 中的内容为 0xbbccddxx（xx 为寄存器 t7 中原来的内容）

　　表5.20中的指令操作基于代码清单5-7给出的保存操作的结果。

代码清单5-7　保存数据到存储器的操作序列

```
lui s0, 0x8023          //左移 16 位生成存储空间地址 0x80230000
lui s1, 0x1234          //左移 16 位生成数据 0x12340000,结果保存在 s1 中
ori s1, s1, 0x5678      //0x5678 与寄存器 s1 中的内容执行逻辑"或"运算
sw  s1, 0(s0)           //寄存器 s1 中的内容保存到存储空间地址为 0x80230000 的 4 个字节中
```

```
lui s1, 0xaabb          //左移 16 位生成数据 0xaabb0000,结果保存在 s1 中
ori s1, s1, 0xccdd      //0xccdd 与寄存器 s1 中的内容执行逻辑"或"运算
sw  s1, 4(s0)           //寄存器 s1 中的内容保存到存储空间地址为 0x80230004 的 4 个字节中
```

> **注**：读者可以进入本书提供资源的 \loongson1B_example\example_5_14 目录中，用 LoongIDE 打开名字为"example_5_14. lxp"的工程。在该工程中的 bsp_start. S 文件中找到该段代码，并设置断点。然后进入调试器环境，单步运行这些指令，观察其运行结果。

思考与练习5-28：在单步执行表 5.20 中的汇编指令时，查看寄存器的内容。

思考与练习5-29：根据本小节介绍的内容，说明在 MIPS 架构中非对齐的加载/保存规则。

【例 5-15】ll 和 sc 指令的用法，如代码清单 5-8 所示。

代码清单 5-8   ll 和 sc 指令的用法

```
    . data
        . align 4
sem : . byte 1                          //信号量的值,为 0 或 1
        . text

FRAME( bsp_start,sp,0,ra)
    . set noreorder

        move    s0, ra                  // 返回地址

WaitForSem:                             //标号 WaitForSem
        la t0,sem                       //将 sem 的地址加载到寄存器 t0 中
TryAgain:                               //标号
        ll t1,0(t0)                     //寄存器 t0 所指向的 sem 内容加载到寄存器 t1
        bne t1,zero, WaitForSem         //若寄存器 t1 的内容≠0,则跳转到 WaitForSem
        li t1,1                         //将立即数 1 加载到寄存器 t1 中
        sc t1, 0(t0)                    //寄存器 t1 中的内容保存到 sem 中
        beq t1,zero,TryAgain            //如果保存不成功,则跳转到 TryAgain

        move    ra, s0                  //恢复地址
        j       ra                      //跳转到寄存器 ra 所保存的地址
    nop

    . set reorder
ENDFRAME( bsp_start)
```

> **注**：读者可以进入本书提供资源的 \loongson1B_example\example_5_15 目录中，用 LoongIDE 打开名字为"example_5_15. lxp"的工程。在该工程中的 bsp_start. S 文件中找到该段代码，并设置断点。然后进入调试器环境，单步运行这些指令，观察其运行结果。

5.8.6 插入和提取指令

本小节将介绍插入和提取指令。需要注意的是，SDE Lite 4.9.2 for MIPS 工具不支持本小节所介绍的指令。

1. ext 指令（Release 2 Only）

（1）提取位字段（Extract Bit Field）指令（ext 指令）的格式如图 5.89 所示。

31 26	25 21	20 16	15 11	10 6	5 0
0 1 1 1 1 1	rs	rt	msbd(size-1)	lsb(pos)	0 0 0 0 0 0
操作码（6 位）	寄存器编号（5 位）	寄存器编号（5 位）	（5 位）	（5 位）	功能码（6 位）

图 5.89 ext 指令的格式

（2）汇编指令格式为"ext rt, rs, pos, size"。

（3）指令的功能如下。

从通用寄存器 rs 指定的 pos 位开始扩展 size 字段的位宽，并以 0 扩展和右对齐的方式保存在通用寄存器 rt 中。汇编指令参数 pos 和 size 由汇编器分别转换为指令字段 msbd（通用寄存器 rt 中目标字段的最高有效位，在指令位［15:11］的位置）和 lsb（通用寄存器 rs 的源字段的最低有效位，（在指令位［10:6］的位置）。

2. ins 指令（Release 2 Only）

（1）插入位字段（Insert Bit Field）指令（ins 指令）的格式如图 5.90 所示。

31 26	25 21	20 16	15 11	10 6	5 0
0 1 1 1 1 1	rs	rt	msb(pos+size-1)	lsb(pos)	0 0 0 1 0 0
操作码（6 位）	寄存器编号（5 位）	寄存器编号（5 位）	（5 位）	（5 位）	功能码（6 位）

图 5.90 ins 指令的格式

（2）汇编指令格式为"ins rt, rs, pos, size"。

（3）指令的功能如下。

将来自通用寄存器 rs 最右边宽度的位合并到来自通用寄存器 rt 的值中，从 pos 指定的位置开始，结果保存到通用寄存器 rt 中。汇编指令参数 pos 和 size 由汇编器分别转换为指令字段 msb（字段的最高有效位，在指令［15:11］的位置）和 lsb（字段的最低有效位，在指令［10:6］的位置）。

3. wsbh 指令（Release 2 Only）

（1）半字内的字交换字节（Word Swap Bytes Within Halfwords）指令（wsbh 指令）的格式如图 5.91 所示。

（2）汇编指令格式为"wsbh rd, rt"。

（3）指令的功能如下。

在通用寄存器 rt 的每个半字内交换字节，并将交换后的结果保存在通用寄存器 rd 中。

31 26	25 21	20 16	15 11	10 6	5 0
0 1 1 1 1 1	0 0 0 0 0 0	rt	rd	0 0 0 1 0	1 0 0 0 0 0
操作码（6位）	（5位）	寄存器编号（5位）	寄存器编号（5位）	功能码（5位）	功能码（6位）

图 5.91　wsbh 指令的格式

5.8.7　指令控制指令

本小节将介绍指令控制指令。

1. ehb 指令（Release 2 Only）

（1）执行风险屏障（Execution Hazard Barrier）指令（ehb 指令）的格式如图 5.92 所示。

31 26	25 21	20 16	15 11	10 6	5 0
0 0 0 0 0 0	0 0 0 0 0	0 0 0 0 0	0 0 0 0 0	0 0 0 1 1	0 0 0 0 0 0
操作码（6位）	（5位）	寄存器编号（5位）	寄存器编号（5位）	位移码（5位）	功能码（6位）

图 5.92　ehb 指令的格式

（2）汇编指令格式为"ehb"。

（3）指令的功能如下。

停止指令执行，直到清除所有执行风险。硬件将该指令解释为"sll r0，r0，3"。该指令通过停止执行直到清除所有执行风险来改变流水线处理器上的指令发布行为。除可能因设置 $Status_{CU0}$ 而创建的那些风险外，在用户模式下运行的非特权程序没有可见的执行风险。对于紧跟在 ehb 之后执行的指令，将清除由先前指令产生的所有执行风险，即使 ehb 是在分支或跳转的延迟槽中执行的。ehb 指令不清除指令风险，此类危险由 jalr.hb、jr.hb 和 eret 指令清除。

> **注：**（1）仅在读取或依赖 CP0 寄存器时需要添加 ehb 指令，因为在这种情况下，流水线不与 CP0 寄存器互锁（与通用寄存器如 \$5 互锁）并且不会停止等待状态更改生效。在《MIPS32 Architecture For Programmers Volume III：The MIPS32 Privileged Resource Archicture》手册中有一个危险列表，以及更改生效所需要的周期数。要编写可移植的代码，应该使用 ehb，因为更改生效所需要的周期可能因处理器而有所不同。
>
> （2）指令风险是由执行一条指令而产生的，并由另一条指令的指令提取所看到的风险。

2. nop 指令

（1）无操作（No Operation）指令（nop 指令）的格式如图 5.93 所示。

31 26	25 21	20 16	15 11	10 6	5 0
0 0 0 0 0 0	0 0 0 0 0	0 0 0 0 0	0 0 0 0 0	0 0 0 0 0	0 0 0 0 0 0
操作码（6位）	（5位）	（5位）	（5位）	位移码（5位）	功能码（6位）

图 5.93　nop 指令的格式

（2）汇编指令格式为"nop"。

（3）指令的功能如下。

nop 是表示无操作的常用汇编助记符指令。硬件将该指令实际解释为"sll r0，r0、0"。

> 注：在龙芯 gs232 处理器核中，nop 指令并不真正送入功能单元执行，所以 nop 指令的执行延迟为 0 个周期。

3. ssnop 指令

（1）超标量无操作（Superscalar No Operation）指令（ssnop 指令）的格式如图 5.94 所示。

31 26	25 21	20 16	15 11	10 6	5 0
0 0 0 0 0 0	0 0 0 0 0	0 0 0 0 0	0 0 0 0 0	0 0 0 0 1	0 0 0 0 0 0
操作码（6 位）	寄存器编号（5 位）	寄存器编号（5 位）	寄存器编号（5 位）	位移码（5 位）	功能码（6 位）

图 5.94　ssnop 指令的格式

（2）汇编指令格式为"ssnop"。

（3）指令的功能如下。

ssnop 用于表示超标量无操作的汇编指令助记符。实际上，硬件将该指令解释为"sll r0，r0，1"。该指令通过强制 ssnop 指令为单次发布来改变超标量处理器上的指令发布行为。处理器必须在先于 ssnop 指令和 ssnop 指令之间结束当前指令的发布，在下一个发射槽中单独发布。

在单发射处理器中，这个指令是 nop，采用一个发射槽。

> 注：对于 ehb、jr. hb、jalr. hb 和 ssnop 指令来说，因为龙芯 GS232 处理器核的结构本身就能保证不产生 CP0 风险，所以这些指令就相当于普通指令。其中，ehb 为普通的 sli 操作，执行延迟为 1 个周期，jr. hb 和 jalr. hb 分别对应于 jr、jalr，执行延迟也为 1 个周期。同样，ssnop 也是 sll 操作，执行延迟为 1 个周期。

5.8.8　分支和跳转指令

本小节将介绍分支和跳转指令。需要注意的是，所有分支都有一个指令的架构延迟。将紧跟在分支之后的指令称为在分支延迟隙中。

1. b 指令

（1）无条件分支（Unconditional Branch）指令（b 指令）的格式如图 5.95 所示。

（2）汇编指令格式为"b offset"。

（3）指令的功能如下。

"b offset"是用于表示无条件分支的汇编惯用法。需要注意的是，实际的指令由硬件解释为"beq r0，r0，offset"。在分支之后的指令地址（而非分支本身）中添加了 18 位有符号偏移量（16 位偏移量字段 offset 左移 2 位），在分支延迟时隙中形成相对 PC 有效的目标地址。

31　　　　　26	25　　　　　21	20　　　　　16	15　　　　　　　　　　　　0
0　0　0　1　0　0	0　0　0　0　0	0　0　0　0　0	offset
操作码（6位）	（5位）	（5位）	（16位）

图 5.95　b 指令的格式

2. bal 指令

（1）分支和链接（Branch and Link）指令（bal 指令）的格式如图 5.96 所示。

31　　　　　26	25　　　　　21	20　　　　　16	15　　　　　　　　　　　　0
0　0　0　0　0　1	0　0　0　0　0	1　0　0　0　1	offset
操作码（6位）	（5位）	功能码（5位）	（16位）

图 5.96　bal 指令的格式

（2）汇编指令格式为"bal offset"。

（3）指令的功能如下。

bal 偏移量是用于表示无条件分支的汇编惯用法。需要注意的是，实际的指令由硬件解释为"bgezal r0, offset"。将返回地址的链接放置在通用寄存器 31 中，返回链接是该分支之后的第二条指令的地址，在过程调用之后继续执行。

在分支延迟槽中，将一个 18 位的带符号的偏移量（16 位的偏移量字段 offset 左移 2 位）添加到分支后的指令地址（而不是分支本身），以生成相对 PC 有效的目标地址。

3. beq 指令

（1）相等分支（Branch on Equal）指令（beq 指令）的格式如图 5.97 所示。

31　　　　　26	25　　　　　21	20　　　　　16	15　　　　　　　　　　　　0
0　0　0　1　0　0	rs	rt	offset
操作码（6位）	寄存器编号（5位）	寄存器编号（5位）	（16位）

图 5.97　beq 指令的格式

（2）汇编指令格式为"beq rs, rt, offset"。

（3）指令的功能如下。

在分支延迟槽中，将一个 18 位的带符号的偏移量（16 位的偏移量字段 offset 左移 2 位）添加到分支后的指令地址（而不是分支本身），以形成相对 PC 有效的目标地址。

如果通用寄存器 rs 和通用寄存器 rt 中的内容相等，则在执行延迟时隙中的指令后分支到有效的目标地址。

4. bgez 指令

（1）大于等于零分支（Branch on Greater Than or Equal to Zero）指令（bgez 指令）的格式如图 5.98 所示。

31	26	25	21	20	16	15	0
0　0　0　0　0　1		rs		0　0　0　0　1		offset	
操作码（6 位）		寄存器编号（5 位）		功能码（5 位）		（16 位）	

图 5.98　bgez 指令的格式

（2）汇编指令格式为"bgez rs，offset"。

（3）指令的功能如下。

在分支延迟槽中，将一个 18 位的带符号的偏移量（16 位的偏移量字段 offset 左移 2 位）添加到分支后的指令地址（而不是分支本身），以形成相对 PC 有效的目标地址。

如果通用寄存器 rs 中的内容大于或等于 0（符号位为"0"），则在执行延迟时隙中的指令后分支到有效的目标地址。

5. bgezal 指令

（1）大于等于零分支且链接（Branch on Greater Than or Equal to Zero and Link）指令（bgezal 指令）的格式如图 5.99 所示。

31	26	25	21	20	16	15	0
0　0　0　0　0　1		rs		1　0　0　0　1		offset	
操作码（6 位）		寄存器编号（5 位）		功能码（5 位）		（16 位）	

图 5.99　bgezal 指令的格式

（2）汇编指令格式为"bgezal rs，offset"。

（3）指令的功能如下。

将返回地址的链接放置在通用寄存器 31 中，返回链接是分支之后的第二条指令的地址，在过程调用后继续执行。

在分支延迟槽中，将一个 18 位的带符号的偏移量（16 位的偏移量字段 offset 左移 2 位）添加到分支后的指令地址（而不是分支本身），以形成相对 PC 有效的目标地址。

如果通用寄存器 rs 中的内容大于或等于 0（符号位为"0"），则在执行延迟时隙中的指令后分支到有效的目标地址。

6. bgtz 指令

（1）大于零分支（Branch on Greater Than Zero）指令（bgtz 指令）的格式如图 5.100 所示。

31	26	25	21	20	16	15	0
0　0　0　1　1　1		rs		0　0　0　0　0		offset	
操作码（6 位）		寄存器编号（5 位）		（5 位）		（16 位）	

图 5.100　bgtz 指令格式

（2）汇编指令格式为"bgtz rs，offset"。

（3）指令的功能如下。

在分支延迟槽中，将一个 18 位的带符号的偏移量（16 位的偏移量字段 offset 左移 2 位）添加到分支后的指令地址（而不是分支本身），以形成相对 PC 有效的目标地址。

如果通用寄存器 rs 中的内容大于 0（符号位为"0"但值不为零），则在执行延迟时隙中的指令后分支到有效的目标地址。

7. blez 指令

（1）小于等于零分支（Branch on Less Than or Equal to Zero）指令（blez 指令）的格式如图 5.101 所示。

31 26	25 21	20 16	15 0
0 0 0 1 1 0	rs	0 0 0 0 0	offset
操作码（6 位）	寄存器编号（5 位）	功能码（5 位）	（16 位）

图 5.101　blez 指令的格式

（2）汇编指令格式为"blez rs，offset"。

（3）指令的功能如下。

在分支延迟槽中，将一个 18 位的带符号的偏移量（16 位的偏移量字段 offset 左移 2 位）添加到分支后的指令地址（而不是分支本身），以形成相对 PC 有效的目标地址。

如果通用寄存器 rs 中的内容小于或等于 0（符号位为 1 或值为零），则在执行延迟时隙中的指令后分支到有效的目标地址。

8. bltz 指令

（1）小于零分支（Branch on Less Than Zero）指令（bltz 指令）的格式如图 5.102 所示。

31 26	25 21	20 16	15 0
0 0 0 0 0 1	rs	0 0 0 0 0	offset
操作码（6 位）	寄存器编号（5 位）	功能码（5 位）	（16 位）

图 5.102　bltz 指令的格式

（2）汇编指令格式为"bltz rs，offset"。

（3）指令的功能如下。

在分支延迟槽中，将一个 18 位的带符号的偏移量（16 位的偏移量字段 offset 左移 2 位）添加到分支后的指令地址（而不是分支本身），以形成相对 PC 有效的目标地址。

如果通用寄存器 rs 中的内容小于 0（符号位为"1"），则在执行延迟时隙中的指令后分支到有效的目标地址。

9. bltzal 指令

（1）小于零分支且链接（Branch on Less Than Zero and Link）指令（bltzal 指令）的格式如图 5.103 所示。

（2）汇编指令格式为"bltzal rs，offset"。

31　　　　　　　26	25　　　　　21	20　　　　　16	15　　　　　　　　　　　　　　0
0　0　0　0　0　1	rs	1　0　0　0　0	offset
操作码（6 位）	寄存器编号（5 位）	功能码（5 位）	（16 位）

图 5.103　bltzal 指令的格式

（3）指令的功能如下。

将返回地址的链接放置在通用寄存器 31 中，返回链接是分支之后第二条指令的地址，在过程调用后继续执行。

在分支延迟槽中，将一个 18 位的带符号的偏移量（16 位的偏移量字段 offset 左移 2 位）添加到分支后的指令地址（而不是分支本身），以形成相对 PC 有效的目标地址。

如果通用寄存器 rs 中的内容小于 0（符号位为“1”），则在执行延迟时隙中的指令后分支到有效的目标地址。

10. bne 指令

（1）不相等分支（Branch on Not Equal）指令（bne 指令）的格式如图 5.104 所示。

31　　　　　　　26	25　　　　　21	20　　　　　16	15　　　　　　　　　　　　　　0
0　0　0　1　0　1	rs	rt	offset
操作码（6 位）	寄存器编号（5 位）	寄存器编号（5 位）	（16 位）

图 5.104　bne 指令的格式

（2）汇编指令格式为“bne rs, rt, offset”。

（3）指令的功能如下。

在分支延迟槽中，将一个 18 位的带符号的偏移量（16 位的偏移量字段 offset 左移 2 位）添加到分支后的指令地址（而不是分支本身），以形成相对 PC 有效的目标地址。

如果通用寄存器 rs 和通用寄存器 rt 中的内容不相等，则在执行延迟时隙中的指令后分支到有效的目标地址。

【例 5-16】实现对 1+2+3+…+10 的求和，并将求和的结果保存在通用寄存器中，如代码清单 5-9 所示。

代码清单 5-9　包含分支指令的汇编代码

```
      add   v0, zero, 10      //寄存器 v0 中的内容为 10,为循环的次数
      addi  t0, zero, 1       //寄存器 t0 中的内容为 1,
      addi  s0, zero, 0       //寄存器 s0 中的内容为 0,这是求和初值
1:
      add   s0, s0, t0        //(s0)+(t0)→(s0),累加操作
      addi  t0, t0, 1         //寄存器 t0 中的内容递增 1,为下一个参与求和的数
      sub   v0, v0, 1         //寄存器 v0 中的内容减 1,(v0)-1→(v0)
      bgtz  v0, 1b            //寄存器(v0)>0,跳转到标号 1 的位置
```

注：读者可以进入本书提供资源的\loongson1B_example\example_5_16目录中，用LoongIDE打开名字为"example_5_16.lxp"的工程。在该工程的bsp_start.S文件中找到该段代码，并设置断点。然后进入调试器环境，单步运行这些指令，观察其运行结果。

所对应的反汇编代码如代码清单5-10所示。

代码清单5-10　对应的反汇编代码（1）

```
802000F4    2002000a    addi v0, zero, 10
802000F8    20080001    addi t0, zero, 1
802000FC    20100000    addi s0, zero, 0
80200100    02088020    add s0, s0, t0
80200104    21080001    addi t0, t0, 1
80200108    2042ffff    addi v0, v0, −1
8020010C    1c40fffc    bgtz v0, 0x80200100<bsp_start+16>
80200110    0200f821    move ra, s0
```

从反汇编代码可知，代码清单5-9中的标号"1"，经过汇编后转换成符号地址，即0x80200100。因此，在汇编代码中的标号实际上就是对存储空间地址的抽象。显然，标号和存储空间地址之间的对应关系是由汇编器和链接器确定的。

此外，注意到分支指令"bgtz v0, 1b"的机器指令编码为1c40fffc。查找bgtz指令的机器指令编码格式，很容易知道其高16位1c40的含义，而低16位为fffc。查看该指令可知下面的规则，即在该指令中在分支延迟槽中，将一个18位的带符号的偏移量（16位的偏移量字段offset左移2位）添加到分支后的指令地址（而不是分支本身），以形成相对PC有效的目标地址。显然，该跳转指令下一条指令的地址为0x80200110，而分支的目标地址为80200100，两个地址之间相差0x10，即对应十进制数−16（符号表示向后跳转）。−16对应的二进制的18位的地址补码表示为11 1111 1111 1111 0000，将该值算术右移两位取16位，则为1111 1111 1111 1100，对应的十六进制数为0xFFFC。

【例5-17】实现在10个数中寻找值最大的数，并将值最大的数保存在通用寄存器中，如代码清单5-11所示。

代码清单5-11　包含多个分支指令的汇编代码片段

```
        . data                                      //声明数据段
        . align 4                                   //对齐字边界
array :. byte 45, 67, 32, 1, 78, 90, 100, 120, 200, 221    //声明 array,保存10个字节常数
        ………
        la a0, array                //array 的地址保存到寄存器 a0 中
        andi t0, t0, 0x0000         //将寄存器 t0 初始化为 0
        andi v1, v1, 0x0000         //将寄存器 v1 初始化为 0
        andi a2, a2, 0x0000         //将寄存器 a2 初始化为 0
        addi v0, zero, 10           //将寄存器 v0 初始化为 10
1:
        lbu a1, 0(a0)               //将寄存器 a0 指向的存储器的字节内容加载到寄存器 a1 中
        sltu s1, a2, a1             //如果(a2)<(a1),将 1→(s1),否则将 0→(s1)
        movn a2, a1, s1             //如果(s1)≠0,则将 (a1)→(a2),寄存器 a2 保存最大值
```

addi v0,v0, -1	//(v1)-1→(v0)
beq v0, v1, 2f	//如果(v0)=(v1)=0,则跳转到标号 2 处
addi a0,a0,1	//寄存器 a0 中的内容加 1,指向下一个字节的存储器地址
b 1b	//无条件跳转到标号 1 处的指令
2: move ra, s0	//标号 2 处的指令

注:读者可以进入本书提供资源的\loongson1B_example\example_5_17 目录中,用 LoongIDE 打开名字为"example_5_17.lxp"的工程。在该工程的 bsp_start.S 文件中找到该段代码,并设置断点。然后进入调试器环境,单步运行这些指令,观察其运行结果。

所对应的反汇编代码如代码清单 5-12 所示。

代码清单 5-12　对应的反汇编代码(2)

802000F4	3c048020	lui a0, 0x8020
802000F8	24840b00	addiu a0, a0, 2816
802000FC	31080000	andi t0, t0, 0x0
80200100	30630000	andi v1, v1, 0x0
80200104	30c60000	andi a2, a2, 0x0
80200108	2002000a	addi v0, zero, 10
8020010C	90850000	lbu a1, 0(a0)
80200110	00c5882b	sltu s1, a2, a1
80200114	00b1300b	movn a2, a1, s1
80200118	2042ffff	addi v0, v0, -1
8020011C	10430002	beq v0, v1, 0x80200128<bsp_start+56>
80200120	20840001	addi a0, a0, 1
80200124	1000fff9	b 0x8020010c <bsp_start+28>
80200128	0200f821	move ra, s0

下面分析代码中使用的两条分支指令。

(1)注意到分支指令"beq v0, v1, 2f"的机器指令编码为 10430002。查找 beq 指令的机器指令编码格式,很容易知道其高 16 位 1043 的含义,而低 16 位为 0002。

查看该指令可知其偏移地址生成规则同 bgtz 指令,显然,该跳转指令下一条指令的地址为 0x80200120,而分支的目标地址为 80200128,两个地址之间相差 0x8,即对应于十进制数 8(表示向前跳转)。8 对应的二进制的 18 位的地址补码表示为 00 0000 0000 0000 1000,将该值算术右移两位取 16 位,则为 0000 0000 0000 0010,对应的十六进制数为 0x0002。

(2)分支指令"b 1b"的机器指令编码格式为 1000fff9,下面分析其偏移量的生成。

显然,该分支指令下一条指令的地址为 0x80200128,而分支的目标地址为 8020010c,两个地址之间相差 0x1c,即对应于十进制数-28(符号表示向后跳转)。-28 对应的二进制的 18 位的地址补码表示为 11 1111 1111 1110 0100,将该值算术右移两位取 16 位,则为 1111 1111 1111 1001,对应的十六进制数为 0xfff9。

思考与练习 5-30:修改例子 5-17,在 20 个数中找最小数,并将结果保存到寄存器中。

11. j 指令

(1)跳转(Jump)指令(j 指令)的格式如图 5.105 所示。

31　　　　　　26	25　　　　　　　　　　　　　　　　　　　　　　　　　　　0
0　0　0　0　1　0	instr_index
操作码（6 位）	（26 位）

图 5.105　j 指令的格式

（2）汇编指令格式为"j target"。

（3）指令的功能如下。

这是一个 PC 区域分支（不是相对 PC 的）。有效的目标地址在"当前"256MB 对齐区域中。目标地址的低 28 位是 instr_index 字段左移 2 位，其余的高位是延迟槽中指令地址的对应位（不是分支本身）。在执行跳转本身之前，将在分支延迟槽中执行跳转之后的指令。

12. jal 指令

（1）跳转和链接（Jump and Link）指令（jal 指令）的格式如图 5.106 所示。

31　　　　　　26	25　　　　　　　　　　　　　　　　　　　　　　　　　　　0
0　0　0　0　1　1	instr_index
操作码（6 位）	（26 位）

图 5.106　jal 指令格式

（2）汇编指令格式为"jal target"。

（3）指令的功能如下。

将返回地址的链接保存在通用寄存器 31 中，返回链接是分支之后第二条指令的地址。执行过程调用后，继续执行该地址的指令。这是一个 PC 区域的分支（不是相对 PC 的分支）。有效的目标地址在"当前"256MB 对齐的区域中。目标地址的低 28 位是 instr_index 字段左移 2 位，其余的高位是延迟槽中指令地址的对应位（不是分支本身）。在执行跳转本身之前，将在分支延迟槽中执行跳转之后的指令。

13. jalr 指令

（1）跳转和链接寄存器（Jump and Link Register）指令（jalr 指令）的格式如图 5.107 所示。

31　　　　26	25　　　　21	20　　　　16	15　　　　11	10　　　6	5　　　　0
0　0　0　0　0　0	rs	0　0　0　0　0	rd	hint	0　0　1　0　0　1
操作码（6 位）	寄存器编号（5 位）	（5 位）	寄存器编号（5 位）	（5 位）	功能码（6 位）

图 5.107　jalr 指令的格式

（2）汇编指令格式为如下。

```
JALR rs（rd=31 隐含）
JALR rd，rs
```

（3）指令的功能如下。

将返回地址的链接放在通用寄存器 rd 中，返回链接是分支之后第二条指令的地址，在过程调用后继续执行。跳转到通用寄存器 rs 中有效的目标地址。

14. jalr. hb 指令 （Release 2 Only）

（1）带有危险屏障跳转和链接寄存器（Jump and Link Register with Hazard Barrier）指令（jalr. hb 指令）的格式如图 5.108 所示。

31　　　　　　26	25　　　　　21	20　　　　　　16	15　　　　　　11	10	9　　　　6	5　　　　　　0
0　0　0　0　0　0	rs	0　0　0　0　0	rd	1	有效的 hint 值	0　0　1　0　0　1
操作码（6 位）	寄存器编号（5 位）	寄存器编号（5 位）	寄存器编号（5 位）	（1 位）	（4 位）	功能码（6 位）

图 5.108　jalr. hb 指令的格式

（2）汇编指令格式如下。

$$\text{jalr. hb rs （rd＝31 隐含）}$$
$$\text{jalr. hb rd，rs}$$

（3）指令的功能如下。

执行对寄存器中指令地址的过程调用并清除所有执行和指令危险。将返回地址的链接放在通用寄存器 rd 中，返回链接是分支之后第二条指令的地址，在过程调用后继续执行。

15. jr 指令

（1）跳转寄存器（Jump Register）指令（jr 指令）的格式如图 5.109 所示。

31　　　　　26	25　　　　21	20　　　　　　　　11	10　　　　6	5　　　　　　0
0　0　0　0　0　0	rs	0　0　0　0　0　0　0　0　0　0	hint	0　0　1　0　0　0
操作码（6 位）	寄存器编号（5 位）	（10 位）	（5 位）	功能码（6 位）

图 5.109　jr 指令的格式

（2）汇编指令格式为"jr rs"。

（3）指令的功能如下。

跳转到通用寄存器 rs 中有效的目标地址。在跳转之前，在跳转延迟槽中执行跳转后的指令。

16. jr. hb 指令 （Release 2 Only）

（1）带有危险屏障的跳转寄存器（Jump Register with Hazard Barrier）指令（jr. hb 指令）的格式如图 5.110 所示。

31　　　　26	25　　　　21	20　　　　　　　　11	10	9　　　6	5　　　　　　0
0　0　0　0　0　0	rs	0　0　0　0　0　0　0　0　0　0	1	有效的 hint 值	0　0　1　0　0　0
操作码（6 位）	寄存器编号（5 位）	（10 位）	（1 位）	（4 位）	功能码（6 位）

图 5.110　jr. hb 指令的格式

（2）汇编指令格式为"jr. hb rs"。

（3）指令的功能如下。

执行到寄存器中指令地址的分支并清除所有执行和指令危险。跳转到通用寄存器 rs 中有效的目标地址。在跳转之前，在跳转延迟槽中执行跳转后的指令。

jr. hb 实现了一个软件屏障，用于解决由协处理器 0 状态更改创建的所有执行和指令风险。从 jr. hb 指令跳转到的 PC 上的指令提取和译码开始，就可以看到该屏障的影响。eret 指令也实现了等效的屏障，但该指令仅在使能对协处理器 0 的访问时可用，而 jb. hb 在所有操作模式下都是合法的。

17. 其他指令

MIPS32 Revision 2.0 提供了两个版本的条件分支，它们的不同之处在于，当未采纳分支且执行失败时，它们在延迟槽中处理指令的方式。

（1）分支指令执行延迟隙中的指令；

（2）如果没有采纳分支，则可能的分支（Branch likely）指令不会执行延迟槽中的指令（据说它们使延迟槽中的指令无效）。

在 MIPS32 Revision 2.0 中，强烈建议软件避免使用可能分支指令，因为它们将从 MIPS32 架构的未来版本中删除，这些指令包括 beql、bgezall、bgezl、bgtzl、blezl、blezall、blezl 和 bnel。

【例 5-18】程序的调用和返回，如代码清单 5-13 所示。

在代码的主程序中，将加数和被加数分别保存到两个寄存器 ao 和 ai 中，然后调用函数 proc1，在该函数内实现加法运算，然后再返回主程序中。

代码清单 5-13　程序调用和返回的汇编代码

```
        lui    a0, 0x1234        //(a0)= 0x12340000
        ori    a0, 0x5678        //(a0)= 0x12345678

        lui    a1, 0x5678        //(a1)= 0x56780000
        ori    a1, 0x1234        //(a1)= 0x56781234

        jal proc1                //跳转到 proc1,并将返回地址保存到寄存器 ra 中
        nop                      //空操作指令
        nop                      //空操作指令
        j 2f                     //无条件跳转到标号为 2 的指令位置

proc1:                           //被调用的子程序 proc1
        add t0, a0, a1           //执行加法运算,相加的结果保存在寄存器 t0 中
        jr ra                    //返回到寄存器 ra 中保存的地址

2:      move ra, s0              //标号 2 的指令
```

> **注：**读者可以进入本书提供资源的 \loongson1B_example\example_5_18 目录中，用 LoongIDE 打开名字为"example_5_18. lxp"的工程。在该工程的 bsp_start. S 文件中找到该段代码，并设置断点。然后进入调试器环境，单步运行这些指令，观察其运行结果。

所对应的反汇编代码如代码清单 5-14 所示。

代码清单 5-14　函数调用和返回的反汇编代码

802000F4	3c041234	lui a0, 0x1234
802000F8	34845678	ori a0, a0, 0x5678
802000FC	3c055678	lui a1, 0x5678
80200100	34a51235	ori a1, a1, 0x1234
80200104	0c080045	jal 0x80200114<bsp_start+36>
80200108	00000000	nop
8020010C	00000000	nop
80200110	08080047	j 0x8020011c <bsp_start+44>
80200114	00854020	add t0, a0, a1
80200118	03e00008	jr ra

思考与练习 5-31：根据代码清单 5-14 给出的反汇编代码，分析 jal 指令和 j 指令的机器指令编码。

思考与练习 5-32：在断点单步运行程序时，注意执行"j 0x8020011c"指令，说明 j 跳转目标的计算方法。

思考与练习 5-33：说明分支指令和跳转指令的本质区别。

5.8.9　陷阱指令

本小节将介绍陷阱指令。

1. break 指令

（1）断点（Breakpoint）指令（break 指令）的格式如图 5.111 所示。

31	26	25	6	5	0
0　0　0　0　0　0		code		0　0　1　1　0　1	
操作码（6 位）		（20 位）		功能码（6 位）	

图 5.111　break 指令的格式

（2）汇编指令格式为"break"。

（3）指令的功能如下。

发生断点异常，立即无条件地将控制权转移到异常句柄。code 字段可用作软件参数，但异常句柄只能通过加载包含指令的存储器字的内容来检索。

2. syscall 指令

（1）系统调用（System Call）指令（syscall 指令）的格式如图 5.112 所示。

31	26	25	6	5	0
0　0　0　0　0　0		code		0　0　1　1　0　0	
操作码（6 位）		（20 位）		功能码（6 位）	

图 5.112　syscall 指令的格式

（2）汇编指令格式为"syscall"。

（3）指令的功能如下。

发生系统调用异常，立即无条件地将控制权转移到异常句柄。code 字段可用作软件参数，但异常句柄只能通过加载包含指令的存储器字的内容来检索。

3. teq 指令

（1）相等陷阱（Trap if Equal）指令（teq 指令）的格式如图 5.113 所示。

31　　　　　　26	25　　　　21	20　　　　16	15　　　　　　　　　　　6	5　　　　0
0　0　0　0　0　0	rs	rt	code	1　1　0　1　0　0
操作码（6 位）	寄存器编号（5 位）	寄存器编号（5 位）	（10 位）	功能码（6 位）

图 5.113　teq 指令的格式

（2）汇编指令格式为 "teq rs, rt"。

（3）指令的功能如下。

将通用寄存器 rs 和通用寄存器 rt 中的内容作为有符号整数进行比较。如果通用寄存器 rs 中的内容等于通用寄存器 rt 中的内容，则采纳陷阱异常。硬件忽略 code 字段的内容，可用于为系统软件编码信息。为了检索信息，系统软件必须从存储器中加载指令字。

4. teqi 指令

（1）等于立即数陷阱（Trap if Equal Immediate）指令（teqi 指令）的格式如图 5.114 所示。

31　　　　　　26	25　　　　21	20　　　　16	15　　　　　　　　　　　　　　0
0　0　0　0　0　1	rs	0　1　1　0　0	imm16
操作码（6 位）	寄存器编号（5 位）	功能码（5 位）	立即数（16 位）

图 5.114　teqi 指令的格式

（2）汇编指令格式为 "teqi rs, imm16"。

（3）指令的功能如下。

将通用寄存器 rs 中的内容与 16 位的有符号的立即数作为有符号整数进行比较。如果通用寄存器 rs 中的内容等于 imm16，则采纳陷阱异常。

5. tge 指令

（1）大于等于陷阱（Trap if Greater or Equal）指令（tge 指令）的格式如图 5.115 所示。

31　　　　　26	25　　　　21	20　　　　16	15　　　　　　　　　6	5　　　　0
0　0　0　0　0　0	rs	rt	code	1　1　0　0　0　0
操作码（6 位）	寄存器编号（5 位）	寄存器编号（5 位）	（10 位）	功能码（6 位）

图 5.115　tge 指令的格式

（2）汇编指令格式为 "tge rs, rt"。

（3）指令的功能如下。

将通用寄存器 rs 和通用寄存器 rt 中的内容作为有符号的整数进行比较。如果通用寄存器 rs 中的内容大于或等于通用寄存器 rt 中的内容，则采纳陷阱异常。硬件忽略 code 字段的内容，可用于为系统软件编码信息。为了检索信息，系统软件必须从存储器中加载指令字。

6. tgei 指令

（1）大于或者等于立即数陷阱（Trap if Greater or Equal Immediate）指令（tgei 指令）的格式如图 5.116 所示。

31 26	25 21	20 16	15 0
0 0 0 0 0 1	rs	0 1 0 0 0	imm16
操作码（6 位）	寄存器编号（5 位）	功能码（5 位）	立即数（16 位）

图 5.116　tgei 指令的格式

（2）汇编指令格式为"tgei rs，imm16"。

（3）指令的功能如下。

将通用寄存器 rs 中的内容与 16 位的有符号立即数作为有符号的整数进行比较。如果通用寄存器 rs 中的内容大于或等于 imm16，则采纳陷阱异常。

7. tgeiu 指令

（1）大于或者等于无符号立即数陷阱（Trap if Greater or Equal Immediate Unsigned）指令（tgeiu 指令）的格式如图 5.117 所示。

31 26	25 21	20 16	15 0
0 0 0 0 0 1	rs	0 1 0 0 1	imm16
操作码（6 位）	寄存器编号（5 位）	功能码（5 位）	立即数（16 位）

图 5.117　tgeiu 指令的格式

（2）汇编指令格式为"tgeiu rs，imm16"。

（3）指令的功能如下。

将通用寄存器 rs 中的内容与 16 位符号扩展的立即数 imm16 作为无符号整数进行比较。如果通用寄存器 rs 中的内容大于或等于 imm16，则采纳陷阱异常。

8. tgeu 指令

（1）大于或者等于无符号数陷阱（Trap if Greater or Equal Unsigned）指令（tgeu 指令）的格式如图 5.118 所示。

31 26	25 21	20 16	15 6	5 0
0 0 0 0 0 0	rs	rt	code	1 1 0 0 0 1
操作码（6 位）	寄存器编号（5 位）	寄存器编号（5 位）	（10 位）	功能码（6 位）

图 5.118　tgeu 指令的格式

（2）汇编指令格式为"tgeu rs，rt"。

（3）指令的功能如下。

将通用寄存器 rs 和通用寄存器 rt 中的内容作为无符号整数进行比较。如果通用寄存器 rs 中的内容大于或等于通用寄存器 rt 中的内容，则采纳陷阱异常。硬件忽略 code 字段的内容，可用于为系统软件编码信息。为了检索信息，系统软件必须从存储器中加载指令字。

9. tlt 指令

（1）小于陷阱（Trap if Less Than）指令（tlt 指令）的格式如图 5.119 所示。

31　　　　　　26	25　　　　21	20　　　　16	15　　　　　　　　　　6	5　　　　　　0
0　0　0　0　0　0	rs	rt	code	1　1　0　0　1　0
操作码（6位）	寄存器编号（5位）	寄存器编号（5位）	（10位）	功能码（6位）

图 5.119　tlt 指令的格式

（2）汇编指令格式为"tlt rs，rt"。

（3）指令的功能如下。

将通用寄存器 rs 和通用寄存器 rt 中的内容作为有符号的整数进行比较。如果通用寄存器 rs 中的内容小于通用寄存器 rt 中的内容，则采纳陷阱异常。硬件忽略 code 字段的内容，可用于为系统软件编码信息。为了检索信息，系统软件必须从存储器中加载指令字。

10. tlti 指令

（1）小于立即数陷阱（Trap if Less Than Immediate）指令（tlti 指令）的格式如图 5.120 所示。

31　　　　　　26	25　　　　21	20　　　　16	15　　　　　　　　　　　　0
0　0　0　0　0　1	rs	0　1　0　1　0	imm16
操作码（6位）	寄存器编号（5位）	功能码（5位）	立即数（16位）

图 5.120　tlti 指令的格式

（2）汇编指令格式为"tlti rs，imm16"。

（3）指令的功能如下。

将通用寄存器 rs 中的内容与 16 位有符号的立即数作为有符号的整数进行比较。如果通用寄存器 rs 中的内容小于 imm16，则采纳陷阱异常。

11. tltiu 指令

（1）小于无符号立即数陷阱（Trap if Less Than Immediate Unsigned）指令（tltiu 指令）的格式如图 5.121 所示。

（2）汇编指令格式为"tltiu rs，imm16"。

（3）指令的功能如下。

将通用寄存器 rs 中的内容与 16 位符号扩展的立即数 imm16 作为无符号整数进行比较。

如果通用寄存器 rs 中的内容小于 imm16，则采纳陷阱异常。

31 26	25 21	20 16	15 0
0 0 0 0 0 1	rs	0 1 0 1 1	imm16
操作码（6 位）	寄存器编号（5 位）	功能码（5 位）	立即数（16 位）

图 5.121　tltiu 指令的格式

12. tltu 指令

（1）小于无符号陷阱（Trap if Less Than Unsigned）指令（tltu 指令）的格式如图 5.122 所示。

31 26	25 21	20 16	15 6	5 0
0 0 0 0 0 0	rs	rt	code	1 1 0 0 1 1
操作码（6 位）	寄存器编号（5 位）	寄存器编号（5 位）	（10 位）	功能码（6 位）

图 5.122　tltu 指令的格式

（2）汇编指令格式为“tltu rs, rt”。

（3）指令的功能如下。

将通用寄存器 rs 和通用寄存器 rt 中的内容作为无符号整数进行比较。如果通用寄存器 rs 中的内容小于通用寄存器 rt 中的内容，则采纳陷阱异常。硬件忽略 code 字段的内容，可用于为系统软件编码信息。为了检索信息，系统软件必须从存储器中加载指令字。

13. tne 指令

（1）不相等陷阱（Trap if Not Equal）指令（tne 指令）的格式如图 5.123 所示。

31 26	25 21	20 16	15 6	5 0
0 0 0 0 0 0	rs	rt	code	1 1 0 1 1 0
操作码（6 位）	寄存器编号（5 位）	寄存器编号（5 位）	（10 位）	功能码（6 位）

图 5.123　tne 指令的格式

（2）汇编指令格式为“tne rs, rt”。

（3）指令的功能如下。

将通用寄存器 rs 和通用寄存器 rt 中的内容作为有符号的整数进行比较。如果通用寄存器 rs 中的内容不等于通用寄存器 rt 中的内容，则采纳陷阱异常。硬件忽略 code 字段的内容，可用于为系统软件编码信息。为了检索信息，系统软件必须从存储器中加载指令字。

14. tnei 指令

（1）不等于立即数陷阱（Trap if Not Equal Immediate）指令（tnei 指令）的格式如图 5.124 所示。

31	26	25	21	20	16	15	0
0 0 0 0 0 1		rs		0 1 1 1 0		imm16	
操作码（6 位）		寄存器编号（5 位）		功能码（5 位）		立即数（16 位）	

图 5.124　tnei 指令的格式

（2）汇编指令格式为"tnei rs, imm16"。

（3）指令的功能如下。

将通用寄存器 rs 中的内容与 16 位有符号立即数作为有符号整数进行比较。如果通用寄存器 rs 中的内容不等于 imm16，则采纳陷阱异常。

第 6 章　中央处理单元的架构

中央处理单元是计算机系统中最核心的功能部件，是整个计算机系统的"中枢"。本章将首先介绍冯·诺依曼结构和哈佛结构、存储器系统的分层结构和访问类型、龙芯处理器高速缓存的映射及管理、存储器管理单元的结构和管理。在此基础上，将详细介绍龙芯 GS232 处理器的内核原理和关键技术，以及在龙芯 1B 处理器中存储器和外设的地址分配与映射。

通过本章内容的介绍，读者将了解并掌握中央处理单元中关键功能部件的工作原理，为后面读者能通过软件程序来控制这些功能部件打下基础。

6.1　冯·诺依曼结构和哈佛结构

本节将介绍冯·诺依曼结构和哈佛结构，以及其对计算机性能的影响。

6.1.1　冯·诺依曼结构

冯·诺依曼（Von Neumann）结构，也称为冯·诺依曼模型或普林斯顿架构，是一种计算机架构，源自 1945 年约翰·冯·诺依曼和其他人的 EDVAC 报告，如图 6.1 所示。该报告中描述了具有下面单元的电子数字计算机的设计架构：

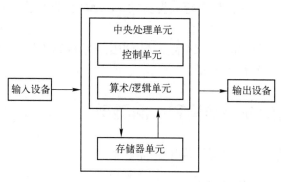

图 6.1　冯·诺依曼结构

（1）包含算术/逻辑单元和处理器寄存器的中央处理单元；
（2）包含指令寄存器和程序计数器的控制单元；
（3）保存数据和指令的存储器单元；
（4）外部大容量存储设备；
（5）输入设备和输出设备。

术语"冯·诺依曼结构"已经演变为任何存储程序计算机。存储程序数字计算机将程序指令和数据保存在可读写的随机存取存储器（Random Access Memory，RAM）中。

在纯粹的冯·诺依曼结构的系统中，由于指令和数据保存在同一存储器中，因此需要通过相同路径获取。这意味着 CPU 不能同时读取指令和从存储器读取数据或向存储器写入数据。

6.1.2　哈佛结构

哈佛结构是一种计算机架构，具有用于指令和数据的独立存储与信号通路，如图 6.2 所示。它与冯·诺依曼结构形成鲜明对比，后者的程序指令和数据共享相同的存储器与路径。

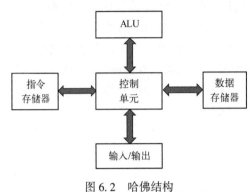

图 6.2　哈佛结构

哈佛结构也是一个基于存储程序的计算机系统，其有一组专用的地址和数据总线用于读写数据，以及有一组专用的地址和数据总线用于读取指令。

现代绝大多数的计算机对数据和程序指令使用相同的存储器，但是在 CPU 和存储器之间有高速缓存，对于最靠近 CPU 的高速缓存，指令和数据是分开的，即区分为指令高速缓存和数据高速缓存，因此使用独立的两套总线（分割高速缓存架构）来获取指令和数据。

在使用哈佛结构的计算机中，即使没有缓存，CPU 也可以同时读取数据和指令。因此，对于给定的电路复杂性，哈佛结构的计算机运行速度可以更快，因为取指和访问数据不会争夺单个存储器路径。

思考与练习 6-1：传统上，冯·诺依曼结构用于指代＿＿＿＿＿＿＿＿＿＿＿＿，这种结构的典型特点是＿＿＿＿＿＿＿＿＿＿＿＿，因此对计算机系统的性能有较大影响。

思考与练习 6-2：在冯·诺依曼等人提交的 EDVAC 报告中，一台数字电子计算机包含哪些单元？

思考与练习 6-3：与传统的冯·诺依曼结构相比，哈佛结构的最大特点是＿＿＿＿＿＿，这样显著提高了计算机系统的吞吐量。

6.2　存储器系统的分层结构和访问类型

本节将介绍存储器系统的分层结构和访问类型。

6.2.1　存储器系统的分层结构

为了帮助读者理解计算机系统中存储器管理的概念，在这里举一个教师上课前备课的例子，如图 6.3 所示。

在该例子中有两个限制性条件：

（1）仅允许将课件保存为一个文件，且该文件的页数有限；

（2）在教师大脑的记忆区域内，只有固定的一小部分区域用于保存该门课程的授课内容。

很明显，老师备课首先要有一本教材作为参考。众所周知，教材的内容很多，但是课时有限，老师会根据教学大纲的要求和课时数来选择其中的一部分内容讲授给学生，而不是全部的教材内容。这里也有一个事实，就是只要没有更换教材，教材中的内容就不可能发生变化。我们可以将教材类比为计算机中外部的非易失性存储器，如机械硬盘、固态硬盘，它们的容量很大，通常为几千亿字节，甚至达到万亿字节。在这些存储器中保存着海量的信息，只要没有更换硬盘或者重新写入信息，这些存储器的内容既不会丢失也不会更新。但是，允许教师在教材上进行批注，增加或删除教材的内容。

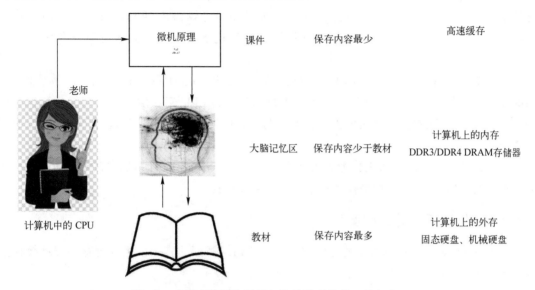

图 6.3　将教师备课与计算机存储器系统管理进行类比

按照老师的备课习惯来讲，老师需要翻阅教材，然后再把教材中相关的内容暂存在大脑有限的记忆空间中。这里有个事实，即教材按页编排，教材最前面有目录，只要看目录的内容，以及对应的页数，老师就很容易在教材中找到备课所需要的内容。根据前面的限定性条件，每周讲授不同的内容，就需要将教材中相应的内容加载到大脑有限的记忆空间中。由于记忆空间有限，因此以前加载在大脑记忆区域的教材上没有的教学内容，就以批注的形式添加到教材中。大脑用于暂存授课内容，类似计算机的内存功能，由 DDR3/DDR4 DRAM 存储器充当这个角色。一旦断电，当前内存中保存的所有信息将丢失。

大脑有限的记忆区用于暂存信息（当然，通过大脑筛选也可以永久记忆非常少的信息），教材用于永久保存信息，它们的功能分别对应于计算机的内存和外存。很明显，教材内容按页的形式暂存在大脑区域中，并且按一定的规则，将大脑中暂存的信息以批注的形式写回教材中。

老师在大脑中对要讲授的课程内容进一步精简，提炼重点内容，将精简后的内容写到课件中（以 PPT 的形式呈现），即课件中的内容是大脑记忆课程内容的一部分。老师上课的时候，通过课件将课程内容传授给学生，学生看到的就是老师与课件的直接交互。如果将正在上课的老师类比为 CPU，则课件就充当了高速缓存（Cache）的角色，这是因为 CPU（老师）与高速缓存（课件）是直接进行交互的，从课件（高速缓存）中提取授课内容，通过语言和肢体将授课内容教给学生，这就类似于 CPU 直接从高速缓存中提取保存的信息，然后对这些信息进行处理，处理后将高速缓存中没有保存的信息写到高速缓存中。

与计算机的外存和计算机的内存不同，高速缓存通常与 CPU 紧密耦合，采用的是速度较快、成本较高的 SRAM 充当这个角色，因此高速缓存的容量很小。CPU（老师）与高速缓存（课件）按照一定的规则进行信息交互。

如果 CPU 发现所需要的内容没有在高速缓存中，则会从计算机内存中将所需要的信息加载到高速缓存中。如果发现计算机内存中也找不到所需要的信息，则需要从计算机外存中将信息加载到计算机的内存中。在计算机中，将其称为缺失，一旦发生缺失就需要从下一级存储器中加载新的信息。由于高速缓存和计算机内存的容量有限，当加载新的信息的时候，就存在覆盖旧的信息的情况，此时也需要指定规则来处理这种情况，这称为替换。

从这个例子可知，按老师/CPU 与教材（计算机外存）、大脑记忆区域（计算机内存）和课件（高速缓存）信息交互的密切程度进行划分，与 CPU 交互信息最密切的是高速缓存（与 CPU 最近），其次是计算机的内存，而其与计算机外存（离 CPU 最远）的信息交互密切程度最低。

通常，计算机存储器系统分为 3 级结构，包括计算机外存、计算机内存和高速缓存。如果加上 CPU 内的寄存器，则将存储器系统分为 4 级结构。

6.2.2　存储器系统的访问类型

基于 MIPS 架构的计算机系统提供多种存储器访问类型，其是使用物理存储器和缓存来执行存储器访问的典型方式。

存储器访问类型由每个映射虚拟页面的转换旁视缓冲区（Translation Lookaside Buffer，TLB）条目中的缓存一致性算法（Cache Coherence Algorithm，CCA）位标识。用于位置的访问类型与虚拟地址相关，而不是物理地址或进行引用的指令。存储器访问类型可用于单处理器和多处理器的实现，所有实现都必须提供以下存储器访问类型。

1）非缓存的存储器访问

在非缓存的访问中，物理存储器用于解析访问。每个引用都会引起对物理存储器的读取或写入。既不检查，也不修改缓存。

2）缓存的存储器访问

在缓存的访问中，物理存储器和系统中包含复制物理位置的所有缓存都用于解析访问。如果一个复制的位置是通过缓存一致访问放置在高速缓存中的，则该复制是一致性的；如果复制的某个位置是通过缓存的非一致性访问放置在缓存中的，则该位置的复制是非一致性的。需要注意，一致性由系统架构决定，而不是由处理器实现的。

对包含位置一致性复制的高速缓存进行检查和/或修改以保持位置内容的一致性。在缓存一致性访问期间，无法预测是否对包含位置非一致性复制的高速缓存进行检查和/或修改。

思考与练习 6－4：在计算机中，通常使用＿＿＿＿＿＿级存储结构，分别是＿＿＿＿＿＿＿＿。通常与中央处理器紧密耦合在一起的是＿＿＿＿＿＿＿＿。

思考与练习 6-5：在计算机的分级存储系统中，按处理器访问速度由快到慢的顺序排列为＿＿＿＿＿＿。

思考与练习 6-6：在计算机系统中，非缓存的存储器访问是指＿＿＿＿＿＿＿＿，缓存的存储器访问是指＿＿＿＿＿＿＿＿。

6.3　龙芯处理器高速缓存的映射及管理

本节将介绍高速缓存的背景、结构、缓存机制，以及缓存的管理。

6.3.1　高速缓存的背景

在最初开发计算机系统架构时，处理器的时钟速度和访问存储器的速度大致相同。随着半导体技术的不断发展，中央处理器核变得越来越复杂，其时钟速度也提高了好几个量级。然而，存储器外部总线的频率却不能提高到相同的数量级。也就是说，CPU 的运行速度要比存储器外部总线的频率高得多。因此，人们就尝试在芯片内提供一小块 SRAM，CPU 访问它的速度和 CPU 自己运行的速度一样快，即 CPU 可以用与自己一样快的速度访问这一小块 SRAM。但是，这种 SRAM 的成本要比标准的 DRAM 贵很多。在相同的价格上，标准 DRAM 的容量为 SRAM 的几千倍。在基于 MIPS 处理器的系统上，对外部存储器的访问将使用几十甚至上百个 CPU 的周期才能完成。

本质上，高速缓存是一小块快速存储器，它位于 CPU 核与主存储器之间。实际上，它是对主存储器一部分内容的复制，也就是将主存储器的一部分内容按一定规则复制到这一小块存储器中。CPU 核对高速缓存的访问速度要比对主存储器的访问速度快得多。

由于高速缓存只保存主存储器的一部分内容，因此也必须同时保存相对应的主存储器的地址。当 CPU 任何时候想读/写一个特定的地址时，CPU 首先应该在高速缓存内快速地查找。如果在高速缓存内找到所需要的地址，则使用高速缓存内的数据，而不需要再访问主存储器。通过减少访问外部主存储器的次数，这种方法潜在地增加了系统的性能。并且，由于其避免了对外部信号的频繁驱动，因此也显著降低了计算机系统的功耗。

与计算机系统中整体存储器的容量相比，高速缓存的容量相对较小。显然，当增加缓存容量时，将使得芯片成本变高。此外，当增加 CPU 核的缓存容量时，将潜在地降低 CPU 核的工作速度。因此，能否高效利用缓存资源，将是程序员编写出能在 CPU 上高效运行的代码的关键因素之一。

前面提到，片上 SRAM 可以用于实现高速缓存，它保存着对主存储器一部分内容的复制。而一个程序中的代码和数据，具有暂时性和空间局部性的特点。这就意味着，程序可能在一个时间段内重复使用相同的地址（时间局部性）及使用互相靠近的地址（空间局部性）。例如，代码可能包括循环，表示重复执行相同代码，或者多次调用一个函数。通常，数据访问（如堆栈）能限制到存储器内很小的一个区域。基于这个事实，也就是访问的局部性，而不是真正的随机，所以可以在计算机系统中使用高速缓存策略。

当执行保存指令时，写缓冲区用于对 CPU 核的写操作进行解耦合，这个写是通过外部存储器总线对外部存储器进行访问的操作。CPU 将地址、控制和数据值放到一套硬件缓冲区内，就像高速缓存那样，它位于 CPU 核与主存储器之间。这就使得 CPU 可以执行下一条指令，而不需要 CPU 停下来等待完成这个过程，这是因为 CPU 对存储器的直接写访问操作会消耗很多 CPU 周期。

6.3.2　高速缓存的优势和问题

正如上面所提到的那样，程序的执行并不是随机的，因此高速缓存加速了程序的运行。

程序趋向于重复访问相同的数据集，以及反复执行相同的指令集。当处理器首次访问高速缓存时，会将代码或数据移动到高速缓存中，随后处理器对这些代码或数据的访问将变得更快。刚开始将数据提供给缓存的访问速度并不比正常情况快。但是，随后对缓存数据的访问速度将变得很快，因此显著改善了系统的整体性能。尽管已经将存储器的一部分（包含外设）标记为非缓存的，但是 CPU 核的硬件将检查缓存内所有的取指和数据读/写。由于高速缓存只保存了主存储器的子集，因此需要一种方法可以快速确定所需要的地址是否在高速缓存中。

从上面的描述可以很明显地看出，由于对执行程序进行了加速，因此高速缓存和写缓冲区自然是一个优势。然而，其也带来一些问题，如当它们没有出现在缓存中（缺失）时如何处理这种情况？程序的执行时间可能变得不确定。

这就意味着，由于高速缓存的容量很小，它只保存了很少一部分的主存储器内容，所以当执行程序时，必须快速地填充它。当全部填满缓存的空间时，必须移出缓存内的一些条目，以便为新的条目（指令/数据）腾出空间。因此，在任意给定的时间内，对于一个应用程序来说，并不能确定特定的指令或数据是否在缓存中。也就是说，在执行代码的某个特殊部分时，执行时间差异会非常大。因此，对于要求有确定时间的硬实时系统来说，会带来一个问题，即响应时间的不确定性。此外，也要求一种方法用于控制缓存和写缓冲区对存储器不同部分的访问。在一些情况下，可能想让 CPU 从外部设备中读取最新的数据，这样就趋向不使用已经缓存的数据，如定时器外设。有时候，想让 CPU 核停止并等待完成保存的过程。这样，高速缓存和写缓冲区就需要做一些额外的工作。

有时候，高速缓存中的内容与存储器中的并不相同，这可能是由于处理器在更新缓存内容时没有将更新后的内容写回主存储器中。或者，当 CPU 核更新缓存内容时，由一个代理更新相应主存储器中的内容，这就是一致性问题。当有多个 CPU 核或存储器代理（如外部 DMA 控制器）时，这就成为一个特殊的问题。

6.3.3　高速缓存的结构与操作

在冯·诺依曼体系结构中，一个统一的高速缓存用于指令和数据。在一个修改的哈佛结构中，采用了分离的指令和数据总线，因此有两个高速缓存，即一个指令缓存（I-Cache）和一个数据缓存（D-Cache），龙芯的 1B 处理器采用的就是这种架构。一些更复杂的处理器还提供了第二级高速缓存（L2-Cache），如龙芯的 2H 处理器有 64KB 的指令 L1-Cache 和 64KB 的数据 L1-Cache，以及 512KB 的 L2-Cache。

高速缓存要求保存一个地址、一些数据及一些状态信息。32 位地址的高位用于告诉高速缓存信息在主存储中的位置，称为标记（Tag）。总的缓存容量使用可以保存数据的总量进行衡量，用于保存标记值的 RAM 没有计算在内。实际上，标记要占用缓存内的物理空间。

为每个标记地址保存一个数据字是不充分的，因此在相同的标记下，将一些位置进行分组。通常，把这个逻辑块称为缓存行（Line）。地址中间的比特或位，或者称为索引（Index），用于识别缓存行。索引将用作缓存 RAM 的地址，不要求将其保存为标记的一部分。当一个缓存行保存了缓存的数据或指令时，称其是有效的；否则，称其是无效的。

这就意味着，并不需要将地址的最低几位（偏置）保存在标记中，即要求的是整个缓存行的地址，而不是一行中每个字节的地址。这样，地址的最低 5 位或 6 位总是 0。

与每一行相关的数据，有一个或多个状态位。例如，使用有效位标记缓存行中所包含的数据。在一个数据缓存中，可能使用一个或多个脏比特或位，以标记是否一个缓存行或它的一部分中保存了与主存储器相同位置的不同数据。

1. 高速缓存相关术语

（1）Line（缓存行）：用于指向一个缓存的最小可加载的单位，它是来自主存储器连续的一块字。

（2）Index（索引）：存储器地址的一部分，它决定在高速缓存的哪一行可以找到缓存地址。

（3）组（SET）：具有不同索引的多个缓存行的集合，称为组。图 6.4 中灰色阴影包围的纵向方向就对应一个组，一共有 4 组。在一组中，包含多个数据 RAM 列和一个标记 RAM 列。

（4）路（WAY）：在不同组中具有相同索引的一行的集合，称为路。图 6.4 中的横向方向的多个行就组成路。由于图中有 4 个组，因此一个相同的索引对应于 4 组中相同的行，这 4 个具有相同索引的行就组成不同的路。

（5）Tag（标记）：它是在缓存内的存储器地址的一部分，用于识别与一个缓存行数据所对应的主存储器地址。

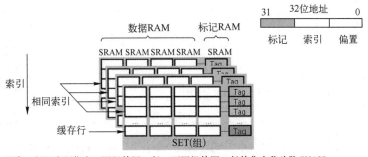

图中，相同索引指向不同组的同一行，不同组的同一行的集合称为路(WAY)

图 6.4　高速缓存的结构和术语的对应关系

> **注**：在作者编写这部分内容参考相关资料时，作者分析了龙芯 1B 处理器的底层 HDL 设计，以及 MIPS 授权开源的 microAptiv IP 的 HDL 设计，明确了路和组的概念。

可能有的读者觉得这些术语仍然有些难于理解，我们可以将图 6.4 中术语和一个小区的楼房进行类比。我们知道一栋楼房由很多层构成，每一层有很多住户。假设一个小区的所有楼的结构完全相同，每栋楼就类似于图 6.4 中的组（纵向的角度），比如一个小区有 10 栋楼，在这里我们说高速缓存由 10 组构成。每栋楼由 20 层构成，这 20 层中的每一层就类似图 6.4 中的一个缓存行。假设每层有 12 户，这 12 户的房子是连在一起的，就类似一个缓存行是一块连续的字，这一块连续的字包含多个字节。

另一个事实就是，对于一个小区内指定一个楼层，它会对应到 10 栋楼房的相同一层，就类似高速缓存行中多个组中相同的一行，不同组中相同的一行就构成路的概念，路是不同组中相同一行的集合（横向的角度）。

从实现上来说，先给出一个具体索引，该索引对应不同组中相同的一行，再根据该行所包含标记 RAM 的内容，判断所需要主存储器的内容是不是在缓存的某一行中，如果状态正常且存在所需要的数据，就无须访问主存储器。

2. 缓存映射方式

GS232 处理器核实现了一级数据高速缓存（L1 D-Cache）和一级指令高速缓存（L1 L-Cache）的分离，它们均可按需求配置为 1 路组关联、2 路组关联和 4 路组关联。缓存采用写回策略，替换采用随机替换策略，两者的缓存行（缓存块）宽度均为 32 个字节，同时实现了以缓存行为单位的高速缓存锁机制。GS232 处理器核内的两个高速缓存参数如表 6.1 所示。

表 6.1　GS232 处理器核内的两个高速缓存参数

参　　数	L1 指令高速缓存	L1 数据高速缓存
缓存容量	4KB、8KB 或 16KB	4KB、8KB 或 16KB
映射策略	1 路、2 路或 4 路组关联	1 路、2 路或 4 路组关联
替换策略	随机法	随机法
缓存行宽度	32 字节	32 字节
索引（Index）	虚地址［11：5］位	虚地址［11：5］位
标志（Tag）	物理地址［31：12］位	物理地址［31：12］位
写策略	不可写	写回法
读策略	阻塞	非阻塞
读顺序	关键字优先	关键字优先
写顺序	不可写	不可写

访问一次高速缓存需要 3 个时钟周期。由于每个 L1 缓存都有自己的数据通路，因而可以同时访问两个高速缓存。指令缓存和数据缓存的读通路为 64 位，回填通路为 256 位。

一级缓存采用虚地址索引（Index）和物理地址标记（Tag），虚地址索引可能会引起不一致的问题，因此不支持 4KB 以下大小的页面。

龙芯 GS232 CPU 核支持多个失效下的命中，最多允许 5 条保存指令缓存失效和 4 条加载指令缓存失效。该处理器核的指令高速缓存采用阻塞方式，即指令缓存失效后会阻塞后续的取指操作，而数据缓存采用非阻塞方式。非阻塞方式是在缓存失效后，允许继续访问后面的多个缓存失效或命中的访存操作以提高系统的整体性能。在非阻塞方式中，缓存并不会在某个失效上暂停。当一级缓存失效时，需要访问主存储器。为了最大限度地发挥缓存的优势，在使用访存数据的指令之前，尽可能早地执行相应的加载操作。

针对那些需要按顺序存取的 I/O 系统，GS232 CPU 核的默认设置是采用阻塞式的非缓存访问方式。

6.3.4　指令高速缓存

一级指令缓存可配置为 1 路组关联、2 路组关联和 4 路组关联，大小分别为 4KB、8KB 和 16KB。缓存块的大小（通常也称为缓存行）为 32 字节（8 个 32 位的字），因此可以保存

8 条指令。由于 GS232 处理器核采用 64 位读通路,因此每个时钟周期可以读取两条指令并送到超标量调度单元。

1. 指令缓存的组织

一级指令缓存的结构如图 6.5 所示,该缓存采用 4 路组关联的映射方式,其中每组包括 128 个索引项,根据索引(Index)选择相应的标记(Tag)和数据(Data)。从缓存读出标记后,将其用于和虚拟地址中被转换的部分进行比较,从而确定包含正确数据的组。对于指令缓存的每个缓存行,其格式如图 6.6 所示。

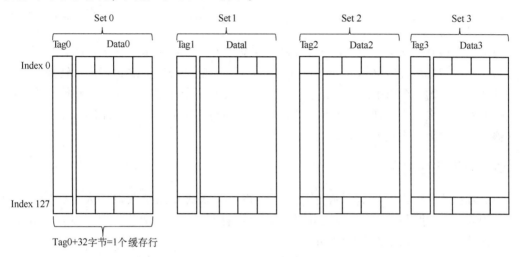

图 6.5 第一级指令缓存的结构

图 6.6 指令缓存行的格式

(1)V(Valid):标记(Tag)有效位。

(2)L(Lock):锁标志位。

(3)PTag:20 位的物理地址标记位(物理地址的 31:12 位)。

(4)Data:缓存数据。

当索引一级指令缓存时,4 个组(Set)都会返回它们相应的缓存行,缓存行的大小为 32 字节,其使用 20 位作为物理地址标记位(PTag),使用 1 位作为有效位(V)。

根据上面 GS232 处理器核给出的 4 路组关联的组织形式可知,对于 4 路组关联来说,其缓存的容量(不考虑标记 RAM)为 $128 \times 32 \times 4 = 16384 = (16384/1024) \text{KB} = 16 \text{KB}$。

2. 指令缓存的访问

GS232 处理器核使用虚拟地址索引和物理地址标记的组关联结构。在访问一次 4 路组关联指令时,虚拟地址的划分如图 6.7 所示。从图中可知,将地址的低 12 位 [11:0] 用作指令缓存的索引,其中的 [11:5] 位用作索引 128 个条目(入口),每个条目又包含 4 个 64 位双字,使用 [4:3] 位在这 4 个双字中进行选择。

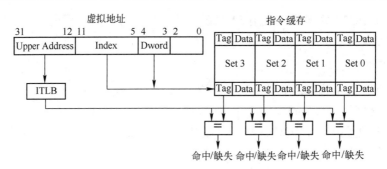

图 6.7　指令缓存虚拟地址的划分

当索引缓存时，从缓存中取出 4 个块中的数据和相应的物理地址标记，同时，高位地址通过指令转换旁视缓冲区（Instruction Translation Lookaside Buffer，ITLB）进行转换，将转换后的地址与取出的 4 个组中的标记进行比较，如果存在一个标记与其匹配，则使用该组的数据，这就称为一次命中（Hit）。如果 4 组的标记都不与其匹配，则终止操作，并开始访问主存储器，这就称为一次缺失（Miss）。

6.3.5　数据高速缓存

一级数据缓存可以配置为 1 路组关联、2 路组关联或 4 路组关联，大小分别为 4KB、8KB 和 16KB。高速缓存块的位宽（也称为高速缓存行）为 32 字节，即可以存放 8 个字。数据缓存的读写数据通路都是 64 位的。

数据缓存采用的写策略是写回法，即写数据到一级缓存的操作不会引起主存储器内容的更新。只有在将数据缓存行替换出去时，才将数据写到主存储器中。

1. 数据缓存的组织

一级数据缓存的结构如图 6.8 所示，该缓存采用 4 路组关联的映射方式，其中每组包括 128 个索引项。根据索引（Index）选择相应的标志（Tag）和数据（Data）。从缓存读出标记后，将其用于和虚拟地址中被转换的部分进行比较，从而确定包含正确数据的组。对于数据缓存的每个缓存行，其格式如图 6.9 所示。

（1）V（Valid）：标记（Tag）有效位。

（2）D（Dirty）：脏位。

（3）L（Lock）：锁标志位。

（4）PTag：20 位的物理地址标记位（物理地址的 31:12 位）。

（5）Data：缓存数据。

当索引一级数据缓存时，4 个组都会返回它们相应的缓存行，缓存行的大小为 32 字节，其使用 20 位作为物理地址标记位、使用 1 位作为脏位（D）、使用 1 位作为锁标志位（L）。

2. 数据缓存的访问

GS232 处理器核使用虚拟地址索引和物理地址标记的组关联结构。在访问一次 4 路组关联数据时，虚拟地址的划分如图 6.10 所示。从图中可知，将地址的低 12 位 [11:0] 用作数据缓存的索引，其中的 [11:5] 位用作索引 128 个条目（入口），每个条目又包含 4 个 64 位双字，使用 [4:3] 位在这 4 个双字中进行选择，使用 [2:0] 位在 64 位双字（8 字节）

中进行选择。

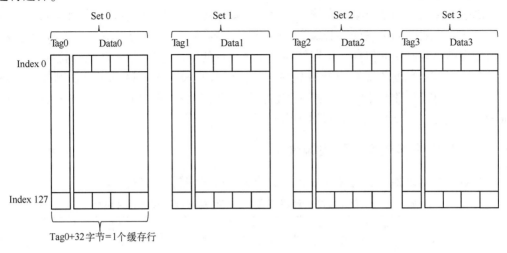

图 6.8　一级数据缓存的结构

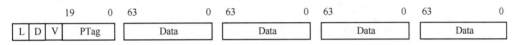

图 6.9　数据缓存行的格式

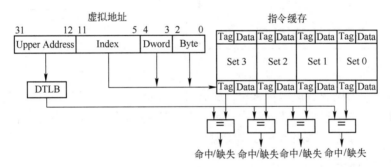

图 6.10　数据缓存虚拟地址的划分

　　当索引缓存时，从缓存中取出 4 个块中的数据和相应的物理地址标记，同时，高位地址通过数据转换旁视缓冲区（Data Translation Lookaside Buffer，DTLB）进行转换，将转换后的地址与取出的 4 个组中的标记进行比较，如果存在一个标记与其匹配，则使用该组的数据，这就称为一次命中（Hit）。如果 4 组的标记都不与其匹配，则终止操作，并开始访问主存储器，这就称为一次缺失（Miss）。

3. 数据缓存失效处理

　　当加载数据（Load Data，LD）指令访问数据缓存出现失效数据时，GS232 处理器核将访问主存储器，然后用从主存储器取回的值填充数据缓存。数据缓存访问失效的保存数据（Store Data，SD）指令的处理类似于失效的加载数据（取数）指令，但是对于从缓存行起始位置开始的地址连续的失效存数指令采用了保存填充缓冲区（Store Fill Buffer，SFB）的优化策略。

　　缓存失效的存数操作不需要留在访存队列中等待缓存块的填充。如果缓存不命中，则在该存数操作执行后，将相应的写操作送到访存失效队列，之后立即退出访存队列以防止访存队列阻塞。如果失效队列的某项一直只有失效保存写入，那么这一项延迟访问主存，等待收集为全修改缓存块。如果收集为全修改缓存块，则直接填充数据缓存。如果在等待收集的过程中发生访存失效队列满或处理器执行同步指令，缓存指令需要清空访存失效队列等操作，则将未收集满存数操作的值和从主存储器取回缓存行的值进行合并并送回数据缓存。该方法实现了 SFB 功能，而且不需要设计独立的存数指令收集缓冲区，避免了增加额外的硬件开销，同时也避免了存数指令收集缓冲区与访存失效队列互相查询以保存数据一致性的开销。通过 SFB 的优化，有效提高了处理器的带宽利用率。

6.3.6 缓存算法和缓存一致性属性

龙芯 GS232 处理器核实现了表 6.2 所示的缓存算法和缓存一致性属性。

表 6.2　龙芯 GS232 处理器核实现的缓存算法和缓存一致性属性

属 性 分 类	一致性代码
保留	0
保留	1
非高速缓存（Uncached）	2
非一致性高速缓存（Cacheable Noncoherent）	3
保留	4
保留	5
保留	6
非高速缓存加速（Uncached Accelerated）	7

1. 非高速缓存

如果某个页面采用非高速缓存算法，那么对于在该页面中任何位置的加载或保存操作，处理器都直接发射一个双字、部分双字、字或部分字的读/写请求给主存储器，而不通过一级缓存。非高速缓存算法采用阻塞方式实现。

2. 非一致性高速缓存

一个具有非一致性高速缓存属性的行可以驻留在缓存中，相应的存数和取数操作都只访问一级缓存。当一级缓存失效时，处理器会从主存储器中取回数据，并将其写入一级缓存。

GS232 处理器的缓存采用写回策略，因此只有当缓存行发生替换或软件执行缓存操作主动将缓存行的内容写回时，修改的缓存行内容才会写回下一级缓存或主存储器中。

由于系统中存在多个主设备可以访问主存储器，因此需要使用一种机制来保证缓存和主存储器中的数据一致性，这种机制称为缓存一致性协议。而非一致性缓存机制是指处理器没有提供硬件机制来解决缓存一致性问题，需要通过软件采用缓存指令来主动维护缓存一致性。

3. 非高速缓存加速

非缓存加速属性用于优化在一个连续的地址空间内完成的一系列非缓存的存数操作，该优化方法是通过设置缓冲区来收集这种属性的存数操作的。GS232 处理器核的非高速缓存支持所有的存数指令，存数操作的收集动作可以从任何合法地址开始，最多可以收集从一个缓存行对齐地址开始的连续 32 字节。只要缓冲区允许写入，就可以把这些存数操作的数据放到缓冲区中。把数据保存到缓冲区就和保存到缓存中一样。当缓冲区满时，将缓冲区的数据以块的方式写回主存储器。如果缓冲区尚未收集满时就出现写回的触发条件，则停止收集工作，将缓冲区中保存的数据按字节方式逐个写回存储器。

非缓存加速缓冲区触发写的条件：

（1）已经收集满一行；

（2）非高速缓存加速属性存数操作落在另一个 32 字节的缓存行地址上；

（3）普通非缓存操作；

（4）sync 指令和 cache 指令。

非高速缓存加速属性可以加速顺序的非缓存访问，它适用于对显示设置存储的快速输出访问。

6.3.7　缓存的维护

在片上多级存储系统中，必须保证在切换进程之前已经把所有修改的数据更新到了外部存储器。为了刷新片上写缓冲区，软件上使用 sync 指令。这条指令在所有挂起的存数操作已经到达引脚外部总线之前，与在所有挂起的取数操作已经完成写相应目的寄存器之前，将使得处理器处于停止状态。

在龙芯 1B 处理器中，可以使用缓存指令维护缓存。GS232 处理器核在一级数据缓存中使用了两条“命中”型缓存操作，即 Hit_Invalidate 和 Hit_Writeback_Invalidate。前者使相关的缓存行内容无效，一般在处理器读取直接存储器访问（Direct Memory Access，DMA）操作刚刚完成的设备输入缓存区内容之前使用；后者将相关的缓存行内容写回下一级存储后再设置为无效，一般在处理器核写即将开始 DMA 操作的设备输出缓冲区之后使用。

思考与练习 6-7：高速缓存是对外部主存储器的一部分复制，采用的是少容量的_____存储器实现。当处理器要访问的存储器地址存在于高速缓存时，处理器_____（需要/不需要）访问主存储器；当处理器要访问的存储器地址不在高速缓存时，处理器_____（需要/不需要）访问主存储器。

思考与练习 6-8：与高速缓存类似，写缓冲区位于 CPU 和主存储器之间。但是，与高速缓存原理并不相同，写缓存区的目的是_____。

思考与练习 6-9：如果编写的代码中出现的循环越多，则高速缓存的命中率就_____（越高/越低）。

思考与练习 6-10：在高速缓存中存在一致性问题，该问题主要是指_____。

思考与练习 6-11：在龙芯 1B 处理器中，其采用了修改的哈佛结构，有单独的_____和单独的_____。

思考与练习 6-12：根据图 6.4 给出的一级指令高速缓存的结构，说明在图中表示缓存行（Cache Line）/缓存块（Cache Block）、组（Set）、路（Way）和索引（Index）的方法。

思考与练习 6-13：在龙芯 GS232 处理器核的一级高速缓存中，其采用的是_____索引（Index）和_____标记（Tag）的方法，因此可能会引起不一致的问题。

思考与练习 6-14：根据图 6.7 给出访问指令高速缓存的过程，说明根据虚拟地址查找指令缓存的过程。

思考与练习 6-15：针对那些需要按顺序存取的 I/O 系统，GS232 CPU 核的默认设置是采用_____（阻塞式/非阻塞）的_____（缓存/非缓存）访问方式。

思考与练习 6-16：计算龙芯 GS232 处理器核给出的 4 路组关联的一级指令高速缓存和数据高速缓存的容量，并给出详细的计算过程。当改为 2 路组关联和 8 路组关联时，重新计算高速缓存的容量。

思考与练习 6-17：请说明非高速缓存加速的实现机制。

思考与练习 6-18：在高速缓存中，命中是指_____，缺失/未命中是指_____。

6.4　存储器管理单元的结构和管理

龙芯的 GS232 处理器核提供了一个全功能的存储器管理单元（Memory Management Unit，MMU），它利用片上转换旁视缓冲区（Translation Lookside Buffer，TLB）实现虚拟地址到物理地址的转换。

GS232 处理器中包括一个联合 TLB（Joint TLB，JTLB）、独立的指令 TLB（Instruction TLB，ITLB）和数据 TLB（Data TLB，DTLB）。小 TLB 能缓解访存部件和取指部件对 JTAB 的访问竞争，加快地址转换的速度。

6.4.1　处理器模式

MIPS32 特权资源架构（Privileged Resource Architecture，PRA）有两种工作模式：在用户模式下工作时，程序开发人员可以访问由 ISA 提供的 CPU 和浮点处理单元（Float Point Unit，FPU）寄存器，以及平坦且统一的存储器地址空间；在内核模式下运行时，系统程序员可以访问处理器的全部功能，包括更改虚拟存储器映射、控制系统环境和进程间上下文切换的能力。

此外，MIPS32 PRA 支持两种附加模式，即管理模式（Supervisor Mode）和扩展 JTAG 调试模式（EJTAG Debug Mode）。

在架构的 Release 2 版本中，添加了对具有 32 位 CPU 的 64 位协处理器（尤其是 64 位浮点单元）的支持。

1. 调试模式

对于实现 EJTAG 的处理器，如果 CP0 调试寄存器中的 DM 位为 1，则处理器在调试模式下运行。如果处理器在调试模式下运行，则其可以完全访问内核模式操作可用的所有资源。

2. 内核模式

当调试寄存器中的 DM 位为 0 时（如果处理器实现调试模式），并且以下 3 个条件中的任何一个为真，则处理器在内核模式下运行：

（1）CP0 中 Status 寄存器中的 KSU 字段为 "00"；

（2）Status 寄存器中的 EXL 位为 "1"；

（3）Status 寄存器中的 ERL 位为 "1"。

在上电或者作为中断、异常或错误的结果时，处理器进入内核模式。当 3 个条件均为假时，处理器离开内核模式并进入用户模式或管理模式，通常是 ERET 的结果。

3. 管理模式

当以下所有条件都为真时，处理器在管理模式下运行（如果该可选模式由处理器实现）：

（1）Debug 寄存器中的 DM 位为 "0"（如果处理器实现调试模式）；

（2）Status 寄存器中的 KSU 字段为 "01"；

（3）Status 寄存器中的 EXL 和 ERL 位均为 "0"。

4. 用户模式

当以下条件都为真时，处理器在用户模式下运行：

（1）Debug 寄存器中的 DM 位为 "0"（如果处理器实现调试模式）；

（2）Status 寄存器中的 KSU 字段包含二进制数 "10"；

（3）Status 寄存器中的 EXL 和 ERL 位均为 "0"。

6.4.2 基本概念

本小节将介绍一些与 MMU 相关的基本概念，以帮助读者理解 MMU 的结构和功能。

1. 地址空间

地址空间（Address Space）是可以生成的所有可能地址的范围。MIPS32 架构中有一个 32 位的地址空间。

2. 段和段的大小

段是地址空间定义的子集，具有自我一致性的引用和访问行为。段的大小为 2^{29} 字节或 2^{31} 字节，具体取决于特定的段。

3. 物理地址大小

所实现的物理地址的位数由符号 PABITS 表示。因此，如果实现了 36 个物理地址位，则物理地址空间的大小为 $2^{PABITS} = 2^{36}$。EntryLo0 和 EntryLo1 寄存器的格式隐含地将物理地址的大小限制为 2^{36} 字节。软件可以通过给 EntryLo0 或 EntryLo1 寄存器写入全 "1" 并回读值来确定 PABITS 的值。从 PFN 字段读取为 "1" 的位允许软件确定 PFN 和 0 字段之间的边界，以计算 PABITS 的值。

4. 虚拟地址空间

MIPS32 的虚拟地址空间分为 5 个段，如图 6.11 所示。

从图 6.11 中可知，将地址空间的每个段分类为 "映射的"（Mapped）或 "未映射的"（Unmapped）。"映射" 地址是通过 TLB 或其他地址转换单元转换的地址。"未映射" 地址是不通过 TLB 转换的地址，它提供了一个进入物理地址空间最低部分的窗口，从物理地址 0 开始，其大小对应于未映射段的大小。

此外，将 kseg1 段归类到 "未缓存"。对该段的引用将绕过缓存层次结构的所有级别，并允许直接访问存储器而不受缓存的任何干扰。

虚拟地址空间的详细信息如表 6.3 所示。

16#FFFF FFFF	内核映射
kseg3	
16#E000 0000	
16#DFFF FFFF	管理程序映射
ksseg	
16#C000 0000	
16#BFFF FFFF	内核未映射、未缓存
kseg1	
16#A000 0000	
16#9FFF FFFF	内核未映射
kseg0	
16#8000 0000	
16#7FFF FFFF	
	用户映射
useg	
16#0000 0000	

图 6.11 MIPS32 的虚拟地址空间

表 6.3　虚拟地址空间的详细信息

VA[31:29]	段名字	地址范围（十六进制表示）	相关的模式	合法引用的模式	实际的段大小（字节）
111	kseg3	E000 0000~FFFF FFFF	内核	内核	2^{29}
110	sseg ksseg	C000 0000~DFFF FFFF	管理	管理 内核	2^{29}
101	kseg1	A000 0000~BFFF FFFF	内核	内核	2^{29}
100	kseg0	8000 0000~9FFF FFFF	内核	内核	2^{29}
0xx	useg suseg kuseg	0000 0000~7FFF FFFF	用户	用户 管理 内核	2^{31}

地址空间的每个段都与 3 种处理器操作模式（用户、管理或内核）之一相关联。如果处理器在特定或更高的特权模式下运行，则可以访问与特定模式相关联的段。例如，当处理器运行在用户、管理或内核模式时，可以访问与用户模式相关联的段。如果处理器以低于与段关联的模式的特权模式运行，则无法访问段。例如，当处理器在用户模式下时，其无法访问与管理模式相关的段，并且该类引用会导致地址错误异常。表 6.3 中的合法引用的模式一列给出了每个段可以合法引用的模式。

如果一个段有多个名字，则每个名字表示引用该段的模式。例如，段名"useg"表示来自用户模式的引用，而段名"kuseg"表示来自内核模式同一段的引用。

需要注意，符合 MIPS32 的处理器必须实现 useg/kuseg、kseg0 和 kseg1 段。

此外，使用 TLB 地址转换机制的 MIPS32 兼容处理器还必须实现 kseg3 段。

5. kseg0 和 kseg1 段的地址转换与缓存一致性属性

从图 6.11 可知，kseg0 和 kseg1 未映射段提供了一个窗口进入物理存储器的最低有效 2^{29} 字节。因此，不使用 TLB 或其他地址转换单元进行转换。kseg0 段的缓存一致性属性由 CP0 配置寄存器的 K0 字段提供。kseg1 段的缓存一致性属性始终是未缓存的。表 6.4 描述了完成转换的方法，以及每个段的缓存一致性属性的来源。

表 6.4　kseg0 和 kseg1 段的地址转换与缓存一致性属性

段　　名	虚拟地址范围	产生的物理地址	缓　存　属　性
kseg0	A000 0000~BFFF FFFF	0000 0000~1FFF FFFF	未缓存
kseg1	8000 0000~9FFF FFFF	0000 0000~1FFF FFFF	来自 Config 寄存器的 K0 字段

读者可使用下面的一组指令将 kseg1 设置为缓存属性：

```
mfc0 v0, $16, 0
or v0, v0, 3
mtc0 v0, $16, 0
```

注： 用于对协处理器 0 中的寄存器 Config 进行操作的指令，详见本书第 7 章的内容。

6. 当 Status 寄存器中的 ERL 为 1 时，kuseg 段的地址转换

为了提供对缓存错误句柄的支持，如果在 Status 寄存器中设置了 ERL 位，kuseg 段将变成一个未映射的、未缓存的段，类似于 kseg1 段。这允许缓存错误异常代码使用通用寄存器 R0 作为基址寄存器在未缓存的情况下运行，以便在使用前保存其他通用寄存器。

7. Debug 寄存器中的 DM＝1 时，kseg3 段的特殊行为

如果处理器实现了 EJTAG，则 EJTAG 块必须将虚拟地址范围 FF20 0000～FF3F FFFF 看作调试模式下的特殊存储器映射区域。实现了 EJTAG 的 MIPS32 兼容必须：

（1）明确范围。检查给定的地址范围，而不是假设 FF20 0000～FFFF FFFF 的整个区域都包含在特殊的存储器映射区域；

（2）在除 EJTAG 调试模式外的任何模式下都不要为该区域使能特殊的 EJTAG 映射。

即使在调试模式下，在某些情况下也可能适用正常的存储器规则。

6.4.3　物理结构

前面提到在龙芯 GS232 处理器核中包含了一个 MMU，其负责将虚拟地址转换成物理地址，并为存储器不同的段提供属性信息。在综合时，可以从下面的选项中为每个虚拟处理元素（Virtual Processing Element，VPE）独立选择 MMU 的类型：

（1）转换旁视缓冲区（Translation Lookaside Buffer，TLB）；

（2）固定映射转换（Fixed Mapping Translation，FMT）。

在双 TLB 配置中，每个 VPE 都包含一个单独的 JTLB，以便每个 VPE 的转换都能够相互独立。但是，还有一个可以共享 JTLB 的进一步配置选项，如图 6.12 所示。

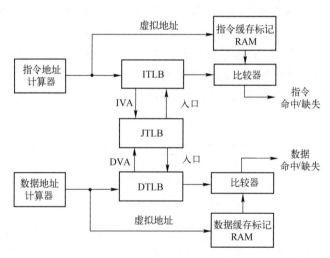

图 6.12　访问缓存时的地址转换

（1）IVA 是 Instruction Virtual Address（指令虚拟地址）的缩写，其对应入口的全称为 Instruction Physical Address（指令物理地址）的缩写。

（2）DVA 是 Data Virtual Address（数据虚拟地址）的缩写，其对应入口的全称为 Data Physical Address（数据物理地址）的缩写。

1. TLB 概述

MIPS32 的 PRA 规定了基本的 TLB 功能。TLB 以"页面"粒度提供了映射和保护功能。

龙芯 GS232 处理器核允许同时存在多个页面大小。TLB 包含一个全关联联合 TLB（Joint TLB，JTLB）。为了实现更高的时钟速度，其还实现了两个较小的微 TLB：微型指令 TLB 和微型数据 TLB。当计算指令或数据地址时，会将虚拟地址与相应的微 TLB（micro TLB，μTLB）的内容进行比较。如果在 μTLB 中找不到该地址，则访问 JTLB。如果在 JTLB 中找到该入口，则将该入口写到 μTLB 中。如果在 JTLB 中找不到该地址，则会发生 TLB 异常。

基于 TLB 的转换机制支持地址空间标识符（Address Space Identifier，ASID），用于在不同进程中唯一表示相同的虚拟地址。操作系统为每个进程分配 ASID，TLB 在进行地址转换时会跟踪 ASID。在某些情况下，操作系统可能希望将相同的虚拟地址与所有进程进行关联。为了满足这一要求，TLB 包含一个全局位（G），该位在转换期间覆盖 ASID 比较。

2. JTLB

龙芯 GS232 处理器核实现了 32 双条目的全关联 JTLB，可将 64 个虚拟页面映射到其相应的物理地址。TLB 的目的是将虚拟地址及其对应的 ASID 转换为物理内存地址。通过将虚拟地址的高位（以及 ASID 位）与 JTLB 结构标签部分中的每个入口/条目进行比较来进行转换。因为该结构用于转换指令和数据虚拟地址，因此称为 JTLB。

JTLB 被组织为偶数和奇数的条目对，包含页面描述，其大小从 4KB（或 1KB）到 256MB、1KB 到 4GB 的物理地址空间。默认情况下，在 GS232 处理器核中，最小页面的大小通常为 4KB。作为构建时的选项，可以指定最小页面的大小为 1KB。

JTLB 以页面条目对的形式组成，以最大限度地减小其总体大小。每个虚拟标签条目对应于两个物理数据条目，即偶数页条目和奇数页条目。不参与标签比较的最高顺序虚拟地址位用于确定使用两个数据条目中的哪个数据条目。由于可以在页面条目对的基础上修改页面大小，因此必须在 TLB 查找期间动态完成确定哪个地址位参与比较，以及使用哪个位进行奇偶选择。从图 6.13 中可知，标签条目是 JTLB 的输入，数据条目是 JTLB 的输出，这个格式很像"查找表"。

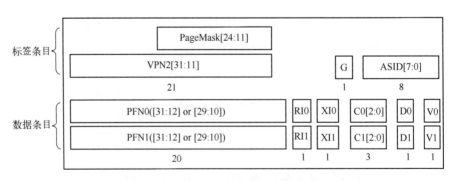

图 6.13　JTLB 入口（条目）的数据格式

> **注**：CP0 中的 EntryLo 寄存器充当 TLB 与 tlbp、tlbr、tlbwi 和 tlbwr 指令之间的接口。EntryLo0 保存偶数页入口/条目，EntryLo1 保存奇数页入口/条目。

（1）PageMask[28:11]：页面掩码值。页面掩码通过屏蔽适当的 VPN2 位使其不参与比较来定义页面的大小，它还决定用于确定奇偶页（PFN0-PFN1）的地址位，如表 6.5 所示。

表 6.5　**PageMask [28：11] 的功能**

PageMask[28：11]	页面大小	偶/奇数存储区选择位
00_0000_0000_0000_0000	1KB	VAddr[10]
00_0000_0000_0000_00111	4KB	VAddr[12]
00_0000_0000_0000_1111	16KB	VAddr[14]
00_0000_0000_0011_1111	64KB	VAddr[16]
00_0000_0000_1111_1111	256KB	VAddr[18]
00_0000_0011_1111_1111	1MB	VAddr[20]
00_0000_1111_1111_1111	4MB	VAddr[22]
00_0011_1111_1111_1111	16MB	VAddr[24]
00_1111_1111_1111_1111	64MB	VAddr[26]
11_1111_1111_1111_1111	256MB	VAddr[28]

表 6.5 中的 PageMask[28：11]列显示了 PageMask 的所有合法值。因为每对位只能具有相同的值，所以 JTLB 中的物理条目将仅使用 8 位来保存 PageMask 的压缩版本。但是，这对于软件是透明的，它始终与 18 位字段一起工作。

> **注**：当不支持 64MB 和 256MB 的页面大小时，PageMask 的最高位由 28 变成 24，也就是图 6.13 的情况，即 PageMask[24：11]。当不支持 1KB 的页面大小时，PageMask 的最低位由 11 变成 13，如 PageMask[28：13]。

（2）VPN2[31：11]：虚拟页码除以 2。该字段包含虚拟页码的高位。因为它代表一对 TLB 页面，所以将其除以 2。在 TLB 查找比较中，始终包含 [31：25] 位。

> **注**：VPN2 的最低位和 PageMask 的最低位应保持一致。当不支持 1KB 的页面大小时，该字段为 VPN2[31：13]。

（3）G：全局位。当设置该位时，指示该条目对于所有进程和/或线程都是全局的，因此禁止在比较中包括 ASID。

（4）ASID[7：0]：地址空间标识符。标识与该 TLB 条目/入口所关联的进程或线程。

（5）PFN0([31：12]/[29：10])，PFN1([31：12]/[29：10])：物理帧号。定义物理地址的高位。字段 [29：10] 说明如果使能 1KB 页面粒度，则 PFN 会向右移动，然后再附加到虚拟地址未翻译的部分。在这种模式下，PFN 未覆盖前两个物理地址位，而是强制为 0。对于大于 4KB 的页面，实际上只使用这些位的一个子集。

（6）C0[2：0]，C1[2：0]：可缓存性。包含可缓存性属性的编码值，并确定是否应将页面放置在缓存中。该字段编码如表 6.2 所示。

（7）RI0，RI1：禁止读取位。表示该页面是否读取保护。如果该位置为 "1"，即使 PageGrainIEC 为 "1" 且 V（有效）位设置为 "1"，尝试读取页面也会导致 TLB 禁止读取异常。

（8）XI0，XI1：执行禁止位。表示该页面是否执行保护。如果该位置为 "1"，即使 PageGrainIEC 为 "1" 且 V（有效）位设置为 "1"，尝试从页面获取指令也会导致 TLB 执行禁止异常。

（9）D0，D1："脏"或写使能位。表示已经写入页面和/或可写入页面。如果该位设置为 "1"，则允许保存到页面。如果该位设置为 "0"，则保存到页面将导致修改 TLB 异常。

（10）V0，V1：有效位。指示 TLB 入口/条目，以及虚拟页面映射均有效。如果该位设置为"1"，则允许访问页面。如果该位设置为"0"，则对该页面的访问将导致 TLB 无效异常。

为了填充 JTLB 中的条目，软件将执行 tlbwi 或 tlbwr 指令。在调用这些指令之一之前，必须使用要写入 TLB 条目的信息来更新几个 CP0 寄存器：

（1）在 CP0 中的 PageMask 寄存器中设置 PageMask。

（2）在 CP0 中的 EntryHi 寄存器中设置了 VPN2、VPN2X 和 ASID。

（3）在 CP0 中的 EntryLo0 寄存器中设置 PFN0、C0、D0、V0 和 G 位。

（4）在 CP0 中的 EntryLo1 寄存器中设置 PFN1、C1、D1、V1 和 G 位。

> 注：全局位"G"是 EntryLo0 和 EntryLo1 的一部分。JTLB 条目中的结果"G"位是 EntryLo0 和 EntryLo1 中两个字段的逻辑"与"。

3. ITLB

龙芯 GS232 处理器核的 ITLB 有 4 个全关联的入口/条目，ITLB 中的每个条目只能映射一页，页面大小由每一个条目的 PageMask 域来指定。数据地址的映射和指令地址的映射可并行执行，从而提高了处理器的吞吐量。

当 ITLB 中的条目失效时，从 JTLB 中查找相应的条目，随机选择一个 ITLB 条目进行替换，ITLB 的操作对程序开发者来说是完全透明的。硬件保证 ITLB 与 JTLB 的一致，如果修改 JTLB，也会刷新 ITLB。

4. DTLB

龙芯 GS232 处理器核的 DTLB 有 8 个全关联的入口/条目，DTLB 中的每个入口/条目只能映射一页，页面大小由每一个条目的 PageMask 域来指定。数据地址的映射和指令地址的映射可并行执行，从而提高了处理器的吞吐量。

当 DTLB 中的条目失效时，从 JTLB 中查找相应的条目，随机选择一个 DTLB 条目进行替换，DTLB 的操作对程序开发者来说是完全透明的。硬件保证 DTLB 与 JTLB 的一致，如果修改 JTLB，则也会刷新 DTLB。

6.4.4 虚拟地址到物理地址的转换

通过将来自处理器的虚拟地址与 TLB 中的虚拟地址进行比较，实现将虚拟地址转换为物理地址。如果该地址的 VPN 与该条目的 VPN 字段相同，则匹配：

（1）TLB 条目的偶数页和奇数页的全局（G）位都已置位；

（2）虚拟地址的 ASID 字段与 TLB 条目的 ASID 字段相同。

该匹配称为 TLB 命中。如果不匹配，则 GS232 处理器核将处理 TLB 未命中的情况，并允许软件从主存储器中的虚拟/物理地址页表中重新填充 TLB。

虚拟地址到物理地址的逻辑转换过程如图 6.14 所示。图中，虚拟地址使用 8 位 ASID 扩展，从而减少了上下文切换期间 TLB 刷新的频率。该 8 位 ASID 包含分配给该进程的编号，并保存在 CP0 中的 EntryHi 寄存器。

如果 TLB 中存在虚拟地址匹配项，则从 TLB 输出物理帧号（PFN）并与偏移量连接起来，以形成物理地址。偏移量表示页面框架空间内的地址。

> 注：偏移为直接对应关系，并不需要通过 TLB 进行转换。

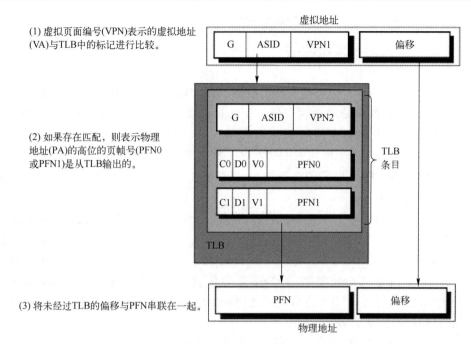

(1) 虚拟页面编号(VPN)表示的虚拟地址(VA)与TLB中的标记进行比较。

(2) 如果存在匹配，则表示物理地址(PA)的高位的页帧号(PFN0或PFN1)是从TLB输出的。

(3) 将未经过TLB的偏移与PFN串联在一起。

图 6.14　虚拟地址到物理地址的逻辑转换过程

一个 32 位虚拟地址到物理地址的转换过程如图 6.15 所示。图中顶端给出的是具有 1M（2^{20}）个 4KB 页面的虚拟地址，图中底端给出的是具有 256（2^8）个 16MB 页面的虚拟地址。

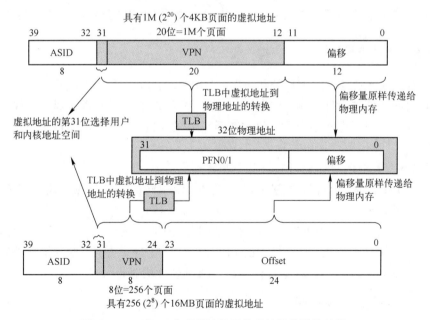

图 6.15　一个 32 位虚拟地址到物理地址的转换过程

6.4.5　TLB 操作指令

tlbp 指令、tlbr 指令、tlbwi 指令和 tlbwr 指令与协处理器 CP0 有关，关于这些指令的格式及功能详见第 7 章 CP0 指令部分的详细介绍。

6.4.6 命中、未命中和多次匹配

每个 JTLB 条目都包含一个标签和两个数据字段。如果找到匹配项，则将虚拟地址的高位替换为存储在 JTLB 数据数组中相应条目中的页面帧号（Page Frame Number，PFN）。由 TLB 页面定义 JTLB 映射的粒度。JTLB 支持从 4KB 到 256MB 的不同大小页面，以 4 的幂次方为递增单位。如果找到匹配项，而条目无效（数据字段中的 V 位为"0"），则将采纳 TLB 无效异常。如果没有匹配（出现 TLB 缺失），则会发生异常，并且软件将从驻留在存储器中的页表中重新填充 TLB。

软件可以覆盖已选定的 TLB 条目，也可以使用硬件机制写入随机条目。Random 寄存器用于选择在 TLBWR 上所使用的 TLB 条目/入口。每执行完一条指令，该寄存器就会递减 1。当其值等于 Wired 寄存器的内容时，将重新回到最大值。因此，低于 Wired 寄存器内容的 TLB 条目不能用允许保留重要映射的 tlbwr 指令代替。为了减少活动锁定情况的可能性，Random 寄存器内包括一个 10 位线性反馈移位寄存器（Linear Feedback Shift Register，LFSR），它将伪随机扰动引入递减量。

龙芯 GS232 处理器核实现了 TLB 写比较机制，以确保不会发生多个 TLB 匹配的情况。在 TLB 写操作中，将要写的 VPN2 字段与 TLB 中的所有其他条目进行比较。如果发生匹配，则 GS232 处理器核会接受机器检查异常，将 CP0 中 Status 寄存器的 TS 位置"1"，并终止写入操作。每个 TLB 条目中都有一个隐藏位，在冷复位中清除该位。当写入 TLB 条目时，将该位置"1"，并且包含在匹配检测中。因此，未初始化的 TLB 条目不会导致 TLB 关闭。

6.4.7 固定映射 MMU

作为完整的基于 TLB 的 MMU 替代方案，MIPS32 架构支持具有固定虚拟地址到物理地址转换的轻量级存储器管理机制，除所有 MMU 所需的地址错误检查所提供的保护外，没有任何存储器保护。对于那些不需要完整的基于 TLB 的 MMU 功能的应用程序来说，这是非常有用的。

使用固定映射 MMU 的地址转换按如下步骤完成：

（1）kseg0 和 kseg1 地址以与基于 TLB 的 MMU 相同的方式转换，将它们都映射到低 512MB 的物理存储器。

（2）useg/suseg/kuseg 地址在 Status 寄存器中的 ERL 位为"0"时通过向虚拟地址添加 1GB 进行映射，并且在 Status 寄存器中的 ERL 位为"1"时使用恒等映射进行映射。

（3）sseg/ksseg/kseg2/kseg3 地址使用恒等映射进行映射。

> **注：**管理模式不支持 FMT。

表 6.6 列出了从虚拟地址到物理地址的所有映射。需要注意，地址错误检查仍在转换过程之前完成。因此，尝试从用户模式引用 kseg0 仍然会导致地址错误异常，就像基于 TLB 的 MMU 一样。

表 6.6　从虚拟地址到物理地址的所有映射

段 名 字	虚拟地址 （十六进制数表示）	生成的物理地址	
		ERL=0（十六进制数表示）	ERL=1（十六进制数表示）
useg suseg kuseg	0000 0000~7FFF FFFF	4000 0000~BFFF FFFF	0000 0000~7FFF FFFF
kseg0	8000 0000~9FFF FFFF	0000 0000~1FFF FFFF	
kseg1	A000 0000~BFFF FFFF	0000 0000~1FFF FFFF	
sseg ksseg kseg2	C000 0000~DFFF FFFF	C000 0000~DFFF FFFF	
kseg3	E000 0000~FFFF FFFF	E000 0000~FFFF FFFF	

当 ERL 为 "0" 时，GS232 处理器核中的固定映射转换（Fixed Mapping Translation，FMT）内存映射关系如图 6.16（a）所示；当 ERL 为 "1" 时，GS232 处理器核中的 FMT 内存映射关系如图 6.16（b）所示。

> **注：**（1）该映射意味着当 Status 寄存器中的 ERL 为 "0" 时，不可以访问的地址范围为 2000 0000~3FFF FFFF；当 Status 寄存器中的 ERL 为 "1" 时，不可访问的地址范围为 8000 0000~BFFF FFFF。
>
> （2）通过 mtc0 命令访问协处理器 CP0 中的 Status 寄存器，对该寄存器中的 ERL 位置 "1" 或置 "0"，来实现对 FMT 内存映射关系的控制，详见本书第 7 章的内容。

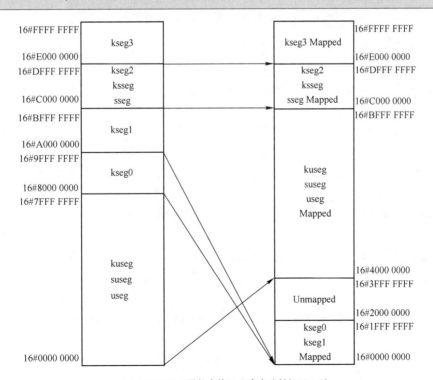

（a）GS232 处理器核中的 FMT 内存映射（ERL=0）

图 6.16　GS232 处理器核中的 FMT 内存映射

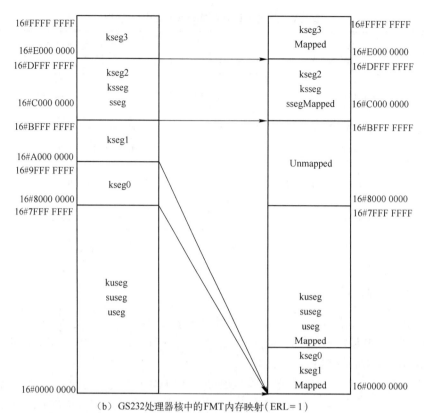

（b）GS232 处理器核中的 FMT 内存映射（ERL＝1）

图 6.16　GS232 处理器核中的 FMT 内存映射（续）

思考与练习 6-19：MIPS32 特权资源架构支持_____和_____模式，另外还支持两种附加模式，分别为_____和_____模式。

思考与练习 6-20：MIPS32 的虚拟存储空间分为_____个段。其中，未映射（Unmapped）的空间是指_____，映射（Mapped）的空间是指_____。

思考与练习 6-21：kseg0 段的缓存一致性属性由_____提供。kseg1 段的缓存一致性属性是_____。

思考与练习 6-22：GS232 处理器核中包含了一个存储器管理单元（MMU），其功能主要是_____。

思考与练习 6-23：根据图 6.14，简述在访问高速缓存时，将虚拟地址转换为物理地址的过程。

思考与练习 6-24：在 MIPS32 特权资源架构中，TLB 以_____粒度提供了映射和保护功能，TLB 包含_____、_____和_____。TLB 的目的是_____。

思考与练习 6-25：JTLB 之所以称为联合（Joint），是因为与 ITLB 和 DTLB 相比，JTLB 可以实现_____。

思考与练习 6-26：硬件_____（保证/不保证）ITLB 与 JTLB 的一致性，硬件_____（保证/不保证）DTLB 与 JTLB 的一致性。

思考与练习 6-27：简述固定映射 MMU 的地址转换规则。

思考与练习6-28：对于32位的虚拟地址来说，当页面大小为4KB时，用于表示虚拟页面号的位的范围为_____：_____，一个页面内的地址的范围为_____：_____。

6.5　GS232处理器内核原理和关键技术

在计算机科学中，ISA称为指令集架构，是计算机的抽象模型。执行由该ISA描述的指令设备，如CPU，称为实现，或者微架构。例如，Intel和AMD的处理器都遵守X86指令集架构，但是它们各自量产的CPU的实现方式却不同。

GS232处理器内核是一款实现与MIPS32兼容且支持DSP扩展和扩展JTAG（Extend JTAG，EJTAG）调试的双发射处理器，其通过采用转移预测、寄存器重命名、乱序发射、路预测指令高速缓存、非阻塞的数据高速缓存、写合并收集等技术来提高流水线的效率，是一款具有较高性能、较低成本和功耗的32位嵌入式处理器IP，其内部架构如图6.17所示。

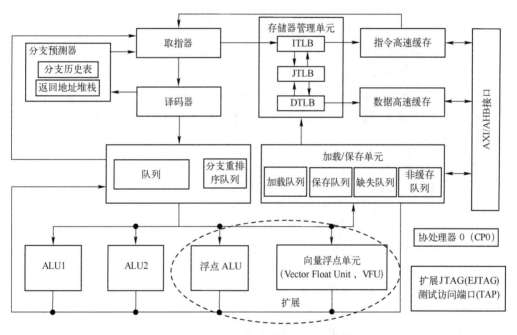

图6.17　GS232处理器内核的内部架构

> **注**：龙芯1B处理器中无硬件浮点单元，其通过软件实现浮点运算。

6.5.1　算术逻辑单元

根据数字逻辑电路的知识可知，算术逻辑单元（Arithmetic Logic Unit，ALU）由组合逻辑电路构成，可对整数二进制数进行算术和按位运算，这与对浮点数进行运算的浮点单元（Float-Point Unit，FPU）形成对比。

1. ALU的基本功能

ALU是处理器核中最重要的功能部件，也是处理器核中运算器的核心单元。由ALU和处理器内的通用寄存器构成了中央处理器中的运算器。在 MIPS 的 ISA 中，ALU 可用于实现算术运算、逻辑运算、移位运算等操作。此外，在 MIPS 的分支/跳转指令中也需要根据基地址和偏移量来计算目标地址，这也需要用到 ALU。

ALU 输入的是要操作的数据（称为操作数）和指示要执行操作的操作码，ALU 的输出是执行操作的结果。在许多处理器中，ALU 还具有状态输入或输出功能，或两者都有，它们分别在 ALU 和外部状态寄存器之间传输有关之前或当前操作的信息。一个简化的 ALU 结构如图 6.18 所示。

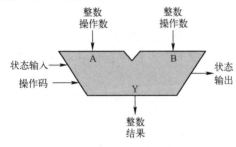

图 6.18 简化的 ALU 结构

（1）操作码决定了 ALU 当前执行的功能，操作码的位宽决定了 ALU 可以执行的算术和逻辑功能。例如，当操作码的位宽为 4 位时，ALU 最多可以实现 16 种运算功能；当操作码的位宽为 5 位时，ALU 最多可以实现 32 种运算功能。显然，操作码的位数越多，ALU 可以实现的运算功能就越多。

那么操作码来自哪里呢？我们知道，当从存储器取出指令（机器指令）/机器码后，会将其最终送到译码单元，译码单元对指令进行分析后，会产生微码/微代码。对于龙芯 GS232 处理器核来说，微码/微代码的格式如图 6.19 所示。在微码中的操作码字段，进一步描述了操作的类型，该操作码就确定了 ALU 所执行的算术或逻辑运算。

操作码	目的	源操作数1	源操作数2	源操作数3	立即数

图 6.19 龙芯 GS232 处理器核内微码/微代码的格式

例如，对于一个 3 位宽度的操作码，当操作码取不同的值时执行不同的算术运算或逻辑运算（约定 ALU 的两个输入端口分别为 A 和 B，输出端口为 Y）：

① "000"，执行两个数相加的运算，即 A+B→Y；
② "001"，执行加 1 运算，即 A+1→Y；
③ "010"，执行两个数相减的运算，即 A−B→Y；
④ "011"，执行减 1 运算，即 A−1→Y；
⑤ "100"，执行逻辑"与"运算，即 A&B→Y；
⑥ "101"，执行逻辑"或"运算，即 A│B→Y；
⑦ "110"，执行逻辑"异或"运算，即 A^B→Y；
⑧ "111"，输入 B 执行逻辑"非"运算，即 ~B→Y。

（2）状态，用于指示 ALU 执行算术/逻辑运算前后的结果状态。例如，在 ALU 执行完两个数相加的运算后，可能会产生进位，可能会出现结果的溢出，也可能运算结果全为零。

通常，在处理器的 ALU 中，提供了下面的状态标志，包括进位标志、溢出标志、零标志和符号标志。通常，处理器将这些标志保存在一个特殊的寄存器中，供处理器读取这些状态后，根据状态标志控制程序流的执行。例如，在分支指令中，常使用这些状态标志来控制程序是顺序执行还是非顺序执行。

2. 龙芯处理器核中 ALU 的功能

从图 6.17 给出的龙芯 GS232 处理器核的内部架构可知，在该处理器中提供了两个 ALU，分别为 ALU1 和 ALU2，这与很多处理器核中只有一个 ALU 明显不同。

在 6.2.5 节介绍流水线的时候提到，在一个时钟周期会取出两条指令。如果两条指令都有算术/逻辑运算的要求，而处理器核中只有一个 ALU，则会出现处理"瓶颈"，大大降低处理器的"吞吐量"，这是因为当两条指令都需要使用单个 ALU 时，必须在第一条指令用完 ALU 后，第二条指令才能使用该 ALU。

而在处理器中，提供两个 ALU 的单元，就能很好地满足两条指令中都需要使用 ALU 的需求，在两条指令没有数据依赖性的情况下，两个 ALU 可并行工作，消除了可能出现的潜在处理"瓶颈"。

在龙芯 GS232 处理器核中，不仅增加了 ALU 的数量，而且增强了 ALU 的功能，进一步提高了处理器核处理数据的能力。根据前一章所介绍的 MIPS 指令集，可知以下事实。

（1）在数学运算中，除执行传统的加法和逻辑运算外，还会执行乘法和除法运算。传统上，使用 ALU 实现这两种运算需要消耗多个处理器时钟周期。在现代的处理器中，为了减少乘法和除法运算所需要的处理器时钟周期数，普遍采用专用的硬件乘法器和除法器单元，常用 Booth 乘法器和 Booth 除法器结构来实现乘法和除法运算。

（2）对于加载/保存，以及条件分支/跳转指令，需要根据基地址和偏移量计算得到有效的目标地址。

很明显，算术运算和计算目标地址是两个不同的计算需求。在处理器中设计两个独立的 ALU 模块也能很好地满足这两个不同的运算需求。因为有两个 ALU 可供使用，所以可以将不同的计算目标均衡分配到两个 ALU 模块，以提高处理器并行处理不同计算任务的能力。

在龙芯 GS232 处理器核中，ALU1 内部的结构如图 6.20（a）所示，ALU2 内部的结构如图 6.20（b）所示。

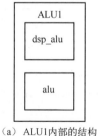

（a）ALU1内部的结构　　　　　　　　（b）ALU2内部的结构

图 6.20　龙芯 GS232 处理器核内部的 ALU 组织

从图中可知，ALU1 和 ALU2 都有 dsp_alu 和 alu 子模块，其中 dsp_alu 可以执行定点加法、减法、移位和逻辑运算，alu 可以计算有效目标地址。此外，在 ALU2 中还有专用的 mul 模块和 div 硬件模块，用于执行 MIPS 指令中的乘法和除法运算。

思考与练习 6-29：在中央处理单元中，用于执行算术和逻辑运算的功能单元是_____，英文缩写为_____。

思考与练习 6-30：说明在龙芯 GS232 处理器核中采用两个 ALU 的原因，其优势是什么？

6.5.2　流水线的原理

"流水线"（Pipeline）这个术语最早来自于工厂中的"流水线"工人，通过电视画面和现场的参观我们知道流水线上工人的工作场景。例如，对于一个需要装配的产品，装配线上的负责人会根据装配的工序和复杂度要求，分配给 N 个工人，第一个工人完成装配的一个任务，然后转交给第二个工人，第二个工人完成装配的第二个任务，然后转交给第三个工人，第三个工人完成装配的第三个任务……以此类推，直到第 N 个工人完成最后一道安装任务后，产品装配完成，如图 6.21 所示。

图 6.21　一个待装配的产品分配给 N 个工人

假设在装配产品的过程中，每个工人的工作强度一样，均为 $1/N$，完成每个任务所需要的时间相同，均为 T，则安装完一个产品所需要的总时间为 NT。如果将工人装配产品的过程按时间划分，可以得到如图 6.22 所示的流水线。

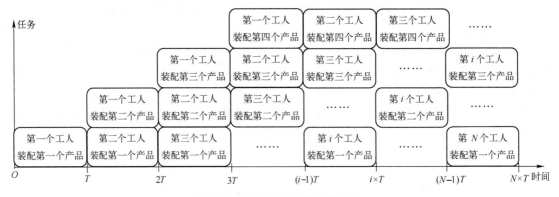

图 6.22　装配线上的流水线描述

从图 6.22 可知，在第一个 T 内，只有第一个工人在装配第一个产品，在第二个 T 内，第二个工人开始继续装配第一个产品，而第一个工人在将第一个产品传给第二个工人后，开始装配第二个产品。类似地，在第三个 T 内，第三个工人开始装配第一个产品，而第二个工人开始装配由第一个工人传递过来的第二个产品，此时由于第一个工人将第二个产品传递给了第二个工人，因此可以开始装配第三个产品，以此类推。很明显，在这个装配过程中，每个工人在规定时间内完成固定的装配任务。一个产品从开始递给第一个工人开始，通过这样类似"流水"的方式，传给第二个工人、第三个工人，直到最后一个工人完成一个产品的最后一个装配任务为止。

采用"流水线"实现装配任务的好处就是，在工作时间段内，流水线上的每个工人都是"满负荷"工作，不存在在某个时间段内一个或多个工人有空闲的时候，这样每个工人在工作时间段内的工作负荷可以达到 100%。这就是"流水线"工作的基本原理和优势。

在早期计算机系统所使用的处理器中，其取指单元、译码单元和执行指令单元采用的是串行执行的方式，如图 6.23 所示。首先，从指令存储器中将机器指令取到指令寄存器中；其次，在译码单元中，对指令进行分析，产生微码/微代码；最后，在处理器的功能部件中执行微码具体的逻辑行为。周而复始地执行该过程（请注意，该过程不考虑跳转和分支指令）。

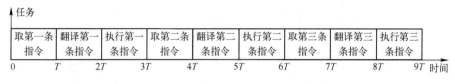

图 6.23　早期计算机的指令通道工作机制

进一步观察图 6.23 可知，当前从取指单元取出指令后，在下一时刻交给译码单元进行处理；此时，取指单元为空，这样在译码单元对第一条指令进行分析时，取指单元就可以取出第二条指令；在译码单元处理完第一条指令并将其交给执行单元后，译码单元可以开始对第二条指令进行分析，此时由于取指单元已经将第二条指令交给译码单元，取指单元为空，这样取指单元就可以开始取出第三条指令。这样，使得计算机指令通道的取指单元、译码单元和执行指令单元始终处于满负荷工作，显著提高计算机处理指令的吞吐量。采用流水线后的指令通道如图 6.24 所示，在图中，假设取指、译码和执行指令所需要的时间均为 T，以便于分析性能。

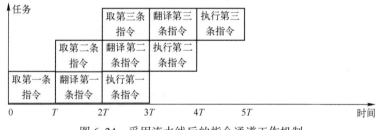

图 6.24　采用流水线后的指令通道工作机制

比较图 6.23 和图 6.24 可知，假设取指、译码和执行指令的时间均为 T，当未采用流水线时，完成三条指令的执行需要 $9 \times T$ 个时间长度；当采用流水线时，完成三条指令的执行仅需要 $5 \times T$ 个时间长度，时间缩短了。很明显，执行的指令越多，流水线的优势就越明显。

最后一个问题，计算机指令通道的流水线机制比较容易理解，但是"流水线"到底是如何实现的？在数字逻辑/数字电路和数字电子计算机中，用来实现"流水线"的功能部件是触发器，如 D 触发器。根据数字逻辑/数字电路的知识可知，触发器具有"记忆"功能，其可以将前一个时刻输入的"状态"记住，而在时钟的下一个时刻才能改变触发器的"记忆"状态。

为了说明触发器和流水线之间的关系，下面举一个流水线乘法器的例子。该流水线乘法器实现两个四位无符号被乘数 a 和乘数 b 的相乘，得到 8 位的无符号乘积 x，其结构如图 6.25 所示。从图中可知，被乘数 a 经过一个四位 D 触发器后的输出为 A[3..0]，乘数 b 经过一个四位 D 触发器后的输出为 B[3..0]，然后将 A[3..0] 和 B[3..0] 送到乘法器中，产生的乘积为 OUT[7..0]，其再经过一个八位 D 触发器输出为 x[7..0]。该例子中的三个 D 触发器，称为流水线寄存器。

流水线乘法器的时序如图 6.26 可知，在时钟上升沿采样乘数和被乘数的值，延迟 7 个时钟周期后，产生乘积的结果，而且以后的每个时钟的边沿都会输出乘法结果。使得乘法器始终处于"工作"状态，其负荷达到100%，乘法器的吞吐量达到100%。

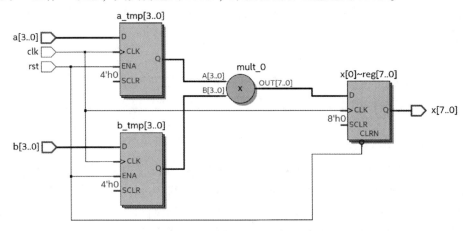

图6.25　采用D触发器充当流水线实现两个四位数的相乘

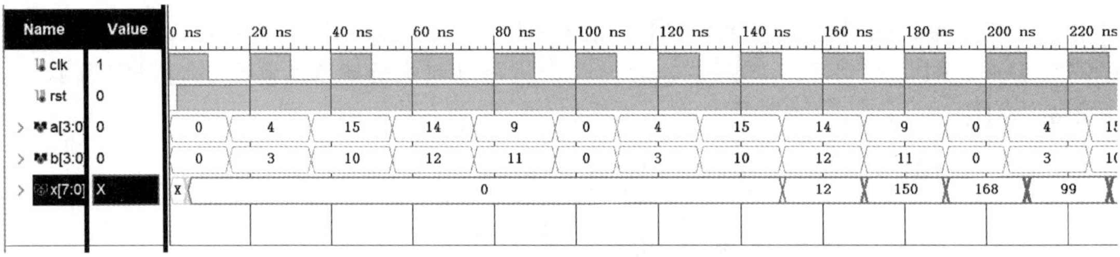

图6.26　流水线乘法器的时序

在计算机的中央处理单元中，为了使功能单元对指令或数据的处理实现"流水线化"，通常在这些功能单元之间插入由触发器构成的"流水线"寄存器，这样就实现了对指令或数据处理的"流水线化"，使得处理器内的功能单元处于几乎100%的满负荷状态，显著提高了处理器的吞吐量和数据处理能力。

思考与练习6-31：在早期的处理器中，其指令通道的取指、译码和执行指令采用_____结构；而在现代的处理器中，其指令通道的取指、译码和执行指令采用的是_____结构。

思考与练习6-32：与早期处理器的指令通道采用串行结构相比，现代处理器指令通道采用流水线结构的优势主要体现在_____。

6.5.3　分支预测机制

分支预测器是一个数字电路，在明确知道分支到哪个路径之前，它尝试猜测分支（如if-then-else结构）将要到哪一条路径。分支预测器的目的是改善指令流水线的流程。分支预测器在许多现代流水线微处理器架构中实现高性能方面扮演着非常重要的角色。

通常使用有条件跳转指令来实现两条分支。可以"不采纳"有条件跳转指令并继续执行紧跟在条件跳转之后的第一个代码分支，或者"采纳"并跳转到程序存储器中的不同位置，在该位置保存着代码的第二个分支。如果不能预先知道是否"采纳"有条件跳转，则需要等待计算出跳转的条件，而此时该有条件跳转指令已经达到指令通道的执行流水级。此时，如果确定需要跳转，则会清空指令队列中跟随该跳转指令后面的指令，显然这将影响指令通道流水线的性能。

为了更清楚地说明这个问题，我们以 C 语言中的 switch 语句为例，如代码清单 6-1 所示。

代码清单 6-1　　C 语言中的 switch 语句

```
switch(k)
{
  case 0：  f=i+j; break;
  case 1：  f=g+h; break;
  case 2：  f=g-h; break;
  case 3：  f=i-j; break;
}
```

从该段代码可知，根据取值 k，存在 4 个条件分支。假设：

（1）寄存器 s0 中保存 f 的值；

（2）寄存器 s1 中保存 g 的值；

（3）寄存器 s2 中保存 h 的值；

（4）寄存器 s3 中保存 i 的值；

（5）寄存器 s4 中保存 j 的值；

（6）寄存器 s5 中保存 k 的值；

（7）寄存器 t2 中保存 4。

首先检查 k 的范围是否为 0~3，如汇编代码清单 6-2 所示。

代码清单 6-2　　检查 k 范围的汇编代码

```
        slt t3, s5, zero        //如果 k<0，则(t3)=1，否则(t3)=0；
        bne t3, zero, Exit      //如果(t3)≠0，则跳转到 Exit 标号地址；
        slt t3, s5, t2          //如果 k<4，则(t3)=1，否则(t3)=0；
        beq t3, zero, Exit      //如果(t3)=0,则跳转到 Exit 标号处；
Exit：
```

如果 k 在 0~3 范围内，则会跳转到 4 个条件分支的地址标号，假设它们在存储器中的位置如图 6.27 所示。

很明显，如果没有分支预测机制，处理器必须等到条件跳转指令达到执行流水级，下一条指令才能进入取指流水级。通过尝试猜测采纳或不采纳条件跳转，分支预测器可以避免这种时间浪费。然后，提取最有可能执行的分支并尝试执行。随后，如果发现该预测是错误的，则放弃全部执行指令，将正确的分支重新加载到指令流水线中，这显然将导致延迟和指令流水线性能的下降。

很明显，在分支预测错误的情况下所浪费的时间等于从取指流水级到执行流水级所经历的流水级数量。流水线上流水级的数量越多，则所浪费的时间也越多。因此，合理的分支预测策略对于减少由于预测错误所导致的时间浪费非常重要。

在第一次遇到条件跳转指令时，显然没有太多的信息可用于预测。但是分支预测器会记录采纳/不采纳分支的历史。当它遇到之前已经执行过多次的条件跳转时，可以根据历史记录进行预测。例如，分支预测器可以识别出条件跳转的执行次数要高于不执行的次数。

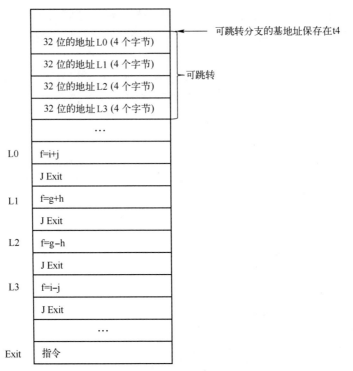

图 6.27　四条分支在存储器中的位置

分支预测和分支目标预测不同。分支预测用于预测是否会执行条件跳转。分支目标预测用于在对指令译码和执行之前预测出所采纳有条件/无条件跳转的目标。分支预测和分支目标预测存在于同一个电路中。

是否取出每个指令取决于前一条指令的下面信息：

(1) 前面的指令是否是一个被采纳的分支？

(2) 如果是这样，目标地址是什么？

对于表 6.7 给出的指令，采纳分支的时间，以及知道分支目标的时间都是确定的。

表 6.7　对分支和跳转指令的理解

指　　令	采纳分支的时间	知道分支目标的时间
j	在指令译码后	在指令译码后
jr	在指令译码后	在取出寄存器内容后
beqz/bnez	在取出寄存器内容后	在指令译码后

6.5.4　静态分支预测

静态预测是最简单的分支预测技术，因为它不依赖于代码执行的动态历史信息，仅根据分支指令来预测分支的结果。

基于 MIPS 架构的处理器早期使用单向静态分支预测，即它们总是预测不会进行条件跳转，因此它们总是按顺序取出下一个指令。只有当评估分支或跳转，并且发现要采纳它们时，才会将指令指针设置为非顺序地址。

所有处理器都在译码阶段评估分支，并具有单周期的取指操作。因此，分支目标循环是两个周期长，处理器总是在任何分支后立即取出指令。MIPS 架构定义了分支延迟槽以便提取指令。

一种更高级的静态预测策略是采纳后向分支而不是前向分支。后向分支是目标地址低于其自身地址的分支。这种方法可以帮助提高循环预测的准确性，这是因为循环通常是后向分支，并且经常是"采纳"而不是"不采纳"。

一些处理器允许将分支预测提示插入到代码中，以告知是否应该"采纳"或"不采纳"静态预测。在 Intel 的奔腾四处理器中曾采用该技术，但在后面所有的处理器中都放弃了该技术。

当动态预测器没有足够的信息用于预测时，静态预测策略可作为动态分支预测器的备用方法。

在静态预测中，所有决定都是在编译时确定的，即在执行程序之前。

6.5.5　动态分支预测

动态分支预测是硬件对分支将使用哪条路径进行有根据的"预测"能力，即"采纳"（Taken，T）分支或"不采纳"（Not Taken，NT）分支。

硬件可以根据指令查找线索，也可以使用过去的历史。分支历史表（Branch History Table，BHT）包含上次执行分支时的信息。

动态预测的性能是预测准确度和预测失败代价的函数。

1. 一位预测缓冲区

它由一个小的存储器构成，通过分支指令地址的低位部分查找所对应存储器地址单元的内容。存储器地址单元的内容为逻辑"0"或"1"，其中"1"表示"采纳"分支，"0"表示"不采纳"分支。取指从预测的方向开始，如果预测不正确，则将"0"改为"1"或将"1"改为"0"，如图 6.28 所示。

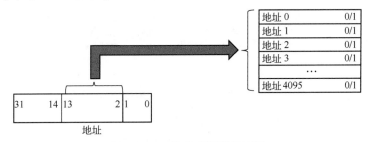

图 6.28　一位分支预测缓冲区

例如，对于下面的循环语句：

```
for (i=0; i<10; i++)
```

显然，该循环迭代了 10 次，并且总是调用一个分支。例如：

```
loop: ....
      slti r2, r1, #10      //是否 i<10?
      bnez r2, loop         //如果满足条件,则跳转到 loop
```

在前 9 次迭代中采纳了该分支，而在第 10 次迭代中没有采纳该分支，则按照一位动态预测规则执行预测结果如何？假设当第一次执行分支预测时，预测没有采纳分支，则预测结果如表6.8所示。表中，将NT简写为N。

表6.8　for循环迭代一位预测结果

迭代次数	1	2	3	4	5	6	7	8	9	10
预测的分支结果	N	T	T	T	T	T	T	T	T	T
真正的分支结果	T	T	T	T	T	T	T	T	N	N

从表6.8中可知，每当得到真正的分支结果的时候，就用该结果来替换预测分支结果的预测位。例如，对于第一次迭代，预测分支结果为N，而实际结果为T，因此用该实际结果来修改下一个预测的分支结果，将其修改为T。

对于一个for循环，最坏会出现两次预测错误的情况，因此预测失败率为20%。

2. 两位预测缓冲区

与使用一位预测位不同，在图6.25中的每个条目/入口使用两个预测位，并且根据图6.29给出的规则更新预测位，该图所表示的预测状态如表6.9所示。对于两位预测，将T0和T1均归结为采纳，而将N0和N1均归结为不采纳。

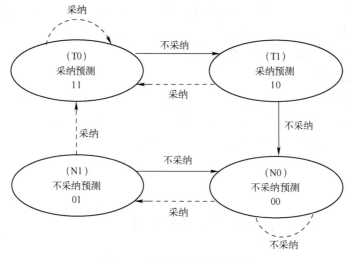

图6.29　两位分支预测的规则

图6.29中，虚线表示采纳，实线表示不采纳。

表6.9　循环预测状态

迭代次数	预测位	预测的结果	真实的结果	更新
1	N0	N	T	N1
2	N1	N	T	T0
3	T0	T	T	T0
4	T0	T	T	T0
5	T0	T	N	T1

对于上面迭代10次的for循环来说，采用两位预测的预测结果和真实结果如表6.10所示。从表中可知，采用两位预测的方法，在预测10次的情况下，预测的失败率为30%。

表 6.10　for 循环迭代两位预测结果

迭代次数	预 测 位	预测结果	真实的结果	更 新
1	N0	N	T	N1
2	N1	N	T	T0
3	T0	T	T	T0
4	T0	T	T	T0
5	T0	T	T	T0
6	T0	T	T	T0
7	T0	T	T	T0
8	T0	T	T	T0
9	T0	T	T	T0
10	T0	T	N	T1

3. 相关分支预测器

对于代码清单 6-3 给出的 C 代码和对应的汇编代码来说，当 d 取不同的值时，其与不同分支之间的关系如表 6.11 所示。

代码清单 6-3　C 代码和对应的汇编代码（1）

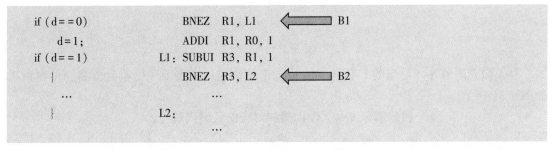

表 6.11　不同的 d 值，对分支的影响

d	$d==0$?	B1	在 B2 之前的 d	$d==1$?	B2
0	是	不采纳	1	是	不采纳
1	否	采纳	1	是	不采纳
2	否	采纳	2	否	采纳

显然，如果不采纳 B1，则一定不会采纳 B2，用 "00" 表示，其中 "0" 表示不采纳。对于代码清单 6-3 给出的代码，当采用一位预测器时，B1 和 B2 的预测结果如表 6.12 所示。表中，将 B1 和 B2 预测初始化为不采纳（NT）。预测结果如表 6.12 所示。

表 6.12　不同 d 值和一位预测器的结果

d	B1 预测	B1 实际	B1 新预测	B2 预测	B2 行为	B2 新预测
2	NT	T	T	NT	T	T
0	T	NT	NT	T	NT	NT
2	NT	T	T	NT	T	T
0	T	NT	NT	T	NT	NT

从表 6.12 中可知，当 d 的取值在 0 和 2 之间变化时，采用一位预测策略分别对采纳/不采纳分支 B1 和 B2 进行预测时，预测成功率为 0%。因此，就需要考虑分支之间存在的相

关性。

在基于相关性的分支预测中，一个分支的结果取决于代码中前面分支的结果。在相关预测中，引入 (m,n)，其中，m 为相关的前面分支的个数；n 为预测器的位数。例如：

（1）$(1,1)$ 相关分支预测器。使用前面所执行的一个分支的结果和 1 位分支预测器。

（2）$(2,1)$ 相关分支预测器。使用前面所执行的两个分支的结果和 1 位分支预测器。

（3）$(1,2)$ 相关分支预测器。使用前面所执行的一个分支的结果和 2 位分支预测器。

对于一位相关性，每个分支预测器都有一个预测，即采纳（T）上一个分支，以及不采纳（NT）上一个分支，其预测关系如图 6.30 所示。

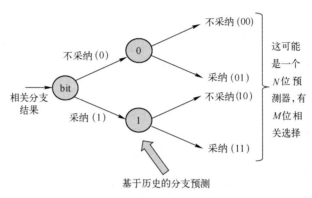

图 6.30 包含相关性的预测

对于代码清单 6-4 给出的 C 代码和对应的汇编代码，其采用一位相关预测的预测关系如图 6.31 所示。

代码清单 6-4　C 代码和对应的汇编代码 (2)

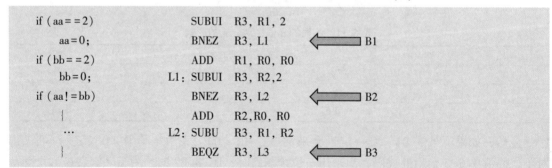

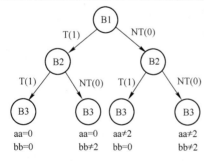

图 6.31　代码清单 6-4 给出代码的
一位相关预测

显然，如果没有采纳 B1 和 B2，则一定会采纳 B3，用 "001" 表示。其中，"0" 表示不采纳，"1" 表示采纳。

对于 $(1,1)$ 的相关分支预测器，每个分支历史表条目/入口有 2 个字段，每个字段使用一位表示，如表 6.13 所示。从表中可知，对于分支 B2，如果不采纳（NT）前面的分支，则预测采纳 B2 分支；如果采纳前面的分支 B1，则预测不采纳 B2 分支。对于分支 B3，如果不采纳前面的分支 B2，则预测采纳 B3 分支；

如果采纳前面的 B2 分支, 则预测采纳 B3 分支。

表 6.13 (1,1) 相关分支预测器的入口

分 支	如果不采纳前面的分支	如果采纳前面的分支
B2	T	NT
B3	T	T

类似地, 对于使用 (1,2) 的相关分支预测器, 其预测结果如表 6.14 所示。显然, 在该预测中, 表中的每个字段使用两位表示。

表 6.14 (1,2) 相关分支预测器的入口

分 支	如果不采纳前面的分支	如果采纳前面的分支
B2	T1	N0
B3	N0	N1

对于代码清单 6-3 给出的例子来说, 使用 1 位预测和 1 条指令相关得到相关预测结果, 如表 6.15 所示。在该预测中, 将 B1 和 B2 分支的预测初始状态设置为 NT/NT, 不采纳前面的分支。表中, 符号 "/" 左侧表示不采纳前面最后一个分支时做出的预测; 符号 "/" 右侧表示采纳前面最后一个分支时做出的预测。下面对表中每一行的具体含义进行说明。

表 6.15 不同 d 值和一位预测器, 一条指令相关的结果

d	B1 预测	B1 实际	B1 新预测	B2 预测	B2 实际	B2 新预测
2	NT/NT	T	T/NT	NT/NT	T	NT/T
0	T/NT	NT	T/NT	NT/T	NT	NT/T
2	T/NT	T	T/NT	NT/T	T	NT/T
0	T/NT	NT	T/NT	NT/T	NT	NT/T

(1) 对于表中第 1 行, B1 预测默认为不采纳前面的分支, 而实际 B1 为 T, 因此更新 NT/NT 中不采纳前面分支的部分, 即 NT 变为 T, 因此 B1 新的预测值为 T/NT; B2 预测默认为 NT/NT, 而实际 B2 为 T, 因此将 NT/NT 中采纳前面的分支部分进行更新, 该部分预测为 NT, 实际为 T, 即 B2 新的预测值变成 NT/T。

(2) 对于表中第 2 行, B1 预测为 T/NT, 而第 1 行 B2 实际为 T, 因此需要对 T/NT 中采纳前面分支的部分进行更新, 由于该部分预测为 NT, 而 B1 实际也为 NT, 因此无须更新 B1 新的预测值; B2 预测为 NT/T, B1 实际为 NT, 因此需要更新不采纳前面的分支部分, 该部分的预测值为 NT, B2 实际也为 NT, 因此无须更新 B2 新的预测值。

(3) 对于表中第 3 行, B1 预测为 T/NT, 而第 2 行 B2 实际为 NT, 因此需要对 T/NT 中不采纳前面分支的部分进行更新, 由于该部分预测为 T, 而 B1 实际也为 T, 因此无须更新 B1 新的预测; B2 预测为 NT/T, B1 实际为 T, 因此需要更新采纳前面的分支部分, 该部分的预测值为 T, B2 实际也为 T, 因此无须更新 B2 新的预测值。

(4) 对于表中第 4 行, B1 预测为 T/NT, 而第 3 行 B2 实际为 T, 因此需要对 T/NT 中的采纳前面分支的部分进行更新, 由于该部分预测为 NT, B1 实际也为 NT, 因此无须更新 B1 新的预测; B2 预测为 NT/T, B1 实际为 NT, 因此需要更新不采纳前面的分支部分, 该部分的预测值为 NT, B2 实际也为 NT, 因此无须更新 B2 新的预测。

考虑代码清单 6-4 给出的代码，在该代码中有 3 个分支，即 B1、B2 和 B3 分支。在执行的某一时刻，重复采纳 3 个分支。表 6.16 给出了在该点之后发生的一系列分支结果，以执行分支的顺序列出。那么该序列的分支预测失败率如何计算？

表 6.16　分支的结果

分支	B1	B2	B3	B2	B1	B3	B1	B3	B1	B2	B1
结果	N	T	N	N	N	T	N	T	N	T	T

在使用（1，2）相关分支预测器的预测中，使用了两个预测器 predictor1 和 predictor 2。如果采纳了前一个执行的分支，则使用预测器 predictor1；如果不采纳前一个执行的分支，则使用预测器 predictor2，并且将初始预测位都设置为 T0，如表 6.17 所示。填表规则如下。

表 6.17　相关分支预测器的预测结果

分　支	B1	B2	B3	B2	B1	B3	B1	B3	B1	B2	B1
pred. 1(T)	(T0)	T1	(T1)	N0	N0	N0	(N0)	N0	(N0)	N0	(N0)
pred. 2(N)	T0	(T0)	T0	(T0)	(T1)	(N0)	N1	(N1)	T0	(T0)	T0
预测的输出	T	T	T	T	T	N	N	N	N	T	N
真实的输出	N	T	N	N	N	T	N	T	N	T	T
更新 1	T1	T1	N0	N0	N0	N0	N0	N0	N0	N0	N1
更新 2	T0	T0	T0	T1	N0	N1	N1	T0	T0	T0	T0

（1）当前一列真实的输出为 T 时，则下一列预测需要使用 pred. 1(T)；当前一列真实的输出为 N 时，则下一列预测需要使用 pred. 2(N)；用符号◯圈起来。

（2）对于 pred. 1 或 pred. 2，当选中其中一个时，将当前选中的 pred. 1/pred. 2 与同一列中所对应的真实输出进行比较，以确定是否需要更新更新 1 或更新 2。具体来说，当当前选中的为 pred. 1 时，与该列真实的输出进行比较（根据图 6.29 给出的规则），以确定是否要调整更新 1 的值，而一定不会调整更新 2 的值；当当前选中的为 pred. 2 时，与该列真实的输出进行比较，以确定是否要调整更新 2 的值，而一定不会调整更新 1 的值。在调整完之后，将该列所对应的更新 1 和更新 2 的值分别复制到下一列相应的 pred. 1 和 pred. 2。

例如，对于表 6.17 中的第 3 列分支 B3，由于选中 pred. 1，因此需要调整更新 1 的值，因为 pred. 1 的值为 T1，而真实输出为 N，根据图 6.29 给出的规则，需要将当前一列中更新 1 的值调整为 N0，而不需要调整当前一列中更新 2 的值。然后，将该列所对应的更新 1 和更新 2 的值分别复制到下一列名字所对应的 pred. 1(T) 和 pred. 2(N) 中。

（3）将表 6.17 中每一列所选中 pred. 1(T)/pred. 2(N) 中的 T0 和 T1 都看作 T，N0 和 N1 都看作 N，并将正确的 T/N 值填充该列所对应预测的输出中。

在该例子中，一共预测了 11 次。在这 11 次预测中，总计有 7 次出现预测的输出和真实的输出不一样的情况，因此预测的错误率为 7/11 = 63.6%，所对应的预测正确率为 4/11 = 36.4%。

对代码清单 6-3 给出的代码使用（2，1）相关分支预测器进行预测时，使用最后两个分支的行为从不同的 2^2 个不同的预测中进行选择，对 4 个预测缓冲区中的每一个缓冲区使用一位预测器，形式为 X/Y/Z/W，其中：

（1）X：如果不采纳应用程序中的前两个分支，则使用预测器（00）；

（2）Y：如果不采纳倒数第二个分支，而采纳最后一个分支，则使用预测器（01）；

（3）Z：如果采纳倒数第二个分支，不采纳最后一个分支，则使用预测器（10）；

（4）W：如果采纳应用程序中的前两个分支，则使用预测器（11）；

如何知道应该使用 4 个分支预测器中的哪一个？首先，需要记录代码中所有分支的行为，如表 6.18 所示。

表 6.18　不同的 d 值，记录所有分支的行为

d 的初始值	$d==0$?	B1	在 B2 之前的 d	$d==1$?	B2
2	否	采纳	2	否	采纳
0	是	不采纳	1	是	不采纳
2	否	采纳	2	否	采纳
0	是	不采纳	1	是	不采纳

根据表 6.18，记录所有分支的行为是“11001100110011”，该序列的顺序对应于表 6.18 第 1 行采纳 B1（“1”）和采纳 B2（“1”）；第 2 行不采纳 B1（“0”）和不采纳 B2（“0”）；第 3 行采纳 B1（“1”）和采纳 B2（“1”）；第 4 行不采纳 B1（“0”）和不采纳 B2（“0”）。以此类推。

对于使用 $(2,n)$ 分支预测器的预测，最后两个分支是相关的，如图 6.32 所示。

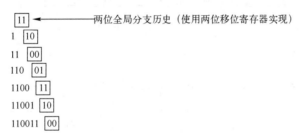

图 6.32　使用 $(2,n)$ 分支预测器的预测

4. 分支目标缓冲区

分支目标缓冲区（Branch Target Buffer，BTB）也是一个缓存，用于保存分支后下一条指令的预测地址。如图 6.33 所示，它使用分支地址作为索引来获取预测和分支地址（如果采纳），现在必须检查分支匹配，只保存预测采纳的分支。在取指周期内，处理器的微指令控制器单元查找 BTB。通过这种方法，目标 PC 甚至在知道它是分支指令之前就能发现跳转目

图 6.33　分支目标缓冲区

标。其处理过程如图 6.34 所示。

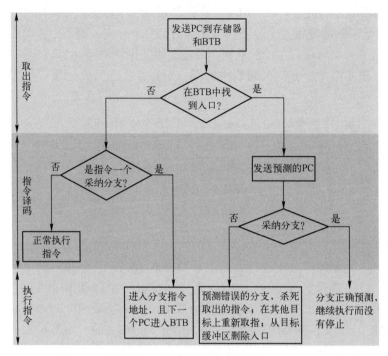

图 6.34　管理 BTB 的过程

5. 竞争分支预测器

竞争分支预测器（Tournament Branch Predictor，TBP）使用多级分支预测表，以及在多个预测器中进行选择的算法。TBP 的优势是能够为每个分支动态选择正确的预测器。图 6.35 给出的 TBP 的状态图中有 4 种状态，对应于要使用的预测器。

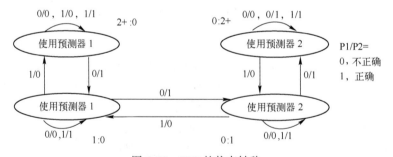

图 6.35　TBP 的状态转移

饱和计数器的值决定了选择局部预测器还是全局预测器。按照下面的规则选择局部/全局预测器：

（1）当本地计数器正确而全局计数器不正确时，选择预测器对应的计数器递减。

（2）每当本地计数器不正确而全局计数器正确时，选择预测器的相应计算器就会递增。

（3）如果计数器都正确或都不正确，则不会更改选择预测器的相应计数器。

6. Gshare 分支预测器

Gshare 架构使用一个 m 位全局分支历史寄存器来跟踪最后执行的 m 个分支的方向。对于一个长度为 m 位的全局分支历史寄存器（Branch History Register，BHR），MSB 保留的是最早的分支预测历史，而 LSB 保留的是最新的分支预测历史，寄存器中的每一位为 "0" 或 "1"，如图 6.36 所示。其中，"1" 表示采纳分支，"0" 表示不采纳分支。通过下面的算法更新 BHR 中的内容。

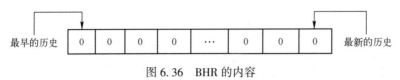

图 6.36　BHR 的内容

为了简化实现，这个全局历史分支寄存器与（PC≫2）进行逻辑 "异或" 运算，以创建一个索引到 n 位计数器的 2^m 个条目/入口模式的分支历史表（Branch History Table，BHT）中，如图 6.37 所示。该索引的结果是对当前分支的预测。随后，预测器将该预测与实际分支方向进行比较以确定分支是否正确预测，并更新预测统计信息。

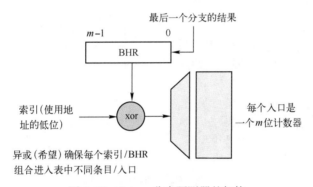

图 6.37　Gshare 分支预测器的架构

然后，预测器更新 n 位计数器以执行预测。计数器的变化方向表示为 "如果采纳分支，则计数器递增；如果不采纳分支，则计数器递减"。

最后，将分支的结果添加到 BHR，使用下面的算法添加分支的结果：

> BHR 中新的内容＝（（BHR 中旧的内容≪1）｜ Direction）

例如：

（1）当采纳 Br1 时，BHR 中内容变成 "00001"；

（2）当采纳 Br2 时，BHR 中内容变成 "00010"；

（3）当采纳 Br3 时，BHR 中内容变成 "00101"。

实际中，Gshare 分支预测器是一个（2,2）相关分支预测器，其使用前面所执行两个分支的结果和两位分支预测器。它使用全局分支历史和分支指令的位置来创建两位计数器表的索引。下面通过一个例子说明 Gshare 分支预测器的工作原理，如代码清单 6-5 所示。在该预测中，矩阵中的所有条目都初始化为 01。如图 6.38 所示，图中灰色背景的条目是用于预测的条目。

代码清单 6-5　包含分支的代码

```
初始条件,r1 = 0
A：BEQZ    R1, D
    …
D：BEQZ    R1, F
    …
F：  NOT R1, R1
G：  JUMP A
```

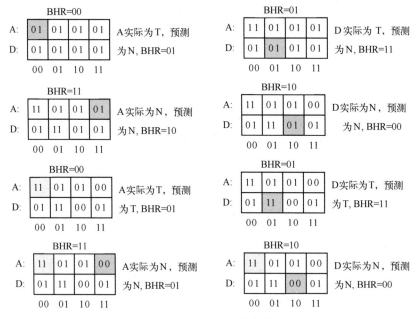

图 6.38　(2,2)相关分支预测

注：该预测中的两位预测规则使用的是 6.5.5 节中所介绍的两位预测缓冲区的预测规则。

思考与练习 6-33：在代码清单 6-6 给出的一段使用汇编语言编写的代码中，包含了两个分支 l1 和 l2。

代码清单 6-6　包含两个分支的汇编语言代码

```
        add   r1, zero, zero
l1:
        add   r2, zero, zero
l2:
        addi  r2, r2, 1
        sub   r3, r2, 3
        bne   r3, r0, l2
        nop

        addi  r1, r1, 1
```

```
sub    r4, r1, 4
bne    r4, r0, l1
nop
```

对于上面的一段代码，分支 l1 将执行 12 次，分支 l2 将执行 4 次。

（1）假设使用 1 位分支预测器。当处理器开始执行上面的一段代码时，两个分支预测器的初始值均为 N（不采纳），填写表 6.19 和表 6.20，并根据表中所填写的信息给出两个预测器的预测准确率。

表 6.19　分支 l1 的一位预测结果

迭 代 次 数	1	2	3	4	5	6	7	8	9	10	11	12
预测的分支结果												
真正的分支结果												

表 6.20　分支 l2 的一位预测结果

迭 代 次 数	1	2	3	4
预测的分支结果				
真正的分支结果				

（2）假设使用两位分支预测器。当处理器开始执行上述代码时，两个分支预测器的初始状态均为 N0，填写表 6.21 和表 6.22，并根据表中所填写的信息给出两个预测器的预测准确率。

表 6.21　分支 l1 的一位预测结果

迭 代 次 数	1	2	3	4	5	6	7	8	9	10	11	12
预测的分支结果												
真正的分支结果												

表 6.22　分支 l2 的一位预测结果

迭 代 次 数	1	2	3	4
预测的分支结果				
真正的分支结果				

（3）假设使用了形式为（2,1）的两级全局相关预测器（注意：此处的全局表示使用的历史记录捕获所有以前分支的历史记录，并不意味着所有分支只有一组预测位）。当处理器开始执行上述代码时，不获取前两个分支的结果（N）。假设不采纳所有分支的预测器的初始状态（N），填写表 6.23 和表 6.24。以 W/X/Y/Z 的形式记录预测器的"新状态"，其中：

① W：该状态对应于执行最后一个分支和倒数第二个分支的情况；

② X：该状态对应于执行最后一个分支而不执行倒数第二个分支的情况；

③ Y：该状态对应于未执行最后一个分支而执行倒数第二个分支的情况；

④ Z：该状态对应于未执行最后一个分支和倒数第二个分支的情况。

注：位置 W/X/Y/Z 处预测器的状态可以是 N（预测未执行）或 T（预测已执行）。

表 6.23　分支 I1 的（2,1）预测结果

迭代次数	1	2	3	4	5	6	7	8	9	10	11	12
预测的分支结果												
真正的分支结果												
新的状态												

表 6.24　分支 I2 的（2,1）预测结果

迭代次数	1	2	3	4
预测的分支结果				
真正的分支结果				
新的状态				

6.5.6　流水线的实现

龙芯 GS232 处理器核的指令通道采用了 5 级流水线结构，即取指流水级、译码流水级、发射流水级、执行流水级和提交流水级，如图 6.39 所示。

图 6.39　龙芯 GS232 处理器核的指令通道流水级

1. 取指流水级

当处于取指流水级时，处理器核在一个处理器时钟周期内可以取出两条指令。根据 PC 的值，通过访问 ITLB，将虚拟地址转换成物理地址。如果发生 ITLB 缺失，则需要额外的一个处理器时钟周期从 JTLB 中选择相应项并填充 ITLB。同时，根据路预测的结果访问指令缓存，读取相应缓存行的所有标记和相应路预测的指令，将标记和转换后的物理地址高位进行比较，如果路预测正确，则将指令送到译码单元。否则，需要额外的一个处理器时钟周期来读取正确路的指令，同时修正路预测。如果出现缓存缺失，则发出访问主存储器的请求。取指流水线还检查 PC 的合法性，如内核态、用户态和地址错误等。此外，还要检查是否有 EJTAG 所设置的指令断点，以及 TLB 异常等。

2. 译码流水级

当处于译码流水级时，经过译码单元，将取出的指令翻译成 32 位 GS232 处理器核的内部操作，这主要是将原先不完全相同格式的指令翻译成完全相同的格式规整的内部操作，方

便内部的各个功能单元识别并处理相应的操作。译码好的内部操作将送往操作队列，在进入操作队列的同时，查找之前的操作是否与当前操作存在数据相关，如果存在数据相关，则将源操作数指向操作队列中对应的操作，并记录相应信息，该过程是为了将来的乱序执行的重命名。

译码流水级还进行转移预测处理。当译码过程中遇到条件转移指令时，GS232 处理器核采用 Gshare 算法通过分支历史表（Branch History Table，BHT）进行转移预测，并且计算出目标地址，修改 PC 的值。此外，通过控制寄存器 config6 可配置不同的转移预测策略，包括总是跳转、总是不跳转、总是向前跳转、总是向后跳转、转移分支历史表动态预测、Gshare 动态预测 6 种策略，默认是 Gshare。对于 likely 的条件转移，GS232 处理器核中总是预测采纳。当译码遇到分支链接类指令（此为函数调用指令）时，则把 PC+8 压入地址返回栈（Address Return Stack，ARS）中。当译码遇到 JR $31 指令（此为函数返回指令）时，则将 ARS 栈顶的值弹出，用于预测该指令的跳转目标地址。

译码后的指令进入队列时，如果是一个基本块的开始，则需要同时占用分支重排序队列（Branch Reorder Queue，BRQ）的一项，并且记录该指令的 PC。如果是一条转移指令，则与转移预测相关的信息记录到对应基本块的 BRQ 中，并且记录转移指令相对基本块开始指令的偏移。

3. 发射流水级

GS232 处理器核采用乱序发射策略，将准备好操作数的指令送往功能单元，其中访存指令间仍然维持原有的顺序发射执行。每拍可以同时发射两条指令，不过这两条指令中包含的定点乘除法指令、访存指令、浮点指令只能有一条。发射的指令从通用寄存器和浮点寄存器中读取相应的源操作数，送往各个功能单元的缓冲区，等待执行。发射策略是，issue_bus0 优先发射准备好的访存指令，issue_bus1 优先发射准备好的第一条 alu 指令（包括转移指令），另外再找一条准备好的浮点指令，选择空闲的总线发射，最后找一条准备好的乘法类（acc）指令或第二条 alu 指令（不包括转移指令），选择空闲的总线发射。其中的访存指令和乘法指令都是顺序发射的，乘法类指令包括乘除指令和所有访问 HI/LO 寄存器的指令。GS232 处理器核中还将一些指令定义为等待发射（Wait Issue）指令和停止发射（Stall Issue）指令，其中等待发射指令需要等到队列头才能发射，停止发射指令将阻塞后面所有指令的发射。

4. 执行流水级

各个功能单元根据指令执行相应的操作并且将结果写回操作序列。

定点（/DSP）加法和减法、移位操作、逻辑运算、转移指令需要 1 个处理器时钟周期就可以执行写回操作，乘法指令需要 3 个处理器时钟周期执行写回操作，执行除法指令需要 3~35 个处理器时钟周期。访问 HI/LO 寄存器的指令通过乘法流水线，也需要 3 个处理器时钟周期执行写回操作。

浮点乘法需要 4 个处理器时钟周期，单精度除法指令需要 24 个处理器时钟周期，双精度除法指令需要 56 个处理器时钟周期，浮点加减法指令需要 3 个处理器时钟周期，定点到浮点转换需要 3 个处理器时钟周期，单精度转双精度需要 2 个处理器时钟周期，分支需要 2 个处理器时钟周期，取负数和求取绝对值等需要 2 个处理器时钟周期。

访存指令执行写回操作需要 3 个处理器时钟周期。在第 1 个处理器时钟周期内，通过

ADDR 模块计算虚拟地址；在第 2 个处理器时钟周期内，通过 DTLB，将虚拟地址转换成物理地址，如果没有命中 DTLB，则需要从 JTLB 中选择相应项来填充 DTLB。该级也检查各种异常，以及 EJTAG 上设置的数据断点。同时，还会访问数据缓存，读取相应缓存行的标记和数据，将标记和转换后的物理地址高位进行比较，选择正确的数据送往加载/保存队列；在第 3 个处理器时钟周期内，如果命中数据缓存，则将加载结果写回队列，保存操作写入数据缓存。如果发生数据缓存缺失，则将物理地址送到缺失队列，并且访问主存储器以填充数据缓存。GS232 处理器核还支持写合并的收集技术，即在保存操作发生数据缓存缺失后，保存操作将进入缺失队列，此时不会立即发起访问主存储器的操作，会在缺失队列中继续收集相同缓存行的保存操作，如果可以收集满完整的缓存行，则不需要访问主存储器，直接将该行收集好的数据填充数据缓存，以节约访问主存储器所需要的带宽。GS232 处理器核的写合并只有一项会在缺失队列中等待合并，当发生两项写缺失时，则较早的那项将结束等待，开始发起访问主存储器的请求命令。通过以上技术和各个访存队列，GS232 处理器核最多可以允许缺失 5 条不同缓存行的保存指令（对于相同缓存行的保存指令，无论多少条都能接收），以及允许 4 条在 3 个缓存行内的加载指令缺失。

GS232 处理器核的功能单元，除了有结果总线 resbus，还有 forward 总线来表示下一拍写回的指令。这样，在发射时，选择准备好的指令，可以通过上一拍的 forward 总线来确定本拍要写回的指令，这种指令也可以发射。

乘法类指令、保存指令、mtc0 类指令由于都是在执行时修改寄存器或存储器，所以需要确保不会取消这些指令的执行，即在这些指令之前没有未执行的转移指令和会引起异常的指令等。因此，这些指令的执行都需要等待一个 store_ok 或 acc_write_ok 等信号。

转移指令经过功能单元计算后，先写回 BRQ，由 BRQ 进行预测错的转移取消后，再写回队列中。转移指令的目标地址保存在队列的 imm 域中，而根据基本块的起始地址和转移指令相对基本块的偏移计算得到转移指令的地址，或者根据队列中第一条指令的 PC 和转移指令相对队列头部的偏移计算得到。

5. 提交流水级

指令提交就是将操作队列中已经执行完的指令的运算结果写入定点寄存器堆中，同时释放相应的操作队列项，每拍可以提交两条指令。如果指令发生异常，则设置异常信号，取消处理器中所有指令的执行，并且进入相应的异常入口地址执行异常处理。如果发生转移预测错误，同样取消后续指令的执行，重新开始取指操作。

6.6 处理器系统的地址分配和映射

在使用 X86 架构处理器构成的计算机系统中，CPU 访问存储器和外部设备（简称外设）采用了两种不同的编址方式，为存储器和外设分别提供了存储器访问空间和外设访问空间。因此，在 X86 架构处理器的 ISA 中提供了专门用于访问存储器和专门用于访问外设的指令。

在使用 MIPS 架构处理器构成的计算机系统中，CPU 访问存储器和外部设备（简称外设）采用了统一的编址方式。也就是说，对于 MIPS 架构的处理器来说，将存储器和外设都看作一个统一存储器地址空间的一部分，即按照实现的约定，在统一的存储器地址空间内为存储器和外设分配它们的起始地址和所占用的存储空间的大小。因此，在 MIPS 架构的 ISA

中用于访问存储器和访问外设的指令都是相同的。龙芯 1B 微处理器芯片采用了 MIPS 架构，因此采用存储器和外设统一编址的方法。

> **注**：下面给出的空间映射以虚拟地址表示。对于虚拟地址到物理地址的转换由 6.4.7 节所介绍的固定映射 MMU 实现。

6.6.1　一级 AXI 交叉开关上模块的地址空间

一级 AXI 交叉开关上模块的地址空间如表 6.25 所示。

表 6.25　一级 AXI 交叉开关上模块的地址空间

虚拟地址空间	模　块	说　明
0x8000 0000~0x8FFF FFFF（kseg0）	DDR 存储器	256MB
0x9000 0000~0x9FFF FFFF	—	保留
0xA000 0000~0xAFFF FFFF（kseg1）	DDR 存储器	256MB
0xB000 0000~0xBC2F FFFF	—	保留
0xBC30 0000~0xBC3F FFFF	DC 从设备	1MB
0xBC40 0000~0xBEFF FFFF	—	保留
0xBF00 0000~0xBFFF FFFF	AXI MUX 从设备	16MB
0xC000 0000~0xFFFF FFFF	—	保留

6.6.2　AXI MUX 下各个模块的地址空间

AXI MUX 下各个模块的地址空间如表 6.26 所示。

表 6.26　AXI MUX 下各个模块的地址空间

虚拟地址空间	模　块	说　明
0xBF00 0000~0xBF7F FFFF	SPI0-存储器	8MB
0xBF80 0000~0xBFBF FFFF	SPI1-存储器	4MB
0xBFC0 0000~0xBFCF FFFF	SPI0	1MB
0xBFD0 0000~0xBFDF FFFF	CONFREG（GPIO）	1MB
0xBFE0 0000~0xBFE0 FFFF	USB	64KB
0xBFE1 0000~0xBFE1 FFFF	GMAC0	64KB
0xBFE2 0000~0xBFE2 FFFF	GMAC1	64KB
0xBFE3 0000~0xBFE3 FFFF	—	保留
0xBFE4 0000~0xBFE7 FFFF	APB-设备	256KB
0xBFE8 0000~0xBFEB FFFF	SPI0-IO	256KB
0xBFEC 0000~0xBFEF FFFF	SPI0-IO	256KB
0xBFF0 0000~0xBFFF FFFF	—	保留

6.6.3　APB 各个模块的地址空间分配

APB 各个模块的地址空间分配如表 6.27 所示。

表 6.27　APB 各个模块的地址空间分配

虚拟地址空间	模　　块	说　　明
0xBF4E 0000~0xBFE4 3FFF	UART0	16KB
0xBFE4 4000~0xBFE4 7FFF	UART1	16KB
0xBFE4 8000~0xBFE4 BFFF	UART2	16KB
0xBFE4 C000~0xBFE4 FFFF	UART3	16KB
0xBFE5 0000~0xBFE5 3FFF	CAN0	16KB
0xBFE5 4000~0xBFE5 7FFF	CAN1	16KB
0xBFE5 8000~0xBFE5 BFFF	I2C-0	16KB
0xBFE5 C000~0xBFE5 FFFF	PWM	16KB
0xBFE6 0000~0xBFE6 3FFF	—	保留
0xBFE6 4000~0xBFE6 7FFF	RTC	16KB
0xBFE6 8000~0xBFE6 BFFF	I2C-1	16KB
0xBFE6 C000~0xBFE6 FFFF	UART4	16KB
0xBFE7 0000~0xBFE7 3FFF	I2C-2	16KB
0xBFE7 4000~0xBFE7 7FFF	AC97	16KB
0xBFE7 8000~0xBFE7 BFFF	NAND	16KB
0xBFE7 C000~0xBFE7 FFFF	UART5	16KB

第7章 协处理器的架构

MIPS ISA 最多提供 4 个协处理器。协处理器扩展了 MIPS ISA 的功能，同时共享 CPU 的取指和执行控制逻辑。一些协处理器，如系统协处理器和浮点单元，是 ISA 的标准部分，并在架构文档中说明。

协处理器（Co-Processor, CP）通常是可选择的，只有一个例外，即协处理器 0（CP0）是必须的。CP0 是特权资源架构的 ISA 接口，提供对处理器状态和模式的完全控制。

本章将详细介绍 CP0 内的寄存器、协处理器指令，以及操作 CP0 的方法，以帮助读者理解协处理器与中央处理单元的交互方法，并理解协处理器在龙芯 GS232 处理器核中的作用。

7.1 协处理器 0 的功能

CP0 提供了支持操作系统所需功能的抽象，即异常处理、存储器管理、调度和关键资源的控制。通过使用操作码编码的各种指令，处理器实现与 CP0 接口的交互，包括将数据移入/移出寄存器的能力，以及修改 CP0 状态的特定功能。CP0 寄存器，以及与它们的交互构成了特权资源架构（Privileged Resource Architecture, PRA）的大部分。

7.2 协处理器 0 中的寄存器

CP0 中的寄存器提供 ISA 和 PRA 之间的接口。本节将介绍龙芯 GS232 处理器核中协处理器所实现的寄存器及其功能。

> 注：(1) 当处理器运行在内核模式或 Status 寄存器中的第 28 位设置为"1"时，可以使用 CP0 指令；否则，执行 CP0 指令将产生"CP0 协处理器不可用异常"。
>
> (2) 在 MFC0 和 MTC0 指令中，使用寄存器号 x，以及选择号 y 来定位 CP0 中一个具体的寄存器。因此，在下面给出寄存器的同时都会给出寄存器号和选择号，分别用 register x 和 select y 表示，其中 x 和 y 表示一个具体的数字。

1. 索引（Index）寄存器（register 0, select 0）

Index 寄存器的格式如图 7.1 所示。该寄存器是一个 32 位读/写寄存器，它包含用于 tlbp、tlbr 和 tlbwi 指令访问 TLB 的索引。Index 字段的宽度作为 TLB 入口/条目数量的函数，取决于如何实现。基于 TLB 的 MMU 的最小值为 Ceiling $[\log_2(\text{TLB 入口数})]$。在龙芯 1B 处理器中，Index 字段为 6 位（$n = 6$）宽度。

31	30				n	$n-1$		0
P			0				Index	

图 7.1　Index 寄存器的格式

（1）[31]：P 字段。探测失败位。硬件在 tlbp 指令执行期间写入该位以指示是否发生 TLB 匹配。当匹配时，该位为 0；当没有匹配时，该位为 1。

（2）[30:n]：保留字段。

（3）[$n-1$:0]：Index 字段。软件写入该字段以提供 tlbr 和 tlbwi 指令引用的 TLB 条目/入口的索引。硬件在执行 tlbp 指令期间使用匹配的 TLB 条目/索引写入该字段。如果 tlbp 未能找到匹配项，则该字段的内容是不可预测的。

2. 随机（Random）寄存器（register 1，select 0）

Random 寄存器是只读寄存器，其值用于在 tlbwr 指令期间索引 TLB。寄存器中 Random 字段宽度的计算方式与 Index 寄存器的计算方式相同。该寄存器的值在上下限之间的变化如下：

（1）下限由保留供操作系统专用的 TLB 条目/入口数（Wired 寄存器的内容）设置。Wired 寄存器索引的条目/入口是 TLB 随机写入操作可写入的第一个条目/入口。

（2）上限由 TLB 条目/入口的总数减 1 设置。

在所需的上限和下限约束内，处理器为 Random 寄存器选择值的方式取决于如何实现。为了简化测试，在系统重新启动时将 Random 寄存器设置为上限，在写入 Wired 寄存器时，也要将该寄存器设置为上限。

Random 寄存器的格式如图 7.2 所示。

31					n	$n-1$		0
			0				Random	

图 7.2　Random 寄存器的格式

（1）[31:n]：保留字段。

（2）[$n-1$:0]：TLB 随机索引。

3. EntryLo0 和 EntryLo1 寄存器（register 2，register 3，select 0）

一对 EntryLo 寄存器充当 tlb 和 tlbp、tlbr、tlbwi、tlbwr 指令之间的接口。EntryLo0 保存偶数页的条目/入口，EntryLo1 保存奇数页的条目/入口。

软件可以通过将所有的"1"写入 EntryLo0 或 EntryLo1 寄存器并读回值来确定 PABITS 的值。从 PFN 字段读取为"1"的位允许软件确定 PFN 和填充字段之间的边界以计算 PABITS 的值。

EntryLo0 和 EntryLo1 寄存器的内容在地址错误异常后未定义，并且某些字段可能在地址错误异常序列期间被硬件修改。EntryHi 寄存器的软件写入（通过 mtc0 指令）不会导致 BadVAddr 或 Context 寄存器中地址相关字段隐式更新。

EntryLo0 和 EntryLo1 寄存器的格式如图 7.3 所示。

31	30	29	6	5	3	2	1	0
Fill		PFN		C		D	V	G

图 7.3 EntryLo0 和 EntryLo1 寄存器的格式（架构的版本 1）

（1）[31:30]：Fill 字段。在写入时忽略这些位，并且在读取的时候返回 0。该字段的边界随着 PABITS 的值而变化。

（2）[29:6]：PFN 字段。页面帧号。对应于物理地址位 PABITS[35:12]，其中 PARBITS 是以位为单位的物理地址宽度。该字段的边界随着 PABITS 值的变化而变化。

（3）[5:3]：C 字段。页面一致性属性。

（4）[2]：D 字段。"脏"位，表示该页可写。如果该位为"1"，则允许保存到页面；如果该位为"0"，则保存到页面会导致 TLB 修改异常。

内核软件（操作系统）可以使用该位来实现页面算法，该算法要求知道已经写入哪些页面。如果在初始映射页面时该位总是 0，则在对页面进行任何保存时导致的 TLB 修改异常可用于更新内核数据结构，它用于指示该页面实际已经写入。

（5）[1]：V 字段。有效位，指示 TLB 条目/入口，以及虚拟页映射有效。如果该位为"1"，则允许访问该页；如果该位为"0"，则对页面的访问会导致 TLB 无效异常。

（6）[0]：G 字段。全局位。在写入 TLB 时，对来自 EntryLo0 和 EntryLo1 的 G 位进行逻辑"与"运算后生成 TLB 条目中的 G 位。如果 TLB 条目/入口的 G 字段为"1"，则在 TLB 匹配期间忽略比较 ASID。

从 TLB 读取时，EntryLo0 和 EntryLo1 的 G 位反映 TLB G 位的状态。

> **注**：在龙芯处理器中不支持1KB页面，Fill 字段的长度用下面的公式计算：
> $$[31:(30-(36-PABITS))]$$
> PFN 字段的长度用下面的公式计算：
> $$[29-(36-PABITS):6]$$

4. 上下文（Context）寄存器（register 4，select 0）

Context 寄存器是一个读/写寄存器，其包含一个指向页表条目（Page Table Entry，PTE）数组/阵列中一个条目/入口的指针，该数组/阵列是一种操作系统数据结构，用于保存虚拟地址到物理地址的转换。在 TLB 缺失（没有命中）时，操作系统会从 PTE 数组/阵列中加载带有缺失转换的 TLB。该寄存器复制了 BadVAddr 寄存器中提供的一些信息，但其组织方式使得操作系统可以直接引用存储器中描述映射的 16 字节结构。

TLB 异常（包括 TLB 重新填充、TLB 无效或 TLB 修改）会将虚拟地址的 VA[31:13] 位写入该寄存器的 BadVPN2 字段。PTEBase 字段由操作系统写入和使用。

在出现地址错误异常后，未定义该寄存器的 BadVPN2 字段，该字段可能在地址错误异常序列期间由硬件修改。

Context 寄存器的格式如图 7.4 所示。

31	23	22	4	3	0
PTEBase		BadVPN2		0	

图 7.4　Context 寄存器的格式

（1）［31:23］：PTEBase 字段。该字段供操作系统使用，通常写入一个值，允许操作系统使用该寄存器作为指向存储器中当前 PTE 数组/阵列的指针。

（2）［22:4］：BadVPN2 字段。该字段由硬件在 TLB 异常时写入。它包含导致异常的虚拟地址的 VA［31:13］位。

（3）［3:0］：保留字段。必须写入 0，在读取时返回 0。

5. 页面屏蔽（PageMask）寄存器（register 5，select 0）

PageMask 寄存器是一个读/写寄存器，用于读取和写入 TLB。它包含一个比较掩码，用于为每个 TLB 条目/入口设置可变页面大小。

PageMask 寄存器的格式如图 7.5 所示。

31	29	28	13	12　11	10	0
0		Mask		MaskX	0	

图 7.5　PageMask 寄存器的格式

（1）［28:13］：Mask 字段。该字段是一个位屏蔽。当该字段中某一位为"1"时，表示虚拟地址对应的位参与 TLB 匹配。

（2）［12:11］：MaskX 字段。在架构的第 2 版中，MaskX 字段是对 Mask 字段的扩展，以支持 1KB 页面，其定义和操作类似上面定义的 Mask 字段的定义与操作。

如果使能 1KB 页面（Config 寄存器的 SP 位为"1"且 PageGrain 寄存器的 ESP 位为"1"），这些位是可写并可读的，并且它们的值分别在 TLB 写入和读取时复制到 TLB 条目/入口或从 TLB 条目/入口复制；如果未使能 1KB 页面（Config3 寄存器的 SP 位为"0"或 PageGrain 寄存器的 ESP 位为"0"），则这些位是不可写的，读取时返回 0，并且写入时对 TLB 条目/入口的影响就像给它们写入值"11"一样。

在架构的版本 1 中，这些位必须全部写"0"，读取时所有位返回"0"，并且对虚拟地址转换没有影响。

（3）［31:29］和［10:0］：写的时候忽略，读取时返回 0。

对于不同页面，Mask 字段和 MaskX 字段的设置如表 7.1 所示。

表 7.1　Mask 字段和 MaskX 字段的设置

页 面 大 小	位																	
	28	27	26	25	24	23	22	21	20	19	18	17	16	15	14	13	12	11
1KB	0	0	0	0	0	0	0	0	0	0	0	0	0	0	0	0	0	0
4KB	0	0	0	0	0	0	0	0	0	0	0	0	0	0	0	0	1	1
16KB	0	0	0	0	0	0	0	0	0	0	0	0	0	0	1	1	1	1

续表

页 面 大 小	位																	
	28	27	26	25	24	23	22	21	20	19	18	17	16	15	14	13	12	11
64KB	0	0	0	0	0	0	0	0	0	0	0	0	1	1	1	1	1	1
256KB	0	0	0	0	0	0	0	0	0	0	1	1	1	1	1	1	1	1
1MB	0	0	0	0	0	0	0	0	1	1	1	1	1	1	1	1	1	1
4MB	0	0	0	0	0	0	1	1	1	1	1	1	1	1	1	1	1	1
16MB	0	0	0	0	1	1	1	1	1	1	1	1	1	1	1	1	1	1
64MB	0	0	1	1	1	1	1	1	1	1	1	1	1	1	1	1	1	1
256MB	1	1	1	1	1	1	1	1	1	1	1	1	1	1	1	1	1	1

6. 用线加固的（Wired）寄存器（register 6, select 0）

Wired 寄存器是一个读/写寄存器，它指定了 TLB 中 Wired 和 Random 条目/入口之间的边界，如图 7.6 所示。

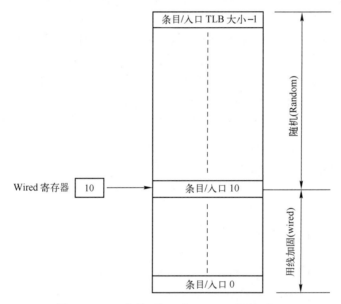

图 7.6　TLB 中的 Wired 和 Random 条目/入口

Wired 字段的宽度计算方式与 Index 寄存器所描述的方式相同。由 Wired 字段确定的条目/入口是固定的且不可替换的入口，tlbwi 指令不能覆盖它。

复位异常将 Wired 寄存器设置为 0。写入 Wired 寄存器会使得 Random 寄存器复位到它的上限。

Wired 寄存器的格式如图 7.7 所示。

31	n	$n-1$	0
0		Wired	

图 7.7　Wired 寄存器的格式

（1）[31:n]：保留，必须写入 0；读取时返回 0。

（2）[n-1:0]：Wired 字段。TLB 的 Wired 边界。

> 注：在龙芯 GS232 处理器核中，$n=6$。

7. 硬件寄存器读使能（HWREna）寄存器（register 7，select 0）

HWREna 寄存器包含一个位屏蔽字段，用来确定当使用 rdhwr 指令时，对应的硬件寄存器是否可读。

HWREna 寄存器的格式如图 7.8 所示。

31	4	3 2 1 0
0		Mask

图 7.8　HWREna 寄存器的格式

（1）[31:4]：保留字段。必须给该字段写入零，读取该字段时返回 0。

（2）[3:0]：Mask 字段。该字段中的每一位都允许 rdhwr 指令访问特定的硬件寄存器（可能不是实际的寄存器）。如果该字段中的位"n"为 1，则使能对硬件寄存器"n"的访问；如果该字段中的位"n"为 0，则禁止访问。

特权软件可以确定 rdhwr 指令可访问的硬件寄存器。当这样做时，可以以处理保留指令异常、解释指令和返回虚拟化值为代价来虚拟化寄存器。例如，如果不希望提供对 Count 寄存器的直接访问，则可以单独禁止对该寄存器的访问，并且操作系统可以虚拟化返回值。

8. 错误虚拟地址（BadVAddr）寄存器（register 8，select 0）

BadVAddr 寄存器是一个只读寄存器，用于捕获导致以下异常之一的最新虚拟地址。

（1）地址错误（AdEL 或 AdES）。

（2）TLB 重新填充。

（3）TLB 无效（TLBL，TLBS）。

（4）TLB 修改。

BadVAddr 寄存器不捕获缓存/总线错误/监视异常的地址信息，因为没有一个是可寻址的错误，寄存器的格式如图 7.9 所示。

31	0
BadVAddr	

图 7.9　BadVAddr 寄存器的格式

图 7.9 中，[31:0]为 BadVAddr 字段，为错误的虚拟地址。

9. 计数器（Count）寄存器（register 9，select 0）

Count 寄存器充当定时器。无论指令是否执行、退出或通过流水线向前，该寄存器中的值都以恒定速度递增。计数器递增的速率取决于实现，并且是处理器流水线时钟的函数，而不是处理器的发射宽度。

可以写入 Count 寄存器，用于功能或诊断目的（包括复位或同步处理器）。该寄存器的格式如图 7.10 所示。

31	0
Count	

图 7.10　Count 寄存器的格式

图 7.10 中，[31:0] 为 Count 字段，为间隔计数器。

> **注**：在龙芯 GS232 处理器核中，Count 寄存器每两个时钟周期加 1。

10. EntryHi 寄存器（register 10, select 0）

EntryHi 寄存器包含用于 TLB 读、写和访问操作的虚拟地址匹配信息。TLB 异常（TLB 重新填充、TLB 无效或 TLB 修改）会将虚拟地址 VA[31:13] 位写入 EntryHi 寄存器的 VPN2 字段。支持 1KB 页面的架构版本 2 的实现还将 VA[12:11] 写到 EntryHi 寄存器的 VPN2X 字段。tlbr 指令只能将所选条目/入口中的相应字段写入 EntryHi 寄存器。ASID 字段由软件用当前地址空间的标识符值写入，并且在 TLB 比较过程中用于确定 TLB 匹配。

因为 tlbr 指令覆盖了 ASID 字段，因此软件必须在使用 tlbr 指令的前后保存和恢复 ASID 的值。这在 TLB 无效和 TLB 修改异常，以及其他存储器管理软件中尤为重要。

EntryHi 寄存器的 VPNX2 和 VPN2 字段在地址错误异常后未定义，这些字段可能在地址错误异常序列期间由硬件修改。软件通过 mtc0 指令写 EntryHi 寄存器不会导致隐式写入 BadVAddr、Context 寄存器中地址相关的字段。

EntryHi 寄存器的格式如图 7.11 所示。

31	13	12　11	10　　　8	7　6　5　4　3　2　1　0
VPN2		VPN2X	0	ASID

图 7.11　EntryHi 寄存器的格式

（1）[31:13]：VPN2 字段。虚拟地址 VA[31:13]（虚拟页号/2）。该字段由硬件在 TLB 异常或者 TLB 读取时写入，并且在 TLB 写入之前由软件写入。

（2）[12:11]：VPN2X 字段。在架构的第 2 版中，VPN2X 字段是 VPN2 字段的扩展，以支持 1KB 页面。

除非 Config3 寄存器的 SP 字段为 "1" 且 PageGrain 寄存器的 ESP 字段为 "1"，否则不可由硬件写入这些位。如果允许写入，则该字段包含虚拟地址 VA[12:11]，并由硬件在 TLB 异常或者 TLB 读取时写入，同时是在 TLB 写入之前通过软件进行的。

如果未使能写入，并且在架构的版本 1 实现中，则该字段必须写入全部的 "0" 并且在读取时返回全 "0"。

（3）[10:8]：保留字段。该字段必须写入 0，读取该字段时返回 "0"。

（4）[7:0]：ASID 字段。地址空间标识符。该字段由硬件在 TLB 读取时写入，并由软件为 TLB 写入建立当前 ASID 值，并且 TLB 引用与每个条目的 TLB ASID 字段匹配。

11. 比较（Compare）寄存器（register 11, select 0）

Compare 寄存器与 Count 寄存器一起实现定时器和定时器中断功能。Compare 寄存器保持一个稳定的值并且不会自行改变。

当 Count 寄存器的值等于 Compare 寄存器设置的值时，中断请求以依赖于实现的方式与硬件中断 5 组合，以设置 Cause 寄存器中的中断位 IP(7)。一旦该使能中断，就会导致中断请求。

Compare 寄存器用于诊断目的，是一个读/写寄存器。然而，在正常使用中，该寄存器是只写的。将值写入 Compare 寄存器会清除定时器中断。

Compare 寄存器的格式如图 7.12 所示。

31	0
Compare	

图 7.12　Compare 寄存器的格式

图 7.12 中，[31:0]为 Compare 字段，为间隔计数的比较值。

12. 状态（Status）寄存器（register 12, select 0）

Status 寄存器是一个读/写寄存器，包含处理器的工作模式、中断使能和诊断状态，该寄存器的字段组合起来为处理器创建工作模式。

Status 寄存器的格式如图 7.13 所示。

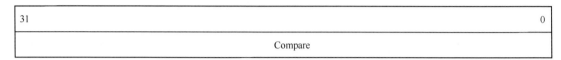

图 7.13　Status 寄存器的格式

（1）[31:28]：CU[3:0]字段。控制对协处理器 3、2、1 和 0 的访问。当对应的位为"1"时，允许访问某个协处理器；当对应的位为"0"时，不允许访问某个协处理器。

当处理器运行在内核模式或调试模式时，协处理器 CP0 始终可用，与 CU0 位的状态无关。在架构的第 2 版和架构的第 1 版的 64 位实现中，所有浮点指令的执行，包括使用 COP1X 操作码编码的指令，都由 CU1 使能控制。CU3 不再使用，保留供架构将来使用。

如果没有连接协处理器的规定，则在写入时必须忽略相应的位，读取时返回"0"。

（2）[27]：RP 字段。在一些实现上使能降低功耗模式。该位的具体操作取决于实现。如果未实现该位，则必须在写入时忽略它并读取为"0"。如果实现了该位，则复位状态必须为"0"，以便处理器能以全性能启动。

> **注**：在龙芯 GS232 处理器核中，该位始终为"0"。

（3）[26]：FR 字段。在架构的第 1 版中，只有 MIPS64 处理器可以实现 64 位浮点单元。在架构的第 2 版中，MIPS32 和 MIPS64 位处理器都可以实现 64 位浮点单元。该位用于控制 64 位浮点单元的浮点寄存器模式。

当该位为 "0" 时, 浮点寄存器可以包含任何 32 位数据类型。64 位数据类型保存在奇数和偶数对寄存器中。当该位为 "1" 时, 浮点寄存器可以包含任何数据类型。

在以下情况, 忽略对该位的写入并读取为 "0":

(1) 没有实现浮点单元;

(2) 在架构版本 1 的 MIPS32 实现中;

(3) 在未实现 64 位浮点单元的架构版本 2 的实现中;

> **注**: 在龙芯 GS232 处理器核中, 该位始终为 "0"。

(4) [25]: RE 字段。处理器在用户模式下, 用于使能反向 "端" 存储器引用。当该位为 "0" 时, 用户模式使用配置的端; 当该位为 "1" 时, 用户模式使用反向的 "端"。

调试模式、内核模式和管理模式引用均不受该位状态的影响。如果未实现该位, 则在写入时忽略该位, 且在读取时返回 "0"。

(5) [24]: MX 字段。使能访问 MIPS64 处理器上的 MDMX 资源。MIPS32 处理器不使用该位。写入时必须忽略该位, 读取该位时返回 "0"。

> **注**: 在龙芯 GS232 处理器核中, 该位始终为 "0"。

(6) [23]: PX 字段。允许访问 MIPS64 处理器上的 64 位操作。MIPS32 处理器不使用。写入时必须忽略该位, 读取该位时返回 "0"。

> **注**: 在龙芯 GS232 处理器核中, 该位始终为 "0"。

(7) [22]: BEV 字段。控制异常向量的位置。当该位为 "0" 时, 正常; 当该位为 "1" 时, 启动引导。

(8) [21]: TS 字段。指示 TLB 已经检测到多个条目/入口的匹配。在写入 TLB 或访问 TLB 时, 该检测是否发生需要取决于实现。在架构的第 2 版中, 只能在一次 TLB 写入时报告多个 TLB 匹配。

当这种检测发生时, 处理器初始化机器检查异常并设置该位, 是否可以通过软件纠正这种情况取决于实现。如果可以纠正该情况, 则应该在恢复正常操作之前由软件给该位置 "0"; 如果未实现该位, 则在写入时忽略该位, 并且读取时返回 "0"。

> **注**: 在龙芯 GS232 处理器核中, 该位始终为 "0"。

(9) [20]: SR 字段。表示由于软件复位进入复位异常向量的入口。当该位为 "0" 时, 没有软件复位 (NMI 或复位); 当该位为 "1" 时, 软件复位。

(10) [19]: NMI 字段。表示由于不可屏蔽中断 (Non-Maskable Interrupt, NMI) 异常进入复位异常向量的入口。当该位为 "0" 时, 没有 NMI (软件复位或复位); 当该位为 "1" 时, NMI。

如果未实现该位, 则在写入时忽略该位, 并且读取时返回 "0"。

> **注**: 在龙芯 GS232 处理器核中, 该位始终为 "0"。

（11）[18]：保留字段。该位必须写"0"，读取时返回"0"。

（12）[17:16]：Impl 字段。这些位依赖于实现，并且不由架构定义。如果没有实现它们，则在写入时忽略它们，并且读取时返回全"0"。

> **注**：在龙芯 GS232 处理器核中，该字段始终为 0。

（13）[15:10]：IM7~IM2 字段。中断屏蔽，控制使能硬件中断的每一位。当该字段中的某一位为"0"时，禁止所对立的中断请求；当该字段中的某一位为"1"时，使能所对应的中断请求。

在架构的第 2 版实现中，使能外部中断控制器（External Interrupt Controuer，EIC）中断模式（Config3 寄存器中的 VEIC 字段为"1"），这些位具有不同的含义，并将其解释为中断优先级（Interrupt Priority Level，IPL）字段，表示当前 IPL 的 0~63 编码之间的值。仅当请求的 IPL 高于该值时才会发出中断信号。

（14）[9:8]：IM1~IM0 字段。控制每个软件中断的使能。当该字段中的某一位为"0"时，禁止所对应的中断请求；当该字段中的某一位为"1"时，使能所对应的中断请求。在架构的第 2 版实现中，在使能 EIC 中断模式时，这些位是可写的，但对中断系统没有影响。

（15）[7]：KX 字段。允许访问 64 位 MIPS 处理器中的 64 位内核地址空间。MIPS32 处理器不使用，写入时必须忽略该位，读取时为"0"。

> **注**：在龙芯 GS232 处理器核中，该位始终为"0"。

（16）[6]：SX 字段。允许访问 64 位 MIPS 处理器中的 64 位管理地址空间。MIPS32 处理器不使用，写入时必须忽略该位，读取时为"0"。

> **注**：在龙芯 GS232 处理器核中，该位始终为"0"。

（17）[5]：UX 字段。允许访问 64 位 MIPS 处理器中的 64 位用户地址空间。MIPS32 处理器不使用，写入时必须忽略该位，读取时为"0"。

> **注**：在龙芯 GS232 处理器核中，该位始终为"0"。

（18）[4:3]：KSU 字段。如果实现了管理模式，则该字段的编码表示处理器的基本操作模式。当该字段为"00"时，表示基本模式为内核模式；当该字段为"01"时，表示基本模式为管理模式；当该字段为"10"时，表示基本模式为用户模式；当该字段为"11"时，保留。该字段与 UM 和 R0 字段重叠，如下所述。

①[4]：UM 字段。如果没有实现管理模式，则该位指示处理器的基本操作模式。当该位为"0"时，基本模式为内核模式。

②[3]：R0 字段。如果没有实现管理模式，则保留该位。写入时必须忽略该位，读取时返回"0"。

（19）[2]：ERL 字段。错误级。当采纳复位、软件复位、NMI 或缓存错误异常时，由处理器设置。当该位为"0"时，正常级；当该位为"1"时，错误级。当设置 ERL 时：

① 处理器运行在内核模式；

② 禁止硬件和软件中断；

③ ERET 指令将使用 ErrorEPC 而不是 EPC 中保存的返回地址;

④ kuseg 的低 2^{29} 字节看作映射和未缓存的区域。

(20)［1］：EXL 字段。异常级别。当不是采纳复位、软件复位、NMI 或缓存错误异常外的其他任何异常时,由处理器设置。当该位为"0"时,正常级;当该位为"1"时,异常级。当设置 EXL 时:

① 处理器运行在内核模式;

② 禁止硬件和软件中断;

③ TLB 重填充异常使用普通的异常向量而不是使用 TLB 重新填充向量;

④ 如果采纳了其他异常,而没有更新 EPC 寄存器、Cause 寄存器中的 BD 字段和 SRSCtrl 寄存器(只在架构版本 2 实现)。

(21)［0］：IE 字段。中断使能,充当软件和硬件中断的主设备使能。当该位为"0"时,禁止中断;当该位为"1"时,使能中断。在架构版本 2 中,该位只能单独通过 di 和 ei 指令修改。

13. 中断控制(IntCtl)寄存器(register 12,select 1)

IntCtl 寄存器控制架构第 2 版中添加的扩展中断功能,包括向量中断和对外部中断控制器的支持。该寄存器在架构的第 1 个版本实现中不存在。IntCtl 寄存器的格式如图 7.14 所示。

31 29	28 26	25 10	9 5	4 0
IPTI	IPPCI	0	VS	0

图 7.14 IntCtl 寄存器的格式

(1)［31:29］：IPTI 字段(只读)。对于中断兼容性和向量中断模式,该字段指定定时器中断请求合并到的 IP 号,并允许软件确定潜在中断是否考虑 Cause 寄存器中的 TI 字段,如表 7.2 所示。

表 7.2 编码、IP 位和硬件中断源

编　码	IP 位	硬件中断源
2	2	HW0
3	3	HW1
4	4	HW2
5	5	HW3
6	6	HW4
7	7	HW5

(2)［28:26］：IPPCI 字段(只读)。对于中断兼容性和向量中断模式,该字段指定性能计数器中断请求合并到的 IP 号,并允许软件确定潜在中断是否考虑 Cause 寄存器中的 PCI 字段,如表 7.2 所示。

(3)［25:10］：保留字段。必须写入全"0",读取时返回全"0"。

(4)［9:5］：VS 字段。向量间距。如果实现了中断向量(由 Config3 寄存器的 VInt 字段

或 Config3 寄存器的 VEIC 字段表示），则该字段指定向量中断之间的间距，如表 7.3 所示。

表 7.3　VS 字段和向量间距之间的关系

编码 （十六进制）	向量之间的间距 （十六进制）	向量之间的间距 （十进制）
00	000	0
01	020	32
02	040	64
04	080	128
08	100	256
10	200	512

（5）[4:0]：保留字段，必须写入全"0"，读取时返回全"0"。

14. SRSCtl 寄存器（register 12, select 2）

SRSCtl 寄存器控制通用寄存器影子集的操作，该寄存器在版本 2 之前的架构中不存在。SRSCtl 寄存器的格式如图 7.15 所示。

31　30	29　　　　26	25　　　22	21　　　18	17　16	15　　　12	11　10	9　　　6	5　4	3　　　0
0	HSS	0	EICSS	0	ESS	0	PSS	0	CSS

图 7.15　SRSCtl 寄存器的格式

注：龙芯 GS232 处理器核未实现该寄存器。

15. SRSMap 寄存器（register 12, select 3）

SRSMap 寄存器包含 8 个四位字段，用于提供从向量编号到影子集编号的映射，以便在服务此类中断时使用。SRSMap 寄存器的格式如图 7.16 所示。

31　　　28	27　　　24	23　　　20	19　　　16	15　　　12	11　　　8	7　　　4	3　　　0
SSV7	SSV6	SSV5	SSV4	SSV3	SSV2	SSV1	SSV0

图 7.16　SRSMap 寄存器的格式

注：龙芯 GS232 处理器核未实现该寄存器。

16. 原因（Cause）寄存器（register 13, select 0）

Cause 寄存器主要描述最近异常的原因。此外，字段还控制软件中断请求和分发中断的向量。除 IP[1:0]、DC、IV 和 WP 字段外，Cause 寄存器中的所有字段都是只读的。架构的第 2 版添加了对外部中断控制器（External Interrupt Controller，EIC）中断模式的可选支持，其中将 IP[7:2]解释为请求中断优先级（Requested Interrupt Priority

Level，RIPL）。Cause 寄存器的格式如图 7.17 所示。

31	30	29 28	27	26	25 24	23	22	21　　　　　　　16	15　　　　　　10	9 8	7	6　　　　　2	1 0
BD	TI	CE	DC	PCI	0	IV	WP	0	IP7~IP2	IP1~IP0	0	Exc Code	0
									RIPL				

图 7.17　Cause 寄存器的格式

（1）[31]：BD 字段。指示上次发生的异常是否发生在分支延迟隙中。当该位为"0"时，未在延迟隙中；当该位为"1"时，在延迟隙中。当异常发生时，如果 Status 寄存器中的 EXL 字段为"0"，处理器才更新 BD。

（2）[30]：TI 字段。定时器中断。在架构版本 2 的实现中，该位表示定时器中断是否挂起（类似于其他中断类型的 IP 字段）。当该位为"0"时，没有挂起定时器中断；当该位为"1"时，挂起定时器中断。在架构的版本 1 中，该位必须写"0"，且读取时返回"0"。

（3）[29:28]：CE 字段。发生协处理器不可用异常时引用的协处理器单元号。在每个异常时，由硬件加载该字段，但对于除协处理器不可用外的其他所有异常都是不可预测的。

（4）[27]：DC 字段。禁止 Count 寄存器。在一些对功耗敏感的应用中，不使用 Count 寄存器。在这种情况下，该位允许停止 Count 寄存器。当该位为"0"时，使能 Count 寄存器的计数；当该位为"1"时，禁止 Count 寄存器的计数。在架构的版本 1 中，该位必须写"0"，且读取时返回"0"。

（5）[26]：PCI 字段。性能计数器中断。在架构版本 2 的实现中，该位表示性能计数器中断是否挂起（类似于其他中断类型的 IP 字段）。当该位为"0"时，没有挂起定时器中断；当该位为"1"时，挂起定时器中断。在架构版本 1 的实现中，或者如果未实现性能计数器（Config1 寄存器的 PC 字段为"0"），则该位必须写入全"0"，且读取时返回全"0"。

（6）[25:24]：保留字段，必须写入全"0"，且读取时返回全"0"。

（7）[23]：IV 字段。指示中断异常是使用通用异常向量还是特殊中断向量。当该位为"0"时，使用通用的异常向量（十六进制 180）；当该位为"1"时，使用特殊中断向量（十六进制 200）。在架构的第 2 版实现中，如果 Cause 寄存器的 IV 字段为"1"，且 Status 寄存器的 BEV 字段为"0"时，特殊中断向量代表中断向量表的基准。

（8）[22]：WP 字段（GS232 处理器核未实现）。表示由于在检测到监视异常时 Status 寄存器的 EXL 字段和 ERL 字段是一个异常，因此延迟了监视异常。该位既表示推迟观察异常，又导致一旦 Status 寄存器的 EXL 字段和 ERL 字段都为"0"时启动异常。因此，作为监视异常处理程序的一部分，软件必须清除该位以防止监视异常循环。当其值为"0"时，软件不应该向该位写"1"，从而导致"0"到"1"的跳变。如果没有实现监视寄存器，则在写入时必须忽略该位，且读取时返回"0"。

（9）[21:16]：保留字段。必须写入全"0"，且读取时返回全"0"。

（10）[15:10]：IP7~IP2 字段。指示挂起的中断，如表 7.4 所示。

在架构版本 1 的实现中，定时器和性能计数器中断以依赖于实现的方式与硬件中断 5 组合。在架构的版本 2 实现中，没有使能 EIC 中断模式（Config3 寄存器的 VEIC 字段等于"0"）时，定时器和性能计数器中断以依赖于实现的方式与任何硬件中断相结合；如果使能

EIC 中断模式（Config3 寄存器的 VEIC 字段等于"1"）时，这些位具有不同的含义且作为请求的中断优先级（requested interrupt priority level，RIPL）字段，表示所请求中断的 0~63 编码之间的值。当该字段为"0"时，表示没有中断请求。

表 7.4　IP7~IP2 字段的含义

位	名　字	含　义
15	IP7	硬件中断 5
14	IP6	硬件中断 4
13	IP5	硬件中断 3
12	IP4	硬件中断 2
11	IP3	硬件中断 1
10	IP2	硬件中断 0

（11）[9:8]：IP1~IP0 字段。控制软件中断请求。位 [9] 表示 IP1，软件中断请求 1；位 [8] 表示 IP0，软件中断请求 0。在架构的版本 2 实现中，也实现了 EIC 中断模式将这些位输出到外部中断控制器以便与其他中断源进行优先级排序。

（12）[7]：保留字段，必须写入"0"，且读取时返回"0"。

（13）[6:2]：异常编码字段，其含义如表 7.5 所示。

表 7.5　异常编码字段的含义

编　码　值		助　记　符	功　　能
十进制表示	十六进制表示		
0	0	Int	中断
1	1	Mod	TLB 修改异常
2	2	TLBL	TLB 异常（加载或取指）
3	3	TLBS	TLB 异常（保存）
4	4	AdEL	地址错误异常（加载或取指）
5	5	AdES	地址错误异常（保存）
6	6	IBE	总线错误异常（取指）
7	7	DBE	总线错误异常（数据引用：加载或保存）
8	8	Sys	系统调用（Syscall）异常
9	9	Bp	断点异常。如果在处理器以 EJTAG 调试模式运行时实现 EJTAG 并执行 SDBBP 指令，则该值写入 DebugDExcCode 字段以表示处于调试模式的 SDBBP
10	A	RI	保留的指令异常
11	B	CpU	协处理器不可用异常
12	C	Ov	算术溢出异常
13	D	Tr	陷阱异常
14	E	—	保留
15	F	FPE	浮点异常
16~17	10~11	—	可用于依赖实现的使用

续表

编 码 值		助 记 符	功 能
十进制表示	十六进制表示		
18	12	C2E	保留用于精确的协处理器 2 的异常
19~21	13~15	—	保留
22	16	MDMX	MDMX 不可用异常
23	17	WATCH	参考 WatchHi/WatchLo 地址
24	18	MCheck	机器检查
25~29	19~1d	—	保留
30	1e	CacheErr	缓存错误。在正常模式下，缓存错误异常具有专用的向量，且不更新 Cause 寄存器。如果在调试模式下实现了 EJTAG 并且发生了缓存错误，该编码将写入 DebugDExcCode 字段以指示重新进入调试模式是由缓存错误引起的
31	1f	—	保留

（14）［1:0］：保留字段。必须写入全"0"，且读取时返回全"0"。

17. 异常程序计数器（Exception Program Counter，EPC）寄存器（register 14，select 0）

EPC 寄存器是一个读/写寄存器，其包含处理异常后继续处理的地址。EPC 寄存器的所有位都很重要并且必须可写。

对于同步（精确）异常，EPC 包含：

（1）作为异常直接原因的指令的虚拟地址；

（2）前一个分支或跳转指令的虚拟地址，当引起异常的指令在分支延迟隙中时，且设置 Cause 寄存器中的分支延迟（Branch Delay，BD）字段。对于异步（不精确）异常，EPC 寄存器包含恢复执行的指令地址。当 Status 寄存器中的 EXL 位设置为"1"时，处理器不会写入 EPC 寄存器。EPC 寄存器的格式如图 7.18 所示。

31	0
	EPC	

图 7.18 EPC 寄存器的格式

18. 处理器标识（Processor Identification，PRId）寄存器（register 15，select 0）

PRId 寄存器是一个 32 位的只读寄存器，其包含标识制造商、制造商选项、处理器标识和处理器修订级别的信息。PRId 寄存器的格式如图 7.19 所示。

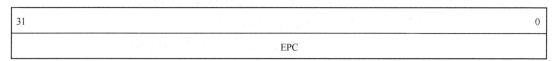

31　　　　　24	23　　　　　16	15　　　　　8	7　　　　　0
Company Options	Company ID	Processor ID	Revision

图 7.19 PRId 寄存器的格式

（1）［31:24］：Company Options 字段。可供处理器的设计者或制造商使用以获取公司相关选项。该字段中的值不是由架构指定的。如果未实现该字段，则读取时返回全"0"。

> **注**：龙芯 GS232 处理器核未使用该字段。

（2）［23：16］：Company ID 字段。标识设计或制造处理器的公司。软件可以通过检查该字段是否为"0"来区分 MIPS32 或 MIPS64 处理器与实现早期 MIPS ISA 的处理器。如果它不为 0，则处理器实现 MIPS32 或 MIPS64 架构。当获得 MIPS32 或 MIPS64 许可时，公司 ID 由 MIPS 技术公司分配，该字段中的编码如表 7.6 所示。

表 7.6 Company ID 的编码格式

编　　码	含　　义
0	不是 MIPS32 或 MIPS64 处理器
1	MIPS 技术公司
2~255	联系 MIPS 技术公司，获取 Company ID 分配列表

> **注**：龙芯 GS232 处理器核未使用该字段。

（3）［15：8］：Processor ID 字段。标识处理器的类型。该字段允许软件区分单个公司内的各种处理器实现，并由 Company ID 字段限定。Company ID 和 Processor ID 字段的组合创建了分配给每个处理器实现的唯一编号。

（4）［7：0］：Revision 字段。指定处理器的修订号。该字段允许软件区分一个版本和另一个相同处理器的类型。如果未实现此字段，则读取时返回全"0"。

19. EBase 寄存器（register 15，select 1）

EBase 寄存器是一个读/写寄存器，其包含当 Status 寄存器的 BEV 等于"0"时使用的异常向量的基地址，以及一个只读 CPU 的编号值，软件可以使用它来区分多处理器系统中的不同处理器。

EBase 寄存器为软件提供了在多处理器系统中识别特定处理器的能力，并允许每个处理器的异常向量不同，尤其是在由异构处理器组成的系统中。当 Status 寄存器的 BEV 字段为"0"时，EBase 寄存器的［31：12］位与 0 并置/连接以生成异常向量的基址。当 Status 寄存器的 BEV 字段为"1"或任何 EJTAG 调试异常时，向量的基地址来自固定默认值。EBase 寄存器的［31：12］的复位状态将异常基地址的寄存器初始化为十六进制数 8000 0000，提供与版本 1 实现的向后兼容性。

EBase 寄存器的［31：30］字段固定为"10"，并且将基地址和异常偏移量相加，以禁止在最终异常地址的第 29 位和第 30 位之间的进位。这两个限制的组合强制最终异常地址位于 kseg0 或 kseg1 未映射的虚拟地址段中。对于缓存错误异常，最终异常基地址中的第 29 位强制为"1"，以便异常始终在 kseg1 未映射、未缓存的虚拟地址段中运行。

EBase 寄存器格式如图 7.20 所示。

（1）［31］：1 字段。写入时忽略该位，读取时返回"1"。

（2）［30］：0 字段。写入时忽略该位，读取时返回"0"。

（3）［29：12］：Exception Base 字段。当 Status 寄存器的 BEV 字段为"0"时，该字段与［31：30］位一起指定异常向量的基地址。

31	30	29	12	11	10	9	0
1	0	Exception Base			0	CPUNum	

图 7.20　EBase 寄存器的格式

（4）[11:10]：保留字段。必须写入全 "0"，且读取时返回全 "0"。

（5）[9:0]：CPUNum 字段。该字段指定多处理器系统中的 CPU 编号，软件可以使用该字段将特定处理器与其他处理器区分开。当在系统环境中实现处理器时，该字段中的值由处理器硬件的输入设置。在单处理器系统中，该值设置为全 "0"。

20. 配置（Config）寄存器（register 16，select 0）

Config 寄存器指定了各种配置和功能信息。该寄存器中的大部分字段在复位异常的过程中由硬件初始化，或者是常数。K0 字段必须在复位异常句柄中由软件初始化。该寄存器的格式如图 7.21 所示。

31	30	16	15	14	13	12	10	9	7	6	4	3	2	0
M	Impl		BE	AT		AR		MT		0		VI	K0	

图 7.21　Config 寄存器的格式

（1）[31]：M 字段。表示在所选择的字段值为 "1" 时实现 Config1 寄存器。

（2）[30:16]：Impl 字段。该字段保留用于实现。

（3）[15]：BE 字段。表示处理器运行时的端模式。当该字段为 "0" 时，为小端模式；当该字段为 "1" 时，大端模式。

（4）[14:13]：AT 字段。其定义如表 7.7 所示。

（5）[12:10]：AR 字段。架构的版本级，如表 7.8 所示。

表 7.7　AT 字段的含义

编　码	含　义
0	MIPS32
1	MIPS64 只能访问 32 位的兼容段
2	MIPS64 可访问所有的地址段
3	保留

表 7.8　AR 字段的含义

编　码	含　义
0	第 1 版
1	第 2 版
2~7	保留

（6）[9:7]：MT 字段。指示 MMU 类型，其含义如表 7.9 所示。

（7）[6:4]：0 字段。必须写入 "0"，且读取时返回 "0"。

（8）[3]：VI 字段。虚拟指令缓存（使用虚拟索引和虚拟标记）。当该字段为 "0" 时，指令缓存不是虚拟的；当该字段为 "1" 时，指令缓存是虚拟的。

表 7.9　MT 字段的含义

编　码	含　义
0	无
1	标准 TLB
2	标准 BAT
3	标准固定映射
4~7	保留

（9）［2:0］：K0 字段。kseg0 一致性算法。当该字段的值为 2 时，表示未缓存的；当该字段的值为 3 时，表示可缓存的；当该字段的值为 7 时，表示未缓存的加速。

21. Config1 寄存器（register 16, select 1）

Config1 寄存器与 Config 寄存器相邻，用于编码附加功能信息。Config1 寄存器的所有字段都是只读的，该寄存器的格式如图 7.22 所示。

31	30　　　　　　　25	24　　22	21　　　19	18　　16	15　　13	12　　10	9　　　7	6	5	4	3	2	1	0
M	MMU Size −1	IS	IL	IA	DS	DL	DA	C2	MD	PC	WR	CA	EP	FP

图 7.22　Config1 寄存器的格式

（1）［31］：M 字段。保留该位，用于指示实现 Config2 寄存器。如果没有实现 Config2 寄存器，则读取该位返回"0"；如果实现 Config2 寄存器，则读取该位返回"1"。

（2）［30:25］：MMU Size −1 字段。TLB 中的条目/入口数减一。该字段中的值 0~63 对应于 1~64 个 TLB 条目/入口。Config 寄存器的 MT 字段值为"0"时，表示没有 TLB。

（3）［24:22］：IS 字段。指令缓存每路的组数，其含义如表 7.10 所示。

> 注：根据本书第 6 章高速缓存一节中对高速缓存术语的介绍，这里每路的组数实际上应该是每组的行数，对应地址中索引位的宽度。

（4）［21:19］：IL 字段。表示指令行的大小，其含义如表 7.11 所示。

表 7.10　IS 字段的含义

编　码	含　义
0	64
1	128
2	256
3	512
4	1024
5	2048
6	4096
7	保留

表 7.11　IL 字段的含义

编　码	含　义
0	没有出现指令缓存
1	4 个字节
2	8 个字节
3	16 个字节
4	32 个字节
5	64 个字节
6	128 个字节
7	保留

表 7.12　IA 字段的含义

编　码	含　义
0	直接映射
1	2 路
2	3 路
3	4 路
4	5 路
5	6 路
6	7 路
7	8 路

（5）［18:16］：IA 字段。指令缓存的关联数，其含义如表 7.12 所示。

> 注：根据本书第 6 章高速缓存一节中对高速缓存术语的介绍，这里指令缓存的关联数，应该对应不同的组数。

（6）［15:13］：DS 字段。数据缓存每路的组数，其含义同表 7.10。

（7）［12:10］：DL 字段。表示数据行的大小，其含义同表 7.11。

（8）［9:7］：DA 字段。数据缓存的关联数，其含义同表 7.12。

（9）［6］：C2 字段。协处理器 2 的实现。当该位为"0"时，表示没有实现协处理器 2；当该位为"1"时，表示实现了协处理器 2。

（10）［5］：MD 字段。用于表示在 MIPS64 处理器上实现的 MDMX ASE（未在 MIPS32 处理器上实现）。该位不仅表示处理器包含对 MDMX 的支持，而且还表示添加了这样的处理单元。

> 注：对于龙芯 GS232 处理器核，该位为"0"。

（11）［4］：PC 字段。用于表示实现了性能计数器寄存器。当该位为"0"时，表示没有实现性能计数器；当该位为"1"时，表示实现了性能计数器。

（12）［3］：WR 字段。用于表示实现了监视寄存器。当该位为"0"时，表示没有实现监视寄存器；当该位为"1"时，表示实现了监视寄存器。

（13）［2］：CA 字段。表示实现了代码压缩（MIPS16e）。当该位为"0"时，没有实现 MIPS16e；当该位为"1"时，实现 MIPS16e。

（14）［1］：EP 字段。当该位为"0"时，表示没有实现 EJTAG；当该位为"1"时，表示实现了 EJTAG。

（15）［0］：FP 字段。表示实现了浮点单元。当该位为"0"时，表示没有实现浮点单元；当该位为"1"时，表示实现了浮点单元。

22. Config2 寄存器（register 16，select 2）

Config2 寄存器编码第 2 级和第 3 级缓存配置。在 GS232 处理器核中没有实现第 2 级缓存，因此该寄存器的内容没有实际含义，其格式如图 7.23 所示。

31	30 28	27 24	23 20	19 16	15 12	11 8	7 4	3 0
M	TU	TS	TL	TA	SU	SS	SL	SA

图 7.23　Config2 寄存器的格式

23. Config3 寄存器（register 16，select 3）

Config3 寄存器编码附加功能，其所有字段都是只读的，该寄存器的格式如图 7.24 所示。

31	30 8	7	6	5	4	3 2	1	0
M	0	LPA	VEIC	VInt	SP	0	SM	TL

图 7.24　Config3 寄存器的格式

（1）［31］：M 字段。保留该位，用于指示出现 Config4 寄存器。根据当前的架构定义，该位总是读取为"0"。

（2）［31:8］：保留字段。写入全"0"，读取时返回全"0"。

（3）［7］：LPA 字段（仅用于版本 2）。表示在 MIPS64 处理器上支持大物理地址。MIPS32 处理器不使用该字段，读取时总是返回"0"。

（4）［6］：VEIC 字段（仅用于版本 2）。表示实现了对外部中断控制器的支持。当该位为"0"时，表示没有实现对外部中断控制器的支持；当该位为"1"时，表示实现了对外部中断控制器的支持。对于架构的实现版本 1，读取时，总是返回"0"。

（5）［5］：VInt 字段（仅用于版本 2）。表示实现了向量中断。当该位为"0"时，表示没有实现向量中断；当该位为"1"时，表示实现了向量中断。

（6）［4］：SP 字段（仅用于版本 2）。表示实现对小页面（1KB）的支持，且存在 PageGrain 寄存器。当该位为"0"时，没有实现对小页面的支持；当该位为"1"时，实现了对小页面的支持。

（7）［3:2］：保留字段。写入全"0"，读取时返回全"0"。

（8）［1］：SM 字段。表示实现了 SmartMIPS ASE。当该位为"0"时，表示没有实现 SmartMIPS ASE；当该位为"1"时，表示实现了 SmartMIPS ASE。

（9）［0］：TL 字段。实现了跟踪逻辑。当该位为"0"时，表示没有实现跟踪逻辑；当该位为"1"时，表示实现了跟踪逻辑。

24. Config6 寄存器（register 16，select 6）

Config6 寄存器为龙芯 GS232 处理器核定义使用的控制寄存器，用来配置各种分支预测方式，以及表示是否实现实时中断，该寄存器的格式如图 7.25 所示。

31	4	3	2	0
0		Rti	Br_config	

图 7.25　Config6 寄存器的格式

表 7.13　Br_config 字段的含义

编码（二进制数）	含义
000	Gshare 索引 BHT
001	PC 索引 BHT
010	总是跳转
011	总是不跳转
100	向前跳转
101	向后跳转

（1）［31:4］：保留字段。写入全"0"，且读取时总是返回全"0"。

（2）［3］：Rti 字段。是否实现实时中断。当该位为"0"时，表示未实现实时中断；当该位为"1"时，表示实现了实时中断。

（3）［2:0］：Br_config 字段。分支预测方式，其含义如表 7.13 所示。

25. Config7 寄存器（register 16，select 7）

Config7 寄存器为龙芯 GS232 处理器核可靠性增强版本中定义的控制寄存器，其被用来控制一级指令缓存和一级数据缓存的校验功能的使能与禁止，该寄存器的格式如图 7.26 所示。

31	6	5	4	3	2	1	0
0		Partity_EN	ECC_EN	0			

图 7.26　Config7 寄存器的格式

（1）［31:6］：保留字段。总是写入全"0"，且读取时总是返回全"0"。

（2）［5］：Partity_EN 字段。使能一级指令缓存奇偶校验功能。当该位为"1"时，表示使能该功能；当该位为"0"时，表示禁止该功能。

（3）［4］：ECC_EN 字段。使能一级数据缓存的 ECC 校验功能。当该位为"1"时，表示使能该功能；当该位为"0"时，表示禁止该功能。

26. 调试（Debug）寄存器（register 23，register 0）

Debug 寄存器包含最近调试异常和调试模式异常的原因，它还控制单步调试。该寄存器指示在调试异常、调试资源和其他内部状态时的低功耗与时钟状态。

在非调试模式下从调试寄存器读取时，只有 DM 位和 EJTAGver 字段有效，所有其他位和字段的值都是不可预测的。

仅在调试异常和/或调试模式中的异常时更新以下位和字段。

（1）在调试异常和在调试模式异常时更新 DSS、DBp、DDBL、DDBS、DIB、DINT、DIBImpr、DDBLImpr 和 DDBSImpr。

（2）在调试模式下的异常时更新 DExcCode，并且在调试异常后未定义。

（3）在调试异常时更新 Halt 和 Doze，在调试模式异常后未定义。在处理器被硬件中断或其他外部事件从睡眠或打盹状态唤醒，并采纳调试异常的情况下（例如，如果单步执行 wait 指令），暂停和打盹位的状态就好像没有发生硬件中断一样。也就是说，这些位应该指示处理器在异常之前的状态分别是 Halt 或 Doze，而忽略中断时间可能在 Halt/Doze 和调试异常之间。

（4）DBD 在调试和调试模式异常时更新。

必须执行 sync 指令，后面跟着合适的间距和 ehb 指令，以确保完全更新 DDBLImpr、DDBSImpr、IBusEP、DBusEP、CacheEP 和 MCheckP 位。该指令序列必须在从非调试模式检测到挂起的不精确错误之前在调试句柄的开头使用，并且在从调试模式检测到挂起不精确错误之前在调试句柄结束时使用。IEXI 位控制使能/禁止不精确的错误异常。

Debug 寄存器的格式如图 7.27 所示。

31	30	29	28	27	26	25	24	23	22	21	20	19	18	17	16
DBD	DM	NoDCR	LSNM	Doze	Halt	CountDM	IBusEP	MCheckP	CacheEP	DBusEP	IEXI	DDBSImpr	DDBLImpr	EJTAGver[2:1]	

15	14	13	12	11	10	9	8	7	6	5	4	3	2	1	0
EJTAGver[0]	DExcCode					NoSSt	SSt	OffLine	DIBImpr	DINT	DIB	DDBS	DDBL	DBp	DSS

图 7.27　Debug 寄存器的格式

（1）［31］：DBD 字段。指示上次调试异常或调试模式中的异常是否发生在分支或跳转延迟隙中。当该位为"0"时，表示不在延迟隙中；当该位为"1"时，表示在延迟隙中。

（2）［30］：DM 字段。指示处理器工作在调试模式。当该位为"0"时，处理器未处于调试模式；当该位为"1"是，处理器处于调试模式。

（3）［29］：NoDCR 字段。指示是否有 dseg 段。当该位为"0"时，存在 dseg 段；当该位为"1"时，不存在 dseg 段。

（4）［28］：LSNM 字段。当存在 dseg 段时，控制 dseg 段和剩余存储器之间的加载/保存访问。当该位为"0"时，在 dseg 段地址范围内的加载/保存跳到 dseg 段；当该位为"1"

时，在 dseg 段地址范围内的加载/保存跳到系统存储器。

（5）[27]：Doze 字段。当发生调试异常时，指示处理器处于低功耗模式。当该位为"0"时，表示当发生调试异常时处理器不处于低功耗模式；当该位为"1"时，表示当发生调试异常时处理器处于低功耗模式。

> **注**：在龙芯 GS232 处理器核中，该位总是为"0"。

（6）[26]：Halt 字段。当发生调试异常时，指示停止内部处理器系统总线的时钟。当该位为"0"时，运行内部系统总线时钟；当该位为"1"时，停止内部系统总线时钟。

> **注**：在龙芯 GS232 处理器核中，该位总是为"0"。

（7）[25]：CountDM 字段。在调试模式下，控制或指示 Count 寄存器的行为。实现可以有固定的行为，在这种情况下该位是只读的（R），或者实现允许该位的控制行为，在这种情况下该位是读/写（R/W）的。该位的复位值指示复位后的行为，取决于实现。当该位为"0"时，在调试模式下停止 Count 寄存器；当该位为"1"时，在调试模式下运行 Count 寄存器。

（8）[24]：IBusEP 字段。指示总线错误异常是否正在等待取指。当发生取指总线错误事件或软件向该位写入"1"时置位；当处理器采纳取指上的总线错误异常时清除该位。如果在清除 IEXI 时设置了 IBusEP，则处理器采纳取指上的总线错误异常，并且清除 IBusEP。在调试模式下，总线错误异常适用于调试模式总线错误异常。

> **注**：在龙芯 GS232 处理器核中，该位总是为"0"。

（9）[23]：MCheckP 字段。指示机器检查异常是否挂起。当发生机器检查事件或由软件向该位写入"1"时设置；当处理器采纳机器检查异常时清除。如果在清除 IEXI 时设置了 MCheckP，则处理器会发生机器检查异常，并且清除 MCheckP。

在调试模式下，机器检查异常应用于调试模式机器检查异常。注意，由于重复的 TLB 条目/入口而导致的机器检查必须与导致它们的指令异步报告。在这种情况下，不会设置该位。

> **注**：在龙芯 GS232 处理器核中，该位总是为"0"。

（10）[22]：CacheEP 字段。指示缓存错误是否挂起。当发生缓存错误事件或软件向该位写入"1"时置位；当处理器采纳缓存错误异常时清除。如果在清除 IEXI 时设置了 CacheEP，则处理器会采纳缓存错误异常，并且清除 CacheEP。在调试模式下，缓存错误异常应用于调试模式缓存错误异常。

> **注**：在龙芯 GS232 处理器核中，该位总是为"0"。

（11）[21]：DBusEP 字段。指示数据访问总线错误是否挂起。当发生数据访问总线错误事件或软件向该位写入"1"时置位；当处理器采纳总线错误异常时清除。如果在清除 IEXI 时设置了 DBusEP，则处理器会采纳总线错误异常，并且清除 DBusEP。在调试模式下，总线错误异常适用于调试模式总线错误异常。

> **注**：在龙芯 GS232 处理器核中，该位总是为"0"。

（12）[20]：IEXI 字段。由于不精确错误指示，一个不精确错误异常禁止（Imprecise Error Exception Inhibit，IEXI）控制采纳异常。当处理器采纳调试异常或在调试模式下发生异常时设置该位。通过执行 deret 指令清零，否则可由调试模式软件修改。

当设置 IEXI 时，禁止来自取指或数据访问的总线错误、缓存错误，或机器检查的非精确错误异常并推迟，直到清除该位。

> **注**：在龙芯 GS232 处理器核中，该位总是为"0"

（13）[19]：DDBSImpr 字段。指示由于保存导致的调试数据中断保存非精确（Debug Data Break Store Imprecise，DDBSImpr）的异常的原因，或者在另一个调试异常发生后指示由于存储导致的不精确数据硬件中断。在调试模式下因异常而清除。当该位为"0"时，在存储上没有匹配不精确的数据硬件断点；当该位为"1"时，在存储上匹配不精确的数据硬件断点。

（14）[18]：DDBLImpr 字段。指示由于加载导致的调试数据中断加载非精确（Debug Data Break Load Imprecise，DDBLImpr）的异常的原因，或者在另一个调试异常发生后指示由于加载导致的不精确数据硬件中断。在调试模式下因异常而清除。当该位为"0"时，在加载上没有匹配不精确的数据硬件断点；当该位为"1"时，在加载上匹配不精确的数据硬件断点。

（15）[17:15]：EJTAGver 字段。提供 EJTAG 版本。请注意，每个新版本号都用于表示对架构进行了重要的新修改或添加。该字段为"000"，表示版本 1 和 2.0。

（16）[14:10]：DExcCode 字段。指示调试模式下最新异常的原因。该字段编码为 Cause 寄存器中的 ExcCode 字段，用于在调试模式下发生的异常（编码显示在 MIPS32 和 MIPS64 规范中），并添加了代码 30 和助记符 CacheErr 用于缓存错误，以及使用代码 9 和用于 SDBBP 指令的助记符 Bp。在调试异常后，没有定义该值。

（17）[9]：NoSSt 字段。指示在该实现中是否可用 SSt 位控制单步特性。当该位为"0"时，单步特性可用；当该位为"1"时，单步特性不可用。

（18）[8]：SSt 字段。控制是否使能单步特性。当该位为"0"时，禁止单步特性；当该位为"1"时，使能单步特性。

（19）[7]：OffLine 字段。在 MIPS MT 处理器中，该位基于每个 TC 进行例化，并允许离线采纳硬件线程上下文（Thread Context，TC）以用于调试。

> **注**：在龙芯 GS232 处理器核中，该位总是为"0"。

（20）[6]：DIBImpr 字段。指示发生调试指令中断非精确异常。在调试模式下因异常而清除。

> **注**：在龙芯 GS232 处理器核中，该位总是为"0"。

（21）[5]：DINT 字段。指示发生调试中断异常。在调试模式下因异常而清除。当该位为"0"时，未发生调试中断异常；当该位为"1"时，发生调试中断异常。

（22）［4］：DIB 字段。指示发生调试指令断点异常。在调试模式下因异常而清除。当该位为"0"时，未发生调试指令中断异常；当该位为"1"时，发生调试指令中断异常。

（23）［3］：DDBS 字段。指示由于精确的数据硬件断点，在存储上发生了调试数据打断保存异常。在调试模式下因异常而清除。当该位为"0"时，没有发生调试数据打断保存异常；当该位为"1"时，未发生调试数据打断保存异常。

（24）［2］：DDBL 字段。指示由于精确的数据硬件断点，在加载上发生了调试数据打断加载异常。在调试模式下因异常而清除。当该位为"0"时，没有发生调试数据打断加载异常；当该位为"1"时，发生调试数据打断加载异常。

（25）［1］：DBp 字段。指示发生调试断点异常。在调试模式下因异常而清除。当该位为"0"时，没有发生调试断点异常；当该位为"1"时，发生调试断点异常。

（26）［0］：DSS 字段。指示发生调试单步异常。在调试模式下因异常而清除。当该位为"0"时，没有发生调试单步异常；当该位为"1"时，发生调试单步异常。

27. 调试异常程序计数器（Debug Exception Program Counter，DEPC）寄存器（register 24，select 0）

DEPC 寄存器是 EJTAG 规范的一部分，其是一个读/写寄存器，它包含了处理异常后恢复处理的地址。硬件在调试异常和调试模式异常时更新该寄存器。对于调试模式下的调试异常和精确异常，DEPC 寄存器包含：

（1）作为异常直接原因的指令的虚拟地址。

（2）前一个分支或跳转指令的虚拟地址。当引发异常的指令位于分支延迟隙中时，并且设置 Debug 寄存器中的调试分支延迟（Debug Branch Delay，DBD）位。

对于非精确调试异常和调试模式下的非精确异常，DEPC 寄存器包含返回非调试模式时恢复执行的地址。

在调试异常和调试模式中的异常，由硬件设置 DEPC 的第 0 位，以指示执行重新启动时要使用的 ISA 模式。没有 MIPS16 的处理器将［0］位设置为"0"。

28. 性能计数器寄存器（register 25）

MIPS32 架构支持依赖于实现的性能计数器，这些计数器提供了对事件或周期进行计数以用于性能分析的能力。如果实现了性能计数器，则每个性能计数器由一对寄存器组成，包括一个 32 位的控制寄存器和一个 32 位计数器寄存器。为了提供额外的能力，可以实现多个性能计数器。

性能计数器可以配置为在由性能计数器的控制寄存器确定的一组指定条件下对实现相关的事件或周期进行计数。计数器寄存器在每个使能事件发生时递增一次。当计数器寄存器的最高有效位（Most Significant Bit，MSB）为"1"（计数器溢出）时，性能计数器可以选择请求中断。在架构版本 1 的实现中，该中断以依赖于实现的方式与硬件中断 5 进行组合。在架构的版本 2 实现中，将来自所有性能计数器的挂起中断通过逻辑"或"组合在一起成为 Cause 寄存器的 PCI 位，并且是优先考虑的处理器中断模式。无论是否请求或采纳中断，计数器寄存器溢出后都会继续计数。

每个性能计数器都会映射到 PerfCnt 寄存器的奇偶选择值，即偶选择访问控制寄存器和奇选择访问计数器寄存器。表 7.14 显示了两个性能计数器的例子，以及它们映射到 PerCnt 寄存器的选择值。龙芯 GS232 处理器核实现了表 7.14 给出的性能计数器。

表 7.14　PerfCnt CP0 寄存器的性能计数器用法的例子

性能计数器	PerfCnt 寄存器选择值	PerfCnt 寄存器用法
0	PerfCnt, Select 0	控制寄存器 0
	PerfCnt, Select 1	计数器寄存器 0
1	PerfCnt, Select 2	控制寄存器 1
	PerfCnt, Select 3	计数器寄存器 1

多于或少于两个性能计数器也是可能的，可以显式扩展选择字段以获得所需数量的性能计数器。软件可以通过 Config1 寄存器中的 PC 位确定是否实现至少一对性能计数器控制和计数器寄存器。如果性能计数器控制寄存器中的 M 位是通过"n"选择字段引用的一个位，则另一对性能计数器控制和计数器寄存器在"n+2"和"n+3"的选择值处实现。

性能计数器控制寄存器的格式如图 7.28 所示。

31	30	29　　　　　　　　　　　　　　　　　　　　11	10　　　　　　　　　　5	4	3	2	1	0
M	W	0	Event	IE	U	S	K	EXL

图 7.28　性能计数器控制寄存器的格式

（1）［31］：M 字段。如果该位为"1"，则在 mtc0 指令或 mfc0 指令选择字段的值为"n+2"和"n+3"处实现另一对性能计数器控制和计数器寄存器。

> **注**：在龙芯 GS232 处理器核中，该位总是为"0"。

（2）［30］：W 字段。表示对应的计数器寄存器在 MIPS64 处理器上为 64 位宽度。在 MIPS32 处理器上未使用该字段。

> **注**：在龙芯 GS232 处理器核中，该位总是为"0"。

（3）［29:11］：保留字段。必须写入全"0"，且读取时返回全"0"。

（4）［10:5］：Event 字段。选择要由相应计数器寄存器计数的事件。事件列表取决于实现，但典型事件包括周期、指令、存储器引用指令、分支指令、缓存和 TLB 缺失等。支持多个性能计数器的实现允许事件的概率，例如，如果将缓存缺失和存储器引用选作两个计数器中的事件，则支持缓存缺失率。

（5）［4］：IE 字段。中断使能。当相应的计数器溢出（最高有效位为"1"。这是 32 位宽度计数器的第 31 位，由该寄存器的 W 位表示）时，使能中断。需要注意，该位只是使能中断请求。实际中断仍是由正常中断屏蔽和 Status 寄存器中的使能来控制。当该位为"0"时，禁止性能计数器中断；当该位为"1"时，使能性能计数器中断。

（6）［3］：U 字段。使能用户模式下的事件计数。当该位为"0"时，禁止用户模式下的事件计数；当该位为"1"时，使能用户模式下的事件计数。

（7）［2］：S 字段。使能管理模式下的事件计数。当该位为"0"时，禁止管理模式下的事件计数；当该位为"1"时，使能管理模式下的事件计数。

（8）［1］：K 字段。使能内核模式下的事件计数。当该位为"0"时，禁止内核模式下的事件计数；当该位为"1"时，使能内核模式下的事件计数。

（9）［0］：EXL 字段。当 Status 寄存器中的 EXL 位为"1"且 Status 寄存器中的 ERL 位为"0"时，使能事件计数。当 EXL＝"1"且 ERL＝"1"时，禁止事件计数；当 EXL＝"1"且 ERL＝"0"时，使能事件计数。

对于每个使能的事件，当事件发生时，与每个性能计数器相关的计数器寄存器递增一次。性能计数器寄存器的格式如图 7.29 所示。

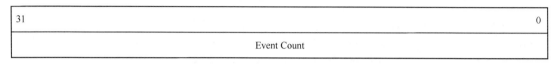

图 7.29　性能计数器寄存器的格式

［31:0］：Event Count 字段。对于由相应控制寄存器使能的每个事件，每当发生一次事件时，该计数器就递增一次。当最高有效位为"1"时，挂起的中断请求与来自其他性能计数器的请求进行逻辑"或"运算，并由 Cause 寄存器的 PCI 位指示。

表 7.15 和表 7.16 给出了性能计数器 0 和计数器 1 各自的事件。

表 7.15　性能计数器 0 的事件

事件 （十六进制）	内 部 信 号	描　　　述
0x0	Clock	时钟
0x1	Brbus_valid	执行过的分支总数
0x2	Reserved	保留
0x3	Brbus_jr31	jr31 指令的总数
0x4	Imemread_valid	取指读访存的次数
0x5	Qissuebus_valid0	发射总线 0 的有效次数
0x6	Qissuebus_valid1	发射总线 1 的有效次数
0x7	Reserved	保留
0x8	Brbus_bht	用 BHT 做分支预测的分支总数
0x9	Mreadreq_valid	访存的总次数（包括指令与数据）
0xa	Stalled_fetch	没有取指的时钟数
0xb	Queue_full	操作队列满的次数
0xc	Flush_pipeline_cycles	因为各种原因引起的清空流水线的时钟数
0xd	Ex_tlbr	tlbr 异常的次数
0xe	Ex_int	发生中断的次数
0xf	Inst_queue_write_cycle	往队列写指令的周期数
0x10	Icache_access	读指令缓存的次数
0x11	Dcache_access	读数据缓存的次数
0x12	Brbus_static	静态预测的分支总数
0x13	Loadq_full	加载队列满而产生阻塞的时钟数

续表

事件 （十六进制）	内 部 信 号	描　　　　述
0x14	Storeq_full	保存队列满而产生阻塞的时钟数
0x15	Missq_full	缺失队列满而产生阻塞的时钟数
0x16	Miss_req_queue_full	缺失请求队列满而产生阻塞的时钟数
0x17	Dtlb_access	访问小 dtlb 的次数
0x18	Itlb_access	访问小 itlb 的次数
0x19	Insts_executed_alu1	在定点功能单元 1 执行的指令数
0x1a	Insts_executed_alu2	在定点功能单元 2 执行的指令数
0x1b	Insts_executed_addr	在访存功能单元 1 执行的指令数
0x1c	Insts_executed_falu	在浮点功能单元 1 执行的指令数
0x1d	Data_inst_conflict	数据和指令因访存接口而产生的冲突次数
0x1e	Not_store_ok_stall	保存队列因 head 项 store_ok！=1 处于满状态而产生阻塞效果的时钟数
0x1f	St_ld_conflict	保存与加载在数据缓存同一组产生访问冲突的次数

表 7.16　性能计数器 1 的事件

事　　件	内 部 信 号	描　　　　述
0x0	Pc_cmmit	提交的指令总数
0x1	Brbus_brerr	分支预测错误的总数
0x2	clock	时钟
0x3	Brbus_jr31mis	jr31 预测错误总数
0x4	Dmemread_valid	数据读访存总数
0x5	reserved	保留
0x6	reserved	保留
0x7	Duncache_vaild	数据未缓存的总数
0x8	Brbus_bhtmiss	用 BHT 做分支预测的分支预测错误的总数
0x9	Mwrite_req_valid	访存写访存次数
0xa	reserved	保留
0xb	Brq_full	BRQ 满的次数
0xc	reserved	保留
0xd	Exbus_ex	发生异常的总数
0xe	reserved	保留
0xf	Inst_queue_write	写入队列的指令总数
0x10	Icache_hit	命中指令缓存的次数
0x11	Dcache_hit	命中数据缓存的次数
0x12	Brbus_static_miss	静态预测分支错误的次数
0x13	Icache_way_hit	指令缓存路预测命中的次数

事　件	内部信号	描　述
0x14	Icache_update	指令缓存路预测失效更新的次数
0x15	Insts_fetched	所有取出的指令
0x16	Insts_stall_cycles	因为指令缓存缺失而阻塞的时钟数
0x17	Dtlb_miss	小 dtlb 失效，但是大 tlb 命中的次数
0x18	Itlb_miss_tlb_hit	小 itlb 失效，但是大 tlb 命中的次数
0x19	Commitbus0_valid	提交总线 0 提交的指令数
0x1a	Commitbus1_valid	提交总线 1 提交的指令数
0x1b	Has_commit	有提交指令的时钟数
0x1c	Commit_two	同时提交两条指令的时钟数
0x1d	Data_inter_conflict	不同类型的数据访问同时访问接口产生的冲突次数
0x1e	Commit_ld_st	正常提交的加载和保存的指令数

29. ErrCtl 寄存器（register 26，select 0）

ErrCtl 寄存器提供了一个依赖实现的诊断接口，其带有由处理器实现的错误检测机制。该寄存器已经在先前的实现中用于结合高速缓存指令的特定编码或其他依赖于实现的方法从主或第 2 级缓存数据阵列读取和写入奇偶校验或 ECC 信息。ErrCtl 寄存器的准确格式取决于实现，而不是由架构定义。该寄存器仅出现在可靠性扩展版本中。

30. CacheErr 寄存器（register 27，select 0）

CacheErr 寄存器提供了一个与缓存错误检测逻辑的接口，该缓存错误检测逻辑可以由处理器实现。CacheErr 寄存器的确切格式取决于实现，而不是由架构定义。在龙芯 GS232 处理器核中，该寄存器仅出现在可靠性扩展版本中，请参考"GS232 可靠性扩展手册"了解更详细的信息。

31. TagLo 寄存器（register 28，select 0，2）

TagLo 和 TagHi 寄存器是读/写寄存器，充当缓存标记阵列的接口。cache 指令的索引保存标记和索引加载标记操作使用 TagLo 和 TagHi 寄存器作为标记信息的源或目标。

TagLo 和 TagHi 寄存器的确切格式取决于实现。龙芯处理器定义的 TagLo 寄存器格式如图 7.30 所示。

31　　　29	28	27　　　　　　　　　　　　　　　　　　　　　　　　　　8	7　6	5　　　　　　　0
0	Lock	PTAG[19:0]	CS	0

图 7.30　TagLo 寄存器的格式

（1）[31:29]：保留字段。必须写入全"0"，且读取时返回全"0"。

（2）[28]：Lock 字段。表示是否锁定该缓存行，即不可替换。当该位为"1"时，表示锁定该缓存行；当该位为"0"时，表示未锁定该缓存行。

（3）[27:8]：PTAG[19:0]字段。只作为物理地址的 [31:12] 位。

（4）［7:6］：CS 字段。用于指定缓存的状态。

（5）［5:0］：保留字段。必须写入全 "0"，且读取时返回全 "0"。

32. TagHi 寄存器（register 29，select 0，2）

TagHi 寄存器是一个 32 位的读/写寄存器，该寄存器的格式如图 7.31 所示。

31	0
TagHi	

图 7.31　TagHi 寄存器的格式

33. ErrorEPC 寄存器（register 30，select 0）

ErrorEPC 寄存器是一个读/写寄存器，与 EPC 寄存器类似，只是 ErrorEPC 用于错误异常。ErrorEPC 寄存器的所有位都很重要并且必须是可写的。在发生复位、软件复位、不可屏蔽中断（non-maskable interrupt，NMI）和缓存错误异常时，它还用于保存程序计数器。

ErrorEPC 寄存器包含在处理错误后指令处理可以恢复的虚拟地址。ErrorEPC 包含：

（1）作为异常直接原因的指令的虚拟地址；

（2）当导致错误的指令在分支延迟隙中时，紧跟在前面的分支或跳转指令的虚拟地址。

与 EPC 寄存器不同，ErrorEPC 寄存器没有相应的分支延迟隙指示。

7.3　协处理器 0 指令格式及功能

本节将介绍协处理器 0 的指令格式，以及协处理器 0 实现的功能。

1. cache 指令

执行缓存操作（Perform Cache Operation）指令（cache 指令）执行由 op 指定的缓存操作。

（1）该指令的格式如图 7.32 所示。

31　　　　　　　26	25　　　　　　21	20　　　　　　16	15　　　　　　　　　　　　　　　0
1　0　1　1　1　1	base	op	offset
操作码（6 位）	（5 位）	（5 位）	（16 位）

图 7.32　cache 指令的格式

经过符号扩展的 16 位偏移量和基地址寄存器的内容相加后生成一个有效地址。根据要执行的操作和表 7.17 所描述的缓存类型，以下面方式之一使用有效地址。

表 7.17　有效地址的用法

操作要求一个	缓 存 类 型	有效地址的用法
地址	虚拟	有效地址用于寻址缓存。是否对有效地址执行转换取决于实现（可能会发生 TLB 重新填充或 TLB 无效异常）

操作要求一个	缓 存 类 型	有效地址的用法
地址	物理	有效地址由 MMU 转换为物理地址，然后使用物理地址来寻址缓存
索引	N/A	有效地址由 MMU 转换为物理地址。由实现来决定使用有效地址还是转换后的物理地址来索引缓存。 　假设以字节为单位的总缓存的大小为 CS，关联数量为 A，每个标记的字节数为 BPT，以下给出指定路和索引的地址字段： （1）OffsetBit←$\log_2$(BPT) （2）IndexBit←$\log_2$(CS/A) （3）WayBit←IndexBit+Ceil($\log_2$(A)) （4）Way←AddrWayBit−1..OffsetBit 　对于直接映射缓存，忽略计算路（Way），且索引值完全指定缓存标记，如图 7.33 所示

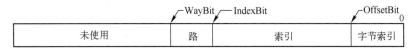

图 7.33　使用地址字段选择索引和路

　　TLB 重新填充和 TLB 无效（两者的原因代码等于 TLBL）异常可能发生在任何操作。对于索引操作（此处地址用于索引缓存但不需要匹配缓存标记），软件应该使用未映射的地址以避免 TLB 异常。该指令不会导致 TLB 修改异常，也不会导致 TLB 重新填充异常，其原因代码为 TLBS。

　　有效地址可能是任意对齐的地址。cache 指令绝对不会因地址未对齐而导致地址错误异常。

　　缓存错误异常可能是该指令执行的某些操作的"衍生产物"。例如，如果写回操作在操作处理期间检测到缓存或总线错误，则通过缓存错误异常报告该错误。类似地，如果该指令调用的总线操作因错误而终止，则可能发生总线错误异常。但是，缓存错误异常必须由索引加载标记或索引保存标记操作触发，因为这些操作用于初始化和诊断目的。

　　如果有效地址引用了通常会导致此类异常的内核地址空间的一部分，则可能会发生地址错误异常（原因代码等于 AdEL）。是否会发生这种异常取决于实现。

　　数据监视是否由地址与监视寄存器地址匹配条件匹配的高速缓存指令触发取决于实现。

　　指令的［17:16］位指定执行操作的缓存，见表 7.18。

表 7.18　cache 指令［17:16］位的编码

编　　码	名　　字	缓　　存
00	I	基本的指令
01	D	基本的数据或统一基本的
10	T	第三级的
11	S	第二级的

　　该指令的［20:18］位指定要执行的操作。为了为软件提供一致的缓存操作基础，所有处理器必须支持某些编码。推荐使用其余的编码，见表 7.19。

表 7.19　cache 指令 [20:18] 位的编码

编码（二进制）	缓存	名　字	有效地址操作数类型	操　作
000	I	索引无效	索引	将指定索引处的缓存块状态设置为无效。 软件可以使用这种必须的编码来通过逐步遍历所有有效索引以使整个指令高速缓存无效
	D	索引写回无效/索引无效	索引	对于回写式（write-back）缓存：如果指定索引处的缓存块状态有效且为脏，则将该块写回缓存标记所指定的存储器地址。该操作完成后，将缓存块的状态设置为无效。如果块有效但不脏，则将块的状态设置为无效。 对于直写式（write-through）缓存：将指定索引处的缓存块状态设置为无效。
	S, T	索引写回无效/索引无效	索引	使用这个要求的编码，软件可以遍历所有有效索引来使整个数据缓存无效。 注：在上电时，应该使用索引保存标记来初始化缓存
001	所有	索引加载标记	索引	将指定索引处的高速缓存块的标记读入 CP0 中的 TagLo 和 TagHi 寄存器。如果实现了 DataLo 和 DataHi 寄存器，还要将字节索引对应的数据读入 DataLo 和 DataHi 寄存器。该操作不能导致缓存错误异常。 读入 DataLo 和 DataHi 寄存器的数据的粒度和对齐方式取决于实现，但是通常是对齐访问缓存的结果的，忽略字节索引的相应低位
010	所有	索引保存标记	索引	将来自 CP0 中在 TagLo 和 TagHi 寄存器的标记写入指定索引位置的高速缓存块。该操作不得导致缓存错误异常。 通过这种要求的编码，软件遍历所有有效索引来初始化整个指令或数据缓存。这样做需要首先初始化与缓存关联的 TagLo 和 TagHi 寄存器
011	所有	依赖于实现	未指定	可用作依赖于实现的操作
100	I, D	填充	地址	如果缓存块包含指定地址，则将缓存块的状态设置为无效。
	S, T	命中写回无效/命中无效	地址	使用这种要求的编码，软件可以按缓存行步进地址范围，以使指令高速缓存中的地址范围无效
101	I	填充	地址	从指定的地址填充缓存
	D	命中写回无效/命中无效	地址	对于回写式（write-back）缓存：如果缓存块包含指定的地址且状态有效且为脏，则将内容写回存储器。该操作完成后，将缓存块的状态设置为无效。如果块有效但不脏，则将块的状态设置为无效。 对于直写式（write-through）缓存：如果缓存块包含指定的地址，则将缓存块的状态设置为无效。
	S, T	命中写回无效/命中无效	地址	使用这种要求的编码，软件按高速缓存行步进地址范围，以使数据高速缓存中的地址范围无效
110	D	命中写回	地址	如果缓存块包含指定地址，且有效和脏，则将内容写回存储器。当操作完成后，保持行状态有效，但是清除脏状态。对于直接写缓存，该操作可看作空操作（nop）
	S, T	命中写回	地址	

编码（二进制）	缓存	名　字	有效地址操作数类型	操　作
111	I, D	获取并锁定	地址	如果缓存不包含指定的地址，则从存储器填充它，如果需要则执行写回，并将状态设置为有效和锁定。如果缓存已经包含指定的地址，则将状态设置为锁定。在组关联或全关联缓存中，从存储器中选择填充哪一路的方式取决于实现。 锁定状态可以通过对锁定行执行索引无效、索引写回无效、命中无效或命中写回无效操作，或者通过对锁定行的索引保存标记操作（清除锁定位），来清除锁定缓存行的锁定状态。注意，通过索引保存标记清除锁定状态取决于实现相关的缓存标记和缓存行组织，而索引和索引写回无效操作取决于缓存行组织。只有命中和命中写回无效操作通常可以跨实现"移植"。 锁定行是否因为外部无效或对锁定行的干预而被替换，这取决于实现。如果缓存行没有锁定，且如果外部无效或干预使得缓存行无效，则软件不能依赖于缓存中剩余的锁定行。 获取和锁定操作是否影响多行取决于实现。例如，可以获取和锁定应用地址周围的多个行。建议只影响包含引用地址的单个行

（2）汇编指令格式为

```
cache op, offset(base)
```

2. di 指令

（1）禁止中断（Disable Interrupt）指令（di 指令）的格式如图 7.34 所示。

31　　　　　　26	25　　　　　21	20　　　　　16	15　　　　11	10　　　　　6	5	4　3	2　　0
0 1 0 0 0 0	0 1 0 1 1	rt	0 1 1 0 0	0 0 0 0 0	0	0 0	0 0 0
操作码（6位）	功能码（5位）	寄存器编号（5位）	（5位）	（5位）	sc	（2位）	（3位）

图 7.34　di 指令的格式

（2）汇编指令格式为

```
di
di rt
```

（3）指令的功能如下。

返回 Status 寄存器先前的值并禁止中断。如果没有指定参数，则隐含使用通用寄存器 r0，这将不会获取 Status 寄存器中所保存的值；如果指定参数 rt，则将 Status 寄存器中的当前值加载到通用寄存器 rt 中，然后清除 Status 寄存器中的中断使能（Interrupt Enable，IE）位。

3. ei 指令

（1）使能中断（Enable Interrupt）指令（ei 指令）的格式如图 7.35 所示。

31　　　　　　26	25　　　　　21	20　　　　　16	15　　　　11	10　　　　　6	5	4　3	2　　0
0 1 0 0 0 0	0 1 0 1 1	rt	0 1 1 0 0	0 0 0 0 0	1	0 0	0 0 0
操作码（6位）	功能码（5位）	寄存器编号（5位）	（5位）	（5位）	sc	（2位）	（3位）

图 7.35　ei 指令的格式

（2）汇编指令格式为

```
ei
ei rt
```

（3）指令的功能如下。

返回 Status 寄存器先前的值并使能中断。如果没有指定参数，则隐含使用通用寄存器 r0，这将不会获取 Status 寄存器中所保存的值；如果指定参数，则将 Status 寄存器中的当前值加载到通用寄存器 rt 中，然后设置 Status 寄存器中的中断使能（Interrupt Enable，IE）位。

> 注：在使用 SDE Lite 4.9.2 for MIPS 编译器时，指令 ei 和 di 需要使用下面的命令格式：
>
> ```
> . set mips32r2
> ei/di
> . set mips32
> ```

4. eret 指令

（1）异常返回（Exception Return）指令（eret 指令）的格式如图 7.36 所示。

31 26	25	24 6	5 0
0 1 0 0 0 0	1	0 0 0 0 0 0 0 0 0 0 0 0 0 0 0 0 0 0 0	0 1 1 0 0 0
操作码（6位）	CO	（19位）	功能码（6位）

图 7.36 eret 指令的格式

（2）汇编指令格式为

```
eret
```

（3）指令的功能如下。

eret 指令用于从中断、异常或错误陷阱中返回。eret 指令清除执行和指令危险，在版本 2 实现中有条件地从 SRSCtl 寄存器的 PSS 字段恢复 CSS 字段，并在中断、异常或错误处理完成时返回被中断的指令。eret 指令不执行下一条指令（它没有延迟隙）。

5. mfc0 指令

（1）从协处理器 0 移动（Move from Coprocessor 0）指令（mfc0 指令）的格式如图 7.37 所示。

31 26	25 21	20 16	15 11	10 3	2 0
0 1 0 0 0 0	0 0 0 0 0	rt	rd	0 0 0 0 0 0 0 0	sel
操作码（6位）	功能码（5位）	寄存器编号（5位）	寄存器编号（5位）	（8位）	（3位）

图 7.37 mfc0 指令的格式

（2）汇编指令格式为

```
mfc0 rt, rd
mfc0 rt, rd, sel
```

（3）指令的功能如下。

由 rd 和 sel 组合指定 CP0 中的一个寄存器，并将该寄存器中的内容加载到通用寄存器 rt 中。

注：不是所有 CP0 中的寄存器都支持 sel 字段。在该情况下，sel 字段必须为 0。

6. mtc0 指令

（1）移动到协处理器 0（Move To Coprocessor 0）指令（mtc0 指令）的格式如图 7.38 所示。

31 26	25 21	20 16	15 11	10 3	2 0
0 1 0 0 0 0	0 0 1 0 0	rt	rd	0 0 0 0 0 0 0 0	sel
操作码（6位）	功能码（5位）	寄存器编号(5位)	寄存器编号(5位)	（8位）	（3位）

图 7.38　mtc0 指令的格式

（2）汇编指令格式为

```
mtc0 rt, rd
mtc0 rt, rd, sel
```

（3）指令的功能如下。

将通用寄存器 rt 中的内容加载到 CP0 中的一个寄存器中（由 rd 和 sel 组合指定）。

注：并非所有 CP0 中的寄存器都支持 sel 字段。在该情况下，将 sel 字段设置为 0。

7. tlbp 指令

（1）用于匹配入口/条目的探测 TLB（Probe TLB for Matching Entry）指令（tlbp 指令）的格式如图 7.39 所示。

31 26	25	24 6	5 0
0 1 0 0 0 0	1	0 0 0 0 0 0 0 0 0 0 0 0 0 0 0 0 0 0 0	0 0 1 0 0 0
操作码（6位）	CO	（19位）	功能码（6位）

图 7.39　tlbp 指令的格式

（2）汇编指令格式为

```
tlbp
```

（3）指令的功能如下。

tlbp 指令用于在 TLB 中找到匹配的入口。使用与 EntryHi 寄存器内容相匹配的 TLB 条目/入口的地址加载 Index 寄存器。如果没有 TLB 条目匹配，则设置 Index 寄存器的高位。在架构的第 1

版中，在一个 tlbp 指令上是否检测到多个 TLB 匹配取决于实现。但是，建议实现仅在 TLB 写入时报告多个 TLB 匹配。在架构的第 2 版中，只能在一次 TLB 写入时报告多个 TLB 匹配。

8. tlbr 指令

（1）读索引的 TLB 入口（Read Indexed TLB Entry）指令（tlbr 指令）的格式如图 7.40 所示。

31					26	25	24																							6	5					0
0	1	0	0	0	0	1	0	0	0	0	0	0	0	0	0	0	0	0	0	0	0	0	0	0	0	0	0	0	0	0	0	0	0	0	0	1
操作码（6位）						CO	(19位)																								功能码（6位）					

图 7.40 tlbr 指令的格式

（2）汇编指令格式为

```
tlbr
```

（3）指令的功能如下。

tlbr 指令用于读取来自 TLB 的一个入口/条目。将 Index 寄存器指向的 TLB 入口/条目的内容加载到 EntryHi、EntryLo0、EntryLo1 和 PageMask 寄存器。在架构的第 1 版中，是否在 tlbr 指令上检测到多个 TLB 匹配取决于实现。但是，强烈建议实现报告仅在一个 TLB 写入时的多个 TLB 匹配。在架构的第 2 版中，只能报告在一次 TLB 写入时的多个 TLB 匹配。请注意，写入 EntryHi、EntryLo0 和 EnrtyLo1 寄存器的值可能与最初通过这些寄存器写入 TLB 的值不同。注意，写入 EntryHi、EntryLo0 和 EntryLo1 寄存器的值可能与最初通过下面这些寄存器写入 TLB 的值不同。

① EntryHi 寄存器的 VPN2 字段中返回的值可以将这些位设置为 0，这些位对应于 TLB 条目/入口屏蔽字段中的一位（VPN2 的最低有效位对应于屏蔽字段的最低有效位）。在写入 TLB 条目然后读取它之后，这些位是保留还是归 0 取决于实现。

② EntryLo0 和 EntryLo1 寄存器的 PFN 字段中返回的值可以将这些位设置为全 0，这些位对应于 TLB 条目/入口屏蔽字段中的一位（PFN 的最低有效位对应于屏蔽字段的最低有效位）。在写入 TLB 条目然后读取它后，这些位是保留还是全部归 0 取决于实现。

③ EntryLo0 和 EntryLo1 寄存器中的 G 位中返回的值来自 TLB 条目中的单个 G 比特/位。回想一下，前面在写入 TLB 时，对 EntryLo0 和 EntryLo1 寄存器中的两个 G 位执行逻辑"与"操作。

9. tlbwi 指令

（1）写索引的 TLB 入口（Write Indexed TLB Entry）指令（tlbwi 指令）的格式如图 7.41 所示。

31					26	25	24																							6	5					0
0	1	0	0	0	0	1	0	0	0	0	0	0	0	0	0	0	0	0	0	0	0	0	0	0	0	0	0	0	0	0	0	0	0	0	1	0
操作码（6位）						CO	(19位)																								功能码（6位）					

图 7.41 tlbwi 指令的格式

（2）汇编指令格式为

```
tlbwi
```

（3）指令的功能如下。

tlbwi 指令用于写入由 Index 寄存器索引的一个 TLB 入口。将 EntryHi、EntryLo0、EntryLo1 和 PageMask 寄存器中的内容写入 Index 寄存器指向的 TLB 入口/条目。是否在 tlbwi 指令上检测到多个 TLB 匹配取决于实现。在这种情况下，会发出机器检查异常信号。

在架构的第 2 个版本中，只能在一次 TLB 写入时报告多个 TLB 匹配。写入 TLB 入口/条目的信息可能与 EntryHi、EntryLo0 和 EnrtyLo1 寄存器中的信息不同。

① 写入 TLB 条目的 VPN2 字段的值可能会将这些位设置为 0，这些位对应于 PageMask 寄存器屏蔽字段中的一位（VPN2 的最低有效位对应于屏蔽字段的最低有效位）。在 TLB 写入期间，这些位是保留还是归 0 取决于实现。

② 写入 TLB 条目/入口的 PFN0 和 PFN1 字段的值可以将这些位设置为 0，对应于 PageMask 寄存器屏蔽字段中的一位（PFN 的最低有效位对应于屏蔽字段的最低有效位）。在 TLB 写入期间，这些位是保留还是全部归 0 取决于实现。

③ 通过对 EntryLo0 和 EntryLo1 寄存器中的 G 位执行逻辑"与"操作，得到 TLB 条目中的单个 G 比特/位。

10. tlbwr 指令

（1）写入随机 TLB 入口（Write Random TLB Entry）指令（tlbwr 指令）的格式如图 7.42 所示。

31　　　　　　26	25	24　　　　　　　　　　　　　　　　　　　　　　　　　　6	5　　　　　　0
0　1　0　0　0　0	1	0　0　0　0　0　0　0　0　0　0　0　0　0　0　0　0　0　0　0	0　0　0　1　1　0
操作码（6位）	CO	（19位）	功能码（6位）

图 7.42　tlbwr 指令的格式

（2）汇编指令格式为

```
tlbwr
```

（3）指令的功能如下。

tlbwr 指令写入由 Random 寄存器索引的一个 TLB 入口。将 EntryHi、EntryLo0、EntryLo1 和 PageMask 寄存器中的内容写入由 Random 寄存器指向的 TLB 入口/条目。是否在一个 tlbwr 指令上检测到多个 TLB 匹配取决于实现。在这种情况下，会发出机器检查异常信号。在架构的第 2 个版本中，只能在一次 TLB 写入时报告多个 TLB 匹配。写入 TLB 条目的信息可能与 EntryHi、EntryLo0 和 EnrtyLo1 寄存器中的信息不同。

① 写入 TLB 条目的 VPN2 字段的值可能会将这些位设置为 0，对应于 PageMask 寄存器屏蔽字段中的一位（VPN2 的最低有效位对应于屏蔽字段的最低有效位）。在写入 TLB 期间，这些位是保留还是全部归 0 取决于实现。

② 写入 TLB 条目/入口的 PFN0 和 PFN1 字段的值可以将这些位设置为 0，这些位对应

于 PageMask 寄存器屏蔽字段中的一位（PFN 的最低有效位对应于屏蔽字段的最低有效位）。在 TLB 写入期间，这些位是保留还是归 0 取决于实现。

③ 通过对 EntryLo0 和 EntryLo1 寄存器中的 G 位执行逻辑"与"操作，得到 TLB 条目中的单个 G 比特/位。

11. wait 指令

（1）进入待机模式（Entry Standby Mode）指令（wait 指令）的格式如图 7.43 所示。

31	26	25	24	6	5	0
0　1　0　0　0　0		1	依赖于实现的代码		1　0　0　0　0　0	
操作码（6位）		CO	（19位）		功能码（6位）	

图 7.43　wait 指令的格式

（2）汇编指令格式为

```
wait
```

（3）指令的功能

wait 指令用于等待一个事件。该指令执行依赖于实现的操作，通常涉及低功耗模式。

7.4　协处理器 0 操作实例

【例 7-1】对 CP0 寄存器的访问，如代码清单 7-1 所示。

代码清单 7-1　对 CP0 寄存器的访问（1）

```
mtc0    zero, $12       //清除中断屏蔽/内核/禁止模式,($12 为 Status 寄存器)
nop                     //插入空操作指令
li      v0, 0x08000000  //将立即数 0x08000000 加载到寄存器 v0(伪指令)
mtc0    v0, $13         //将寄存器 v0 中的值写到 Cause 寄存器,禁止 Count 寄存器
nop                     //插入空操作指令

lui     v0, 0xFFFF      //0xFFFF 左移 16 位,(v0) = 0xFFFF0000
mtc0    v0, $11         //将寄存器 v0 中的值写到 Compare 寄存器,清除定时器中断
nop                     //插入空操作指令
```

【例 7-2】对不同的存储空间进行访问，如代码清单 7-2 所示。

代码清单 7-2　对不同存储空间访问的汇编语言代码

```
li   a0, 0xa5a55a5a     //将立即数 0xa5a55a5a 复制到寄存器 a0 中
lui  v0, 0x8002         //将立即数 0x8002 左移 16 位,(v0) = 0x80020000
sw   a0, 0(v0)          //将立即数 0xa5a55a5a 写到 0x80020000 的地址空间
nop                     //插入空操作

lui  v0, 0xa002         //将立即数 0xa002 左移 16 位,(v0) = 0xa0020000
lw   a1, 0(v0)          //从存储地址 0xa0020000 读取一个字加载到寄存器 a1
nop                     //插入空操作
```

```
//上面的代码,读取操作后寄存器 a1 中的内容不等于 0x5a5aa5a5

lui v0, 0x8002              //将立即数 0x8002 左移 16 位,(v0)= 0x80020000
cache 0b10101 ,0( v0)       //执行 cache 指令,处理数据高速缓存区域
nop                         //插入空操作

lui v0, 0xa002              //将立即数 0xa0002 左移 16 位,(v0)= 0xa0020000
lw v1, 0( v0)               //从存储地址 0xa0020000 读取一个字加载到寄存器 v1

//执行完 cache 指令后,读取操作后寄存器 v1 中的内容等于 0x5a5aa5a5

li s0, 0x12345678           //将立即数 0x12345678 保存到寄存器 s0
lui v0, 0xa003              //将立即数 0xa003 左移 16 位,(v0)= 0xa0030000
sw s0, 0( v0)               //将立即数 0x12345678 写到存储地址 0xa003 0000 的位置

lui v0, 0x8003              //将立即数 0x8003 左移 16 位,(v0)= 0x80030000
lw a2, 0( v0)               //从存储地址 0x80030000 读取一个字加载到寄存器 a2
//执行完上面的指令,寄存器 a2 中的内容为 0x12345678
```

> **注**: (1) 读者可以进入本书提供资源的 \loongson1B_example\example_7_2 目录中,用 LoongIDE 打开名字为 "example_7_2. lxp" 的工程。在该工程的 bsp_start. S 文件中找到该段代码,并设置断点。然后进入调试器环境,单步运行这些指令,观察其运行结果。
>
> (2) 不能在 cache 指令处设置断点,或单步执行,这样做会引起 "死机",这一点要特别注意。

思考与练习 7-1: 在执行 cache 指令之前,为什么读取寄存器 a1 中的内容不等于 0x5a5aa5a5 (提示:从地址 0x8000 0000 开始的存储空间被设置为可缓存区域,而从 0xa000 0000 开始的存储空间被设置为非缓存区域)?

思考与练习 7-2: 上面的代码中 cache 指令的功能是什么 (提示:参考本章 7.3 一节 cache 指令的功能介绍)?

思考与练习 7-3: 通过上面的例子,进一步理解 kseg0 和 kseg1 空间的属性。

【例 7-3】 将 kseg0 存储空间的属性设置为可缓存的,如代码清单 7-3 所示。

代码清单 7-3　将 kseg0 存储空间设置为可缓存属性的汇编语言代码

```
mfc0 v0, $16, 0
ori v0, v0, 0x3
mtc0 v0, $16, 0
```

【例 7-4】 读取指令缓存和数据缓存的信息,并将这些信息保存到不同的通用寄存器中,如代码清单 7-4 所示。

代码清单 7-4　读取并保存指令缓存和数据缓存信息的汇编语言代码

```
    mfc0 t0, $16, 1        //读取协处理器 0 中 Config1 寄存器的内容

//下面的代码用于读取 icache 的信息
    srl t1, t0, 19         //将寄存器 t0 中的内容右移 19 位,结果保存到寄存器 t1 中
    andi t1, 7             //将(t1)逻辑"与"0x7,提取 IL 字段,(IL)= 4,指令缓存行为 32 字节
    li t2, 2               //将立即数 2 加载到寄存器 t2 中,(t2)= 0x00000002
    sll t2, t1             //将 t2 左移 4 位,(t2)= 0x00000020=(32)₁₀
    move t4, t2            //将指令缓存行的长度为 32 字节的信息保存到寄存器 t4 中

    srl t1, t0, 22         //将寄存器 t0 中的内容右移 22 位,结果保存到寄存器 t1 中
    andi t1, 7             //将(t1)逻辑"与"0x7,提取 IS 字段,(IS)= 1,指令行每路的组数 128
    sll t2, 6              //将寄存器 t2 中的内容向左移动 6 位,(t2)= 0x00000800
    sll t2, t1             //将寄存器 t2 中的内容向左移动(t1)位,(t2)= 0x00001000

    srl t1, t0, 16         //将寄存器 t0 中的内容向右移动 16 位,结果保存到寄存器 t1 中
    andi t1, 7             //将(t1)逻辑"与"立即数 7,提取(IA)字段,(IA)= 1,2 路组关联
    addi t6, t1, 1         //(t1)+1→(t6),寄存器 t6 保存着路关联数,2 路
    mul t2, t2, t6         //icache 的容量为 8192,信息保存在寄存器 t2 中

//下面的代码用于读取 dcache 的信息
    srl t1, t0, 10         //将寄存器 t0 中的内容右移 10 位,结果保存到寄存器 t1
    andi t1, 7             //将(t1)逻辑"与"0x7,提取 IL 字段,(DL)= 4,数据缓存行为 32 字节
    li t3, 2               //将立即数 2 加载到寄存器 t3 中,(t3)= 0x00000002
    sll t3, t1             //将 t3 左移 4 位,(t3)= 0x00000020=(32)₁₀
    move t5, t3            //将数据缓存行的长度为 32 字节的信息保存到寄存器 t5 中

    srl t1, t0, 13         //将寄存器 t0 中的内容右移 13 位,结果保存到寄存器 t1 中
    andi t1, 7             //将(t1)逻辑"与"0x7,提取 SS 字段,(DS)= 1,数据行每路的组数 128
    sll t3, 6              //将寄存器 t3 中的内容向左移动 6 位,(t3)= 0x00000800
    sll t3, t1             //将寄存器 t3 中的内容向左移动(t1)位,(t3)= 0x00001000

    srl t1, t0,7           //将寄存器 t0 中的内容向右移动 7 位,结果保存到 t1 寄存器中
    andi t1, 7             //将(t1)逻辑"与"立即数 7,提取(DA)字段,(DA)= 1,2 路组关联
    addi t7, t1, 1         //(t1)+1→(t7),寄存器 t7 保存着路关联数,2 路
    mul t3, t3, t7         //dcache 的容量 8192,信息保存在寄存器 t3 中
```

【例 7-5】性能计数器操作和控制的汇编语言代码，如代码清单 7-5 所示。

代码清单 7-5　性能计数器操作和控制的汇编语言代码

```
//下面的代码将性能计数器 0 的控制寄存器设置为统计代码中出现跳转事件的个数
    li t0, 0x0000002f      //将立即数 0x0000002f 加载到寄存器 t0 中
    mtc0 t0,$25,0          //将性能计数器 0 的控制寄存器配置为 0x0000002f
    li t0, 0x00000000      //将立即数 0x00000000 加载到寄存器 t0 中
    mtc0 t0,$25,1          //将性能计数器 0 计数器寄存器清零

//下面的代码产生跳转条件
```

```
    li t1, 0x10              //将立即数 0x10 加载到 t1 寄存器,作为计数初值
1:                           //跳转标号 1
    sub t1, t1, 1            //(t1)-1→(t1)
    bgez t1, 1b              //当(t1)≥0 时,跳转到标号 1
    nop                      //插入空操作指令

    mfc0 t2, $25, 1          //读取性能计数器 0 计数器寄存器的内容,将其加载到 t2 寄存器
```

> **注**：读者可以进入本书提供资源的 \loongson1B_example\example_7_5 目录中，用 LoongIDE 打开名字为 "example_7_5. lxp" 的工程。在该工程的 bsp_start. S 文件中找到该段代码，并设置断点。然后进入调试器环境，单步运行这些指令，观察其运行结果。

思考与练习 7-4：查看寄存器 t2 中给出的内容与设计代码给出的设计内容是否一致？修改性能控制寄存器 0 中事件的编码值，并且修改代码，实现对不同事件内容的统计。

【**例 7-6**】写协处理 0 中的寄存器 EntryLo0 和 EntryLo1，然后读取寄存器 EntryLo0 和 EntryLo1 的值，以确定 PABITS 的值，如代码清单 7-6 所示。

代码清单 7-6　读写协处理器 0 的寄存器 EntryLo0 和 EntryLo1

```
li    t0, 0xFFFFFFFF         //将立即数 0xFFFFFFFF 加载到寄存器 t0
mtc0 t0, $2, 0               //将 0xFFFFFFFF 写到协处理器 0 的寄存器 EntryLo0
mtc0 t0, $3, 0               //将 0xFFFFFFFF 写到协处理器 0 的寄存器 EntryLo1
nop                          //插入空操作指令

mfc0 t1, $2, 0              //将协处理器 0 寄存器 EntryLo0 中的内容加载到寄存器 t1 中
mfc0 t2, $3, 0              //将协处理器 1 寄存器 EnrtyLo1 中的内容加载到寄存器 t2 中
nop                          //插入空操作指令
```

> **注**：读者可以进入本书提供资源的 \loongson1B_example\example_7_6 目录中，用 LoongIDE 打开名字为 "example_7_6. lxp" 的工程。在该工程中的 bsp_start. S 文件中找到该段代码，并设置断点。然后进入调试器环境，单步运行这些指令，观察其运行结果。

思考与练习 7-5：t1 寄存器的值为_____，t2 寄存器的值为_____。

思考与练习 7-6：根据在 EntryLo0 和 EntryLo1 寄存器一节中所介绍的计算公式，可以得到其物理地址宽度 PABITS 的值为_____，则龙芯 1B 处理器的物理空间大小为_____字节。

第8章　汇编语言的程序设计和实现

本章将介绍 sde-as 汇编器支持的汇编语言语法和链接脚本文件，这些知识将用于在 LoongIDE 工具中实现基于汇编语言的应用程序开发。本章将使用汇编语言开发 3 个典型应用程序，以帮助读者进一步理解并掌握 MIPS ISA 中指令的功能和用法，同时进一步掌握龙芯处理器内核关键功能单元的工作原理，并且为后续使用 C 语言开发应用程序打下基础。

8.1　汇编语言程序框架

下面给出一段 sde-as 汇编器支持的、在 MIPS 架构处理器上使用汇编语言设计的一段程序代码。在该代码中，涉及了一些常用的汇编语言语法。

【例 8-1】汇编语言程序框架，如代码清单 8-1 所示。

代码清单 8-1　汇编语言程序框架

```
# "Hello world" program in MIPs assembly
#     $sde-make
#     $sde-run helloram
# |汇编器命令|
. text                              # 标识代码段的开始
. globl main                        # main 必须是全局的
. ent    main                       # 用于 main 程序的入口命令

main:                               # |name|：是一个标识
    la    a0, format                # 将格式化串 format 的地址加载到寄存器 a0
    jal    printf                   # 跳转和链接到 printf 程序
    li    v0,10                     # 加载立即数 10,退出系统时调用
    syscall                         # 执行系统调用
. end    main                       # main 程序的结束命令

. data                              # 标识数据段的开始
format:
    . asciiz "Hello world. \n"      # z (zee)是字符串空终止
```

在使用 MIPS 指令助记符编写汇编语言程序时，必须始终记住一点，与 x86 不同，MIPS 是一种加载/存储架构，这意味着没有存储器到存储器的数据传输。必须将数据从存储器读入寄存器中（加载）或将数据从寄存器写入存储器中（保存）。

8.1.1　汇编语言中的段

代码清单 8-1 中有两个部分/段，即代码部分/段（使用 . text 标识）和数据部分/段（使用 . data 标识）。

（1）数据部分/段中保存着如"Hello word"字符串之类的文字。该字符串前面的 .asciiz 是汇编器命令，用于说明该汇编器命令后面的内容是字符串文字，多个字符串文字用逗号分割。.asciiz 中的 z 表示 zero，用于说明字符串后面跟着数值为 0 的字节内容。

（2）代码部分/段包含指令和汇编器命令，这里要特别注意指令和汇编器命令的区别。指令就是本书前面介绍的 MIPS ISA 中可以转换为机器指令的使用汇编语言助记符描述的机器指令，而汇编器命令本身不能转换为机器指令，它的作用是用来指导汇编器对汇编语言进行的处理方式。指令采用操作码的形式，操作码后面跟着操作数。MIPS 指令的参数可以是寄存器、文字或地址（由标号标识）。操作码和参数之间的空格数量没有限制，它只要能将指令中的操作码和操作数分开即可。

8.1.2　汇编语言中的伪指令

MIPS 伪指令本身并不是 MIPS ISA（硬件）的一部分，因为读者在 MIPS 指令集中根本查不到这些指令，但是伪指令为程序员提供了一种更加便捷的使用方式。注意，经过汇编器的处理后，一条伪指令可以用一条或多条 MIPS 机器指令来表示。

例如，在代码清单 8-1 中给出的程序代码中用到的 la 就是一个伪指令：

```
la a0, format
```

该伪指令中的两个参数用于将 format 所表示的存储器地址的值加载到寄存器 a0 中。在该指令中，源操作数为 format 所表示的存储器地址，目的操作数为寄存器 a0，即源操作数在右侧，而目的操作数在左侧。

在上面给出的程序代码中，li 也是一条伪指令，用于将一个立即数（源操作数）加载到指定的寄存器中（目的操作数）。具体到上面给出的程序代码中，该伪指令用于将立即数 10 加载到目标寄存器 v0 中。由寄存器 v0 中的整数值确定后面的系统调用 syscall。在这种情况下，（v0）= 10 表示退出调用。

8.2　汇编语言语法格式

本节将介绍汇编语言中的词汇约定规则。

8.2.1　空白

汇编器允许程序员在标记之间的任何位置放置空白字符和制表符。但是，它不允许在标记中使用这些字符（字符常量除外）。空格符或制表符必须分割相邻的标识符或没有以其他方式分割的常数。

8.2.2　注释

在 sde-as 汇编器中，其支持两种注释方法。在这两种情况下，注释都相当于一个空格。
（1）从 /＊到下一个 ＊/之间的任何内容都看作注解。如下所示。

```
/*
 *  void clean_icache (unsigned kva, size_t n)    LS232
 *
 *  Invalidate address range in primary instruction cache
 */
```

（2）为了和以前的汇编器兼容，用"#"开始的一行，对其也有特殊的理解。"#"的后面应该是一个绝对表达式，即下一行的逻辑行号，然后允许一个字符串（如果存在，则它是一个新的逻辑文件名）。该行的其余部分（如果有）应该是空格。

如果该行的第一个非空白字符不是数字，则将忽略该行（就像注释一样）。

此功能已经弃用，并且会从 sde-as 的未来版本中消失。

（3）支持单行注释。单行注释以双斜杠"//"开头。汇编器工具将双斜杠后面的文字都作为注释。这种注释只能在一行中，不能跨行，如下所示。

```
//0x1234 shift left 16 bit, low part is filled by zero
//(v0)+1->(v0)
```

8.2.3　标识符

标识符由区分大小写的英文字母和数字字符序列构成，也包括 .（句点/句号）、_（下画线）和$(美元符号)。标识符没有长度限制，且标识符的第一个字符不能是数字。

如果在汇编程序中没有定义标识符（仅引用），则汇编器将标识符看作外部符号，即将标识符当作汇编器命令 .global。如果在汇编程序中定义了标识符，并且没有将标识符指定为全局的，则汇编器将标识符看作局部符号。

8.2.4　常数

汇编程序具有以下常数，即标量常数、浮点常数和字符常数。

1. 标量常数

汇编器将所有标量常数解释为二进制补码数，其可以是以下常数之一。

（1）十进制常数，由一串十进制数字组成，没有前导零。

（2）二进制常数，由前导字符 0b 或 0B，以及后面的一串二进制数字序列构成。

（3）十六进制常数，由前导字符 0x 或 0X，以及后面的一串十六进制数字/字母序列构成。

（4）八进制常数，由前导字符 0，以及后面一串 0~7 范围内的数字序列构成。

此外，通过 .octa 命令可以指示大数（Bignum），大数与整数有相同的语法和语义，只是数字（或其负数）需要使用超过 32 位的二进制数表示。

2. 浮点常数

浮点常量只能出现在汇编器命令 .float 和 .double 中，以及在浮点加载立即数指令中。在本书前面介绍浮点数的格式时提到，汇编器可以将一个十进制的浮点数转换为超过足够精度的通用二进制浮点数。sde-as 汇编器可以将这个通用浮点数转换为特定计算机的浮点格式，专门用于 MIPS 架构的计算机中。按下面的顺序定义一个浮点数。

（1）数字 0。

（2）一个字母，用于告诉 sds-as 汇编器剩余的数字是浮点数。

（3）一个可选的符号+或-。

（4）一个可选的整数部分，即零个或多个十进制数字。

（5）一个可选的小数部分，即小数点 . 后面跟着零个或多个十进制数。

（6）一个可选的指数。

① 一个 E 或 e。

② 一个可选的符号+或-。

③ 一个或多个十进制数字。

浮点数至少要有整数部分或小数部分，通常是基于十进制的值。

3. 字符常数

有两种类型的字符常数。一个字符代表以一个字节表示的字符，在数值表达式中可以使用字符。字符串常量（字符串文字）由多个字符组合而成。由于每个字符都对应一个字节，因此一个字符串包含多个字节，但是在算术表达式中不能使用字符串。

1）字符串

通过双引号引用一个字符串，如"Hello World"，它可以包含双引号或空字符。将特殊字符转入字符串的方法是对这些字符进行转义，即在字符前面加上一个反斜杠字符\。例如，"\\"表示一个反斜杠，第一个\是一个转义，用于告诉 sde-as 汇编器将第二个字符当作一个反斜杠。完整的转义如表 8.1 所示。

表 8.1 完整的转义

转 义 字 符	含 义
\b	退格符，对应的八进制数为 010
\f	换页符，对应的八进制数为 014
\n	换行符，对应的八进制数为 012
\r	回车助记符，对应的八进制数为 015
\t	水平制表符，对应的八进制数为 011
\数字 数字 数字	八进制字符编码。数字编码是 3 个八进制数。为了与其他 Unix 系统兼容，接受 8 和 9 作为数字，如\008 的值为 010 和 \ 009 的值为 011
\x 十六进制数字	十六进制数字编码。所有跟在后面的十六进制数字组合在一起，大写和小写的 x 都有效
\\	表示一个字符'\'
\"	表示一个"字符。需要在字符串中表示该字符，因为未转义的"将结束字符串

2）字符

单个字符可以写成单引号，相同的转义适用于字符和字符串。因此，如果你想写字符\，必须写成'\\，其中第一个 \ 转义第二个\。

【例 8-2】常数表示的方法，如代码清单 8-2 所示。

代码清单 8-2 常数的表示方法

```
    . byte 74, 0112,   092, 0x4A, 0X4a, 'J,'\J          //都是相同的字符
  . ascii "Ring the bell \7"                            //一个字符常数，
    . octa   0x123456789abcdef0123456789ABCEEF0         //大数
```

```
. float 0f-31415926535897932384626433832 7\
95028841971. 69399375E-40                                        //-pi，浮点数
```

8.2.5　段和重定位

大致上来说，一个段（Section）就是地址范围，中间没有间隙。对于某些特定目的，将这些地址中的所有数据都看作相同。例如，可能有一个"只读"段。

链接器 sde-ld 读取很多目标文件（部分程序），并将它们的内容进行组合以生成可运行的程序。当 sde-as 提供目标文件时，假设部分程序从地址 0 开始，sde-ld 则会为部分程序分配最终地址，以便不同的部分程序不会重叠。这实际上过于简单化，但足以解释 sde-as 如何使用段。

sde-ld 将程序的字节块移动到它们运行时的地址。这些块作为"刚性单元"滑动到它们运行时的地址，它们的长度不会改变，字节顺序也不会改变。这样一个"刚性单元"称为一个"段"。给一个段分配运行时的地址称为"重定位"，它包括调整所提到的目标文件地址的任务，以便它们引用正确的运行地址。

由 sde-as 汇编器汇编得到的目标文件至少有 3 个段，这些段中的任何一个都可以为空。这 3 个段的名字为 text（代码段）、data（数据段）和 bss（附加段）。sde-as 汇编器也可以产生由 . section 汇编器命令所命名的段。在目标文件中，代码段起始于地址 0，后面跟着数据段，在数据段后面跟着附加段。

当程序开始运行时，bss 段包含归零字节，该段主要用于保存初始化的变量或公共存储。在 bss 段中，使用 . lcomm 汇编器命令定义一个符号，使用 . comm 汇编器命令声明公共符号，它是未初始化符号的另一种形式。

为了让 sde-ld 知道段重定位时哪些数据发生变化，以及如何更改该数据，sde-as 也会写入所需的有关重定位目标文件的详细信息。要执行重定位，sde-ld 必须知道每次在目标文件中所提到的地址：

（1）在目标文件中，这个地址引用的开头在哪里；

（2）这个引用有多长（以字节计算）；

（3）地址指的是哪个段，数值是什么；

（地址）-（段的起始地址）

（4）是对地址"程序计数器相对"的引用吗。

实际上，sde-as 使用的每个地址都表示为

（段）+（段内偏移）

此外，sde-as 计算的大多数表达式都有段的相对属性。本小节使用 {段名 N} 表示相对段名的偏移 N。

假设，一个部分程序#1，其段分配如图 8.1 所示。一个部分程序#2，其段分配如图 8.2 所示。链接后的程序如图 8.3 所示。

text	data	bss
ttttt	dddd	00

图 8.1　部分程序#1 的段分配

text	data	bss
TTT	DDDD	000

图 8.2　部分程序#2 的段分配

text			data		bss
TTT	ttttt		dddd	DDDD	00000

图 8.3　链接后程序的段分配

除代码、数据和附加段外，还需要知道"绝对段"。当 sde-ld 混合部分程序时，绝对段中的地址保持不变。例如，sde-ld 将地址 ｛absolute 0｝ 重定位到运行地址 0。链接后，尽管链接器从来不会安排都带有重叠地址数据段的两个部分程序，但在一个程序的一部分中，地址 ｛absolute 239｝ 总是与当程序作为程序中任何其他部分时运行相同的地址 ｛absolute 239｝。

段的概念可以扩展到未定义的段。任何在汇编时段未知的地址都按定义呈现 ｛undefined U｝ -此处的 U 在之后填充。由于始终定义数字，因此生成未定义地址的唯一方法是提及未定义的符号。对一个命名公共块的引用将是这样一个符号：它的值在汇编时是未知的，因此它的段未定义。

类比，段用于在链接的程序中描述多组段。在链接后的程序中，sde-ld 将所有部分程序的代码段放在一个连续的地址内。习惯上引用程序的代码段，意味着所有部分程序代码段的所有地址。一些段由 sde-ld 操作，而其他段是为使用 sde-as 而发明的，除了在汇编期间没有任何意义。

此外，你可能在命名的段中有单独的数据组，你希望它们在目标文件中彼此靠近，即使它们在汇编代码中并不连续。sde-as 允许将"子段"（subsections）用于该目的。在每个段内，可以用 0~8192 之间的数字来为每个子段编号。组装到相同子段的对象将与同一子段内的其他对象一起进入目标文件。例如，编译器可能想在代码段中保存常数，但是不希望它们散布在正在汇编的程序中。在这种情况下，编译器可以在输出每个代码段之前发出 .text 0，以及在输出每组常数之前发出 .text 1。

子段是可选的。如果没使用子段，则所有内容都在子段编号零中。在目标文件中，子段以数字的顺序出现，即最低的编号到最高的编号。

【例 8-3】子段的使用方法，如代码清单 8-3 所示。

代码清单 8-3　子段的使用方法

```
. text 0                         #无论如何,默认的子段是 text 0
. ascii "This lives in the first text subsection.  * "
. text 1
. ascii "But this lives in the second text subsection. "
. data 0
. ascii "This lives in the data section. "
. ascii "in the first data subsection. "
. text 0
. ascii "This lives in the first text section, "
. ascii "immediately following the asterisk( * ). "
```

注：在 MIPS 中，.rdata 段用于只读数据；.sdata 用于小数据；.sbss 用于小的公共对象。

8.2.6　符号

符号是一个中心概念：程序员使用符号命名事物，链接器使用符号进行链接，调试器使用符号来调试。

> **注**：sde-as 不会在目标文件中按照符号声明的顺序来放置它们。这可能会打断一些调试器。

1）标号

将标号写成一个符号，后面紧跟冒号。符号表示活动位置计数器当前的值，如一个指令操作数。如果使用相同的符号来表示两个不同的位置，则会出现警告。注意，第一个定义覆盖任何其他定义。

2）给符号其他值

在符号后面使用等号和表达式，就可以给一个符号赋任意的值，这就等同于使用汇编器命令 .set。

3）符号的名字

符号的名字和 8.2.3 小节中给出的标识符的命名规则相同。每个符号只有一个名字。汇编语言程序中的每个名字只正确引用一个名字。在一个程序中，程序员可以多次使用符号名字。

本地符号帮助编译器和程序员暂时使用名字。程序员可以定义和使用所需要的多个本地符号名字，在程序中可以重新使用它们。程序员也可以使用一个正的十进制数来引用它们。要定义一个本地符号，用 N: 形式写符号（其中，N 表示任意一个正数或 0）。要引用该符号最近前面的定义，写成 Nb，使用定义符号时相同的 N 值。要引用下一个定义的本地标号，写 Nf，其中 b 表示 backwards（向后）和 f 表示 forwards（向前）。

当前的 GNU C 编译器不发出本地符号。本地符号的名字只是一个符号设备。在汇编器使用它们之前，它们会立即变换到更传统的符号名字。符号名字保存在符号表中，以显示错误信息或（可选的）发送到包含这些部分信息的目标文件中，其格式为

L<数字>C-A<序数>

4）特殊的点符号

特殊的符号 . 引用 sde-as 正在汇编到的当前地址。因此，表达式 melvin：. long . 定义 melvin 以包含它自己的地址。给 . 赋值与汇编器命令 .org 相同。因此，表达式 . = . +4 与 . space 4 相同。

5）符号属性

每个符号都有它的名字、属性值（Value）和属性类型（Type），取决于输出格式，并且符号可以有任意属性。如果使用符号而没有定义它的属性，sde-as 汇编器将属性假定为 0，并且可能不会给出警告。这使得符号成为外部定义的符号，这通常也是程序员想要的结果。

（1）属性值。

通常，符号的值为 32 位。对用于标记代码段、数据段、附加段或绝对段中某个位置的

符号来说，它的值是从该段开始到标记的地址编号。显然，对于代码段、数据段和附加段，符号的值会随着 sde-ld 在链接期间更改段的基地址。在链接期间，不可以修改绝对符号的值，这就是为什么将它们称为"绝对的"原因。

对于未定义的符号，将以特殊方式处理它的值。如果为 0，表示在该汇编源文件中没有定义该符号，并且 sde-ld 尝试从链接到同一程序的其他文件中确定其值。只需要"提及"一个符号名字而不定义它，程序员就可以"造出"这种未定义的符号。一个非零值表示一个 .comm 公共声明，这个值用于说明需要保留多少个通用存储（以字节计）。符号引用所分配存储的第一个地址。

（2）属性类型。

符号的属性类型包含重定位（段）信息，用于指示符号是外部的任何标志设置，以及用于链接器和调试器的其他信息（可选的）。准确的格式依赖于所用目标代码的输出格式。

8.2.7　表达式

一个表达式指定一个地址或一个数字值。在表达式之前和/或之后，可以使用空白符。表达式的结果必须是一个绝对数，要不然就是进入一个特殊段的偏置。如果表达式不是绝对的，并且当 sde-as 看到表达式没有足够的信息来了解它的段时，则可能需要对源程序进行第二遍处理，以解释表达式—但当前尚未实现第二遍。在这种情况下，sde-as 会终止并显示错误信息。

1）空的表达式

空的表达式没有值，即它只是空白或空的。在任何要求绝对表达式的地方，程序员可以省略表达式，且 sde-as 假设（绝对）值为 0，这与其他汇编器兼容。

2）整数表达式

一个整数表达式是一个或多个由运算符分割的参数。

（1）参数：参数是符号、数字或子表达式。在其他上下文中，有时候将参数称为"算术操作数"。为了避免与机器语言的指令操作数混淆，此处使用术语"参数"（Argument）仅指表达式部分，而保留"操作数"只针对机器指令操作数。

对符号评估后产生 {section NNN}，其中 section 是代码段、数据段、bss 段、绝对段或未定义段其中之一。NNN 是有符号的、二进制补码的 32 位整数。

（2）运算符：如 +或%。前缀运算符，如符号"-"表示取负数、符号"~"表示按位取反，其后面跟着参数。中缀运算符则有两个参数，其两侧各一个参数，出现在参数中间。

运算符有优先级，具有相同优先级的操作从左到右执行。除+和-外，所有参数必须是绝对的，结果也必须是绝对的。

① 最高优先级：*、/、%、<、<<、>、>>。

② 中间优先级：|（逻辑或）、&（逻辑与）、^（逻辑异或）、!（非）。

③ 最低优先级：+（加法）、-（减法）。

8.2.8　汇编器命令

汇编器命令以"."符号开始，剩余部分是字符，通常是小写的。本小节将简要介绍这些汇编器命令。

1．. abort 命令

该命令立即停止汇编，其实为了和其他汇编器兼容。

2．. align 命令

将位置计数器（在当前子段中）填充到特定的存储边界。该命令的格式为

```
. align abs_expr, abs_expr, abs_expr
```

（1）第一个表达式 abs_expr（必须是绝对的）是要求的对齐。

（2）第二个表达式 abs_expr（也是绝对的）给出了要保存在填充字节中的填充值。

（3）第三个表达式 abs_expr（也是绝对的，可选）。如果存在，则是该对齐命令应跳过的最大字节数。

所需对齐方式的指定方式因系统而有所不同。对于 a29k、hppa、m68k、m88k、w65、sparc、Hitachi SH 和 i386，第一个表达式是以字节为单位的对齐请求。例如，. align 8 使位置计数器前进，直到它是 8 的倍数为止。如果位置计数器已经是 8 的倍数，则不需要更改。

对于其他系统，使用 a. out 格式的 i386、mips 和 arm 和 strong arm，它是位置计数器前进后必须具有低阶零位的个数。例如，. align 3 向前移动位置计数器，直到它是 8 的倍数。如果位置计数器已经是 8 的倍数，则不需要任何变化。

3．. ascii 命令

该命令的格式为

```
. ascii "string"…
```

其需要零个或多个以逗号分割的字符串文字（string），它将每个字符串汇编到连续的地址。

4．. asciz 命令

该命令的格式为

```
. asciz "string"…
```

其和 . ascii 命令类似，但是每个字符串（string）跟随一个数值为 0 字节。. asciz 命令中的字符 z 表示 zero。

5．. balign 命令

该命令的格式为

```
. balign[wl] abs_expr, abs_expr, abs_expr
```

该命令和 . align 命令类似。与 . align 命令不同的是，. balign 命令的参数值对不同处理器架构的含义均相同。. balignw 和 . balignl 是 . balign 命令的"变种"。. balignw 命令将填充"符号"看作一个两字节的字值。. balignl 命令将填充"符号"看作一个四字节的长字值。

6．. byte 命令

该命令的格式为

```
. byte expressions
```

其需要零个或多个用逗号分割的表达式（expressions），它将每个表达式汇编到下一个字节。

7. .comm 命令

该命令的格式为

```
.comm symbol, length[ ,align]
```

其声明了一个名字为"symbol"的符号。当链接的时候，一个公共符号可以与其他目标文件中具有相同名字的一个已经定义的符号或公共符号进行合并。第三个参数 align 表示所希望的对齐（由字节边界指定，必须是 2 的幂次方），如 16 意味着地址的最低 4 位为零。

8. .data 命令

该命令的格式为

```
.data subsection
```

.data 汇编器命令告诉 sde-as 将随后的描述/语句汇编到数据子段编号子段（subsection）的末尾。

9. .double 命令

该命令的格式为

```
.double flonums
```

其需要一个或多个用逗号分割的浮点数（flonums）。在 MIPS 中，.double 命令发射 64 位 IEEE 格式的浮点数。

10. .eject 命令

当产生汇编列表文件时，强迫在该点打断一页。

11. .else 命令

该命令是 sde-as 所支持条件汇编的一部分。

12. .elseif 命令

该命令是 sde-as 所支持条件汇编的一部分。

13. .end 命令

该命令标记汇编文件的结束。

14. .endfunc 命令

标记由 .func 所指定函数的结束。

15. .endif 命令

标记条件编译块的结束。

16. .equ 命令

该命令的格式为

```
.equ symbol, expression
```

该命令将符号（symbol）的值设置为表达式（expression），它与汇编器命令 . set 具有相同的功能。

17．. equiv 命令

该命令的格式为

```
. equiv symbol, expression
```

其与 . equ 和 . set 命令类似。不同之处在于，当已经定义 symbol 时，会给出错误信息。

18．. err 命令

如果 sde-as 汇编一个 . err 命令，则它将打印一个错误信息。

19．. exitm 命令

该命令提前退出当前的宏定义。

20．. extern 命令

该命令使得 sde-as 汇编器将所有未定义的符号看作外部符号。

21．. fail 命令

该命令的格式为

```
. fail expression
```

其产生警告或错误。如果表达式（expression）的值大于 500，sde-as 将打印一个警告信息；如果表达式（expression）的值小于 500，sde-as 将打印一个错误信息。信息将包含表达式的值。在复杂的嵌套宏或条件汇编中，这有时很有用。

22．. file 命令

该命令的格式为

```
. file string
```

其告诉 sde-as，打算启动一个新的逻辑文件。string 是新文件的名字。

23．. fill 命令

该命令的格式为

```
. fill repeat, size, value
```

该命令将重复（repeat）复制 size 字节。在该命令中，repeat 指定重复次数，size 指定字节的大小，value 为具体的值。

24．. float 命令

该命令的格式为

```
. float flonums
```

该命令需要一个或多个用逗号分割的浮点数（flonums）。在 MIPS 中，float 发射 32 位 IEEE 格式的浮点数。该指令与汇编器命令 . single 有相同的效果。

25. . func 命令

该命令的格式为

> . func name [, label]

该命令发出调试信息以指示函数名字（name）。除非使能调试，否则忽略该名字。label 是程序的入口点。

26. . global/. globl 命令

该命令的格式为

> . global symbol

或

> . globl symbol

该命令使得符号（symbol）对 sde-ld 可见。如果在部分程序中定义了符号，则它的值对其他部分程序是可用的，并且和它链接。

> **注**：把 global 写成 globl 是可接受的。

27. . hword 命令

该命令的格式为

> . hword　expressions

该命令需要零个或多个表达式（expressions），并且每个表达式发布 16 位的数。该命令与汇编器命令 . short 的效果相同。

28. . ident 命令

一些汇编器使用该命令用于在目标文件中放置标记。sde-as 使用它仅是为了与这样的汇编器兼容，实际上不发出任何东西。

29. . if 命令

该命令的格式为

> . if absolute expression

如果绝对表达式（absolute expression）的值不等于零，则执行汇编器命令 . if 内的代码。该命令的变种有：

（1）. ifdef symbol。如果定义了符号 symbol，则执行该段代码。

（2）. ifc string1，string2。如果字符串 string1 和字符串 string2 相同，则执行该段代码。

（3）. ifeq absolute expression。如果绝对表达式（absolute expression）的值为零，则执行该段代码。

（4）. ifeqs string1，string2。ifc 命令的另一种形式。

（5）. ifge absolute expression。如果绝对表达式（absolute expression）的值大于或者等于零，则执行该段代码。

（6）.ifgt absolute expression。如果绝对表达式（absolute expression）的值大于零，则执行该段代码。

（7）.ifle absolute expression。如果绝对表达式（absolute expression）的值小于或者等于零，则执行该段代码。

（8）.iflt absolute expression。如果绝对表达式（absolute expression）的值小于零，则执行该段代码。

（9）.ifnc string1，string2。如果字符串 string1 和字符串 string2 不相同，则执行该段代码。

（10）.ifndef symbol。如果没有定义符号 symbol，则执行该段代码。

（11）.ifnotdef symbol。效果与 .ifndef symbol 相同。

（12）.ifne absolute expression。如果绝对表达式（absolute expression）的值不等于零，则执行该段代码。

（13）.ifnes string1，string2。效果与 .ifnc string1，string2 相同。

30. .include 命令

该命令的格式为

```
.include "file"
```

其提供了一种在源程序中的指定点包含支持文件（file）的方法。

31. .int 命令

该命令的格式为

```
.int expressions
```

其需要零个或者多个由逗号分割的表达式（expressions）。字节顺序和数的位宽取决于汇编器的目标种类。

32. .irp 命令

该命令的格式为

```
.irp symbol, values...
```

评估用于给符号（symbol）分配不同值（values）的语句序列。语句序列起始于 .irp 命令，结束于 .endr 命令。对于每一个值（value），将符号设置为该值。

【例 8-4】irp 命令的用法，如代码清单 8-4 所示。

代码清单 8-4　irp 命令的用法

```
.irp param, 1, 2, 3
    move d\param, sp@-
.endr
```

等效于：

```
move d1, sp@-
move d2, sp@-
move d3, sp@-
```

33. . irpc 命令

该命令的格式为

```
. irpc symbol, values...
```

评估用于给符号（symbol）分配不同值（values）的语句序列。语句序列起始于 . irpc 命令，结束于 . endr 命令。对于值（values）中的每个字符，将符号设置到字符。

【例 8-5】. irpc 命令的用法，如代码清单 8-5 所示。

代码清单 8-5   . irpc 命令的用法

```
. irpc param, 123
    move d\param, sp@ -
. endr
```

等效于：

```
move d1, sp@ -
move d2, sp@ -
move d3, sp@ -
```

34. . lcomm 命令

该命令的格式为

```
. lcomm symbol, length [ , align]
```

为符号（symbol）指示的本地公共区域保留由长度（length）给出的字节数。符号的段和值是那些新的本地公共区域。在 bss 段中分配地址，以便在运行时字节从零开始。由于没有将符号声明为全局的，因此它对 sde-ld 不可见。

35. . lflags 命令

sde-as 接受这个命令，只是为了和其他汇编器兼容，但是忽略它。

36. . line 命令

该命令的格式为

```
. line line-number
```

即使这是与 a. out 或 b. out 目标代码格式相关联的命令，但当产生 COFF 输出时，sda-as 仍然会识别它。并且，如果在 . def/. endef 对外找到它，则将 . line 看作 COFF 的 . ln。

在 . def 中，. line 是编译器用来生成用于调试的辅助符号信息的命令之一。

此外，汇编器命令 . ln line-number 与 . line 的作用相同。

37. . linkonce 命令

该命令的格式为

```
. linkonce[ type]
```

用于标记当前的段，因此链接器只能包含它的单次复制。type 为可选的，其值可能为 discard、one_only、same_size、same_contents。

38. . mri 命令

该命令的格式为

```
. mri val
```

如果 val 非零，则告诉 sde-as 进入 MRI 模式。如果 val 为零，则告诉 sde-as 退出 MRI
模式。

39. . list 命令

该命令控制是否产生汇编列表。

40. . long 命令

该命令与 . int 命令相同。

41. . macro 命令

命令 . macro 和 . endm 允许程序员定义宏，该宏可以产生汇编输出。

【例 8-6】 . macro 命令的用法，如代码清单 8-6 所示。

代码清单 8-6　. macro 命令的用法

```
. macro    sum    from = 0, to = 5
. long        \from
. if              \to-\from
sum    "( \from+1)", \to
. endif
. endm
```

有了该定义，"SUM 0，5"等价于下面的汇编语言输入：

```
. long    0
. long    1
. long    2
. long    3
. long    4
. long    5
```

42. . nolist 命令

. nolist 命令控制（与 . list 命令一起）是否生成汇编列表。. nolist 命令和 . list 命令维护
一个内部计数器（初始为零）。. list 递增计数器，. nolist 递减计数器。只要计数器大于零，
就会生成汇编列表。

43. . octa 命令

该命令的格式为

```
. octa bignums
```

该命令需要零个或多个由逗号分割的大数（bignum）。对于每个大数，它发出一个 16
字节的整数。术语"octa"来自上下文，即"word"是两个字节，因此 octa-word 为 16 个
字节。

44．．org 命令

该命令的格式为

```
. org new-lc, fill
```

该命令将当前段的位置计数器推进到 new-lc。new-lc 要么是一个绝对表达式，要么是一个同当前子段具有相同段的一个表达式。也就是说，不能使用 .org 跨越段。如果 new_lc 是错误的段，则忽略 .org 命令。为了与以前的汇编器兼容，如果 new-lc 的段是绝对的，则 sde-as 发出警告，然后"假装" new-lc 的段与当前的子段相同。

.org 命令只能增加位置计数器，或保持不变，不能使用 .org 命令将位置计数器向后移动。因为 sde-as 尝试一次性汇编程序，所以 new-lc 可能不是未定义的。注意，起点 (Origin) 是相对于段的开始，而不是子段的开始，这与其他的汇编器兼容。

当位置计数器（当前子段的）前进时，使用 fill 子段的值填充中间字节，这应该是一个绝对表达式。如果省略逗号和 fill，则 fill 默认为零。

45．．p2align ［wl］命令

该命令的格式为

```
. p2align［wl］abs-expr, abs-expr, abs-expr
```

将位置计数器（在当前的子段中）填充到特定的存储边界。

第一个表达式是在前进/推进后，位置计数器（必须是绝对的）必须有的低位零字段的个数。例如，.p2align 3 推进位置计数器直到它是 8 的倍数。如果位置计数器已经是 8 的倍数，则不需要变化。

第二个表达式（也是绝对的）给出了要保存在填充字节中的填充值。它（和逗号）可以省略。如果省略，填充字节通常为 0。然而，在一些系统上，如果将段标记为包含代码并且省略了填充值，则该空间用空指令填充。

第三个表达式也是绝对的、可选的。如果它存在，则它是该对齐指令应跳过的最大字节数，如果进行对齐要求跳过比指定最大值更多的字节，则根本不会对齐。你可以完全忽略填充值（第二个参数），只需在所需对齐后使用两个逗号即可。如果你希望在合适的时候用无操作指令填充对齐，这会非常有用。

.p2alignw 和 .p2alignl 命令是对 .p2align 命令的"变种"。.p2alignw 命令将所有填充符号看作两个字节的字值。.p2alignl 命令将所有填充符号看作 4 个字节的长字值。例如，.p2alignw 2, 0x368d 将对齐到 4 的整数倍。如果跳过两个字节，它将使用值 0x368d 填充（字节的准确放置依赖于处理器的端）。如果它跳过 1 或 3 个字节，则没有定义填充的值。

46．．popsection 命令

.popsection 命令可用于 ELF 目标，以便将汇编器输出重新定位到与 .pushsection 命令匹配的堆栈段。

47．．previous 命令

.previous 命令可用于 ELF 目标，它将汇编器的输出重定向回在最后一个 .section 或 .struct 命令之前选择的段 (section)。它仅实现了一个深度堆栈，它将被下一个段修改命令覆盖。该命令可移植到其他 ELF 汇编器中。

48．. pushsection 命令

该命令的格式为

. pushsection name

其可用于 ELF 目标以切换到一个新的段，在将当前段压入堆栈后，如果程序员希望能够在宏内安全地更改段，这将非常有用。它与 . section 命令共有相同的语法，并且程序员可以使用匹配的 . popsection 命令返回到以前的段。该命令不能移植到其他 ELF 汇编器。

49．. print 命令

该命令的格式为

. print string

在汇编期间，sde-as 将在标准的输出上打印由 sting 指定的字符串。必须将 string 放在双引号里面。

50．. psize 命令

该命令的格式为

. psize lines, columns

当生成列表文件时，使用该命令声明每页中行的个数（lines）（可选），以及列的个数（columns）。如果不使用 . psize 命令，列表文件使用默认的行的数量，即 60 行。在该命令中，可以删除逗号和 columns，此时默认的宽度为 200 列。

当超过命令的行数时（或者每当使用 . eject 显式请求一行时）生成换页。如果将 lines 指定为零，则不会生成换页，除非使用 . eject 明确指定的那些除外。

51．. purgem 命令

该命令的格式为

. purgem name

取消定义宏名字，以便不会扩展以后使用的字符串。

52．. quad 命令

该命令的格式为

. quad bignums

该命令需要一个或多个由逗号分割的大数（bignums）。对于每一个大数，它发出一个 8 字节的整数。如果大数没有适配到 8 个字节，则打印警告信息，并且仅采纳大数的最低 8 个字节。

53．. rept 命令

该命令的格式为

. rept count

重复 . rept 命令和下一个 . endr 命令计数（count）之间的行序列。

【例 8-7】 . rept 命令的用法，如代码清单 8-7 所示。

代码清单 8-7　. rept 命令的用法

```
.rept     3
.long     0
.endr
```

等效于汇编为

```
.long     0
.long     0
.long     0
```

54. . sbttl 命令

该命令的格式为

```
.sbttl    "subheading"
```

当生成汇编列表文件时，使用 subheading（副标题）作为标题（第三行，紧接在标题行之后）。如果它出现在页面顶部的 10 行内，则该命令会影响随后页面和当前页面。

55. . section 命令

该命令的格式为

```
.section name
```

使用 . section 命令将下面的代码汇编到 name 所命名的段中。该命令仅支持实际支持任意命名段的目标。例如，在 . out 目标上，不接受，即使使用标准的 a. out 段名字。

对于 ELF 目标，按如下使用 . section 命令：

```
.section name[ , "flags"[ , @ type]]
```

（1）可选的 flags 参数是带引号的字符串，它包含下面任何字符的组合。

① a：段是可分配的。

② w：段是可写入的。

③ x：段是可执行的。

（2）可选的 type 参数可以包含下面其中一个参数。

① @ progbits：段包含数据。

② @ nobits：段不包含数据（例如，段只占用空间）。

如果没有指定标志（flags），默认的标志取决于段名字。如果无法识别段名字，则默认情况下该段没有上述标志，即不会在存储器分配、不可写入，以及不可执行。段将包含数据。

对于 ELF 目标，汇编器支持另一种 . section 命令用于和 Solaris 汇编器兼容：

```
.section "name" [ ,flags. . .]
```

在该描述中，name 在双引号中，此处有逗号分割的标志序列。

① #alloc：段是可分配的。

② #write：段是可写的。

③ #execinstr：段是可执行的。

56．．set 命令

该命令的格式为

```
.set   symbol, expression
```

该命令将符号（symbol）的值设置为表达式（expression）。这将改变符号的值和类型，使之与表达式一致。如果将 symbol 标记为外部的，则它保持标记。程序员可以在相同的汇编内多次将一个符号的值设置为表达式。如果程序员设置一个全局符号，则保存在目标文件中的值是保存在其中的最后一个值。

57．．short 命令

该命令的格式为

```
.short expressions
```

该命令需要零个或多个 expressions（表达式），且每个表达式发出一个 16 位的数。

58．．single 命令

该命令的格式为

```
.single flonums
```

该命令汇编零个或多个逗号分割的浮点数（flonums），它与．float 命令具有相同的效果。在 MIPS 系列器件中，．single 命令发出 IEEE 格式的 32 位浮点数。

59．．size 命令

该命令由编译器生成，用于在符号表中包含辅助的调试信息。只允许它出现在．def／.endef 对中。

60．．sleb128 命令

该命令的格式为

```
.sleb128 expression
```

sleb128 表示"signed little endian base 128"。这是 DWARF 符号调试格式使用的数字紧凑、可变长度的表示。

61．．skip 命令

该命令的格式为

```
.skip size, fill
```

该命令发出 size 个字节，每个用 fill（填充）。size 和 fill 都是绝对表达式。如果省略了逗号和 fill，假设 fill 为零，则这与．space 命令相同。

62．．stabd、．stabn 和．stabs 命令

这些命令的格式为

```
          .stabd  type, other, desc
          .stabn  type, other, desc, value
          .stabs  string, type, other, desc, value
```

这里有 3 个命令以 .stab 开头。所有发出符号用于符号调试器。符号不会输入到 sde-as 哈希表中，因为不能在源文件中的其他地方引用它们。其最多需要 5 个字段。

（1）string：这是符号的名字。它可以包含除 \ 000 之外的任何字符，因此比普通的符号名字更通用。一些调试器使用这个字段将任意复杂的结构编码到符号名字。

（2）type：一个绝对表达式。一个符号的类型设置为该表达式的低 8 位。允许任何位模式，但是 sde-ld 和调试器会因为 "不明智" 的位模式而 "窒息"。

（3）other：一个绝对表达式。符号的 "other" 属性设置为该表达式的低 8 位。

（4）desc：一个绝对表达式。符号的描述符设置为该表达式的低 16 位。

（5）value：一个绝对表达式，它变成符号的值。

当读取 .stabd、.stabn 或 .stabs 语句时，如果检测到一个警告，则表明可能已经创建了符号。程序员可以在自己的目标文件中，得到半成型的符号。

63. .string 命令

该命令的格式为

```
      .string "str"
```

将 str 中的字符复制到目标文件中。程序员可以使用逗号分割指定要复制的多个字符串。除非对特定机器另有规定，否则汇编器用值为零的字节标记每个字符串的结束。程序员可以使用前面介绍的任何转义序列。

64. .struct 命令

该命令的格式为

```
      .struct expression
```

切换到绝对段，设置到表达式（expression）的段偏移，它必须是一个绝对表达式。

【例 8-8】.struct 命令的用法，如代码清单 8-8 所示。

代码清单 8-8　.struct 命令的用法

```
            .struct   0
field1:
            .space    4
field2:
            .space    4
field 3:
```

这将定义符号 field1 具有值 0、符号 field2 具有值 4、符号 field3 具有值 8。汇编将留在绝对段中，程序员将需要使用某种 .section 命令在进一步汇编之前更改为其他段。例如，对于 ELF 目标，程序员可以使用 .previous 命令返回到前面的段。

65. .symver 命令

使用该命令将源文件中的符号绑定到指定的版本节点。这只支持 ELF 平台。例如，当汇编文件连接到一个共享库时使用它。在某些情况下，在绑定到应用程序本身的对象中使用该命令以覆盖来自共享库中的版本化符号可能是有意义的。

对于 ELF 目标，. symver 命令的格式为

```
. symver name , name2@ nodename
```

66．. text 命令

该命令的格式为

```
. text subsection
```

告诉 sde-as 将下面的语句汇编到由 text 子段编号的子段（subsection）的末尾，这是一个绝对表达式。如果省略了子段（subsection），则使用子段编号 0。

67．. title 命令

该命令的格式为

```
. title "heading"
```

当产生汇编列表文件时，使用 heading 作为标题（在源文件名字和页号后的第二行）。如果出现在一个页上面的 10 行内，则该命令影响随后的页，以及当前的页。

68．. uleb128 命令

该命令的格式为

```
. uleb128 expression
```

uleb128 表示"unsigned little endian base 128"。这是 DWARF 符号调试格式使用的数字的紧凑、可变长度表示。

69．. internal、. hidden 和 . protected 命令

这些命令用于设置指定符号的可见性。默认，符号的可见性由它的绑定（local、global或 weak）设置，但是可以用这些命令来覆盖它们。

protected 的可见性意味着从定义符号的组件内部对符号的任何引用都必须解析为该组件中的定义，即使另一个组件中的定义通常会抢占它；hidden 的可见性意味着符号对其他组件不可见。通常将这样一个符号也看作 protected。Internal 的可见性与 hidden 的可见性相同，只是还必须对符号执行一些额外的、特定于处理器的处理。

对于 ELF 目标，命令格式如下

```
. internal    name
. hidden    name
. protected name
```

70．. word 命令

该命令需要任何段的由逗号分割的零个或多个表达式。对于每一个表达式，sde-as 发出32 位数。

【例 8-9】. word 命令的用法，如代码清单 8-9 所示。

代码清单 8-9　.word 命令的用法

```
              . text                    #下面的指令放在代码(text)段中
              . data                    #下面的对象放在数据(data)段中

              . globl                   #使得符号全局可用
a:            . space    18             #uchar a[18]/uint a[4]
              . align    2              #在2²-字节地址对齐下一个目标

i:            . word 2                  #unsigned int i=2
v:            . word 1, 3, 5            #unsigned int v[3]={1, 3, 5}
h:            . half    2, 4, 6         #unsigned short h[3]={2, 4, 6}
b:            . byte 1, 2, 3            #unsigned char b[3]={1,2,3}
f:            . float   3. 14           #float f=3. 14
s:            . asciiz "abc"            #char s[4]={'a','b','c','\0'}
t:            . ascii "abc"             #char s[3]={'a','b','c'}
```

【例 8-10】一个算术算法的汇编语言描述，如代码清单 8-10 所示。在该例子中，实现 $z=5×(x+y)$ 的计算。

代码清单 8-10　算术算法的汇编语言描述

```
. data
x:        . word     5
y:        . word     3
z:        . space    4
    …
la      s0,  x            //将 x 的存储空间地址加载到寄存器 s0
la      s1,  y            //将 y 的存储空间地址加载到寄存器 s1
la      s2,  z            //将 z 的存储空间地址加载到寄存器 s2
lw      t0, (s0)          //寄存器 s0 指向存储空间内容加载到寄存器 t0
lw      t1, 0(s1)         //寄存器 s1 指向存储空间内容加载到寄存器 t1
add     t0, t0, t1        //(t0)+(t1)→(t0)
li      t1, 5             //将立即数 5 加载到寄存器 t1 中
mul     t0, t0, t1        //(t0)×(t1)→(t0)
sw      t0, 0(s2)         //寄存器 t0 保存到寄存器 s2 指向的存储空间
```

8.2.9　公共宏

本小节将介绍两个公共宏。

1. LEAF 宏

LEAF 宏用于定义一个简单的子程序，由于该子程序没有调用其他子程序，因此在调用树上它是一个"叶子"，将其称为叶子函数。因为它不进行任何函数调用，因此无须担心保护使用过的寄存器。叶子函数中，无须保存参数或者保存寄存器。可以使用推栈保存，只要保护好堆栈指针寄存器即可。记住，需要将返回地址保存在寄存器 ra 中，并且直接到返回地址。其定义格式为

```
#define LEAF(name)
  . text
    . globl name;
```

```
        . ent name;
    name:
```

（1）.text 命令告诉汇编器将代码放到目标文件的代码段/代码部分。在代码部分，汇编器通常放置机器指令。

（2）.globl 将函数的名字放到符号表中，这使得符号"name"对链接器全局可见，并且可用于与该汇编文件链接的任何文件。

（3）.ent 对生成的代码没有影响，但是告诉汇编器将该点标记名字为"name"的函数的开头，并在调试记录中使用该信息。

（4）name 在汇编器的输出中用该函数名标记该点，并标识其他函数在调用该函数时将使用的地址。

2. END 宏

在汇编函数的结束时使用 END 宏，其格式为

```
#define END( name )
    . size name, . -name;
    . end name
```

（1）.size 使得汇编器计算函数将使用的总的字节数，并将大小和相应的函数名字放在符号表中。

（2）调试器使用.end 用于标记函数的结束。

3. 实例

公用宏的一个实例，如代码清单 8-11 所示。

代码清单 8-11　公用宏的一个实例

```
    #include <mips/regdef. h>        //包含头文件,regdef. h 允许使用寄存器名字
    #include <mips/asm. h>           //包含头文件,包含 LEAF 和 END 宏
    . set noreorder                  //使用该命令,用于控制代码顺序和分支延迟隙

    LEAF( quick_copy)                //使用 LEAF 宏
        addu t1, a0, a2              //计算输入缓冲区的结束地址
    1:  lw t0, 0x0( a0)              //将(a0)存储空间地址的内容加载到寄存器 t0
        sw t0, 0x0( a1)              //寄存器 t0 的内容保存到(a1)指向的存储空间地址
        add a0, a0, 0x4              //输入地址递增,(a0)+4→(a0)
        bne a0, t1, 1b               //测试(a0)≠(t1),如果不成立,则返回到标号为 1 的位置
        add a1, a1, 0x4              //输入地址递增,(a1)+4→(a1)
        jr ra                        //跳转到寄存器 ra 指向的返回地址
        nop                          //插入空操作
    . set reorder                    //允许重排序
    END                              //标识函数的结束
```

8.3　汇编器支持的伪指令格式和功能

在 sde-as 汇编器中，可以使用表 8.2 给出的伪指令。

表 8.2　sde-as 汇编器支持的伪指令

伪 指 令	实现的功能
bge t1, t2, label	当寄存器 t1 中的内容大于或者等于寄存器 t2 中的内容时，跳转到 label 处执行代码
bgt t1, t2, label	当寄存器 t1 中的内容大于寄存器 t2 中的内容时，跳转到 label 处执行代码
blt t1, t2, label	当寄存器 t1 中的内容小于寄存器 t2 中的内容时，跳转到 label 标号处执行代码
ble t1, t2, label	当寄存器 t1 中的内容小于或者等于寄存器 t2 中的内容时，跳转到 label 标号处执行代码
li t5, const	将立即数 const 加载到寄存器 t5 中
la t3, label	将标号 label 的存储空间地址加载到寄存器 t3 中
movet 1, t2	将寄存器 t2 中的内容复制到寄存器 t1 中
neg v0, v1	取寄存器 v1 的相反数，并将该结果保存到寄存器 v0 中，如 (v1) = 17，则执行完该指令后，(v0) = -17；如 (v1) = -15，则执行完该指令后 (v0) = 15 该伪指令等效于 sub v0, 0, v1
not v1, v0	将寄存器 v0 中的内容按位取反后的结果保存到寄存器 v1 中
sge t3, t1, t2	当寄存器 t1 中的内容大于或者等于寄存器 t2 中的内容时，给寄存器 t3 置 "1"
sgt t3, t1, t2	当寄存器 t1 中的内容大于寄存器 t2 中的内容时，给寄存器 t3 置 "1"

8.4　MIPS 相关特性

　　用于 MIPS 架构的 GNU sde-as 支持几种不同的 MIPS 处理器，以及一系列 MIPS ISA 级别。

　　用于 MIPS 扩展的公共目标对象文件（Extended Common Object File Format, ECOFF）或可执行可链接文件（Executable and Linkable File, ELF）目标除支持 .text、.data、.bss 段外，还支持一些额外的段，即 .rdata 用于只读数据、.sdata 用于小的数据，以及 .sbss 用于小的公共对象。在 ELF 的情况下，只读数据段称为 .rodata。

　　在为 ECOFF 或 ELF 汇编时，汇编器使用 $gp($28) 寄存器来构成小数据地址。在这个意义上，将 .sdata 或 .sbss 段中的任何符号都认为是 "小" 的。对于外部对象，或 .bss 段中的对象，程序员可以使用 sde-gcc G 选项来控制通过 $gp 寻址对象的大小。默认值为 8，这意味着对任何 8 字节或更小对象的引用使用 $gp。将 -G0 传递给 sde-as 将阻止它根据对象大小使用 $gp 寄存器（但汇编器在任何情况下都使用 $gp 表示 .sdata 或 .sbss 中的对象）。.bss 段中对象的大小由定义它的 .comm 或 .lcomm 命令设置。外部对象的大小可由 .extern 命令设置。例如，.extern sym, 4 声明 sym 处的对象长度为 4 个字节而未定义它。

　　使用小数据需要链接器支持，并假设已经正确初始化 $gp 寄存器（通常由启动代码自动完成）。MIPS 汇编代码不得修改 $gp 寄存器。

8.5　链接脚本文件

　　每个链接都是由链接描述（Link Description, LD）文件控制。该脚本是用链接器命令语言编写的。链接描述文件的主要目的是描述输入文件中的段应该如何映射到输出文件，并且控制输出文件中存储器的布局。当运行链接器时，链接器会使用默认的链接描述文件。程序员也可以提供自己编写的链接描述文件，这样链接器将替换掉默认的链接器脚本。

有关链接脚本文件的详细内容见随书附赠电子文件。

8.6　汇编语言实例一：冒泡排序算法的实现和分析

本节将编写汇编语言程序实现冒泡排序算法，使得排序后的数据从小到大排列。待排序的 10 个数保存在一个名字为"array1"的数组中，即

array1 = {219, 200, 220, 156, 134, 212, 50, 60, 78, 245}

所对应的十六进制数为

array1 = {0xdb, 0xc8, 0xdc, 0x9c, 0x86, 0xd4, 0x32, 0x3c, 0x4e, 0xf5}

（1）第 1 次排序：array1 = {0xc8, 0xdb, 0x9c, 0x86, 0xd4, 0x32, 0x3c, 0x4e, 0xdc, 0xf5}
（2）第 2 次排序：array1 = {0xc8, 0x9c, 0x86, 0xd4, 0x32, 0x3c, 0x4e, 0xdb, 0xdc, 0xf5}
（3）第 3 次排序：array1 = {0x9c, 0x86, 0xc8, 0x32, 0x3c, 0x4e, 0xd4, 0xdb, 0xdc, 0xf5}
（4）第 4 次排序：array1 = {0x86, 0x9c, 0x32, 0x3c, 0x4e, 0xc8, 0xd4, 0xdb, 0xdc, 0xf5}
（5）第 5 次排序：array1 = {0x86, 0x32, 0x3c, 0x4e, 0x9c, 0xc8, 0xd4, 0xdb, 0xdc, 0xf5}
（6）第 6 次排序：array1 = {0x32, 0x3c, 0x4e, 0x86, 0x9c, 0xc8, 0xd4, 0xdb, 0xdc, 0xf5}
（7）第 7 次排序：array1 = {0x32, 0x3c, 0x4e, 0x86, 0x9c, 0xc8, 0xd4, 0xdb, 0xdc, 0xf5}
（8）第 8 次排序：array1 = {0x32, 0x3c, 0x4e, 0x86, 0x9c, 0xc8, 0xd4, 0xdb, 0xdc, 0xf5}
（9）第 9 次排序：array1 = {0x32, 0x3c, 0x4e, 0x86, 0x9c, 0xc8, 0xd4, 0xdb, 0xdc, 0xf5}
（10）第 10 次排序：array1 = {0x32, 0x3c, 0x4e, 0x86, 0x9c, 0xc8, 0xd4, 0xdb, 0xdc, 0xf5}

【例 8-11】 冒泡算法的汇编语言程序设计，如代码清单 8-12 所示。

代码清单 8-12　冒泡算法的汇编语言代码

```
        .data                   //声明数据段,数组 array1 保存 10 个乱序存放的常数
array1:  .byte 219, 200, 220, 156, 134, 212, 50, 60, 78, 245
        …

        .text                   //声明代码段
        la v0, array1           //获取数组 array 的地址,将其保存到寄存器 v0 中
        addi s0, zero, 10       //外层循环的循环次数初始化为 10,并保存到寄存器 s0 中
        addi s1, zero, 9        //内层循环的循环次数初始化为 9,并保存到寄存器 s1 中
        move a1, s1             //将寄存器 s1 中的内容保存到寄存器 a1 中

1:                              //局部标号 1
        lbu  t1, 0(v0)          //将寄存器(v0)+0 的存储器地址的内容加载到寄存器 t1 中
        lbu  t2, 1(v0)          //将寄存器(v0)+1 的存储器地址的内容加载到寄存器 t2 中
        sltu a0, t1, t2         //如果寄存器(t1)<寄存器(t2),则 1→(a0),否则 0→(a0)
        bgtz a0, 2f             //当寄存器(a0)>0,跳转到标号 2,否则继续执行交换过程
        nop                     //插入空指令,因为会执行 bgtz 后延迟隙内的指令
        sb   t1, 1(v0)          //将寄存器 t1 中的内容保存到(v0)+1 的存储器地址(交换)
        sb   t2, 0(v0)          //将寄存器 t2 中的内容保存到(v0)+0 的存储器地址(交换)
2:                              //局部标号 2
        addi v0, v0, 1          //将寄存器 v0 中的内容加 1,指向下一个存储器地址
```

```
addi s1, s1, -1          //内循环次数减 1
bgtz  s1, 1b             //将寄存器(s1)≠0 时，跳转到标号 1
nop                      //插入空指令，因为会执行 bgtz 后延迟隙内的指令
addi s0, s0, -1          //寄存器(s0)-1→(s0)，外循环次数减 1
la v0, array1            //将数组 array1 的地址重新保存到寄存器 v0 中，用于下一次排序
addi a1,a1,-1            //将寄存器(a1)-1→(a1)
move s1, a1              // (a1)→(s1)，用于控制下一次排序的次数，比前一次少 1
bgtz s0, 1b              //若(s0)≠0，则跳转到标号 1 的位置，开始下一次排序过程
nop                      //插入空操作指令
```

> **注：** 读者可以进入本书提供资源的 \loongson1B_example\example_8_11 目录中，用 LoongIDE 打开名字为 "example_8_11.lxp" 的工程。在该工程的 bsp_start.S 文件中找到该段代码，并设置断点。然后进入调试器环境，单步运行这些指令，观察其运行结果。

思考与练习 8-1：通过 IDE 图形化界面，或者在 cmd 打开的界面中输入下面的命令：

```
readelf -a example_8_11.exe
```

得到所读取的 ELF 文件的内容。根据前面介绍的知识，分析该文件的内容。

8.7　汇编语言实例二：通用输入和输出端口的驱动

本节将介绍龙芯 1B 处理器的 GPIO 原理，然后通过具体的汇编程序设计来实现对 GPIO 的访问，包括读取 GPIO 的状态，以及驱动 GPIO。

8.7.1　引脚复用的原理

通过多路复用的方式，龙芯 1B 处理器提供了多达 61 个通用输入和输出端口（General Input & Output Port，GPIO）。比如龙芯 1B 处理上标记为 PWM0 的引脚，该引脚可用于输出脉冲宽度调制（Pulse Width Modulation，PWM）波形，它由龙芯 1B 处理器内集成的 PWM 模块/控制器控制。但是，如果在一个应用中，没有将该引脚用于输出 PWM 波形，则该引脚就空闲了。此时该引脚就可用作 GPIO，由 GPIO 的控制器控制，如图 8.4 所示。

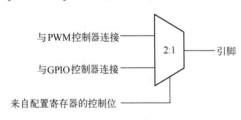

图 8.4　GPIO 的复用原理

从图中可知，当来自配置寄存器的控制位为 "0" 时，将来自 PWM 控制器的信号连接到外部引脚；当来自配置寄存器的控制位为 "1" 时，将来自 GPIO 控制器的信号连接到外部引脚，这就是 "复用" 的原理。在龙芯 1B 处理器中，其是通过配置寄存器实现的。当然，从表 8.3 给出的复用功能可知，标记为 PWM 的外部引脚可以将更多的信号复用在一个引脚上，这是通过 MUX 寄存器实现的。

表 8.3　龙芯 1B 处理器的引脚复用功能

引脚名字	复位状态	功　能	GPIO 号	复用 1	复用 2	复用 3	UART
PWM0	内部上拉，复位输入	PWM0 波形输出	GPIO00	NAND_RDY *	SPII_CSN[1]	UART0_RX	
PWM1	内部上拉，复位输入	PWM1 波形输出	GPIO01	NAND_CS *	SPI1_CSN[2]	UART0_TX	
PWM2	内部上拉，复位输入	PWM2 波形输出	GPIO02	NAND_RDY *		UART0_CTS	
PWM3	内部上拉，复位输入	PWM3 波形输出	GPIO03	NAND_CS *		UART0_RTS	
LCD_CLK	内部上拉，复位输入	LCD 时钟	GPIO04				
LCD_VSYNC	内部上拉，复位输入	LCD 列同步	GPIO05				
LCD_HSYNC	内部上拉，复位输入	LCD 行同步	GPIO06				
LCD_EN	内部上拉，复位输入	LCD 使能信号	GPIO07				
LCD _ DAT _B0	内部上拉，复位输入	LCD 蓝色分量 0	GPIO08			UART1_RX	
LCD _ DAT _B1	内部上拉，复位输入	LCD 蓝色分量 1	GPIO09				
LCD _ DAT _B2	内部上拉，复位输入	LCD 蓝色分量 2	GPIO10				
LCD _ DAT _B3	内部上拉，复位输入	LCD 蓝色分量 3	GPIO11				
LCD _ DAT _B4	内部上拉，复位输入	LCD 蓝色分量 4	GPIO12				
LCD _ DAT _G0	内部上拉，复位输入	LCD 绿色分量 0	GPIO13			UART1_CTS	
LCD _ DAT _G1	内部上拉，复位输入	LCD 绿色分量 1	GPIO14			UART1_RTS	
LCD _ DAT _G2	内部上拉，复位输入	LCD 绿色分量 2	GPIO15				
LCD _ DAT _G3	内部上拉，复位输入	LCD 绿色分量 3	GPIO16				
LCD _ DAT _G4	内部上拉，复位输入	LCD 绿色分量 4	GPIO17				
LCD _ DAT _G5	内部上拉，复位输入	LCD 绿色分量 5	GPIO18				
LCD _ DAT _R0	内部上拉，复位输入	LCD 红色分量 0	GPIO19			UART1_TX	UART1_TX
LCD _ DAT _R1	内部上拉，复位输入	LCD 红色分量 1	GPIO20				

引脚名字	复位状态	功　　能	GPIO 号	复用 1	复用 2	复用 3	UART
LCD_DAT_R2	内部上拉，复位输入	LCD 红色分量 2	GPIO21				
LCD_DAT_R3	内部上拉，复位输入	LCD 红色分量 3	GPIO22				
LCD_DAT_R4	内部上拉，复位输入	LCD 红色分量 4	GPIO23				
SPI0_CLK	启动配置	SPI0 时钟	GPIO24				
SPI0_MISO	启动配置	SPI0 主输入从输出	GPIO25				
SPI0_MOSI	启动配置	SPI0 主输出从输入	GPIO26				
SPI0_CS0	启动配置	SPI0 选通信号 0	GPIO27				
SPI0_CS1	内部上拉，复位输入	SPI0 选通信号 1	GPIO28				
SPI0_CS2	内部上拉，复位输入	SPI0 选通信号 2	GPIO29				
SPI0_CS3	内部上拉，复位输入	SPI0 选通信号 3	GPIO30				
SCL	内部无上拉，复位输入	第一路 I2C 时钟	GPIO32				
SDA	内部无上拉，复位输入	第一路 I2C 数据	GPIO33				
AC97_SYNC	内部上拉，复位输入	AC97 同步信号	GPIO34				
AC97_RST	内部上拉，复位输入	AC97 复位信号	GPIO35				
AC97_DI	内部上拉，复位输入	AC97 数据输入	GPIO36				
AC97_D0	内部上拉，复位输入	AC97 数据输出	GPIO37				
CAN0_RX	内部上拉，复位输入	CAN0 数据输入	GPIO38	SDA1	SPI1_CSN0	UART1_DSR	UART1_2RX
CAN0_TX	内部上拉，复位输入	CAN0 数据输出	GPIO39	SCL1	SPI1_CLK	UART1_DTR	UART1_2TX
CAN1_RX	内部上拉，复位输入	CAN1 数据输入	GPIO40	SDA2	SPI1_MOSI	UART1_DCD	UART1_3RX
CAN1_TX	内部上拉，复位输入	CAN1 数据输出	GPIO41	SCL2	SPI1_MISO	UART1_RI	UART1_3TX
GMAC1_RCTL	内部上拉，复位输入	UART0 接收数据	GPIO42	LCD_DAT22	UART0_RX		UART0_0RX
GMAC1_RX0	内部上拉，复位输入	UART0 发送数据	GPIO43	LCD_DAT23	UART0_TX		UART0_0TX

引脚名字	复位状态	功　能	GPIO 号	复用 1	复用 2	复用 3	UART
GMAC1_RX1	内部上拉，复位输入	UART0 请求发送	GPIO44	LCD_DAT16	UART0_RTS		UART0_1TX
GMAC1_RX2	内部上拉，复位输入	UART0 允许发送	GPIO45	LCD_DAT17	UART0_CTS		UART0_1RX
GMAC1_RX3	内部上拉，复位输入	UART0 设备准备好	GPIO46	LCD_DAT18	UART0_DSR		UART0_2RX
UART0_DTR	内部上拉，复位输入	UART0 终端准备好	GPIO47	LCD_DAT19			UART0_2TX
GMAC1_MDCK	内部上拉，复位输入	UART0 载波检测	GPIO48	LCD_DAT20	UART0_DCD		UART0_3RX
GMAC1_MDIO	内部上拉，复位输入	UART0 振铃提示	GPIO49	LCD_DAT21	UART0_RI		UART0_3TX
GMAC1_TX0	内部上拉，复位输入	UART1 接收数据	GPIO50		UART1_RX	NAND_RDY *	UART1_0RX
GMAC1_TX1	内部上拉，复位输入	UART1 发送数据	GPIO51		UART1_TX	NAND_CS *	UART1_0TX
GMAC1_TX2	内部上拉，复位输入	UART1 请求发送	GPIO52		UART1_RTS	NAND_CS *	UART1_1TX
GMAC1_TX3	内部上拉，复位输入	UART1 允许发送	GPIO53		UART1_CTS	NAND_RDY *	UART1_1RX
UART2_RX	内部上拉，复位输入	UART2 接收数据	GPIO54				UART2_RX
UART2_TX	内部上拉，复位输入	UART2 发送数据	GPIO55				UART2_TX
UART3_RX	内部上拉，复位输入	UART3 接收数据	GPIO56				UART3_RX
UART3_TX	内部上拉，复位输入	UART3 发送数据	GPIO57				UART3_TX
UART4_RX	内部上拉，复位输入	UART4 接收数据	GPIO58				UART4_RX
UART4_TX	内部上拉，复位输入	UART4 发送数据	GPIO59				UART4_TX
UART5_RX	内部上拉，复位输入	UART5 接收数据	GPIO60				UART5_RX
UART5_TX	内部上拉，复位输入	UART5 发送数据	GPIO61				UART5_TX

注：表中的 NAND_CS/NAND_RDY 表示 NAND_CS1/2/3，NAND_RDY1/2/3 可以选择配置。

从表 8.3 可知以下事实：

（1）龙芯 1B 处理器芯片的焊盘为 UART0 模块提供了 8 个信号，即 UART0＿RX、UART0＿TX、UART0＿RTS、UART0＿CTS、UART0＿DSR、UART0＿DTR、UART0＿DCD 和

UART0_RI。

（2）龙芯 1B 处理器芯片的焊盘为 UART1 模块提供了 4 个信号，即 UART1_RX、UART1_TX、UART1_RTS 和 UART1_CTS。

（3）龙芯 1B 处理器芯片的焊盘为 UART2 模块、UART3 模块、UART4 模块和 UART5 模块分别提供了两个信号，即 UARTx_RX 和 UARTx_TX（x 为 2、3、4 和 5）。

（4）从最后一列可知，UART 一共提供了 10 个两线 UART 信号。对于 UART0 和 UART1 模块都实现了一分四功能。因为 UART1 模块只连接了龙芯 1B 处理器的 4 个引脚/焊盘，因此分别借用了 CAN0 和 CAN1 模块的两个引脚/焊盘。因此，在设计中不使用 CAN0 和 CAN1 模块时，龙芯 1B 处理器最多可以提供 12 个两线 UART。

> **注**：关于引脚复用的具体规则见下面的详细说明。

8.7.2 GPIO 寄存器功能

GPIO 模块中提供了用于控制 GPIO 工作模式、GPIO 输出和读取 GPIO 状态的寄存器。

1. 配置寄存器 0（读/写）

配置寄存器 0（GPIOCFG0）的地址为 0xBFD010C0，该寄存器的格式如表 8.4 所示。当复位时，GPIOCFG0 的复位值为 0xF0FFFFFF。

表 8.4　配置寄存器 0（GPIOCFG0）的格式

比特或位	31	30	29	28	27	26	25	24	23	22	21	20	19	18	17	16
名字	—	GPIO30	GPIO29	GPIO28	GPIO27	GPIO26	GPIO25	GPIO24	GPIO23	GPIO22	GPIO21	GPIO20	GPIO19	GPIO18	GPIO17	GPIO16
比特或位	15	14	13	12	11	10	9	8	7	6	5	4	3	2	1	0
名字	GPIO15	GPIO14	GPIO13	GPIO12	GPIO11	GPIO10	GPIO9	GPIO8	GPIO7	GPIO6	GPIO5	GPIO4	GPIO3	GPIO2	GPIO1	GPIO0

> **注**：表中名字中标记为-的为保留位，所以没有实际意义，下同。

表 8.4 中，当 GPIOx 位（x 的范围为 0~30）设置为"1"时，当前的 GPIOx 作为 GPIO 引脚使用（由 GPIO 模块内的寄存器控制）；当 GPIOx 位设置为"0"时，当前的 GPIOx 作为普通引脚使用。

2. 配置寄存器 1（读/写）

配置寄存器 1（GPIOCFG1）的地址为 0xBFD010C4，该寄存器的格式如表 8.5 所示。当复位时，GPIOCFG1 的复位值为 0xFFFFFFFF。

表 8.5　配置寄存器 1（GPIOCFG1）的格式

比特或位	31	30	29	28	27	26	25	24	23	22	21	20	19	18	17	16
名字	—	—	GPIO61	GPIO60	GPIO59	GPIO58	GPIO57	GPIO56	GPIO55	GPIO54	GPIO53	GPIO52	GPIO51	GPIO50	GPIO49	GPIO48
比特或位	15	14	13	12	11	10	9	8	7	6	5	4	3	2	1	0
名字	GPIO47	GPIO46	GPIO45	GPIO44	GPIO43	GPIO42	GPIO41	GPIO40	GPIO39	GPIO38	GPIO37	GPIO36	GPIO35	GPIO34	GPIO33	GPIO32

表 8.5 中，当 GPIOx 位（x 的范围为 32~61）设置为"1"时，当前的 GPIOx 作为 GPIO 引脚使用（由 GPIO 模块内的寄存器控制）；当 GPIOx 位设置为"0"时，当前的

GPIOx 作为普通引脚使用。

3. 输入使能寄存器 0（读/写）

输入使能寄存器 0（GPIOOE0）的地址为 0xBFD0010D0，该寄存器的格式如表 8.6 所示。该寄存器的复位值为 0xF0FFFFFF。

表 8.6　输入使能寄存器 0（GPIOOE0）的格式

比特或位	31	30	29	28	27	26	25	24	23	22	21	20	19	18	17	16
名字	—	I/O30	I/O29	I/O28	I/O27	I/O26	I/O25	I/O24	I/O23	I/O22	I/O21	I/O20	I/O19	I/O18	I/O17	I/O16
比特或位	15	14	13	12	11	10	9	8	7	6	5	4	3	2	1	0
名字	I/O15	I/O14	I/O13	I/O12	I/O11	I/O10	I/O9	I/O8	I/O7	I/O6	I/O5	I/O4	I/O3	I/O2	I/O1	I/O0

表 8.6 中，当 I/Ox 位（x 的范围为 0~30）设置为"1"时，所对应的 GPIOx 作为 GPIO 的输入引脚使用；当 I/Ox 位设置为"0"时，所对应的 GPIOx 作为 GPIO 的输出引脚使用。

4. 输入使能寄存器 1（读/写）

输入使能寄存器 1（GPIOOE1）的地址为 0xBFD0010D4，该寄存器的格式如表 8.7 所示。该寄存器的复位值为 0xFFFFFFFF。

表 8.7　输入使能寄存器 1（GPIOOE1）的格式

比特或位	31	30	29	28	27	26	25	24	23	22	21	20	19	18	17	16
名字	—	—	I/O61	I/O60	I/O59	I/O58	I/O57	I/O56	I/O55	I/O54	I/O53	I/O52	I/O51	I/O50	I/O49	I/O48
比特或位	15	14	13	12	11	10	9	8	7	6	5	4	3	2	1	0
名字	I/O47	I/O46	I/O45	I/O44	I/O43	I/O42	I/O41	I/O40	I/O39	I/O38	I/O37	I/O36	I/O35	I/O34	I/O33	I/O32

表 8.7 中，当 I/Ox 位（x 的范围为 32~61）设置为"1"时，所对应的 GPIOx 作为 GPIO 的输入引脚使用；当 I/Ox 位设置为"0"时，所对应的 GPIOx 作为 GPIO 的输出引脚使用。

5. 输入寄存器 0（只读）

输入寄存器 0（GPIOIN0）的地址为 0xBFD0010E0，该寄存器的格式如表 8.8 所示。当对应的 GPIOx（x 的范围为 0~30）引脚输入为高电平（典型值 3.3V）时，该寄存器对应的位 INx（x 范围 0~30）为逻辑"1"；当对应的 GPIOx 引脚输入为低电平（典型值 0V）时，在该寄存器对应的位 INx 为逻辑"0"。

表 8.8　输入寄存器 0（GPIOIN0）的格式

比特或位	31	30	29	28	27	26	25	24	23	22	21	20	19	18	17	16
名字	—	IN30	IN29	IN28	IN27	IN26	IN25	IN24	IN23	IN22	IN21	IN20	IN19	IN18	IN17	IN16
比特或位	15	14	13	12	11	10	9	8	7	6	5	4	3	2	1	0
名字	IN15	IN14	IN13	IN12	IN11	IN10	IN9	IN8	IN7	IN6	IN5	IN4	IN3	IN2	IN1	IN0

6. 输入寄存器 1（只读）

输入寄存器 1（GPIOIN1）的地址为 0xBFD0010E4，该寄存器的格式如表 8.9 所示。当对应的 GPIOx（x 的范围为 32~61）引脚输入为高电平（典型值 3.3V）时，该寄存器对应的位 INx（x 的范围为 32~61）为逻辑"1"；当对应的 GPIOx 引脚输入为低电平（典型值 0V）时，该寄存器对应的位 INx 为逻辑"0"。

表 8.9　输入寄存器 1（GPIOIN1）的格式

比特或位	31	30	29	28	27	26	25	24	23	22	21	20	19	18	17	16
名字	—	—	IN61	IN60	IN59	IN58	IN57	IN56	IN55	IN54	IN53	IN52	IN51	IN50	IN49	IN48
比特或位	15	14	13	12	11	10	9	8	7	6	5	4	3	2	1	0
名字	IN47	IN46	IN45	IN44	IN43	IN42	IN41	IN40	IN39	IN38	IN37	IN36	IN35	IN34	IN33	IN32

7. 配置输出寄存器 0（读/写）

配置输出寄存器 0（GPIOOUT0）的地址为 0xBFD0010F0，该寄存器的格式如表 8.10 所示。当该寄存器中的位 OUTx（x 的范围为 0~30）设置为"1"时，所对应的 GPIOx（x 的范围为 0~30）输出高电平（典型值为 3.3V）；当该寄存器中的位 OUTx 设置为"0"时，所对应的 GPIOx 输出低电平（典型值为 0V）。

表 8.10　配置输出寄存器 0（GPIOOUT0）的格式

比特或位	31	30	29	28	27	26	25	24	23	22	21	20	19	18	17	16
名字	—	OUT30	OUT29	OUT28	OUT27	OUT26	OUT25	OUT24	OUT23	OUT22	OUT21	OUT20	OUT19	OUT18	OUT17	OUT16
比特或位	15	14	13	12	11	10	9	8	7	6	5	4	3	2	1	0
名字	OUT15	OUT14	OUT13	OUT12	OUT11	OUT10	OUT9	OUT8	OUT7	OUT6	OUT5	OUT4	OUT3	OUT2	OUT1	OUT0

8. 配置输出寄存器 1（读/写）

配置输出寄存器 1（GPIOOUT1）的地址为 0xBFD0010F4，该寄存器的格式如表 8.11 所示。当该寄存器中的位 OUTx（x 的范围为 32~61）设置为"1"时，所对应的 GPIOx（x 的范围为 32~61）输出高电平（典型值为 3.3V）；当该寄存器中的位 OUTx 设置为"0"时，所对应的 GPIOx 输出低电平（典型值为 0V）。

表 8.11　配置输出寄存器 1（GPIOOUT1）的格式

比特或位	31	30	29	28	27	26	25	24	23	22	21	20	19	18	17	16
名字	—	—	OUT61	OUT60	OUT59	OUT58	OUT57	OUT56	OUT55	OUT54	OUT53	OUT52	OUT51	OUT50	OUT49	OUT48
比特或位	15	14	13	12	11	10	9	8	7	6	5	4	3	2	1	0
名字	OUT47	OUT46	OUT45	OUT44	OUT43	OUT42	OUT41	OUT40	OUT39	OUT38	OUT37	OUT36	OUT35	OUT34	OUT33	OUT32

8.7.3　MUX 寄存器功能

该寄存器用于实现对表 8.3 中的多个信号复用到一个引脚的控制。只有当配置寄存器 0 和配置寄存器 1 中的相应位设置为"0"时（即作为普通引脚），MUX 寄存器才起作用。

1. MUX 控制寄存器 0（读/写）

MUX 控制寄存器 0（GPIO_MUX_CTRL0）的地址为 0xBFD00420，该寄存器的格式如表 8.12 所示。

表 8.12　MUX 控制寄存器 0（GPIO_MUX_CTRL0）的格式

比特或位	31	30	29	28
名字	—	—	—	UART0_USE_PWM23
比特或位	27	26	25	24
名字	UART0_USE_PWM10	UART1_USE_LCD0_5_6_11	I2C2_USE_CAN1	I2C1_USE_CAN0
比特或位	23	22	21	20
名字	NAND3_USE_UART5	NAND3_USE_UART4	NAND3_USE_UART1_DAT	NAND3_USE_UART1_CTS
比特或位	19	18	17	16
名字	NAND3_USE_PWM23	NAND3_USE_PWM01	NAND2_USE_UART5	NAND2_USE_UART4
比特或位	15	14	13	12
名字	NAND2_USE_UART1_DAT	NAND2_USE_UART1_CTS	NAND2_USE_PWM23	NAND2_USE_PWM01
比特或位	11	10	9	8
名字	NAND1_USE_UART5	NAND1_USE_UART4	NAND1_USE_UART1_DAT	NAND1_USE_UART1_CTS
比特或位	7	6	5	4
名字	NAND1_USE_PWM23	NAND1_USE_PWM01	—	GMAC1_USE_UART1
比特或位	3	2	1	0
名字	GMAC1_USE_UART0	LCD_USE_UART0_DAT	LCD_USE_UART15	LCD_USE_UART0

2. MUX 控制寄存器 1（读/写）

MUX 控制寄存器 1（GPIO_MUX_CTRL1）的地址为 0xBFD00424，该寄存器的格式如表 8.13 所示。

表 8.13　MUX 控制寄存器 1（GPIO_MUX_CTRL1）的格式

比特或位	31	30	29	28
名字	USB_reset	—	—	—
比特或位	27	26	25	24
名字	—	—	—	SPI1_CS_USE_PWM01
比特或位	23	22	21	20
名字	SPI1_USE_CAN	—	—	DISABLE_DDR_CONFSPACE
比特或位	19	18	17	16
名字	—	—	—	DDR32TO16EN
比特或位	15	14	13	12
名字	—	—	GMAC1_SHUT	GMAC0_SHUT
比特或位	11	10	9	8
名字	USB_SHUT	—	—	—
比特或位	7	6	5	4
名字	—	—	UART1_3_USE_CAN1	UART1_2_USE_CAN0
比特或位	3	2	1	0
名字	GMAC1_USE_TX_CLK	GMAC0_USE_TX_CLK	GMAC1_USE_PWM23	GMAC0_USE_PWM01

8.7.4 GPIO 驱动和控制的硬件设计

在该设计中，使用了龙芯 1B 硬件开发平台。在开发平台外，使用杜邦线连接了外部 8 个 LED 灯，以及一个按键，其硬件设计如图 8.5 所示。在该设计中，驱动 LED 灯的端口与 GPIO 引脚之间的连接关系，以及按键输入与 GPIO 引脚之间的连接关系，如表 8.14 所示。

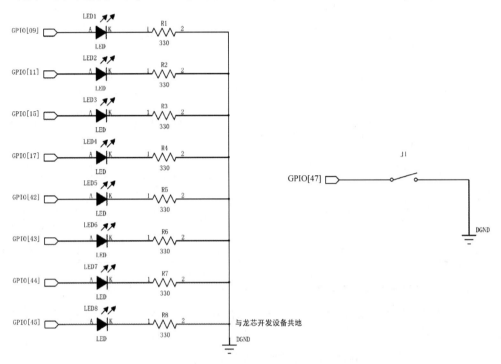

图 8.5　LED 驱动电路和按键输入电路

表 8.14　驱动 LED 的端口与 GPIO 的关系，以及按键输入与 GPIO 的关系

驱动 LED 的端口与 GPIO 的关系		
LED 灯的名字	GPIO 的端口号	方　　向
LED1	GPIO[9]	输出
LED2	GPIO[11]	输出
LED3	GPIO[15]	输出
LED4	GPIO[17]	输出
LED5	GPIO[42]	输出
LED6	GPIO[43]	输出
LED7	GPIO[44]	输出
LED8	GPIO[45]	输出
按键输入与 GPIO 的关系		
按键的名字	GPIO 的端口号	方向
J1	GPIO[47]	输入

（1）对于每个 LED 灯，当 GPIO 输出为"1"（逻辑高电平）时，所对应的 LED 灯亮；当 GPIO 输出为"0"（逻辑低电平）时，所对应的 LED 灯灭。

（2）对于按键，当按下按键时，按键接地，GPIO 端口输入呈现"0"（逻辑低电平）；当没有按下按键时，由于所对应的 GPIO 内部为上拉，GPIO 端口输入呈现"1"（逻辑高电平）。

8.7.5　GPIO 驱动和输入的程序设计

本小节将使用汇编语言编写 GPIO 驱动和输入的程序，一方面用于介绍软件和硬件的相互交互；另一方面，初步掌握使用汇编语言编写外设驱动的方法。

【例 8-12】GPIO 驱动和输入的汇编语言代码，如代码清单 8-13 所示。

代码清单 8-13　GPIO 驱动和输入的汇编语言代码

```
andi  s0,s0, 0x0000          //将寄存器 s0 初始化为 0

//下面的代码将表 8.14 给出的对应引脚(GPIO9、11、15 和 17)设置为 GPIO,
lui   v0, 0xbfd0             //0xbfd0 左移 16 位,结果保存在(v0)=(0xbfd0000)
ori   v0, 0x10c0            //(v0)逻辑"或"0x10c0,(v0)= 0xbfd010c0(配置寄存器 0 的地址)
li    a0, 0x00028a00        //将立即数 0x0028a00 加载到寄存器 a0 中
sw    a0, 0(v0)            //给配置寄存器 0 写入配置的值 0x0028a00

//下面的代码将表 8.14 给出的对应引脚(GPIO42～GPIO 45)设置为 GPIO
lui   v0, 0xbfd0             //0xbfd0 左移 16 位,结果保存在(v0)=(0xbfd00000)
ori   v0, 0x10c4            //(v0)逻辑"或"0x10c4,(v0)= 0xbfd010c4(配置寄存器 1 的地址)
li    a0, 0x0000bc00        //将立即数 0x0000bc00 加载到寄存器 a0 中
sw    a0, 0(v0)            //给配置寄存器 1 写入配置的值 0x0000bc00

//下面的代码将 GPIO9、11、15 和 17 配置为输出
lui   v0, 0xbfd0             //0xbfd0 左移 16 位,结果保存在(v0)= 0xbfd00000
ori   v0, 0x10d0            //(v0)逻辑"或"0x10d0,(v0)= 0xbfd010d0(输入使能寄存器 0 的地址)
li    a0, 0xfffd75ff        //将立即数 0xfffd75ff 加载到寄存器 a0 中
sw    a0, 0(v0)            //给输入使能寄存器 0 写入配置的值 0xfffd75ff

//下面的代码将 GPIO42～GPIO 45 配置为输出,GPIO47 配置为输入
lui   v0, 0xbfd0             //0xbfd0 左移 16 位,结果保存在(v0)= 0xbfd00000
ori   v0, 0x10d4            //(v0)逻辑"或"0x10d4,(v0)= 0xbfd010d4(输入使能寄存器 1 的地址)
li    a0, 0xffffc3ff        //将立即数 0xffffc3ff 加载到寄存器 a0 中
sw    a0, 0(v0)            //给输入使能寄存器 1 写入配置的值 0xffffc3ff

//GPIO17 和 11 输出高电平,GPIO15 和 9 输出低电平
lui   v0, 0xbfd0             //0xbfd0 左移 16 位,结果保存在(v0)= 0xbfd00000
ori   v0, 0x10F0            //(v0)逻辑"或"0x10F0,(v0)= 0xbfd010F0(配置输出寄存器 0 的地址)
li    a0, 0x00020800        //将立即数 0x00020800 加载到寄存器 a0 中
sw    a0, 0(v0)            //给配置输出寄存器 0 写入配置的值 0x00020800

//GPIO45 和 43 输出高电平,GPIO44 和 42 输出低电平
lui   v0, 0xbfd0             //0xbfd0 左移 16 位,结果保存在(v0)= 0xbfd00000
ori   v0, 0x10F4            //(v0)逻辑"或"0x10F4,(v0)= 0xbfd010F4(配置输出寄存器 1 的地址)
```

```
    li   a0, 0x00002800           //将立即数 0x00002800 加载到寄存器 a0 中
    sw   a0, 0(v0)                //给配置输出寄存器 1 写入配置的值 0x00002800


//下面的代码通过输入寄存器 1 查询 GPIO47 的输入状态
1:                                //循环标号
    lui  v0, 0xbfd0               //0xbfd0 左移 16 位,(v0) = 0xbfd00000
    ori  v0, 0x10E4               //(v0) 逻辑"或"0x10E4,(v0) = 0xbfd010E4(输入寄存器 1 的地址)
    lw   v1, 0(v0)                //将输入寄存器 1 地址的内容加载到寄存器 v1 中
    andi v1, v1, 0x8000           //(v1) 逻辑"与"0x8000,判断 GPIO47 的输入为"1"或"0"

    bne  v1, s0, 1b              //如果(v1) ≠ (v0),没有按键按下,则跳转到标号 1
    nop                          //插入空操作指令
```

> **注**：读者可以进入本书提供资源的 \loongson1B_example\example_8_12 目录中，用 LoongIDE 打开名字为 "example_8_12. lxp" 的工程。在该工程的 bsp_start. S 文件中找到该段代码，并设置断点。

思考与练习 8-2：单步运行程序，观察软件对 GPIO 的控制，以及 LED 灯的变化。然后按下按键，观察程序退出循环的过程。

思考与练习 8-3：修改上面的代码，改变 8 个 LED 灯的显示方式。

【例 8-13】继续在上面的例子中增加设计，在 8 个 LED 上实现流水灯，并且在按下按键时，流水灯运行，不按下按键时流水灯暂停工作。该设计如代码清单 8-14 所示。

代码清单 8-14　流水灯的汇编语言代码

```
//.data 段定义了在不同时刻,给 8 个 LED 灯的驱动控制字,用于配置寄存器 GPIOOUT1
//和配置寄存器 GPIOOUT2。流水灯存在 8 个状态(如 led8 亮,剩余的 led 灭;led7 亮
//剩余的 led 灭;……;led1 亮,剩余的 led 灭)。这 8 个状态分别对应一对
//GPIOOUT1_VALUE 和 GPIOOUT2_VALUE 中的值
//GPIOOUT1_VALUE 和 GPIOPUT2_VALUE 分别包含 4 个 int 类型的数据
    . data
    GPIOOUT1_VALUE:  . int 0x00000000, 0x00000000, 0x00000000,0x00000000,\
                     0x00020000, 0x00008000,0x00000800, 0x00000200

    GPIOOUT2_VALUE:  . int 0x00002000, 0x00001000,0x00000800,0x00000400, \
                     0x00000000, 0x00000000,0x00000000,0x00000000

    andi s0,s0, 0x0000  //(s0) 逻辑"与"0x0000,(s0) = 0x00000000

//下面的代码将对应的引脚(GPIO9、11、15 和 17)设置为 GPIO
    lui  v0, 0xbfd0     //0xbfd0 左移 16 位,(v0) = 0xbfd00000
    ori  v0, 0x10c0     //(v0) 逻辑"或"0x10c0,(v0) = 0xbfd010c0(配置寄存器 0 的地址)
    li   a0, 0x00028a00 //将立即数 0x00028a00 加载到寄存器 a0 中,(a0) = 0x00028a00
    sw   a0, 0(v0)      //给配置寄存器 0 写入配置的值 0x00028a00

//下面的代码将对应的引脚(GPIO42~ GPIO 45)设置为 GPIO
    lui  v0, 0xbfd0     //0xbfd0 左移 16 位,(v0) = 0xbfd00000
    ori  v0, 0x10c4     //(v0) 逻辑"或"0x10c4,(v0) = 0xbfd010c4(配置寄存器 1 的地址)
    li   a0, 0x0000bc00 //将立即数 0x0000bc00 加载到寄存器 a0 中,(a0) = 0x0000bc00
```

```
    sw  a0, 0(v0)        //给配置寄存器 1 写入配置的值 0x0000bc00

    //下面的代码将对应的引脚(GPIO9、11、15 和 17)设置为输出
    lui v0, 0xbfd0       0xbfd0 左移 16 位,(v0)= 0xbfd00000
    ori v0, 0x10d0       // (v0)逻辑"或"0x10d0,(v0)= 0xbfd010d0(输入使能寄存器 0 的地址)
    li  a0, 0xfffd75ff   //将立即数 0xfffd75ff 加载到寄存器 a0 中,(a0)= 0xfffd75ff
    sw  a0, 0(v0)        //给输入使能寄存器 0 写入配置的值 0xfffd75ff

    //下面的代码将对应的引脚(GPIO42~GPIO 45)设置为输出,GPIO47 设置为输入
    lui v0, 0xbfd0       //0xbfd0 左移 16 位,(v0)= 0xbfd00000
    ori v0, 0x10d4       //(v0)逻辑"或"0x10d4,(v0)= 0xbfd010d4(输入使能寄存器 1 的地址)
    li  a0, 0xfffffc3ff  //将立即数 0xfffffc3ff 加载到寄存器 a0 中,(a0)= 0xfffffc3ff
    sw  a0, 0(v0)        //给输入使能寄存器 1 写入配置的值 0xfffffc3ff
4:                       //标号
    la  t0, GPIOOUT1_VALUE   //将 GPIOOUT1_VALUE 的地址加载到寄存器 t0 中
    la  t1, GPIOOUT2_VALUE   //将 GPIOOUT2_VALUE 的地址加载到寄存器 t1 中
    li  t2, 8            //将立即数 8 加载到寄存器 t2 中,该值用于计算一个流水周期
3:                       //标号
    lui v0, 0xbfd0       //0xbfd0 左移 16 位,(v0)= 0xbfd00000
    ori v0, 0x10F0       //(v0)逻辑"或"0x10F0,(v0)= 0xbfd010F0(配置输出寄存器 0 的地址)
    lw  a0, 0(t0)        //将(t0)指向储存空间地址的内容加载到寄存器 a0 中

    lui v1, 0xbfd0       //0xbfd0 左移 16 位,(v1)= 0xbfd00000
    ori v1, 0x10F4       //(v1)逻辑"或"0x10F4,(v1)= 0xbfd010F4(配置输出寄存器 1 的地址)
    lw  a1, 0(t1)        //将(t1)指向存储空间地址的内容加载到寄存器 t1 中

    //下面两行代码,将分别写配置输出寄存器 0 和配置输出寄存器 1
    sw  a0, 0(v0)        //将寄存器 a0 的内容保存到(v0)指向的存储空间的地址
    sw  a1, 0(v1)        //将寄存器 a1 的内容保存到(v1)指向的存储空间的地址
    j   delay            //无条件跳转到 delay 标号的指令,延迟一段时间
    nop                  //插入 nop 指令

1:                       //标号
    //下面的代码用于查询 GPIO47 的输入状态
    lui v0, 0xbfd0       //0xbfd0 左移 16 位,(v0)= 0xbfd00000
    ori v0, 0x10E4       //(v0)逻辑"或"0x10E4, (v0)= 0xbfd010E4(输入寄存器 1 的地址)
    lw  v1, 0(v0)        //将(v0)指向的存储空间地址的内容加载到寄存器 v1 中
    andi v1, v1, 0x8000  //(v1)逻辑"与"0x8000,以得到 GPIO47 的输入状态
    bne v1, s0, 1b       //当(v1)≠(s0)时,跳转到标号 1
    nop                  //插入空操作指令

    addi t0,t0,4         //(t0)+4→(t0),指向 GPIOOUT1_VALUE 中的下一个数据
    addi t1,t1,4         //(t1)+4→(t1),指向 GPIOOUT2_VALUE 中的下一个数据

    addi t2,t2,-1        //(t2)-1→(t2)
    bne t2,s0, 3b        //如果(t2)≠0,则跳转到标号 3
    nop                  //插入空操作指令
    j   4b               //无条件跳到标号 4
```

```
    nop                      //插入空操作指令

delay:                       //delay 子程序的开始
    li s2, 0xff000000        //延迟用的初值加载到寄存器 s2 中,(s2)=0xff000000
delay1:                      //标号 delay1
    addiu s2, s2,1           //(s2)+1→(s2)
    bne s2, s0, delay1       //(s2)≠(s0)时,跳转到 delay1,否则继续执行,实现延迟功能
    nop                      //插入空操作指令
    j 1b                     //无条件跳转到标号 1
    nop
```

> **注**：读者可以进入本书提供资源的\loongson1B_example\example_8_13 目录中，用 LoongIDE 打开名字为"example_8_13.lxp"的工程。在该工程中的 bsp_start. S 文件中找到该段代码。

思考与练习8-4：当按下按键和放开按键时，观察流水灯的工作状态。

思考与练习8-5：分析上面的代码，给出该设计的程序流程图。

8.8　汇编语言实例三：看门狗定时器的应用

在微处理器中，一般都会配置看门狗定时器（Watch Dog Timer，WDT），用于保证计算机系统的可靠运行。

8.8.1　看门狗定时器的原理

WDT 实际上是一个计数器。在初始化时，一般会给看门狗一个比较大的初值。当在微处理器上开始运行程序后，看门狗开始递减计数。如果处理器上的程序运行正常，则每隔一段时间，程序就应该写 WDT 使得看门狗复位，这样 WDT 将重新开始递减计数。如果程序没有正常地每隔一段时间就访问一次看门狗，看门狗就会递减计数到 0 时，就会出现溢出，此时处理器就认为程序的运行状态不正常（如程序"跑飞"），就需要对处理器进行复位。看门狗的内部结构如图 8.6 所示。

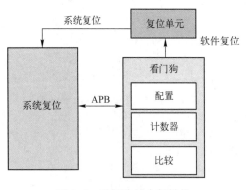

图 8.6　看门狗的内部结构

通过软件程序对看门狗进行配置。WDT 内部有个计数器，该计数器的值与 WDT 内的比较器进行比较，检测计数器的值是否递减到 0，如果为 0 就产生软复位信号，然后让系统重启。看门狗中的计数器使用的时钟频率为 DDR_clk 的 2 分频时钟。

8.8.2　看门狗定时器的寄存器功能

在 WDT 中，其提供了 3 个寄存器。

1. WDT_EN 寄存器

WDT_EN 寄存器的地址为 0xBFE5C060，该寄存器的格式如表 8.15 所示。

表 8.15　WDT_EN 寄存器

比特或位	31	30	29	28	27	26	25	24	23	22	21	20	19	18	17	16
名字	—	—	—	—	—	—	—	—	—	—	—	—	—	—	—	—
比特或位	15	14	13	12	11	10	9	8	7	6	5	4	3	2	1	0
名字	—	—	—	—	—	—	—	—	—	—	—	—	—	—	—	WDT_EN

表 8.15 中，WDT_EN 为看门狗使能位。当该位为"1"时，使能看门狗定时器；当该位为 0 时，禁止看门狗定时器。当复位时，该位为"0"。

2. WDT_SET 寄存器

WDT_SET 寄存器的地址为 0xBFE5C068，该寄存器的格式如表 8.16 所示。

表 8.16　WDT_SET 寄存器

比特或位	31	30	29	28	27	26	25	24	23	22	21	20	19	18	17	16
名字	—	—	—	—	—	—	—	—	—	—	—	—	—	—	—	—
比特或位	15	14	13	12	11	10	9	8	7	6	5	4	3	2	1	0
名字	—	—	—	—	—	—	—	—	—	—	—	—	—	—	—	WDT_SET

表 8.16 中，WDT_SET 为看门狗的计数器设置位。当该位为"1"时，设置看门狗中的计数器；当该位为 0 时，不设置看门狗中的计数器。当复位时，该位为"0"。

3. WDT_timer 寄存器

WDT_timer 寄存器的地址为 0xBFE5C064，该寄存器的格式如表 8.17 所示。

表 8.17　WDT_timer 寄存器

比特或位	31 　　　　　　　　　　　　　　　　　　　　　　　　　　　　　　　　　0
名字	计数初值

因此，WDT 的溢出时间等于 $2 \times T_{\text{DDR\_clk}} \times$ 计数初值。

8.8.3　看门狗机制的应用

在应用程序中，使用看门狗的方法如代码清单 8-14 所示。特别要注意，给看门狗"喂狗"的方法。在例 8-14 的基础上增加了看门狗相关的代码。

【例 8-14】 在例 8-14 的基础上添加 WDT 代码，如代码清单 8-15 所示。

代码清单 8-15　添加看门狗机制实现的汇编语言代码

```
//对看门狗的初始化部分
//下面的代码用于使能 WDT,实际上是使能 WDT 模块,WDT 并没有开始工作
   lui v0, 0xbfe5        //0xbfe5 左移 16 位,(v0)＝0xbfe50000
   ori v0, 0xc060        //(v0)逻辑"或"0xc060,(v0)＝0xbfe5c060(寄存器 WDT_EN 的地址)
```

```
        li   a0, 1            //将立即数加载到寄存器 a0 中，(a0) = 0x00000001
        sw   a0, 0(v0)        //将配置值 0x00000001 写入寄存器 WDT_EN
```

//下面的代码用于访问寄存器 WDT_SET，必须按照下面的访问顺序，在后面"喂狗"的时
//候也必须按该序列进行处理
//1) 给寄存器 WDT_SET 写 0；
//2) 给寄存器 WDT_timer 写入看门狗计数值
//3) 给寄存器 WDT_SET 写 1；
//上面 3 个步骤完成一次"喂狗"。
//下面的代码实现给寄存器 WDT_SET 写 0

```
        lui  v0, 0xbfe5       //0xbfe5 左移 16 位，(v0) = 0xbfe50000
        ori  v0, 0xc068       //(v0) 逻辑"或"0xc068，(v0) = 0xbfe5c068
        li   a0, 0            //将立即数 0 加载到寄存器 a0 中，(a0) = 0x00000000
        sw   a0, 0(v0)        //将配置值 0x00000000 写入寄存器 WDT_SET
```

//下面的代码实现给寄存器 WDT_timer 写入看门狗计数值

```
        lui  v0, 0xbfe5       //0xbfe5 左移 16 位，(v0) = 0xbfe50000
        ori  v0, 0xc064       //(v0) 逻辑"或"0xc064，(v0) = 0xbfe5c064
        li   a0, 0xffffffff   //将立即数 0xffffffff 加载到寄存器 a0 中，(a0) = 0xffffffff
        sw   a0, 0(v0)        //将配置值 0xffffffff 写入寄存器 WDT_timer
```

//下面的代码实现给寄存器 WDT_SET 写 1

```
        lui  v0, 0xbfe5       //0xbfe5 左移 16 位，(v0) = 0xbfe50000
        ori  v0, 0xc068       //(v0) 逻辑"或"0xc068，(v0) = 0xbfe5c068
        li   a0, 1            //将立即数 0x00000001 加载到寄存器 a0 中
        sw   a0, 0(v0)        //将配置值 0x00000001 写入寄存器 WDT_SET

        ……………
        sw   a0, 0(v0)
        sw   a1, 0(v1)
```

//下面代码为插入的用于"喂狗"的代码，其序列与初始化"喂狗"代码相同。
//下面的代码实现给寄存器 WDT_SET 写 0

```
        lui  v0, 0xbfe5       //0xbfe5 左移 16 位，(v0) = 0xbfe50000
        ori  v0, 0xc068       //(v0) 逻辑"或"0xc068，(v0) = 0xbfe5c068
        li   a0, 0            //将立即数 0 加载到寄存器 a0
        sw   a0, 0(v0)        //将配置值 0x00000000 写入寄存器 WDT_SET
```

//下面的代码实现给寄存器 WDT_timer 写入看门狗计数值

```
        lui  v0, 0xbfe5       //0xbfe5 左移 16 位，(v0) = 0xbfe50000
        ori  v0, 0xc064       //(v0) 逻辑"或"0xc064，(v0) = 0xbfe5c064
        li   a0, 0xffffffff   //将立即数 0xffffffff 加载到寄存器 a0 中
        sw   a0, 0(v0)        //将配置值 0xffffffff 写入寄存器 WDT_timer
```

//下面的代码实现给寄存器 WDT_SET 写 1

```
        lui  v0, 0xbfe5       //0xbfe5 左移 16 位，(v0) = 0xbfe50000
        ori  v0, 0xc068       //(v0) 逻辑"或"0xc068，(v0) = 0xbfe5c068
        li   a0, 1            //将立即数 1 加载到寄存器 a0 中
        sw   a0, 0(v0)        //将配置值 0x00000001 写入寄存器 WDT_SET
```

```
        j   delay
```

> 注：读者可以进入本书提供资源的 \loongson1B_example\example_8_13 目录中，用
> LoongIDE 打开名字为"example_8_13. lxp"的工程。在该工程的 bsp_start. S 文件中找到
> 该段代码。

从上面给出的代码可知，后面的"喂狗"代码插入 j delay 代码之前，这样在下一次程
序再次"喂狗"之前，必须要经过延迟子程序 delay 一段延迟。

思考与练习8-6：运行该段代码，通过 LED 灯和按键来验证看门狗的正常工作状态。

思考与练习8-7：将写入 WDT_timer 的值由 0xffffffff 改为 0x00ffffff，重新编译和下载程
序，通过 LED 灯和按键来验证看门狗的工作状态，从而理解 WDT 的功能（提示：由于执行
delay 的时间超过了 WDT 产生下溢的周期间隔，因此 WDT 产生了看门狗溢出，从而导致出
现软件复位。所以，不管如何操作按键，程序始终初入初始化复位状态）。

第 9 章　中断与异常的原理和实现

中断与异常处理是现代处理器与计算机系统不可或缺的重要功能，它使得计算机系统可以快速地响应事件。本章将介绍了基本概念、中断原理、异常原理、中断触发和处理的实现，以及定时器原理和中断的实现。

在学习本章内容时，读者特别要注意 MIPS 架构中实现中断和异常处理的方法与其他处理器架构的不同之处。

9.1　基本概念

本节将介绍与中断和异常有关的一些基本概念和术语。

9.1.1　事件的定义

现代计算机系统中都配置了输入设备-鼠标和键盘。我们都知道一个事实，无论何时，当读者按下鼠标按键或移动鼠标时，或者按下键盘上的某个按键时，计算机就会对上面这些行为做出响应。读者很自然地会问，计算机是如何知道按下键盘上的按键、按下鼠标按键或移动鼠标的？又是对这些行为如何处理的？答案是 CPU 必须具有响应异常（Exception）的能力。

通常将来自外部设备的中断归结为异常。此外，将算术溢出或地址错误等内部 CPU 情况也归结为异常。异常是一个事件，它将改变程序执行的正常流程。

9.1.2　异常和中断的优势

通过使用 CPU 提供的异常功能，在程序中就不需要轮询鼠标和键盘。这是因为，一方面，采用轮询方式来探测鼠标和键盘的行为，会使得 CPU 响应鼠标和键盘行为的能力变差，增加了响应时间；另一方面，采用轮询方式，即使在短期内没有改变鼠标或键盘的状态（没有按下按键或移动鼠标），也需要 CPU 不停地检测鼠标/键盘的行为，因此会无端地空耗宝贵的 CPU 资源，反而使处理器响应其他事务/任务的能力变差。

而引入异常/中断机制使得 CPU 不必再轮询外部设备的行为，处理器按正常的程序运行程序即可。只有在出现异常/中断事件，并且允许 CPU 对异常/中断事件进行处理时，才会暂时打断 CPU 正在处理的当前程序，然后 CPU 转向处理异常或中断，在处理完异常或中断后，CPU 继续执行刚才被打断的程序。

这样，既保证了 CPU 能以最快的速度响应异常/中断事件，又不会消耗太多的 CPU 周期来处理异常/中断事件，显著减轻了 CPU 的负载。

9.1.3　MIPS 支持的中断模式

在 MIPS 的版本 2 中，其提供了两个可选的中断模式。

（1）向量中断（Vectored Interrupt，VI）模式。在该模式中，由处理器确定不同中断源的优先级，并且将每个中断直接向量化到专用的句柄（处理程序）。

（2）外部中断控制器（External Interrupt Controller，EIC）模式。可修改与中断相关的 CP0 寄存器的字段定义以支持 EIC。

> **注：** 龙芯 GS232 处理器核支持向量中断模式。

9.1.4　中断向量的概念

一旦出现异常事件，并且允许处理器处理异常事件时，处理器内的程序计数器就会跳转到用于处理异常事件的程序代码中。那问题是，程序计数器怎么能够知道处理异常事件的代码在存储器中的位置？

不管处理器采用哪种架构实现，它们都有一个"不成文的规定"，就是在存储器中要专门划分出来一块存储区域，这块存储区域有特定的用途，用户程序不能占用该存储区域。这里所说的专门用途就是用于帮助程序计数器找到处理异常事件的程序入口，如图 9.1 所示。

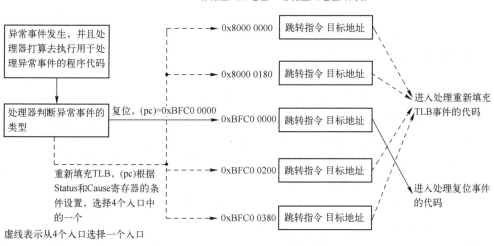

图 9.1　查找处理异常事件程序代码的过程

在处理器中规定，一旦发生并响应异常事件，不管当前程序计数器指向存储器的哪个保持指令的位置，它们都必须跳转到这个预先保留的存储区域内。例如，根据后面的表 9.14 可知，如果处理器发生复位事件时，强制程序计数器的内容变成 0xBFC00000，这样程序计数器就跳转到存储空间地址为 0xBFC00000 的位置。再比如，当发生重新填充 TLB 的事件时，根据 CP0 中 Status 寄存器和 Cause 寄存器的设置条件，将强制程序计数器的内容变成 0x8000 0000，或 0x8000 0180，或 0xBFC00200，或 0xBFC00380。

当程序计数器的内容强制到这些地址时，那么这些地址里又保存了什么内容呢？显然，这些地址内保存了一条跳转指令，跳转指令后面跟着用于处理异常事件的异常句柄（异常服务程序）的入口地址（目标地址）。

经历上面两个阶段后，处理器就可以执行用于处理异常事件的代码（服务程序）。

很多处理器将这一小块特定的存储空间区域称为中断向量表，在这个表中保存着用于不同异常类型的入口或条目，将其称之为中断向量。每个入口或条目中的内容是异常和中断句柄（也称为异常和中断服务程序）的入口地址，实际上就是一条指向异常和中断句柄的跳转指令。

注意，MIPS 架构的处理器和很多处理器不同，不同异常事件类型的入口，并不是在一小块固定的存储空间区域内，而是分散在多个不同的地址。这些不同的地址又在不同的存储空间内，很大程度上是和处理器中存在 MMU 和缓存单元有关。读者可以在后面介绍中断触发和实现的具体实现过程的时候，进一步理解并掌握中断向量的本质含义。

思考与练习 9-1：在计算机系统中，事件定义为＿＿＿＿＿＿＿＿＿。

思考与练习 9-2：在处理器与外设交互时，可以使用＿＿＿＿或＿＿＿＿。

思考与练习 9-3：请说明与轮询方式相比，在处理器与外设交互时采用中断的优势。

思考与练习 9-4：在 MIPS 的版本 2 中，额外提供了两个可选的中断模式，分别是＿＿＿＿和＿＿＿＿。

思考与练习 9-5：在中断系统中，中断向量表的定义为＿＿＿＿。中断向量表中的内容是＿＿＿＿。

思考与练习 9-6：简述当出现并且允许处理器处理事件时，处理器是如何找到异常/中断句柄入口的。

9.2 中断原理

龙芯 GS232 处理器核支持 2 个软件中断、6 个硬件中断和 2 个特殊目的中断。这两个特殊目的中断是定时器和性能计数器中断。需要注意，定时器和性能计数器中断以依赖于实现的方式与硬件中断 5 结合。根据 CP0 中 Cause 寄存器 IV 字段的值，设置通用异常向量（0x180）或特殊中断向量（0x200）处理中断。需要软件根据中断处理程序中使用的 Cause 寄存器中的 IP 字段来确定中断的优先级。

尽管在不可屏蔽中断（non-Maskable Interrput，NMI）的名字中包含"中断"这个名字，但是将 NMI 描述为异常更准确一些，因为它不影响处理器中断系统，也不受处理器中断系统控制。

9.2.1 处理器采纳中断的条件

根据设计规则，只有满足下面的全部条件时，CPU 才会采纳一个中断：

（1）有中断请求；

（2）CP0 中 Status 寄存器的 IE 位设置为"1"；

（3）CP0 中 Debug 寄存器的 DM 位设置为"0"；

（4）CP0 中 Status 寄存器的 EXL 和 ERL 位均为"0"。

逻辑上，中断请求服务与 Status 寄存器中的 IE 位进行逻辑"与"运算。只有当 Status 寄存器中的 EXL 和 ERL 位都为"0"，且 Debug 寄存器中的 DM 位也为"0"时，最终的中断请求才是有效的。EXL、ERL 和 DM 位分别对应于非异常、非错误和非调试处理模式。

思考与练习 9-7：简述在使用 MIPS 架构的龙芯处理器中，处理器能够对中断进行响应的条件。

9.2.2　向量中断模式

上面提到在龙芯 GS232 处理器核中采用的是向量中断模式，要求其同时满足下面的条件：

（1）CP0 中 Status 寄存器的 BEV 字段为 "0"；

（2）CP0 中 Cause 寄存器的 IV 字段为 "1"；

（3）CP0 中 IntCtl 寄存器的 VS 字段不为 "0"；

（4）CP0 中 Config3 寄存器的 VINT 字段为 "1"；

（5）CP0 中 Config3 寄存器的 VEIC 字段为 "0"。

在向量中断模式下，将 6 个硬件中断解释为单独的硬件中断请求。定时器和性能计数器中断以依赖于实现的方式与硬件中断组合（与它们组合的中断分别由 CP0 中 IntCtl 寄存器的 IPTI 字段和 PPCI 字段指示），以提供这些中断与硬件中断的相对优先级。注意，在龙芯 GS232 处理器核中，统一将定时器和性能计数器中断编码在硬件中断 5 上。如图 9.2 所示，处理器的中断逻辑将每个 Cause 寄存器中的 IP 字段和对应的 Status 寄存器的 IM 字段进行逻辑 "与" 运算。如果这些值中的任何一位为 "1"，并且使能了中断（Status 寄存器中的 IE 字段为 "1"、EXL 字段为 "0" 且 ERL 字段为 "0"），则会发出中断信号并且优先级编码器按表 9.1 的顺序扫描这些值。

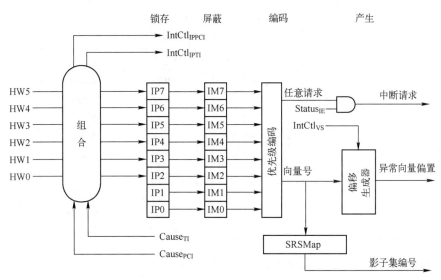

图 9.2　向量中断模式下的中断生成逻辑

需要注意的是，在处理器检测到中断请求和软件中断句柄（处理程序）运行之间，可能会将中断请求设置为无效。软件中断句柄必须准备好通过 ERET 简单地从中断返回来处理这种情况。

思考与练习 9-8：根据图 9.2，说明龙芯处理器中向量中断的原理。

思考与练习 9-9：根据图 9.2，说明龙芯处理器向量中断的中断源类型和各自的数量。

表 9.1　向量中断模式的相对优先级

相对优先级	中 断 类 型	中断源	中断请求计算来自	优先级编码器生成的向量号
最高优先级	硬件	HW5	Cause 寄存器的 IP7 字段和 Status 寄存器的 IM7 字段	7
		HW4	Cause 寄存器的 IP6 字段和 Status 寄存器的 IM6 字段	6
		HW3	Cause 寄存器的 IP5 字段和 Status 寄存器的 IM5 字段	5
		HW2	Cause 寄存器的 IP4 字段和 Status 寄存器的 IM4 字段	4
		HW1	Cause 寄存器的 IP3 字段和 Status 寄存器的 IM3 字段	3
		HW0	Cause 寄存器的 IP2 字段和 Status 寄存器的 IM2 字段	2
	软件	SW1	Cause 寄存器的 IP1 字段和 Status 寄存器的 IM1 字段	1
最低优先级		SW0	Cause 寄存器的 IP0 字段和 Status 寄存器的 IM0 字段	0

9.2.3　为向量中断生成异常向量偏移

前面介绍，在向量中断模式下，由中断控制逻辑产生向量编号。该数字将与 CP0 中 IntCtl 寄存器的 VS 字段组合来创建偏移量，将它添加到 0x200 以创建异常向量偏移量。对于 VI 模式，编号的范围为 0~7。CP0 中 IntCtl 寄存器的 VS 字段指定向量位置之间的间距。如果该值为零（默认复位状态），向量间距为零，则处理器恢复到中断兼容模式。当 VS 值不为零时，将使能向量中断。表 9.2 给出了 CP0 中 IntCtl 寄存器的 VS 字段的向量编号和值的代表性子集的异常向量偏移量。

表 9.2　向量中断的异常向量偏移

向 量 编 号	CP0 中 IntCtl 寄存器 VS 字段的值（二进制表示）				
	00001	00010	00100	01000	10000
0	0x0200	0x0200	0x0200	0x0200	0x0200
1	0x0220	0x0240	0x0280	0x0300	0x0400
2	0x0240	0x0280	0x0300	0x0400	0x0600
3	0x0260	0x02C0	0x0380	0x0500	0x0800
4	0x0280	0x0300	0x0400	0x0600	0x0A00
5	0x02A0	0x0340	0x0480	0x0700	0x0C00
6	0x02C0	0x0380	0x0500	0x0800	0x0E00
7	0x02E0	0x03C0	0x0580	0x0900	0x1000

一个向量中断的异常向量偏移的通用公式为

$$向量偏移 = 0x200 + (向量编号) \times [\,VS\,的值 \parallel (00000)_2\,]$$

思考与练习 9-10：根据表 9.2，请说明中断向量的偏移地址与哪些因素有关，以及中断向量偏移地址的计算方法。

9.2.4　龙芯 1B 处理器的中断控制器

本章前面提到 MIPS 架构支持 6 个硬件中断和 2 个软件中断，但是没有说明这 6 个硬件中断和 2 个软件中断是如何产生的，以及出现什么样的事件才能被处理器核识别为中断。为了解决生成中断源的问题，龙芯 1B 处理器内建了简单、灵活的中断控制器。中断控制器用于产生到 6 个硬件中断和 2 个软件中断的"源"。

1. 中断源与处理器核中断端口的映射

该芯片内部的中断控制器除管理 GPIO 输入的中断信号外，中断控制器还处理内部事件引起的中断。所有的中断寄存器的位字段编排相同，一个中断源对应其中一位。中断控制器共 4 个中断输出连接 CPU 模块，分别对应于 INT0、INT1、INT2 和 INT3。

该处理器芯片支持实现 30 个内部中断和 62 个 GPIO 中断，其中 30 个内部中断由 INT0 和 INT1 两组寄存器集控制，62 个 GPIO 中断由 INT2 和 INT3 两组寄存器控制。INT0、INT1、INT2 和 INT3 构成 4 组独立的寄存器集，这 4 组独立的寄存器集产生可以连接到 MIPS 中断系统的输出，它们与 MIPS 中断系统信号的关系如表 9.3 所示。

表 9.3　龙芯 1B 处理器中 IN0 ~ INT3 输出与 MIPS 中断系统信号的关系

MIPS 中断系统的中断位	1B 处理器中断源	说　明
IP7	CP0 中的 count 寄存器/compare 寄存器产生的中断	每 2 个系统时钟使 count 寄存器加 1；当 count 寄存器的值与 compare 寄存器的值相等时，产生中断 注：LoongIDE 用作 1ms tick 的系统时钟
IP6	CP0 的 Performace 计数器产生的中断	详见协处理器说明
IP5	外部中断 INT3（0xBFD01088）	
IP4	外部中断 INT2（0xBFD01070）	详见本小节的具体说明
IP3	外部中断 INT1（0xBFD01058）	
IP2	外部中断 INT0（0xBFD01040）	
IP1	软件中断 1	程序设计人员对 IP0/IP1 置位，将触发中断
IP0	软件中断 0	

在龙芯 1B 处理器中，30 个内部中断与 INT0 和 INT1 寄存器组中位的映射关系如表 9.4 和表 9.5 所示。表中的"—"表示保留，没有使用。

表 9.4　INT0 寄存器集与内部中断事件的位字段映射关系

比特或位	31	30	29	28	27	26	25	24
事件名	—	UART5	UART4	TOY_TICK	RTC_TICK	TOY_INT2	TOY_INT1	TOY_INT0
比特或位	23	22	21	20	19	18	17	16
事件名	RTC_INT2	RTC_INT1	RTC_INT0	PWM3	PWM2	PWM1	PWM0	—
比特或位	15	14	13	12	11	10	9	8
事件名	DMA2	DMA1	DMA0	—	—	AC97	SPI1	SPI0
比特或位	7	6	5	4	3	2	1	0
事件名	CAN1	CAN0	UART3	UART2	UART1	UART0	—	—

表 9.5 INT1 寄存器集与内部中断事件的位字段映射关系

比特或位	31	30	29	28	27	26	25	24
事件名	—	—	—	—	—	—	—	—
比特或位	23	22	21	20	19	18	17	16
事件名	—	—	—	—	—	—	—	—
比特或位	15	14	13	12	11	10	9	8
事件名	—	—	—	—	—	—	—	—
比特或位	7	6	5	4	3	2	1	0
事件名	—	—	—	—	GMAC1	GMAC0	OHCI	EHCI

在龙芯 1B 处理器中，62 个 GPIO 中断与 INT2 和 INT3 寄存器组中位的映射关系如表 9.6 和表 9.7 所示。表中的 "—" 表示保留，没有使用。

表 9.6 INT2 寄存器集与 GPIO 中断的位字段映射关系

比特或位	31	30	29	28	27	26	25	24
事件名	—	GPIO30	GPIO29	GPIO28	GPIO27	GPIO26	GPIO25	GPIO24
比特或位	23	22	21	20	19	18	17	16
事件名	GPIO23	GPIO22	GPIO21	GPIO20	GPIO19	GPIO18	GPIO17	GPIO16
比特或位	15	14	13	12	11	10	9	8
事件名	GPIO15	GPIO14	GPIO13	GPIO12	GPIO11	GPIO10	GPIO9	GPIO8
比特或位	7	6	5	4	3	2	1	0
事件名	GPIO7	GPIO6	GPIO5	GPIO4	GPIO3	GPIO2	GPIO1	GPIO0

表 9.7 INT3 寄存器集与 GPIO 中断的位字段映射关系

比特或位	31	30	29	28	27	26	25	24
事件名	—	—	GPIO61	GPIO60	GPIO59	GPIO58	GPIO57	GPIO56
比特或位	23	22	21	20	19	18	17	16
事件名	GPIO55	GPIO54	GPIO53	GPIO52	GPIO51	GPIO50	GPIO49	GPIO48
比特或位	15	14	13	12	11	10	9	8
事件名	GPIO47	GPIO46	GPIO45	GPIO44	GPIO43	GPIO42	GPIO41	GPIO40
比特或位	7	6	5	4	3	2	1	0
事件名	GPIO39	GPIO38	GPIO37	GPIO36	GPIO35	GPIO34	GPIO33	GPIO32

2. 产生中断源的原理

对于 INT0、INT1、INT2 和 INT3 来说，它们都包含下面的寄存器：
（1）中断控制状态寄存器；
（2）中断控制使能寄存器；
（3）中断置位寄存器；
（4）中断清空寄存器；
（5）高电平触发中断使能寄存器；

（6）边沿触发中断使能寄存器。

那这 6 个寄存器又是如何互相配合以产生到处理器核的中断呢？要想让某个内部中断源或 GPIO 引脚产生中断，首先要具有触发中断产生的条件，它由不同模块进行定义。例如，对于 UART 中断来说，当发送保存寄存器为空、接收超时、接收到有效数据时，都会产生中断"源"，但是这个"源"能不能最终被 CPU 核"识别"，首先必须要在中断使能寄存器中将相应的中断允许位设置为"1"，这样由 UART 产生的"源"才能继续送到处理器核的 IP2 上，否则即使产生中断"源"，但是中断允许位设置为"0"，中断也不能到达处理器核的 IP2 上。从实现逻辑上来说，中断"源"与中断允许位执行逻辑"与"运算。

只要 $INTx(x=0,1,2$ 或 $3)$ 对应的位出现了中断"源"且中断控制使能寄存器对应的位为"1"时，就会出现到达处理器核 $IPy(y=0\sim5)$ 上的中断。显然，这些中断源之间呈现逻辑"或"的关系，即只要出现一个中断，则就会有中断到达处理器核的 IPy 端口上，而处理器核并不知道到底是哪个模块产生的中断（UART？PWM？SPI？），这时候处理器会通过查询中断控制状态寄存器来识别到底是哪个中断。显然，UART 模块产生的中断原因和 PWM 模块产生的中断原因是不一样的。

这是一种典型的多个中断源共用/共享一个中断入口的方法。例如，INT0 中所有的事件共享/共用处理器核的 IP2 端口，INT1 中的所有事件共享/共用处理器核的 IP3 端口。处理器要准确知道 IP 端口与具体事件的关系，只需要查询中断控制状态寄存器即可。

在计算机系统中，事件（event）又是通过什么方式体现/表征的？通常，使用高电平或者跳变沿来表示发生事件，如对于 GPIO 上出现持续的高电平或者出现由低电平到高电平的跳变（逻辑"0"到逻辑"1"状态的变化，上升沿）或者出现由高电平到低电平的跳变（逻辑"1"到逻辑"0"状态的变化，下降沿）。显然，如果在 GPIO 端口外部连接了按键，则当按下按键或释放按键时，就会出现电平的"跳变"，则从处理器角度来看，在 GPIO 端口上发生了外部的事件。因此，通过设置高电平触发中断使能寄存器或边沿触发中断使能寄存器，将使得高电平或者"跳变沿"作为处理器可以识别的外部"事件"的发生。采用电平作为事件或者采用跳变沿作为事件时，龙芯 1B 处理器对于后续的处理过程有所区别，即：

（1）当采用电平触发方式时，中断控制器内部不"寄存"外部中断，因此当处理器对中断处理完成后只需要清除对应设备上的中断就可以清除对 CPU 的相应中断。例如，上游网口向 CPU 发出接受包中断，网络驱动处理中断后，只要清除上行网口内部中断寄存器的中断状态就可以清除 CPU 中断控制器的中断状态，而不需要 CPU 对对应的中断清空寄存器相应的位进行清除操作。

（2）当采用边沿触发时，中断控制器会"寄存"外部中断，因此在软件处理中断时，需要 CPU 对对应的中断清空寄存器相应的位进行清除操作，使得清除中断控制状态寄存器内对应的中断标志。这一点要特别"注意"。

此外，在使用边沿触发的情况下，程序开发人员可以通过写中断置位寄存器来强制设置中断控制状态寄存器内对应的中断标志。

3. 中断控制寄存器集

本部分将对中断控制寄存器的存储空间地址，以及操作方法进行简单说明。INT0 寄存器集的地址分配如表 9.8 所示，INT1 寄存器集的地址分配如表 9.9 所示，INT2 寄存器集的地址分配如表 9.10 所示，INT3 寄存器集的地址分配如表 9.11 所示。

表 9.8 INT0 寄存器集的地址分配

存储空间地址	位	寄存器名字	功 能	读/写属性
0xBFD01040	32	INTISR0	中断控制状态寄存器 0	只读
0xBFD01044	32	INTIEN0	中断控制使能寄存器 0	读/写
0xBFD01048	32	INTSET0	中断置位寄存器 0	读/写
0xBFD0104C	32	INTCLR0	中断清空寄存器 0	读/写
0xBFD01050	32	INTPOL0	高电平触发中断使能寄存器 0	读/写
0xBFD01054	32	INTEDGE0	边沿触发中断使能寄存器 0	读/写

表 9.9 INT1 寄存器集的地址分配

存储空间地址	位	寄存器名字	功 能	读/写属性
0xBFD01058	32	INTISR1	中断控制状态寄存器 1	只读
0xBFD0105C	32	INTIEN1	中断控制使能寄存器 1	读/写
0xBFD01060	32	INTSET1	中断置位寄存器 1	读/写
0xBFD01064	32	INTCLR1	中断清空寄存器 1	读/写
0xBFD01068	32	INTPOL1	高电平触发中断使能寄存器 1	读/写
0xBFD0106C	32	INTEDGE1	边沿触发中断使能寄存器 1	读/写

表 9.10 INT2 寄存器集的地址分配

存储空间地址	位	寄存器名字	功 能	读/写属性
0xBFD01070	32	INTISR2	中断控制状态寄存器 2	只读
0xBFD01074	32	INTIEN2	中断控制使能寄存器 2	读/写
0xBFD01078	32	INTSET2	中断置位寄存器 2	读/写
0xBFD0107C	32	INTCLR2	中断清空寄存器 2	读/写
0xBFD01080	32	INTPOL2	高电平触发中断使能寄存器 2	读/写
0xBFD01084	32	INTEDGE2	边沿触发中断使能寄存器 2	读/写

表 9.11 INT3 寄存器集的地址分配

存储空间地址	位	寄存器名字	功 能	读/写属性
0xBFD01088	32	INTISR3	中断控制状态寄存器 3	只读
0xBFD0108C	32	INTIEN3	中断控制使能寄存器 3	读/写
0xBFD01090	32	INTSET3	中断置位寄存器 3	读/写
0xBFD01094	32	INTCLR3	中断清空寄存器 3	读/写
0xBFD01098	32	INTPOL3	高电平触发中断使能寄存器 3	读/写
0xBFD0109C	32	INTEDGE3	边沿触发中断使能寄存器 3	读/写

思考与练习 9-11：根据本节所介绍的内容，简述龙芯 1B 处理器中断控制器的作用。

思考与练习 9-12：根据表 9.3 所示，简述向量中断输入源和中断控制器输出之间的映射关系。

9.3 异常原理

当发生异常时，可能会打断正常执行的指令。该类事件可以作为指令执行的副产品（例如，由加法指令引起的整数溢出或由于加载指令引起的 TLB 缺失）或者由于指令执行不直接相关的事件（例如，外部中断）。当发生异常时，处理器停止处理当前正在执行的指令，保存足够的状态以恢复中断的指令流，进入内核模式，并启动软件异常句柄。保存的状态和软件异常句柄的地址是异常类型和处理器当前状态的函数。

9.3.1 异常向量的位置

复位、软复位和 NMI 异常始终指向位置 0xBFC0 0000。如果 EJTAG 控制寄存器（EJTAG Control Register，ECR）的 ProbTrap 位为 "0" 或 "1"，则将 EJTAG 调试异常引导到位置 0xBFC0 0480 或 0xFF20 0200。

所有其他异常的地址是向量偏移量和向量基地址的组合。在架构的第 1 版中，向量基地址是固定的。在架构的第 2 版中，对于 CP0 的 Status 寄存器中 BEV 位等于 "0" 时发生的异常，允许软件通过使用 CP0 中的 EBase 寄存器来指定向量基地址。异常的向量基地址与 Status 寄存器的 BEV 位，以及异常类型之间的关系如表 9.12 所示。异常向量的偏置如表 9.13 所示。

表 9.12 异常向量的基地址与 Status 寄存器的 BEV 位，以及异常类型之间的关系

异　常	Status 寄存器的 BEV 位	
	"0"	"1"
复位、软件复位、NMI	0xBFC0 0000	
EJTAG 调试（寄存器 ECR 中的位 ProbEn 为 0）	0xBFC0 0480	
EJTAG 调试（寄存器 ECR 中的位 ProbEn 为 1）	0xFF20 0000	
缓存错误	在架构的第 1 版中，异常的向量基地址为 0xA000 0000 在架构的第 2 版中，异常的向量的基地址为下面的组合：{EBase[31:30]，"1"，EBase[28:12]，0x000}	0xBFC0 0300
其他	在架构的第 1 版中，异常的向量基地址为 0x8000 0000 在架构的第 2 版中，异常的向量基地址为下面的组合：{EBase[31:12]，0x000}	0xBFC0 0000

表 9.13 异常向量的偏置

异　常	向 量 偏 置
重新填充 TLB，EXL = "0"	0x000
缓存错误	0x100

异　常	向量偏置
通用异常	0x180
中断，CP0 中 Cause 寄存器的 IV 位等于"1"	0x200（在架构的第 2 版实现中，当 Status 寄存器的 BEV 位等于"0"时，这是向量中断的基准）
复位、软复位、NMI	无（使用复位基地址）

需要注意，Cause 寄存器中的 IV 位导致中断使用专用异常向量偏移，而不是通用异常向量。对于第 2 版架构的实现，表 9.2 给出了在 Status 寄存器的 BEV 位为"0"且 Cause 寄存器的 IV 位为"1"的情况下，与基地址的偏移量。

表 9.14 将前面的表格进行合并，该表格包含所有可能的向量地址，作为可能影响向量选择状态的函数。为避免表中的复杂性，向量地址值假设在架构的第 2 版器件中实现的 EBase 寄存器未从其复位状态改变，并且 IntCtl 寄存器的 VS 位等于"0"。

在架构的第 2 版中，软件必须保证 EBase[15∶12]在小于或等等于向量偏移中最高有效位的所有位位置包含"0"。这种情况只有在 EI 模式或 EIC 模式使能的情况下发生只能高端时产生大于 0xFFF 的向量偏移时才会发生。如果不满足该条件，则处理器的操作是未定义的。

表 9.14　异常向量

异　常	Status 寄存器的 BEV 位	Status 寄存器的 EXL 位	Cause 寄存器的 IV 位	EJTAG 的 ProbEn 位	向量对于架构第 2 版的实现，假设 EBase 保留它的复位状态，且 IntCtl 寄存器的 VS 位为"0"
复位、软复位和 NMI	×	×	×	×	0xBFC0 0000
EJTAG 调试	×	×	×	"0"	0xBFC0 0480
EJTAG 调试	×	×	×	"1"	0xFF20 0200
重新填充 TLB	"0"	"0"	×	×	0x8000 0000
重新填充 TLB	"0"	"1"	×	×	0x8000 0180
重新填充 TLB	"1"	"0"	×	×	0xBFC0 0200
重新填充 TLB	"1"	"1"	×	×	0xBFC0 0380
缓存错误	"0"	×	×	×	0xA000 0100
缓存错误	"1"	×	×	×	0xBFC0 0300
中断	"0"	"0"	"0"	×	0x8000 0180
中断	"0"	"0"	"1"	×	0x8000 0200
中断	"1"	"0"	"0"	×	0xBFC0 0380
中断	"1"	"0"	"1"	x	0xBFC0 0400
所有其他	"0"	×	×	×	0x8000 0180
所有其他	"1"	×	×	×	0xBFC0 0380

思考与练习 9-13：对于中断来说，其中断总入口的基地址在 0x8000 0000 的空间和 0xBFC0 0000 的空间，根据表 9.19 说明两者的区别和本质关系。

9.3.2　通用异常处理

除了复位、软复位、NMI、缓存错误和 EJTAG 调试异常具有特殊的处理过程外，其他异常具有下面相同的基本处理流程。

（1）如果 Status 寄存器中的 EXL 位等于"0"，则将使用 PC 加载 EPC 寄存器，在该 PC 处将重新开始执行并且正确设置 Cause 寄存器中的 BD 位。加载到 EPC 寄存器的值取决于处理器是否实现了 MIPS16 ASE，以及指令是否在具有延迟隙的分支或跳转的延迟隙中。表 9.15 给出了保存在每个 CP0 的寄存器 PC 中的值，包括 EPC。

表 9.15　在异常时，保存在 EPC、ErrorEPC 或 DEPC 中的值

实现 MIPS16？	在分支/延迟隙中？	保存在 EPC/ErrorEPC/DEPC 中的值
否	否	指令的地址
否	是	分支或跳转指令的地址（PC-4）
是	否	指令地址的高 31 位与 ISA Mode 位组合
是	是	分支或跳转指令的高 31 位（在 MIPS16 ISA 模式中为 PC-2，在 32 位 ISA 模式中为 PC-4）与 ISA Mode 位组合

对于第 2 版架构的实现，如果 Status 寄存器中的 BEV 位为"0"，则将 SRSCtl 寄存器中的 CSS 字段复制到 PSS 字段，并从合适的源加载 CSS 字段的值。

如果设置了 Status 寄存器中的 EXL 位，则不会加载 EPC 寄存器且不会改变 Cause 寄存器中的 BD 位。对于第 2 版架构的实现，没有改变 SRSCtl 寄存器。

（2）用与异常合适的值加载 Cause 寄存器中的 CE 字段和 ExcCode 字段。对于除协处理器不可用异常外的其他任何异常类型，加载 CE 字段，但未定义。

（3）设置 Status 寄存器中的 EXL 位。

（4）从异常向量处启动处理器。

加载到 EPC 中的值代表异常重启地址，正常情况下不需要异常句柄软件修改。软件不需要查看 Cause 寄存器中的 BD 位，除非它希望识别实际导致异常的指令的地址。

需要注意，个别异常类型可能会将额外的信息加载到其他寄存器中。

9.3.3　异常处理过程

本小节将介绍异常的处理过程。

1. EJTAG 调试异常

当满足多个 EJTAG 相关条件之一时，就会发生 EJTAG 调试异常。

2. 复位异常

当处理器确认了连接到它的冷复位信号时，就会发生复位异常，该异常是不可屏蔽的。当发生复位异常时，处理器执行完全的复位初始化，包括终止状态机、建立临界状态，以及将处理器置于可以从未缓存、未映射的地址空间执行指令的状态。在复位异常时，只有下面的寄存器具有定义的状态：

（1）将 Random 寄存器初始化为 TLB 入口的个数-1。

（2）将 Wired 寄存器初始化为全"0"。

（3）用它们的启动引导状态初始化 CP0 中的 Config、Config1、Config2 和 Config3 寄存器，将 Config 寄存器初始化为 0x80000480。

（4）将 CP0 的 Status 寄存器初始化为 0x00400004，清除 SR 位为"0"，设置 ERL 位和 BEV 位为"1"。

（5）将 ErrorEPC 寄存器初始化为 PC 的值。需要注意，如果复位异常被看作用于处理器上电的结果，则该值可能预测/也可能无法预测，因为在这种情况下 PC 可能没有有效值。在某些实现中，在复位或软复位异常时，可能无法预测寄存器中的值。

（6）清除 Watch 寄存器使能，以及清除性能计数器寄存器中的值。

（7）用 0xBFC0 0000 加载 PC。

3. 软复位异常

当处理器确认复位信号时，会发生软复位异常，该异常不可屏蔽。当发生软复位异常时，处理器执行完全复位初始化的一个子集。尽管软复位不会不必要地改变处理器的状态，但它可能会被迫这样做，以便将处理器置于可以执行来自非缓存、非映射地址空间的指令状态。由于可能会打断总线、缓存或其他操作，因此部分缓存、存储器和其他处理器的状态可能会不一致。复位和软复位异常之间的主要区别在于实际使用中。复位异常通常用于在上电时初始化处理器，而软复位异常通常用于从无响应（挂起）的处理器中恢复。提供语义上的差异以允许引导软件保存关键 CP0 或其他寄存器状态以帮助调试潜在问题。因此，当确认任一复位信号时，处理器可以复位到相同的状态，但是由软件保存的任何状态的解释可能大不相同。

4. 不可屏蔽中断

当处理器确认 NMI 信号时，会发生不可屏蔽的中断异常。虽然将 NMI 描述为中断，但更准确地描述为异常，因为它是不可屏蔽的。NMI 仅发生在指令边界处，因此不会进行任何复位或其他硬件初始化。缓存状态、存储器状态和其他处理器状态是一致的。

NMI 异常保留除下面寄存器外的所有寄存器的值：

（1）将 CP0 的 Status 寄存器中的 BEV 字段设置为"1"、TS 设置为"0"、SR 设置为"0"，NMI 设置为"1"、ERL 设置为"1"。

（2）用重新启动的 PC 值加载 ErrorEPC 寄存器。

（3）用 0xBFC0 0000 加载寄存器 PC。

5. 机器检查异常

当处理器检测到内部不一致时，会发生机器检查异常。下面的情况会导致机器检查异常，即在基于 TLB 的 MMU 中的 TLB 中检测多个匹配条目/入口。该类型的异常编码详见 CP0 的 Cause 寄存器中 ExcCode 字段的值。该异常所使用的异常向量为通用异常（偏置为 0x180）。

6. 地址错误异常

以下情况会发生地址错误异常：

（1）从没有对齐字边界的地址取指令；

（2）从没有对齐字边界的地址执行加载或保存字指令；

（3）从没有对齐半字边界的地址执行加载或保存半字指令；

（4）从用户或管理模式引用内核地址空间；

（5）从用户模式引用管理模式地址空间。

注意，如果在没有对齐字边界的地址上取指令，则在检测到条件之前更新 PC。因此，CP0 的 EPC 寄存器和 BadVAddr 寄存器都指向未对齐的指令地址。

该类型的异常编码详见 CP0 的 Cause 寄存器中 ExcCode 字段的值。其中 AdEL 表示加载或取指的地址错误异常，AdES 表示保存的地址错误异常。该异常所使用的异常向量为通用异常（偏置为 0x180）。

7. 重新填充 TLB 异常

当没有 TLB 条目/入口匹配对映射地址空间的引用，并且 Status 寄存器中的 EXL 位为"0"时，在基于 TLB 的 MMU 内会发生 TLB 重新填充异常。注意，这与条目/入口匹配但有效位关闭的情况不同，在这种情况下会发生 TLB 无效异常。

该类型的异常编码详见 CP0 的 Cause 寄存器中 ExcCode 字段的值。其中，TLBL 表示加载或取指的 TLB 异常，TLBS 表示保存的 TLB 异常。

额外保存的状态如表 9.16 所示。

表 9.16　额外保存的状态

寄存器状态	值
BadVAddr	失败的地址
Context	BadVPN2 字段保留了失败地址的 VA[31:13]
EntryHi	VPN2 字段包含失败地址的 VA[31:13]，ASID 字段包含了所引用缺失的 ASID

该异常所使用的异常向量如下：

（1）在异常时，如果 Status 寄存器的 EXL 字段为"0"，TLB 重填充向量（偏置为 0x000）；

（2）在异常时，如果 Status 寄存器的 EXL 字段为"1"，通用异常向量（偏置为 0x180）。

8. TLB 无效异常

当 TLB 条目/入口匹配对映射地址空间的引用，但匹配条目/入口关闭了有效位，在这种情况下会发生 TLB 无效异常。请注意无法区分没有 TLB 条目对映射地址空间的引用匹配且 Status 寄存器中的 EXL 位为"1"的情况与 TLB 无效异常的情况，这是因为两者都使用通用异常向量，并且提供 TLBL 或 TLBS 的 ExcCode 值。区分这两种情况的唯一方法就是探测 TLB 以查找匹配条目/入口（使用 TLBP）。

额外保存的状态同表 9.16。该异常所使用的入口向量为通用异常向量（偏置为 0x180）。

9. TLB 修改异常

当匹配的 TLB 条目/入口有效但条目/入口的 D 位为"0"时，对映射地址的存储引用会发生 TLB 修改异常，表明不可写入该页面。

该类型的异常编码详见 CP0 的 Cause 寄存器中 ExcCode 字段的 Mod 值。

额外保存的状态同表 9.16。该异常所使用的入口向量为通用异常向量（偏置为 0x180）。

10. 缓存错误异常

当指令或数据引用检测到缓存标记或数据错误时，或当缓存缺失时在系统总线上检测到奇偶校验或 ECC 错误时，就会发生缓存错误异常，该异常不可屏蔽。因为错误在缓存中，所以异常向量指向一个未映射、未缓存的地址。

额外保存的状态如表 9.17 所示。

表 9.17　额外保存的状态

寄存器状态	值
CacheErr	错误状态
ErrorEPC	重启 PC

该异常所使用的入口向量为缓存错误向量（偏置为 0x100）。

11.　总线错误异常

当指令、数据或预取访问发出总线请求（由于缓存缺失或非缓存的引用）并且该请求因错误而终止时，就会发生总线错误。注意，在总线交易期间检测到的奇偶校验错误报告为缓存错误异常，而不是总线错误异常。

该类型的异常编码详见 CP0 的 Cause 寄存器中 ExcCode 字段的值。其中，IBE 表示取指时的总线错误异常，DBE 表示数据引用（加载或保存）时的总线错误异常。

该异常所使用的入口向量为通用异常向量（偏置为 0x180）。

12.　整数溢出异常

当所选的整数指令导致二进制补码的溢出时，发生整数溢出异常。该类型的异常编码详见 CP0 的 Cause 寄存器中 ExcCode 字段的 OV 值。

该异常所使用的入口向量为通用异常向量（偏置为 0x180）。

13.　陷阱异常

当陷阱指令的结果为 TRUE 值时，就会发生陷阱异常。该类型的异常编码详见 CP0 的 Cause 寄存器中 ExcCode 字段的 Tr 值。

该异常所使用的入口向量为通用异常向量（偏置为 0x180）。

14.　系统调用异常

当执行 SYSCALL 指令时，发生系统调用异常。该类型的异常编码详见 CP0 的 Cause 寄存器中 ExcCode 字段的 Sys 值。

该异常所使用的入口向量为通用异常向量（偏置为 0x180）。

15.　断点异常

当执行 BREAK 指令时，发生断点异常。该类型的异常编码详见 CP0 的 Cause 寄存器中 ExcCode 字段的 Bp 值。

该异常所使用的入口向量为通用异常向量（偏置为 0x180）。

16.　保留指令异常

如果以下任一条件为真，则会发生保留指令异常。

（1）执行了一条指令，该指令指定了用"＊"（保留）、"b"（高阶 ISA）或未实现的"ε"（ASE）标记的操作码字段的编码。

（2）执行了一条指令，该指令指定了标记为"＊"（保留）或"β"（高阶 ISA）标记的函数字段的 SPECIAL 操作码编码。

（3）执行了一条指令，该指令指定了标记为"∗"（保留）的 rt 字段的 REGIMM 操作码编码。

（4）执行了一条指令，该指令指定了未实现的"θ"（合作伙伴可用）或未实现的"s"（EJTAG）标记的功能字段的未实现的 SPECIAL2 操作码编码。

（5）执行了一条指令，该指令指定了 rs 字段的 COPz 操作码编码，该字段标记为"∗"（保留）、"β"（高阶 ISA）或未实现的"ε"（ASE），假设允许访问协处理器。如果不允许访问协处理器，则会发生协处理器不可用异常。对于 COP1 操作码，之前 ISA 的一些实现将这种情况报告为浮点异常，设置 FCSR 寄存器 Cause 字段中未实现的操作位。

（6）当 rs 标记为"∗"（保留）的 CO 或未实现的"σ"（EJTAG）时，执行了一条指定功能字段的未实现的 COP0 操作码编码的指令，假设允许访问 CP0。如果不允许访问协处理器，则会发生协处理器不可用异常。

（7）执行了一条指令，该指令指定了功能字段的 COP1 操作码编码，该功能字段标记为"∗"（保留）、"β"（高阶 ISA）或未实现的"ε"（ASE），假设访问允许使用协处理器 1。如果不允许访问协处理器，则会发生协处理器不可用异常。以前 ISA 的一些实现将这种情况报告为浮点异常，设置 FCSR 寄存器 Cause 字段中的未实现操作位。

该类型的异常编码详见 CP0 的 Cause 寄存器中 ExcCode 字段的 RI 值。该异常所使用的入口向量为通用异常向量（偏置为 0x180）。

17. 协处理器不可用异常

如果以下任一条件为真，则会发生协处理器不可用异常。

（1）当处理器在调试模式或内核模式以外的模式运行时执行了 COP0 或 Cache 指令，并且 Status 寄存器的 CU0 字段为"0"时。

（2）执行 COP1、LWC1、SWC1、LDC1、SDC1 或 MOVCI（Special 操作码功能字段编码）指令，并且 Status 寄存器的 CU1 字段为"0"时。

（3）执行 COP2、LWC2、SWC2、LDC2 或 SDC2 指令，并且 Status 寄存器的 CU2 字段为"0"时。

（4）执行了 COP3 指令，且 Status 寄存器的 CU3 字段为"0"时。

该类型的异常编码详见 CP0 的 Cause 寄存器中 ExcCode 字段的 CpU 值。额外保存的状态如表 9.18 所示。

表 9.18　额外保存的状态

寄存器状态	值
寄存器 Cause 的字段 CE	被引用的协处理器的单元号

该异常所使用的入口向量为通用异常向量（偏置为 0x180）。

18. 浮点异常

浮点异常由浮点协处理器发起，以发出浮点异常信号。该类型的异常编码详见 CP0 的 Cause 寄存器中 ExcCode 字段的 FPE 值。额外保存的状态如表 9.19 所示。

表 9.19　额外保存的状态

寄存器状态	值
FCSR	指示引起浮点异常的原因

该异常所使用的入口向量为通用异常向量（偏置为 0x180）。

> 注：对于龙芯 GS232 处理器核未实现的其他异常类型，在此不进行介绍。

思考与练习 9-14：了解在龙芯 1B 处理器中，不同类型的异常处理过程。

9.4　中断触发和处理的实现

本书 8.7 节中介绍了在程序中使用轮询的方法来检测按键 GPIO 引脚的输入状态，通过使用轮询检测按键输入控制流水灯的运行。通过轮询的机制，实现了处理器和外设之间的交互和控制。但是这种方法存在一些弊端，主要表现在以下几个方面。

（1）轮询是处理器通过反复执行读取寄存器的方式来实现的，这会"空耗"大量的处理器资源，使得处理器无法腾出有限的资源对其他任务进行及时处理，从而降低了处理器的使用效率。

（2）前面提到，处理器对外设状态的轮询与所编写的程序有关，外设状态的变化与所编写的程序的执行是"异步"的。存在下面的情况，外设的状态已经发生变化，但是处理器在执行轮询外设状态的代码之前又在执行处理其他复杂事务的代码，这样导致程序代码不能及时对外设状态的变化进行响应，从而降低了处理器及时响应外设状态变化的能力。

综上所述，通过轮询的方式实现处理器和外设的交互是效率最低的一种方式。

本节将使用中断的方式实现处理器和外设之间的交互。与采用轮询方式实现处理器和外设进行交互相比，采用中断的方式实现处理器和外设之间进行交互的优势主要体现在以下几个方面。

（1）只有当发生事件，且允许处理器响应事件时，处理器才会暂停执行当前的代码，并且将打断当前正在执行指令的地址信息保存起来，然后程序计数器指向处理事件的程序代码（中断句柄/中断服务程序）中，开始对当前事件进行处理（运行中断句柄），当处理完当前事件（执行完中断句柄/中断服务程序）时，将前面保存的地址信息恢复到程序计数器中，这样处理器可以继续执行前面暂时停止执行的代码。也就是说，只有在处理器处理事件时，才会影响程序代码的执行过程，如果没有出现事件，则丝毫不会影响程序代码的执行过程，显著提高了处理器的运行效率。

（2）一旦发生事件，只要允许处理器响应事件，不管当前处理器的程序代码运行到哪里，只需要几个处理器的时钟周期反应时间后，CPU 就能跳转到事件句柄（事件处理程序）中，执行对事件进行处理的程序代码。因此，这显著提高了处理器对事件响应的速度。

9.4.1　异常/中断入口的定位

【例 9-1】 采用中断的方式检测按键状态，并执行对按键事件进行处理的汇编语言代码描述。

需要注意的是，从该设计的链接脚本文件中可知，代码段 .text 的起始地址为 0x80200000。而从表 9.14 可知，异常事件向量的位置在 0x8020 0000 的地址前面。为什么要将代码段 .text 的起始地址定义在 0x8020 0000 的位置，而不是 0x8000 0000 的位置，这是因为从 0x8000 0000 到 0x801F FFFF 的地址范围有其他特殊的用途。

因此，就存在一个问题需要解决，即如何通过代码段将跳转到异常/中断句柄的跳转指令加载到中断向量表中所对应的异常/中断入口处。

> **注**：在该设计实例中，CP0 中 IntCtl 寄存器的 VS 字段的值为"0"（默认复位状态），向量间距为 0，处理器恢复到中断兼容模式。

读者可进入本书提供配套资料的 \loongson1B_example\example_9_1 目录下，用 LoongIDE 工具打开名字为"example_9_1. lxp"的工程文件。

（1）在 Embedded IDE for Loongson（以下简称 Loongson IDE）左侧的 Project Explorer 窗口中找到并双击 start. s 文件，该文件用汇编语言编写。

在该文件的 107 行，有下面一行代码：

```
jal      init_common_exception_vector
```

该行代码将无条件跳转到标号 init_common_exception_vector 的目标地址，该目标在 irq_s. S 文件中。

（2）在 LoongIDE 左侧的 Project Explorer 窗口中找到并双击 irq_s. S 文件。该文件中的代码主要用于安装异常和中断向量的入口，如代码清单 9-1 所示。

代码清单 9-1　irq_s. S 文件中的汇编语言代码

```
. extern  real_exception_entry
. global  except_common_entry
. type    except_common_entry, @ function
except_common_entry:                     //在代码段中,定义了一个符号地址
    la     k0, real_exception_entry      //在该符号地址处保存了一条无条件跳转指令
    jr     k0                            //将跳转指令的目标 real_exception_entry 保存到 k0
    nop                                  //插入空操作指令
    nop                                  //插入空操作指令
    nop                                  //插入空操作指令
    nop                                  //插入空操作指令
//la 伪指令等效为两条指令,一条指令 32 位,两条指令共 16 字节,jr 指令为 32 位,8
//字节,la 和 jr 两条指令总共 24 字节

//下面的函数安装中断向量到 K0BASE+0x00、K0BASE+0x80、K0BASE+0x180 处
FRAME(init_common_exception_vector,sp,0,ra)
    . set    noreorder

//下面的代码将上面的 la jr 跳转指令加载到重新填充 TLB 的异常入口 0x8000 0000
    la     t0, except_common_entry       //起始地址
    li     t1, 32                        //共复制 32 字节
    li     t2, T_VEC                     //目标地址 T_VEC 0x8000 0000
```

```
51:                                  //局部标号 51
    lw      t3, 0(t0)                //将 t0 指向存储器的一个字加载到寄存器 t3 中
    sw      t3, 0(t2)                //将寄存器 t3 中的内容保存到 t2 指向的存储器地址处
    addiu   t0, t0, 4                //t0+4→t0, 指向下一个"源"存储空间的地址处
    addiu   t2, t2, 4                //t2+4→t2, 指向下一个"目标"存储空间的地址处
    addiu   t1, t1, -4               //t1-4→t1, 总的搬移次数减 4
    bgtz    t1, 51b                  //大于 0, 向后跳转到标号 51 的位置
    nop                              //插入空操作指令


//下面的代码将上面的 la jr 跳转指令加载到缓存错误的异常入口 0x8000 0100
    la      t0, except_common_entry  //起始地址
    li      t1, 32                   //共复制 32 字节
    li      t2, C_VEC                //目标地址 0x8000 0100
52:                                  //局部标号 52
    lw      t3, 0(t0)                //将 t0 指向存储器的一个字加载到寄存器 t3 中
    sw      t3, 0(t2)                //将寄存器 t3 中的内容保存到 t2 指向的存储器地址
    addiu   t0, t0, 4                //t0+4→t0, 指向下一个"源"存储空间地址
    addiu   t2, t2, 4                //t2+4→t2, 指向下一个"目标"存储空间地址
    addiu   t1, t1, -4               // t1-4→t1, 总的搬移次数减 4
    bgtz    t1, 52b                  //大于 0, 向后跳转到标号 52 的位置
    nop                              //插入空操作指令


//下面的代码将上面的 la jr 跳转指令加载到中断入口 0x8000 0180
    la      t0, except_common_entry  //起始地址
    li      t1, 32                   //共复制 32 字节
    li      t2, E_VEC                //目标地址
53:                                  //局部标号 53
    lw      t3, 0(t0)                //将 t0 指向存储器的一个字加载到寄存器 t3 中
    sw      t3, 0(t2)                //将寄存器 t3 中的内容保存到 t2 指向的存储器地址
    addiu   t0, t0, 4                //t0+4→t0, 指向下一个"源"存储空间地址
    addiu   t2, t2, 4                //t2+4→t2, 指向下一个"目标"存储空间地址
    addiu   t1, t1, -4               //t1-4→t1, 总的搬移次数减 4
    bgtz    t1, 53b                  //大于 0, 向后跳转到标号 53 的位置
    nop                              //插入空操作指令
                                     //完成定位异常向量入口的过程
    j       ra                       //跳转到 ra 指向的目标地址, 返回到 start. s 文件
    nop
    . set   reorder
ENDFRAME( init_common_exception_vector)


    //------------------------------------------------------------
//异常和中断处理入口, 只要出现重加载 TLB、缓存错误和中断就跳转到这里
    . extern ls1b_interrupt_handler
    . extern ls1b_exception_handler

    . global real_exception_entry
    . type   real_exception_entry, @ function
```

```
        . set    noreorder
real_exception_entry：                     //入口点
        la       k1, (0x1f << 2)           //0x1f 左移两位成为 0x7c
        mfc0     k0, C0_CAUSE              //将 CP0 中 Cause 寄存器中的内容加载到 k0 中
        and      k0, k0, k1                //(v0)逻辑"与"0x7c
        beq      zero, k0, 1f              //如果为 0,表示中断,则跳转到标号 1
        nop                                //插入空操作指令
        la       k0, exception_handler     //为异常,将处理异常的句柄的入口地址加载到 k0 中
        jr       k0                        //跳转到寄存器 k0 指向的异常句柄的入口地址
        nop                                //插入空操作指令
1：                                        //标号 1
        _save_all                          //入栈,保存上下文
        jal      ls1b_interrupt_handler    //跳转到中断句柄的入口 ls1b_interrupt_handler
        nop                                //插入空操作指令

        _load_all_eret                     //从异常/中断返回时,出栈,恢复上下文

        nop                                //插入空操作指令
        . set    reorder


//异常处理入口
        . global exception_handler
        . type   exception_handler, @ function
        . set    noreorder
exception_handler：
        . set    noreorder
        . set    at
        mfc0     t0, C0_STATUS             //禁止中断
        and      t0, t0, 0xfffffffe
        mtc0     t0, C0_STATUS
        sw       $0, (4 * 0)(sp)
        sw       $1, (4 * 1)(sp)
        sw       $2, (4 * 2)(sp)
        sw       $3, (4 * 3)(sp)
        sw       $4, (4 * 4)(sp)
        sw       $5, (4 * 5)(sp)
        sw       $6, (4 * 6)(sp)
        sw       $7, (4 * 7)(sp)
        sw       $8, (4 * 8)(sp)
        sw       $9, (4 * 9)(sp)
        sw       $10, (4 * 10)(sp)
        sw       $11, (4 * 11)(sp)
        sw       $12, (4 * 12)(sp)
        sw       $13, (4 * 13)(sp)
        sw       $14, (4 * 14)(sp)
        sw       $15, (4 * 15)(sp)
        sw       $16, (4 * 16)(sp)
        sw       $17, (4 * 17)(sp)
```

```
sw        $18, (4 * 18)(sp)
sw        $19, (4 * 19)(sp)
sw        $20, (4 * 20)(sp)
sw        $21, (4 * 21)(sp)
sw        $22, (4 * 22)(sp)
sw        $23, (4 * 23)(sp)
sw        $24, (4 * 24)(sp)
sw        $25, (4 * 25)(sp)
sw        $26, (4 * 26)(sp)
sw        $27, (4 * 27)(sp)
sw        $28, (4 * 28)(sp)
sw        $29, (4 * 29)(sp)
sw        $30, (4 * 30)(sp)
sw        $31, (4 * 31)(sp)
move      a0, sp
la        k0, ls1b_exception_handler
jr        k0
nop
. set reorder
```

　　思考与练习 9-15：代码清单 9-1 给出的代码实现了中断兼容模式，请读者尝试修改该段代码，以实现向量中断模式。

9.4.2　中断的初始化

　　如代码清单 9-2 所示，bsp_start. S 文件中提供了用于初始化中断和 GPIO 的代码。

代码清单 9-2　初始化中断和 GPIO 的代码

```
. text                          //定义代码段 . text

//定义函数
FRAME(bsp_start,sp,0,ra)
    . set noreorder

    move      s0, ra            //返回地址

//下面为用户插入的初始化代码

// 下面的代码将配置 GPIO9、GPIO11、GPIO15、GPIO17 为 GPIO
    lui v0, 0xbfd0              //0xbfd0 左移 16 位,(v0) = 0xbfd00000
    ori v0, 0x10c0             //(v0) 逻辑"或"0x10c0,(v0) = 0xbfd010c0 (GPIO 配置寄存器 0)
    li  a0, 0x00028a00        //将立即数 0x00028a00 加载到寄存器 a0 中
    sw  a0, 0(v0)             //将配置值 0x00028a00 写到 GPIO 配置寄存器 0 中

// 下面的代码将配置 GPIO42、GPIO43、GPIO44、GPIO45、GPIO47 为 GPIO
    lui v0, 0xbfd0              //0xbfd0 左移 16 位,(v0) = 0xbfd00000
    ori v0, 0x10c4            //(v0) 逻辑"或"0x10c4,(v0) = 0xbfd010c4(GPIO 配置寄存器 1)
    li  a0, 0x0000bc00        //将立即数 0x0000bc00 加载到寄存器 a0 中
```

```
    sw   a0, 0(v0)          //将配置值 0x0000bc00 写到 GPIO 配置寄存器 1 中
```

```
//下面的代码将 GPIO9、GPIO11、GPIO15、GPIO17 配置为输出
    lui  v0, 0xbfd0         //0xbfd0 左移 16 位,(v0)= 0xbfd00000
    ori  v0, 0x10d0         //(v0) 逻辑"或"0x10d0,(v0)= 0xbfd010d0(输入使能寄存器 0)
    li   a0, 0xfffd75ff     //将立即数 0xfffd75ff 加载到寄存器 a0 中
    sw   a0, 0(v0)          //将配置值 0xfffd75ff 写到 GPIO 输入使能寄存器 0 中
```

```
//下面的代码将 GPIO42~GPIO45 配置为输出,将 GPIO47 配置为输入
    lui  v0, 0xbfd0         //0xbfd0 左移 16 位,(v0)= 0xbfd00000
    ori  v0, 0x10d4         //(v0) 逻辑"或"0x10d4,(v0)= 0xbfd010d4(输入使能寄存器 1)
    li   a0, 0xffffc3ff     //将立即数 0xffffc3ff 加载到寄存器 a0 中
    sw   a0, 0(v0)          //将配置值 0xffffc3ff 写到 GPIO 输入使能寄存器 1 中
```

```
//下面的代码将使能 GPIO47 产生中断
    lui  v0, 0xbfd0         //0xbfd0 左移 16 位,(v0)= 0xbfd00000
    ori  v0, 0x108c         //(v0) 逻辑"或"0x108c,(v0)= 0xbfd0108c(中断使能寄存器 3)
    li   a0, 0x00008000     //将立即数 0x00008000 加载到寄存器 a0 中
    sw   a0, 0(v0)          //将配置值 0x00008000 写到中断使能控制寄存器 3 中
```

```
//下面的代码将禁止 GPIO47 高电平触发
    lui  v0, 0xbfd0         //0xbd0 左移 16 位,(v0)= 0xbfd00000
    ori  v0, 0x1098         //(v0) 逻辑"或"0x1098,(v0)= 0xbfd01098(高电平触发寄存器 3)
    li   a0, 0x00000000     //将立即数 0x00000000 加载到寄存器 a0 中
    sw   a0, 0(v0)          //将配置值 0x00000000 写到高电平触发控制寄存器 3 中
```

```
//下面的代码将使能 GPIO47 边沿触发
    lui  v0, 0xbfd0         //0xbfd0 左移 16 位,(v0)= 0xbfd00000
    ori  v0, 0x109c         //(v0) 逻辑"或"0x109c,(v0)= 0xfbd0109c(边沿触发寄存器 3)
    li   a0, 0x00008000     //将立即数 0x00008000 加载到寄存器 a0 中
    sw   a0, 0(v0)          //将配置值 0x00008000 写到边沿触发控制寄存器 3 中
```

```
//下面的代码将清除 GPIO47 的中断标志位
    lui  v0, 0xbfd0         //0xbfd0 左移 16 位,(v0)= 0xbfd00000
    ori  v0, 0x1094         //(v0) 逻辑"或"0x1094,(v0)= 0xbfd01094(中断清空寄存器 3)
    li   a0, 0x00008000     //将立即数 0x00008000 加载到寄存器 a0 中
    sw   a0, 0(v0)          //将配置值 0x00008000 写到中断清空寄存器 3 中
```

```
//下面的代码将使能 IP5 中断(必须要同时使能字段 IE 和字段 IP5),IP5 连接 INT3
    mfc0 t0, $12, 0         //读取 CP0 的 Status 寄存器,将其保存到寄存器 t0 中
    ori  t0, 0x2001         //(t0) 逻辑"或"0x2001,为了给 IE 位和 IP5 位置位
    mtc0 t0, $12,0          //将(t0)的配置值写到 CP0 的 Status 寄存器中
```

```
//下面的代码将 GPIO9、GPIO11、GPIO15、GPIO17 驱动为高(设置初始状态)
    lui  v0, 0xbfd0         //0xbfd0 左移 16 位,(v0)= 0xbfd00000
    ori  v0, 0x10F0         //(v0) 逻辑"或"0x10F0,(v0)= 0xbfd010F0(配置输出寄存器 0)
    li   a0, 0x00028a00     //将立即数 0x00028a00 加载到寄存器 a0 中
    sw   a0, 0(v0)          //将配置值 0x00028a00 写到 GPIO 配置输出寄存器 0 中
```

```
//下面的代码将 GPIO42~GPIO45 驱动为高(设置初始状态)
    lui v1, 0xbfd0        //0xbfd0 左移 16 位, (v0) = 0xbfd00000
    ori v1, 0x10F4        //(v0)逻辑"或"0x10F4, (v0) = 0xbfd010F4(配置输出寄存器 1)
    li  a1, 0x00003c00    //将立即数 0x00003c00 加载寄存器 a0
    sw  a1, 0(v1)         //将配置值 0x00003c00 写到 GPIO 配置输出寄存器 1 中

1:                       //标号
    j 1b;                //无条件跳转到标号 1,死循环
    nop                  //插入空指令
    move    ra, s0       //将寄存器 s0 中的内容复制到寄存器 ra 中
    j       ra           //跳转到寄存器 ra
    nop                  //插入到空指令

    . set reorder
ENDFRAME(bsp_start)
```

9.4.3 中断句柄的功能

如代码清单 9-3 所示,ls1b_interrupt_handler. S 文件中提供了中断句柄（中断服务程序）代码。

代码清单 9-3 中断句柄（中断服务程序）代码

```
. text                   //声明代码段 . text
FRAME(ls1b_interrupt_handler,sp,0,ra)
    . set noreorder
    move    s0, ra       //将寄存器 ra 中的内容复制到寄存器 s0 中

//下面的一行代码用于断点调试使用
    mfc0 t0, $13,0       //读取 CP0 中 Cause 寄存器中的内容,并将其保存到寄存器 t0 中
//下面的代码用于清除 GPIO47 的中断标志
    lui v0, 0xbfd0       //0xbfd0 左移 16 位,(v0) = 0xbfd00000
    ori v0, 0x1094       //(v0)逻辑"或"0x1094, (v0) = 0xbfd01094(中断清除寄存器 3)
    li  a0, 0x00008000   //将立即数 0x00008000 加载到寄存器 a0 中
    sw  a0, 0(v0)        //将配置值 0x00008000 写到中断清除寄存器 3 中

//下面的代码将 GPIO9、GPIO11、GPIO15 和 GPIO17 的状态取反,即 1 变 0,0 变 1
    lui v0, 0xbfd0       //将 0xbfd0 左移 16 位, (v0) = 0xbfd00000
    ori v0, 0x10F0       //(v0)逻辑"或"0x10F0, (v0) = 0xbfd010F0(配置输出寄存器 0)
    lw  a0, 0(v0)        //读取 GPIO 配置输出寄存器 0 中的内容,并将其保存到寄存器 a0 中
    li  a1, 0x00028a00   //将立即数 0x00028a00 加载到寄存器 a1 中
    xor a0,a0,a1         //(a0)逻辑"异或"(a1),将 GPIO9、GPIO11、GPIO15 和 GPIO17 逻辑取
                         //反,并将其保存到 a0 中
    sw  a0, 0(v0)        //将寄存器 a0 中的内容写到 GPIO 配置输出寄存器 0 中

    lui v0, 0xbfd0       //将 0xbfd0 左移 16 位, (v0) = 0xbfd00000
    ori v0, 0x10F4       //(v0)逻辑"或"0x10F4, (v0) = 0xbfd010F4(配置输出寄存器 1)
```

```
        lw   a0, 0( v0)        //读取 GPIO 配置输出寄存器 1 中的内容,并将其保存到寄存器 a0 中
        li   a1, 0x00003c00    //将立即数 0x00003c00 加载到寄存器 a1 中
        xor a0, a0, a1         //( a0)逻辑"异或"( a1),将 GPIO42、GPIO43、GPIO44、GPIO45 逻辑取反,
                               //并将其保存到 a0
        sw   a0, 0( v0)        //将寄存器 a0 中的内容写到 GPIO 配置输出寄存器 1 中


        move    ra, s0        //将寄存器 s0 中的内容复制到寄存器 ra 中
        j       ra            //跳转到寄存器 ra 指向的目标地址。
        nop

    . set reorder
ENDFRAME( ls1b_interrupt_handler)
```

> **注**：读者可以进入本书提供资源的\loongson1B_example\example_9_1 目录中，用
> LoongIDE 打开名字为 "example_9_1. lxp" 的工程。

　　思考与练习 9-16：在初始化代码和中断句柄中设置断点。在调试器下运行该设计代码，观察当按下按键时 LED 灯的状态变化。

9.5　定时器原理和中断的实现

　　本节将利用协处理器中的 Count 寄存器和 Compare 寄存器产生固定周期的中断，并且用这个周期性的中断来驱动外部 GPIO 上的 LED 灯以指示中断的触发。

9.5.1　定时器中断的原理

　　在本书第 7 章介绍协处理器 CP0 中的寄存器时，曾提到 Count 寄存器以恒定的速度递增，即每两个时钟周期加 1。此外，在协处理器 CP0 中提供了 Compare 寄存器，其将自己设置的值与 Count 寄存器不断递增的值进行比较，一旦这两个寄存器内保存的值相同，则设置 Cause 寄存器中的 IP[7]中断位。

　　需要注意的是，当重新给 Compare 寄存器写值时，会清除中断标志。显然，为了产生固定间隔的中断，在进入中断句柄时，不但需要重新写 Compare 寄存器，同时也需要将 Count 寄存器清 0。

　　在该设计中，为了更加直观地展示以固定间隔产生的中断信号，在进入中断句柄时，对连接外部 LED 的 GPIO 引脚进行取反操作。这样，当产生固定间隔的中断时，LED 灯就以相同的间隔闪烁。

> **注**：在该设计中，将外部 LED 灯连接到 GPIO9 引脚的位置。

9.5.2　定时器中断的初始化

　　如代码清单 9-4 所示，bsp_start. S 文件中提供了用于初始化定时器中断和 GPIO 的代码。

代码清单 9-4　初始化定时器中断和 GPIO 的代码

```
. text

FRAME(bsp_start,sp,0,ra)
    . set noreorder
    move   s0, ra            //返回地址
    lui v0, 0xbfd0           //将立即数 0xbfd0 左移 16 位,(v0)= 0xbfd00000
    ori v0, 0x10c0           //(v0)逻辑"或"0x10c0,GPIO 配置寄存器 0 的存储空间地址
    li t0, 0x00000200        //将 GPIO 9 对应的位设置为 1,为 GPIO 功能
    sw t0,0(v0)              //将设置的值 0x00000200 写到寄存器 0xbfd010c0 中

    lui v0, 0xbfd0           //将立即数 0xbfd0 左移 16 位,(v0)= 0xbfd00000
    ori v0, 0x10d0           //(v0)逻辑"或"0x10d0,GPIO 输入使能寄存器 0 的存储空间地址
    li t0, 0xfffffdff        //将 GPIO9 对应的位设置为 0,为输出功能
    sw t0, 0(v0)            //将设置的值 0xfffffdff 写到寄存器 0xbfd010d0 中

    lui v0, 0xbfd0           //将立即数 0xbfd0 左移 16 位,(v0)= 0xbfd00000
    ori v0, 0x10F0          //(v0)逻辑"或"0x10F0,GPIO 配置输出寄存器 0 的存储空间地址
    li t0, 0x00000200        //将 GPIO9 对应的输出位设置为 1,输出逻辑高电平
    sw t0, 0(v0)            //将设置的值 0x00000200 写到寄存器 0xbfd010f0 中

    mfc0 t1, $13,0          //读取协处理器 0 中 Cause 寄存器中的内容,并将其保存到寄存器 t1 中
    and t1, 0xf7ffffff       //(t1)逻辑"与"0xf7ffffff,DC 字段置 0,使能 Count 寄存器计数
    mtc0 t1, $13, 0         //将(t1)中的内容写到协处理器 0 中的 Cause 寄存器中
    mfc0 t0, $13,0          //(可选)监视是否使能 Count 寄存器计数
    nop                     //插入空操作指令

    li t0, 0x00000000        //将 0x00000000 加载到寄存器 t0 中
    mtc0 t0, $9, 0          //将(t0)写入 CP0 的 Count 寄存器中,并将 Count 寄存器清 0
    nop                     //插入空操作指令

    li t0, 0x000000ff        //将 0x000000ff 加载到寄存器 t0 中
    mtc0 t0, $11,0          //将(t0)写入协处理器 0 的 Compare 寄存器中,并给该寄存器赋初值
    nop                     //插入空操作指令

    mfc0 t0, $12, 0         //将协处理器 0 中的 Status 寄存器中的内容保存到寄存器 t0 中
    ori t0, 0x8001          //将 Status 寄存器的 IP7 和 IE 字段设置为 1,使能定时器中断
    mtc0 t0, $12,0          //将(t0)写入协处理器 0 中的 Status 寄存器中
    nop                     //插入空操作指令

1:                          //标号 1
    j 1b                    //无条件跳转到标号 1 的位置,"死"循环
    nop                     //插入空操作指令

    move ra, s0            //恢复 ra
    j ra                    //跳转到 ra 的地址
    nop
```

```
    . set reorder
ENDFRAME( bsp_start)
```

9.5.3 定时器中断句柄的功能

如代码清单 9-5 所示，ls1b_interrupt_handler. S 文件中提供了定时器中断句柄（中断服务程序）的代码。

代码清单 9-5 定时器中断句柄（中断服务程序）的代码

```
    . text                        //声明代码段
FRAME( ls1b_interrupt_handler, sp, 0, ra)
    . set noreorder
    li   t0, 0x00000000           //将立即数 0x00000000 加载到寄存器 t0 中
    mtc0 t0, $9, 0                //将(t0)写到协处理器 0 的 Count 寄存器中, 清除 Count 寄存器
    nop                           //插入空操作指令

    li   t0, 0x000000ff           //将立即数 0x000000ff 加载到寄存器 t0 中
    mtc0 t0, $11, 0               //将(t0)写到 CP0 的 Compare 寄存器中, 清除中断
    nop                           //插入空操作指令

    lui  v0, 0xbfd0               //将 0xbfd0 左移 16 位,(v0)= 0xbfd00000
    ori  v0, 0x10F0               //(v0)逻辑"或"0x10F0, GPIO 配置输出寄存器 0 的地址
    lw   a0, 0(v0)                //将 GPIO 配置输出寄存器 0 中的内容加载到寄存器 a0 中
    li   a1, 0x00000200           //将立即数 0x00000200 加载到寄存器 a1 中
    xor  a0, a0, a1               //(a0)逻辑"异或"(a1),实现对 GPIO9 的按位取反操作
    sw   a0, 0(v0)                //将(a0)中的内容写到 GPIO 配置输出寄存器 0 中

    move    ra, s0                //恢复 ra
    j       ra                    //跳转到 ra 指向的地址
    nop

    . set reorder
ENDFRAME( ls1b_interrupt_handler)
```

> 注：读者可以进入本书提供资源的 \loongson1B_example\example_9_2 目录中，用 LoongIDE 打开名字为 "example_9_2. lxp" 的工程。

思考与练习 9-17：在初始化代码和中断句柄中设置断点。在调试器下运行该设计代码，观察 LED 灯的状态变化，验证定时器工作的正确性。

第 10 章 C 语言的程序设计和分析

本章将结合龙芯 1B 处理器硬件对 C 语言中的一些关键语法进行分析，主要内容包括基本数据类型的表示、基本数据类型的扩展、复杂数据类型的表示、描述语句、函数调用和返回，以及内嵌汇编。

通过本章内容的讲解，一方面可使读者能够彻底理解并掌握 C 语言中的语法精髓，另一方面可使读者能够将高级程序设计语言与底层硬件之间的关系厘清，也就是明白以 C 语言为代表的高级语言的语法在底层硬件上是如何描述的，使得读者能够彻底建立起计算机系统中软件和硬件之间的有机联系。

10.1 基本数据类型的表示

【例 10-1】不同基本数据类型的 C 语言代码描述，如代码清单 10-1 所示。

代码清单 10-1 不同基本数据类型的 C 语言代码描述

```
int main()
{
    volatile signed char a1=237,b1=10,c1;    //声明有符号字符型变量 a1、b1 和 c1
    volatile char a2=237,b2=10,c2;           //声明字符型变量 a2、b2 和 c2
    c1=a1+b1;                                //执行(a1+b1)→c1 的操作
    c2=a2+b2;                                //执行(a2+b2)→c2 的操作
    return 0;                                //返回
}
```

> **注**：读者可以进入本书提供资源的 \loongson1B_example\example_10_1 目录中，用 LoongIDE 打开名字为"example_10_1.lxp"的工程。在该工程的 main.c 文件中找到该段代码，并设置断点。然后进入调试器环境，单步运行 C 语言所对应的反汇编指令，观察其运行结果。

在该设计中，变量 a1 和 a2、b1 和 b2 分配相同的值，区别仅仅是变量类型的声明，一个显式声明为 signed char，另一个声明为 char，它们都执行相同的加法运算，但是会出现截然不同的结果。通过该例子，说明 C 语言中数据类型的重要性，以及数据类型对算术运算结果的影响。

代码清单 10-1 所示的 C 语言代码对应的反汇编代码如代码清单 10-2 所示。

代码清单 10-2 代码清单 10-1 所示的 C 语言代码对应的反汇编代码（1）

```
80200100    2402ffed    li v0,-19      //寄存器 v0 中的内容为 0xffffffed,补码-19 低 8 位为 237
80200104    a3c20000    sb v0,0(s8)    //将 v0 的低 8 位保存到虚拟地址为 0x80219d40 的位置
```

80200108	2402000a	li v0,10	//寄存器 v0 中的内容为 0x0000000a,十进制数 10
8020010C	a3c20001	sb v0,1(s8)	//将 v0 的低 8 位保存到虚拟地址为 0x80219d40 的位置
80200110	2402ffed	li v0,−19	//寄存器 v0 中的内容为 0xffffffed,补码−19 低 8 位为 237
80200114	a3c20001	sb v0,3(s8)	//将 v0 的低 8 位保存到虚拟地址为 0x80219d43 的位置
80200118	2402000a	li v0,10	//寄存器 v0 中的内容为 0x0000000a,十进制数 10
8020011C	a3c20004	sb v0,4(s8)	//将 v0 的低 8 位保存到虚拟地址为 0x80219d44 的位置
80200120	93c20000	lbu v0,0(s8)	//从虚拟地址 0x80219d40 处取一个字节到 v0,v0 = 0xed
80200124	00021600	sll v0,v0,0x18	//将寄存器 v0 中的内容左移 24 位,并将其保存到 v0,v0 = //0xed000000
80200128	00021603	sra v0,v0,0x18	//将寄存器 v0 中的内容算术右移 24 位,(v0) = 0xffffffed
8020012C	304300ff	andi v1,v0,0xff	//将寄存器 v0 逻辑"与"0xff,并将其结果保存在 v1 中,v1 = //0x000000ed
80200130	93c20001	lbu v0,1(s8)	//从虚拟地址 0x80219d41 处取一个字节到 v0,v0 = 0x0a
80200134	00021600	sll v0,v0,0x18	//将寄存器 v0 中的内容左移 24 位,并将其结果保存到 v0 中, //v0 = 0x0a000000
80200138	00021603	sra v0,v0,0x18	//将寄存器 v0 中的内容算术右移 24 位,(v0) = 0x0000000a
8020013C	304200ff	andi v0,v0,0xff	//将寄存器 v0 中的逻辑"与"0xff,结果保存在 v0 中,即 v0 = //0x0000000a
80200140	00621021	addu v0,v1,v0	//(v1)+(v0)→(v0),(v0) = 0x000000f7
80200144	304200ff	andi v0,v0,0xff	//将寄存器 v0 中的逻辑与 0xff,结果保存在 v0 中,v0 = //0x000000f7
80200148	00021600	sll v0,v0,0x18	//将寄存器 v0 中的内容左移 24 位,并将结果保存到 v0,即 //v0 = 0xf7000000
8020014C	00021603	sra v0,v0,0x18	//将寄存器 v0 中的内容算术右移 24 位,即(v0) = 0xfffffff7
80200150	a3C20002	sb v0,2(s8)	//将 v0 的低 8 位保存到虚拟地址为 0x80219d42 的位置
80200154	93c20003	lbu v0,3(s8)	//从虚拟地址 0x80219d43 取一个字节到 v0,v0 = 0xed
80200158	304300ff	andi v1,v0,0xff	//将寄存器 v0 逻辑"与"0xff,并将其结果保存在 v1,v1 = 0x000000ed
8020015C	93c20004	lbu v0,4(s8)	//从虚拟地址 0x80219d44 处取一个字节到 v0,v0 = 0x0a
80200160	304200ff	andi v0,v0,0xff	//将寄存器 v0 逻辑"与"0xff,并将其结果保存在 v0,v0 = 0x0000000a
80200164	00621021	addu v0,v1,v0	//(v1)+(v0)→(v0),(v0) = 0x000000f7
80200168	304200ff	andi v0,v0,0xff	//将寄存器 v0 逻辑"与"0xff,并将其结果保存在 v0,v0 = 0x000000f7
8020016C	a3c20005	sb v0,5(s8)	//将 v0 的低 8 位保存到虚拟地址为 0x80219d45 的位置

（1）在执行指令：

| 80200150 | a3C20002 | sb v0,2(s8) |

后，虚拟地址为 0x80219d42 的位置保存 0xf7，由于将 c1 声明为 signed char，因此将 0xf7 理解为有符号的二进制补码，即表示十进制的有符号整数−9。

（2）在执行指令：

| 8020016C | a3C20005 | sb v0,5(s8) |

后，虚拟地址为 0x80219d45 的位置保存 0xf7，由于将 c1 声明为 char，因此将 0xf7 理解为无符号的二进制补码，即表示十进制的无符号整数 247。

在 Watchs 窗口中观察到的变量值如图 10.1 所示。

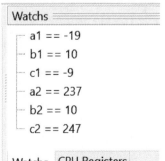

图 10.1　在 Watchs 窗口中观察到的变量值

【例 10-2】 表示不同数据类型的 C 语言代码如代码清单 10-3 所示。

代码清单 10-3   表示不同数据类型的 C 语言代码

```
int main( )
{
   volatile    short a1 = 65535,b1;
   volatile    unsigned short a2 = 65534,b2;
   volatile    float c = 100.0;
   b1 = a1+1;
   b2 = a2+1;
   return 0;
}
```

> **注**：读者可以进入本书提供资源的 \loongson1B_example \example_10_2 目录中，用 LoongIDE 打开名字为 "example_10_2.lxp" 的工程。在该工程的 main.c 文件中找到该段代码，并设置断点。然后进入调试器环境，单步运行 C 语言所对应的反汇编指令，观察其运行结果。

思考与练习 10-1：在单步执行指令的过程中，给出对应的反汇编指令所实现的功能。

思考与练习 10-2：在 Watchs 窗口中，观察变量 a1 的值为_____、变量 a2 的值为_____、变量 b1 的值为_____、变量 b2 的值为_____。说明处理器理解变量 a1 和 a2 的方式。

思考与练习 10-3：在 View Memory 窗口，浮点变量 c 在存储器中的表示格式为_____，并根据第 2 章所介绍的浮点数的二进制表示方法，将二进制的表示格式转换成代码中给出的浮点数。

思考与练习 10-4：根据上面的运行结果，说明 short 类型所表示的整数范围是_____，unsigned short 类型所表示的整数范围是_____。

10.2   基本数据类型的扩展

下面将介绍 GNU 编译器如何对基本数据类型进行扩展。

10.2.1   bool 数据类型

【例 10-3】 当包含头文件 stdbool.h 时，C 支持 bool 类型，如代码清单 10-4 所示。

代码清单 10-4   bool 类型的 C 语言描述

```
#include "stdbool.h"
int main( )
{
   volatile    bool a = false,b = true;
   return 0;
}
```

> **注**：读者可以进入本书提供资源的 \loongson1B_example\example_10_3 目录中，用 LoongIDE 打开名字为"example_10_3.lxp"的工程。在该工程的 main.c 文件中找到该段代码，并设置断点。然后进入调试器环境，单步运行 C 语言所对应的反汇编指令，观察其运行结果。

10.2.2　定宽整数类型

如表 10.1 所示的定宽整数类型，其定义在头文件 stdint.h 中。

表 10.1　定宽数据类型

int8_t int16_t int32_t int64_t	分别为宽度为 8、16、32 和 64 位的有符号整数类型 无填充位并对负数使用补码
int_fast8_t int_fast16_t int_fast32_t int_fast64_t	分别为宽度至少有 8、16、32 和 64 位的最快的有符号整数类型
int_least8_t int_least16_t int_least32_t int_least64_t	分别为宽度至少有 8、16、32 和 64 位的最小的有符号整数类型
intmax_t	最大宽度的有符号整数类型
intptr_t	足以保有指针的有符号整数类型
uint8_t uint16_t uint32_t uint64_t	分别为宽度恰为 8、16、32 和 64 位的无符号整数类型
uint_fast8_t uint_fast16_t uint_fast32_t uint_fast64_t	分别为宽度至少有 8、16、32 和 64 位的最快的有符号整数类型
uint_least8_t uint_least16_t uint_least32_t uint_least64_t	分别为宽度至少有 8、16、32 和 64 位的最小的无符号整数类型
uintmax_t	最大宽度的无符号整数类型
uintptr_t	足以保有指针的无符号整数类型

10.3　复杂数据类型的表示

本节将介绍复杂数据类型，包括数组、指针、结构体、联合等。

10.3.1 数组数据类型

【例10-4】声明和初始化一维数组的 C 语言代码如代码清单10-5所示。

代码清单10-5 声明和初始化一维数组的 C 语言代码

```
int main( )
{
    volatile signed short a[5]={-25,-110,95,120,-100},b;
    b=a[0]+a[1]+a[2]+a[3]+a[4];
    return 0;
}
```

注：读者可以进入本书提供资源的\loongson1B_example\example_10_4目录中，用 LoongIDE 打开名字为"example_10_4.lxp"的工程。在该工程的 main.c 文件中找到该段代码，并设置断点。然后进入调试器环境，单步运行 C 语言所对应的反汇编指令，观察其运行结果。

代码清单10-5所示的 C 语言代码对应的反汇编代码如代码清单10-6所示。

代码清单10-6 代码清单10-5所示的 C 语言代码对应的反汇编代码（2）

```
80200100    3c028021    lui  v0,0x8021       //将0x8021左移16位,结果保存在v0,即v0=0x80210000
80200104    24433340    addiu v1,v0,13244    //将(v0)+13244→(v1),(v1)=0x802133bc
80200108    88630003    lwl  v1,3(v1)        //从地址0x802133bc加载数据,(v1)=0xff92ffe7
8020010C    00602021    move a0,v1           //将(v1)→(a0),(a0)=0xff92ffe7
80200110    984433bc    lwr  a0,13244(v0)    //从(v0)+13244的地址加载数据,(a0)=0xff92ffe7
80200114    244333bc    addiu v1,v0,13244    //(v0)+13244→(v1),(v1)=0x802133bc
80200118    88650007    lwl  a1,7(v1)        //从地址(v1)+7加载数据,(a1)=0x0078005f
8020011c    00a03021    move a2,a1           //(a1)→(a2),(a2)=0x0078005f
80200120    98660004    lwr  a2,4(v1)        //从地址(v1)+4加载数据,(a2)=0x0078005f
80200124    00c01821    move v1,a2           //(a2)→(v1),(v1)=0x0078005f
80200128    afc40000    sw   a0,0(s8)        //将寄存器a0中的内容保存到存储地址0x80219d90处
8020012C    afc30004    sw   v1,4(s8)        //将寄存器v1中的内容保存到存储地址0x80219d94处
80200130    244233bc    addiu v0,v0,13244    //(v0)+13244→(v0),(v0)=0x802133bc
80200134    94420008    lhu  v0,8(v0)        //将(v0)+8地址的半个字加载到v0,(v0)=0x0000ff9c
80200138    a7c20008    sh   v0,8(s8)        //将(v0)内容的低16位保存到(s8)+8的存储地址处
8020013C    97c20000    lhu  v0,0(s8)        //将(s8)+0存储器的半字加载到v0,(v0)=0x0000ffe7
80200140    00021400    sll  v0,v0,0x10      //(v0)左移16位,保存到v0,(v0)=0xffe70000
80200144    00021403    sra  v0,v0,0x10      //(v0)算术右移16位,保存到v0,(v0)=0xfffffffe7
80200148    3043ffff    andi v1,v0,0xffff    //(v0)与0xffff逻辑"与",保存到v1,(v1)=0x0000ffe7
8020014c    97c20002    lhu  v0,2(s8)        //将(s8)+2存储器的半字加载到v0,(v0)=0x0000ff92
80200150    00021400    sll  v0,v0,0x10      //(v0)左移16位,保存到v0,(v0)=0xff920000
80200154    00021403    sra  v0,v0,0x10      //(v0)算术右移16位,保存到v0,(v0)=0xffffff92
80200158    3042ffff    andi v0,v0,0xffff    //(v0)与0xffff逻辑"与",保存到v0,(v0)=0x0000ff92
8020015C    00621021    addu v0,v1,v0        //(v0)+(v1)→(v0),(v0)=0x0001ff79
80200160    3043ffff    andi v1,v0,0xffff    //(v0)与0xffff逻辑"与",保存到v1,(v1)=0x0000ff79
80200164    97c20004    lhu  v0,4(s8)        //将(s8)+4存储器的半字加载到v0,(v0)=0x0000005f
80200168    00021400    sll  v0,v0,0x10      //(v0)左移16位,保存到v0,(v0)=0x005f0000
```

8020016c	00021403	sra v0,v0. 0x10	//(v0)算术右移 16 位,保存到 v0,(v0) = 0x0000005f
80200170	3042ffff	andi v0,v0,0xffff	//(v0)与 0xffff 逻辑"与",保存到 v1,(v1) = 0x0000005f
80200174	00621021	addu v0,v1,v0	//(v1)+(v0)→(v0),(v0) = 0x0000ffd8
80200178	3043ffff	andi v1,v0,0xffff	//(v0)与 0xffff 逻辑"与",保存到 v1,(v1) = 0x0000ffd8
8020017C	97c20006	lhu v0,6(s8)	//将(s8)+6 存储器的半字加载到 v0,(v0) = 0x00000078
80200180	00021400	sll v0,v0,0x10	//(v0)左移 16 位,保存到 v0,(v0) = 0x00780000
80200184	00021403	sra v0,v0,0x10	//(v0)算术右移 16 位,保存到 v0,(v0) = 0x00000078
80200188	3042ffff	andi v0,v0,0xffff	//(v0)与 0xffff 逻辑"与",保存到 v0,(v0) = 0x00000078
8020018C	00621021	addu v0,v1,v0	//(v1)+(v0)→(v0),(v0) = 0x00010050
80200190	3043ffff	andi v1,v0,0xffff	//(v0)与 0xffff 逻辑"与",保存到 v1,(v1) = 0x00000050
80200194	97c20008	lhu v0,8(s8)	//将(s8)+6 存储器的半字加载到 v0,(v0) = 0x0000ff9c
80200198	00021400	sll v0,v0,0x10	//(v0)左移 16 位,保存到 v0,(v0) = 0xff9c0000
8020019C	00021403	sra v0,v0,0x10	//(v0)算术右移 16 位,保存到 v0,(v0) = 0xffffff9c
802001A0	3042ffff	andi v0,v0,0xffff	//(v0)与 0xffff 逻辑"与",保存到 v0,(v0) = 0x0000ff9c
802001A4	00621021	addu v0,v1,v0	//(v1)+(v0)→(v0). (v0) = 0x0000ffec
802001A8	3042ffff	andi v0,v0,0xffff	//(v0)与 0xffff 逻辑"与",保存到 v0,(v0) = 0x0000ffec
802001AC	00021400	sll v0,v0,0x10	//(v0)左移 16 位,保存到 v0,(v0) = 0xffec0000
802001B0	00021403	sra v0,v0,0x10	//(v0)算术右移 16 位,保存到 v0,(v0) = 0xffffffec
802001B4	a7c2000a	sh v0,10(s8)	//将寄存器 v0 的半字保存到(s8)+10 的存储空间地址处

下面给出关键分析过程:

(1) 在执行完指令:

| 80200104 | 24433340 | addiu v1,v0,13244 | //将(v0)+13244→(v1),(v1) = 0x802133bc |

后,双击 CPU Registers 窗口中的寄存器,打开 View Memory 窗口,如图 10.2 所示 View Memory 窗口中给出的数组的存储空间分配。

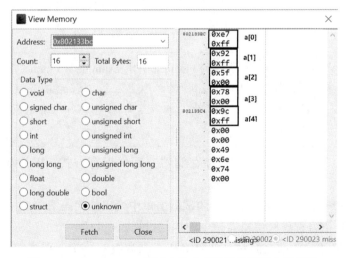

图 10.2　View Memory 窗口中给出的数组的存储空间分配

从图中可知,从存储空间地址 0x802133BC 开始,以连续地址的方式为数组 a 分配地址空间,数组中的每个元素占用两字节。在存储空间中,数组元素 a[0]表示为 0xff07,数组元素 a[1]表示为 0xff92,数组元素 a[2]表示为 0x005f,数组元素 a[3]表示为 0x0078,数组元素 a[4]表示为 0xff9c。

（2）执行完程序后，在 Watchs 窗口中查看变量的值，如图 10.3 所示 Watchs 窗口中给出的数组元素的值。

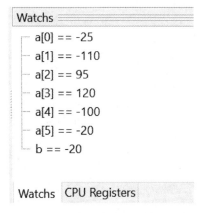

图 10.3　Watchs 窗口中给出的数组元素的值

思考与练习 10-5：根据反汇编代码，说明整个程序执行的过程（从取出数据到实现求和）。

【例 10-5】声明和初始化二维数组的 C 语言代码如代码清单 10-7 所示。

代码清单 10-7　声明和初始化二维数组的 C 语言代码

```
int main( )
{
    volatile signed short a[2][2]={-1000,2000,-3000,3500},b;
    b=a[0][0]+a[0][1]+a[1][0]+a[1][1];
    return 0;
}
```

> **注**：读者可以进入本书提供资源的 \loongson1B_example\example_10_5 目录中，用 LoongIDE 打开名字为 "example_10_5.lxp" 的工程。在该工程的 main.c 文件中找到该段代码，并设置断点。然后进入调试器环境，单步运行 C 语言所对应的反汇编指令，观察其运行结果。

思考与练习 10-6：查看二维数组在存储器空间的保存方式，以及与数组索引之间的关系。

思考与练习 10-7：根据在 LoogIDE 调试器窗口中给出的代码清单 10-7 所对应的反汇编代码，分析该段 C 语言程序底层机器指令的执行过程。

思考与练习 10-8：根据上面对一维数组和二维数组的分析，理解数组数据类型的实现本质。

10.3.2　指针数据类型

对于 C 语言初学者而言，指针数据类型是最难理解的概念之一，下面将通过一个例子来说明指针数据类型的实现本质。

【例 10-6】 声明和使用指针的 C 语言代码如代码清单 10-8 所示。

代码清单 10-8　声明和使用指针的 C 语言代码

```c
int main( )
{
    volatile int a = 100, c;
    volatile int b[2] = {1000, 2000};
    volatile int * p1, * p2, * p3;
    volatile short * p4;
    p1 = &a;
    p2 = b;
    p3 = &c;
    p4 = &a;
    c = * p1 + * p2 + * (p2+1);
    return 0;
}
```

注： 读者可以进入本书提供资源的 \loongson1B_example\example_10_6 目录中，用 LoongIDE 打开名字为 "example_10_6.lxp" 的工程。在该工程的 main.c 文件中找到该段代码，并设置断点。然后进入调试器环境，单步运行 C 语言所对应的反汇编指令，观察其运行结果。

代码清单 10-8 所示的 C 语言代码对应的反汇编代码如代码清单 10-9 所示。

代码清单 10-9　代码清单 10-8 所示的 C 语言代码对应的反汇编代码（3）

```
80200100    24020064    li v0,100        //将立即数 100 加载到寄存器 v0 中,(v0) = 0x64
80200104    afc20018    sw v0,24(s8)     //将寄存器 v0 中的内容保存到(s8)+24 的存储器地址处
80200108    240203e8    li v0,1000       //将立即数 1000 加载到寄存器 v0 中,(v0) = 0x3e8
8020010C    afc20010    sw v0,16(s8)     //将寄存器 v0 中的内容保存到(s8)+16 的存储器地址处
80200110    240207d0    li v0,2000       //将立即数 2000 加载到寄存器 v0 中,(v0) = 0x7d0
80200114    afc20014    sw v0,20(s8)     //将寄存器 v0 中的内容保存到(s8)+20 的存储器地址处
80200118    8fc30010    lw v1,16(s8)     //将(s8)+16 存储器地址处的内容保存到 v1,(v1) = 0x000003e8
8020011C    8fc20014    lw v0,20(s8)     //将(s8)+20 存储器地址处的内容保存到 v0,(v0) = 0x000007d0
80200120    afc30020    sw v1,32(s8)     //将寄存器 v1 中的内容保存到(s8)+32 的存储器地址处
80200124    afc20024    sw v0,36(s8)     //将寄存器 v0 中的内容保存到(s8)+36 的存储器地址处
80200128    27c20018    addiu v0,s8,24   //(s8)+24→(v0),(v0) = 0x80219d38
8020012C    afc20000    sw v0,0(s8)      //将寄存器 v0 中的内容保存到(s8)的存储器地址处
80200130    27c20020    addiu v0,s8,32   //(s8)+32→(v0),(v0) = 0x80219d40
80200134    afc20004    sw v0,4(s8)      //将寄存器 v0 中的内容保存到(s8)+4 的存储器地址处
80200138    27c2001c    addiu v0,s8,28   //(s8)+28→(v0),(v0) = 0x80219d3c
8020013C    afc20008    sw v0,8(s8)      //将寄存器 v0 中的内容保存到(s8)+8 的存储器地址处
80200140    27c20018    addiu v0,s8,24   //(s8)+24→(v0),(v0) = 0x80219d38
80200144    afc2000c    sw v0,12(s8)     //将寄存器 v0 中的内容保存到(s8)+12 的存储器地址处
80200148    8fc20000    lw v0,0(s8)      //将 s8 指向存储器地址的内容加载到 v0,v0 = 0x80219d38
8020014C    8c430000    lw v1,0(v0)      //将 v0 指向存储器地址的内容加载到 v1,v1 = 0x00000064
80200150    8fc20004    lw v0,4(s8)      //将(s8)+4 的存储器地址处的内容加载到 v0,v0 = 0x80219d40
80200154    8c420000    lw v0,0(v0)      //将 v0 指向存储器地址的内容加载到 v0,v0 = 0x0000003e8
```

80200158	00621821	addu v1,v1,v0	//(v1)+(v0)→(v1),寄存器 v1 中的内容为 0x0000044c
8020015C	8fc20004	lw v0,4(s8)	//将(s8)+4 的存储器地址的内容加载到 v0,v0=0x80219d40
80200160	24420004	addiu v0,v0,4	//(v0)+4→(v0),寄存器(v0)= 0x80219d44
80200164	8c420000	lw v0,0(v0)	//将 v0 指向存储器地址的内容加载到 v0,v0=0x0000007d0
80200168	00621021	addu v0,v1,v0	//(v1)+(v0)→(v0),寄存器 v0 中的内容为 0x00000c1c
8020016C	afc2001c	sw v0,28(s8)	//将寄存器 v0 中的内容保存到(s8)+28 的存储器地址处

Watchs 窗口中添加的变量和指针变量的值如图 10.4 所示。

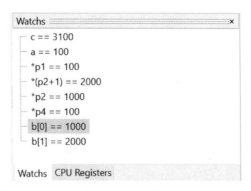

图 10.4　Watchs 窗口中添加的变量和指针变量的值

思考与练习 10-9：根据上面给出的反汇编代码可知：

（1）指针变量 * p1 在存储器空间的地址是_____，该地址保存的值为_____，该值表示_____；

（2）指针变量 * p2 在存储空间的地址是_____，该地址保存的值为_____，该值表示为_____；

（3）指针变量 * p3 在存储空间的地址是_____，该地址保存的值为_____，该值表示为_____；

根据对指针的分析可知，指针变量的实质就是在存储器空间内分配的一个数据类型，指示这个数据类型的内容比较"特殊"，这个内容是所指向变量的"地址"，到底指向哪个变量是由操作"p=& 变量名"决定的。

特别要注意在 C 语言中指针对变量和数组变量地址的引用方式。对于变量来说，使用"p=& 变量名"的方式获取变量的地址；对于数组变量来说，用"p=数组变量名"的方式获取数组变量的首地址。p+1 表示指向数组的下一个元素的地址，实际上 p 的增量取决于数组变量的类型。如果数组变量的类型为 char，则实际 p 的增量为 1；如果数组变量的类型为 short，则实际 p 的增量为 2（指向下一个数组元素，因为给每个元素分配两字节）；如果数组变量的类型为 int，则实际 p 的增量为 4（指向下一个数组元素，因为给每个元素分配四字节）。

一个指针到底指向一个字节、一个半字还是一个字，这取决于所声明的指针的类型，以及所指向的变量的类型。在该例子中，指针变量 * p4 声明为 short 类型，而所指向的对象 a 的类型为 int，读者会发现在编译的时候会给出警告信息提示两者的类型不匹配，但是没有报错。这是因为对象 a 的类型为 int，占用四字节，而 * p4 类型为 short，也就是告诉编译器从指向的四字节的内容中取出低 16 位的内容。在本例子中，变量 a 在存储空间中分配 4 个字节，即 0000 0064，当 p4 = &a4 时，∗ p4 = (0064)，即变量 a 的低 16 位。

10.3.3　结构数据类型

1) 结构（结构体）的定义

结构（结构体）的格式为

```
struct 结构名
{
    结构元素列表
}
```

其中，结构元素列表为不同数据类型元素的列表。

例如，一个结构的声明如下：

```
struct student{
    char name[30];
    char gender;
    char age;
    long int num;
};
```

2) 结构变量的声明

可以通过下面两种方式之一定义结构变量。

(1) 在声明的时候定义。例如：

```
struct student{
    char name[30];
    char gender;
    char age;
    long int num;
}stu1,stu2;
```

(2) 在声明后单独定义。其格式为

```
struct 结构名 结构变量1,结构变量2,…,结构变量 n
```

例如：

```
struct student stu1,stu2;
```

在实际使用的时候，如果变量很多，可以将这些变量整合到一个数组内，这样更加方便对结构变量的操作。

> **注：** 只能对结构变量内的元素进行操作，不能对结构的元素进行操作，即对 stu1、stu2 内的元素操作是合法的，对 student 操作是非法的。

3) 结构变量的引用

定义完结构变量后就可以引用结构变量内的元素。结构变量的引用格式为

```
结构变量名 . 结构元素。
```

例如：

```
stu1. num, stu1. age;
```

【例 10-7】 声明和初始化结构变量的 C 语言代码如代码清单 10-10 所示。

代码清单 10-10   声明和初始化结构变量的 C 语言代码

```
struct student{
    long int number;
    char gender;
    char age;
    char name[10];
};

int main( )
{
    volatile struct student stu1, stu2;
    stu1 = (struct student){20210923, 'F', 0x16, "zhangsan"};
    stu2 = (struct student){20210920, 'M', 0x20, "wangwu"};
    return 0;
}
```

> **注**：读者可以进入本书提供资源的 \loongson1B_example\example_10_7 目录中，用 LoongIDE 打开名字为 "example_10_7. lxp" 的工程。在该工程的 main. c 文件中找到该段代码。

在代码中设置断点，在执行完 stu1 的初始化命令后，打开 View Memory 窗口，查看结构变量 stu1 中的元素在存储空间中的位置，如图 10.5 所示。

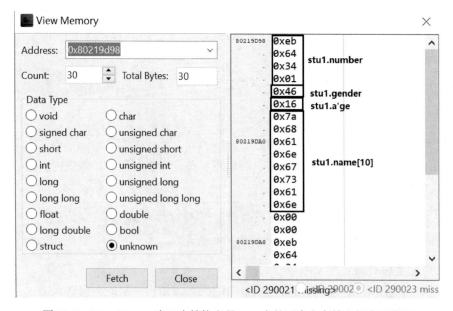

图 10.5   View Memory 窗口中结构变量 stu1 中的元素在存储空间中的位置

在代码中设置断点，在执行完 stu2 的初始化命令后，打开 View Memory 窗口，查看结构变量 stu2 中的元素在存储空间中的位置，如图 10.6 所示。

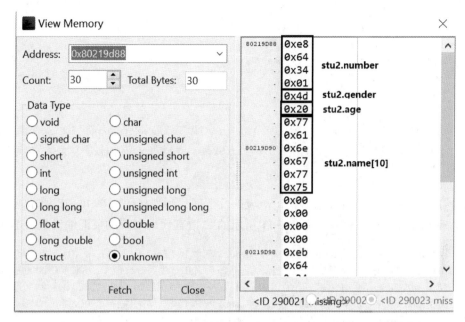

图 10.6　View Memory 窗口中查结构变量 stu2 中的元素在存储空间中的位置

思考与练习 10-10：根据调试器界面给出的该段代码的反汇编代码，分析结构变量 stu1 和 stu2 的初始化过程。

10.3.4　联合数据类型

C 语言中提供了联合类型的数据结构。在一个联合类型的数据结构中，可以包含多个数据类型。但是，不像结构类型那样所有的数据单独分配存储空间，联合数据类型是共享存储空间的。这种方法可以分时使用同一存储空间，因此提高了龙芯 1B 处理器系统存储空间的使用效率。

联合数据类型变量的定义格式为

```
union 联合变量的名字
{
    成员列表
}变量列表
```

【**例 10-8**】声明和初始化联合数据类型的 C 语言代码如代码清单 10-11 所示。

代码清单 10-11　声明和初始化联合数据类型的 C 语言代码

```
union{
    char data_str[8];
    struct{
        short a;
        short b;
        int c;
    }data_var;
```

```
           } shared_information;
     int main( )
     {
           shared_information. data_var. a = 100;
           shared_information. data_var. b = 1000;
           shared_information. data_var. c = 100000000;
           return 0;
     }
```

> **注**：读者可以进入本书提供资源的 \loongson1B_example\example_10_8 目录中，用 LoongIDE 打开名字为"example_10_8. lxp"的工程。在该工程的 main. c 文件中找到该段代码。

代码清单 10-11 所示的 C 语言代码对应的反汇编代码如代码清单 10-12 所示。

代码清单 10-12　代码清单 10-11 所示的 C 语言代码对应的反汇编代码（4）

```
80200100    3c028021    lui v0,0x8021       //0x8021 左移 16 位,结果保存在 v0,v0 = 0x80210000
80200104    24030064    li v1,100           //将立即数 100 加载到寄存器 v1,(v1) = 0x00000064
80200108    a4435d0c    sh v1,23820(v0)     //将(v1)中的半字保存到(v0)+23820 的存储地址处
8020010C    3c028021    lui v0,0x8021       //0x8021 左移 16 位,结果保存在 v0,v0 = 0x80210000
80200110    24425d0c    addiu v0,v0,23820   //(v0)+23820→(v0),(v0) = 0x80215d0c
80200114    240303e8    li v1,1000          //将立即数 1000 加载到寄存器 v1 中,(v1) = 0x000003e8
80200118    a4430002    sh v1,2(v0)         //将(v1)中的半字保存到(v0)+2 的存储地址处
8020011C    3c028021    lui v0,0x8021       //0x8021 左移 16 位,结果保存在 v0 = 0x80210000
80200120    24425d0c    addiu v0,v0,23820   //(v0)+23820→(v0),(v0) = 0x80215d0c
80200124    3c0305f5    lui v1,0x5f5        //0x5fe 左移 16 位,结果保存在 v1,(v1) = 0x05f50000
80200128    3463e100    ori v1,v1,0xe100    //(v1)和 0xe100 执行逻辑"或"运算,(v1) = 0x05f5e100
8020012C    ac430004    sw v1,4(v0)         //将(v1)中的字保存到(v0)+4 的存储地址处
```

单步运行完上面的反汇编代码后，打开 View Memory 窗口，如图 10.7 所示为 View Memory 窗口中联合数据类型的存储空间分配。

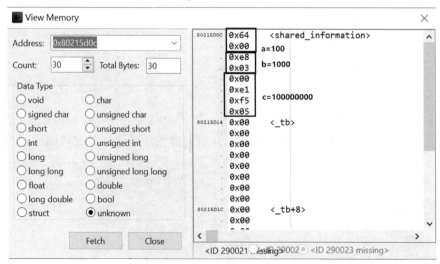

图 10.7　View Memory 窗口中联合数据类型的存储空间分配

在 Watchs 窗口中，添加联合数据类型中数组 data_str 的元素值，如图 10.8 所示。

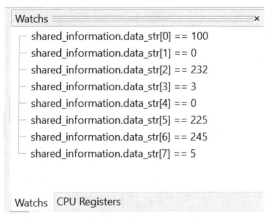

图 10.8　Watchs 窗口中联合数据类型内数据元素 data_str[8]的信息

从图 10.7 和图 10.8 可知，由于数组 data_str[8]和结构变量 data_var 共享同一块存储空间，因此存在下面的对应关系：

（1）0x64 对应于 shared_information. data_str[0]，因此该数组元素的值为 100；

（2）0x00 对应于 shared_information. data_str[1]，因此该数组元素的值为 0；

（3）0xe8 对应于 shared_information. data_str[2]，因此该数组元素的值为 232；

（4）0x03 对应于 shared_information. data_str[3]，因此该数组元素的值为 3；

（5）0x00 对应于 shared_information. data_str[4]，因此该数组元素的值为 0；

（6）0xe1 对应于 shared_information. data_str[5]，因此该数组元素的值为 225；

（7）0xf5 对应于 shared_information. data_str[6]，因此该数组元素的值为 245；

（8）0x05 对应于 shared_information. data_str[7]，因此该数组元素的值为 5。

10.3.5　枚举数据类型

C 语言中提供了枚举数据类型。如果一个变量只有有限个取值，则可以将变量定义为枚举类型。例如，对于星期来说，只有星期一至星期日这 7 个可能的取值情况；对于颜色，只有红色、蓝色和绿色三个基本颜色。所以，星期和颜色都可以定义为枚举类型。枚举类型的格式为

enum 枚举名字{枚举值列表} 变量列表;

在枚举值列表中，每一项代表一个整数值。默认，第一项为 0，第二项为 1，第三项为 2，以此类推。此外，也可以通过初始化指定某些项的符号值。

10.4　描述语句

本节将分析 C 语言中的描述语句与底层 MIPS 指令之间的关系。

10.4.1　条件指令

【例 10-9】if 条件语句的 C 语言描述如代码清单 10-13 所示。

代码清单 10-13　if 条件语句的 C 语言描述

```
#include " stdbool. h"
int main( )
{
    volatile char a = 100,b = 10;
    volatile bool c = 0;
    if( a>b)
        c = 1;
    else
        c = 0;

    return 0;
}
```

> **注**：读者可以进入本书提供资源的\loongson1B_example\example_10_9 目录中，用 LoongIDE 打开名字为"example_10_9. lxp"的工程。在该工程的 main. c 文件中找到该段代码。

代码清单 10-13 所示的 C 语言代码对应的反汇编代码如代码清单 10-14 所示。

代码清单 10-14　代码清单 10-13 所示的 C 语言代码对应的反汇编代码（5）

```
80200100    24020064    li v0,100           //将立即数 100 加载到寄存器 v0 中,( v0) = 0x64
80200104    a3c20000    sb v0,0( s8)        //将( v0)保存到( s8)+0 指向的存储器地址处
80200108    2402000a    li v0,10            //将立即数 10 加载到寄存器 v0 中,( v0) = 0x0a
8020010C    a3c20001    sb v0,1( s8)        //将( v0)保存到( s8)+1 指向的存储器地址处
80200110    a3c00002    sb zero,2( s8)      //将( zero)保存到( s8)+2 指向的存储器地址处
80200114    93c20000    lbu v0,0( s8)       //将( s8)+0 存储器地址处的内容加载到 v0,( v0) = 0x00000064
80200118    304300ff    andi v1,v0,0xff     //( v0)逻辑"与"0xff,结果保存在 v1,v1 = 0x00000064
8020011C    93c20001    lbu v0,1( s8)       //将( s8)+1 指向的存储器地址处的内容加载到 v0,( v0) =
                                            //0x0000000a
80200120    304200ff    andi v0,v0,0xff     //( v0)逻辑"与"0xff,结果保存在 v0,v0 = 0x0000000a
80200124    0043102b    sltu v0,v0,v1       //( v0)<( v1),则 1→( v0);否则 0→( v0)
80200128    10400005    beqz v0,0x80200140  //如果( v0) = 0,则跳转到 0x80200140
8020012C    00000000    nop                 //插入空操作指令
80200130    24020001    li v0,1             //将立即数 1 加载到寄存器 v0 中,( v0) = 0x00000001
80200134    a3c20002    sb v0,2( s8)        //将( v0)的低字节保存到( s8)+2 指向的存储器地址处
80200138    08080051    j 0x80200144        //无条件跳转到目标地址 0x80200144 处
8020013C    00000000    nop                 //插入空操作指令
80200140    a3c00002    sb zero,2( s8)      //将( v0)的低字节保存到( s8)+2 指向的存储器地址处
80200144    00001021    move v0,zero        //将 0 加载到寄存器 v0 中,( v0) = 0x00000000
```

10.4.2　开关语句

　　C 语言中提供了开关语句 switch，该语句也是判断语句的一种，用来实现不同的条件分支。与条件语句相比，开关语句更简洁，程序结构更加清晰，使用便捷。开关语句的格式为

```
switch(表达式)
{
    case 常量表达式 1 : 语句 1; break;
    case 常量表达式 2 : 语句 2; break;
        ……
    case 常数表达式 n : 语句 n;
}
```

【例 10-10】 开关语句的 C 语言描述如代码清单 10-15 所示。

代码清单 10-15　开关语句的 C 语言描述

```
int main( )
{
    volatile signed char a=100,b=10,res;
    volatile char sel=2;
    switch ( sel )
    {
        case 0  :  res=a+b;   break;
        case 1  :  res=a-b;   break;
        case 2  :  res=a & b; break;
        case 3  :  res=a | b; break;
        case 4  :  res=~a;    break;
        default :  res=a;     break;
    }
    return 0;
}
```

注：读者可以进入本书提供资源的 \loongson1B_example\example_10_10 目录中，用 LoongIDE 打开名字为 "example_10_10. lxp" 的工程。在该工程的 main. c 文件中找到该段代码。

代码清单 10-15 所示的 C 语言代码对应的反汇编代码，如代码清单 10-16 所示。

代码清单 10-16　代码清单 10-15 所示的 C 语言代码对应的反汇编代码（6）

```
80200100   24020064   li v0,100             //将立即数 100 加载到寄存器 v0 中,(v0)=0x00000064
80200104   a3c20000   sb v0,0(s8)           //将(v0)的低字节保存到(s8)指向的存储空间地址处
80200108   2402000a   li v0,10              //将立即数 10 加载到寄存器 v0 中,(v0)=0x0000000a
8020010C   a3c20001   sb v0,1(s8)           //将(v0)的低字节保存到(s8)+1 指向的存储空间地址处
80200110   24020002   li v0,2               //将立即数 2 加载到寄存器 v0,(v0)=0x00000002
80200114   a3c20003   sb v0,3(s8)           //将(v0)的低字节保存到(s8)+3 指向的存储空间地址
80200118   93c20003   lbu v0,3(s8)          //将(s8)+2 指向的存储空间地址处的内容加载到 v0,
                                            //(v0)=0x00000002
8020011C   304200ff   andi v0,v0,0xff       //(v0)逻辑"与"0xff,结果保存在 v0,(v0)=0x00000002
80200120   2c430005   sltiu v1,v0,5         //如果(v0)<5,1→(v1);否则,0→(v1)
80200124   10600047   beqz v1,0x80200244    //如果(v1)=0,跳转到目标地址 0x80200244
80200128   00000000   nop                   //插入空操作指令
```

8020012C	00021880	sll v1,v0,0x2	//(v0)左移两位,结果保存在 v1,(v1) = 0x00000008
80200130	3c028021	lui v0,0x8021	//0x8021 左移 16 位,保存到 v0,(v0) = 0x80210000
80200134	2442345c	addiu v0,v0,13404	//(v0)+13404→(v0),(v0) = 0x8021345c
80200138	00621021	addu v0,v1,v0	//(v1)+(v0)→(v0),(v0) = 0x80213464
8020013C	8c420000	lw v0,0(v0)	//将(v0)指向的存储器地址处的内容加载到 v0,v0 = //0x802001c0
80200140	00400008	jr v0	//跳转到 0x802001c0
80200144	00000000	nop	//插入空操作指令
80200148	93c20000	lbu v0,0(s8)	//从(s8)指向的存储空间地址处取出一个字节加载到 v0
8020014C	00021600	sll v0,v0,0x18	//(v0)左移 24 位,结果保存到 v0
80200150	00021603	sra v0,v0,0x18	//(v0)算术右移 24 位,结果保存到 v0
80200154	304300ff	andi v1,v0,0xff	//(v0)逻辑"与"0xff,结果保存到 v1
80200158	93c20001	lbu v0,1(s8)	//从(s8)+1 指向的存储空间地址处取出一个字节加载 //到 v0
8020015C	00021600	sll v0,v0,0x18	//(v0)左移 24 位,结果保存到 v0
80200160	00021603	sra v0,v0,0x18	//(v0)算术右移 24 位,结果保存到 v0
80200164	304200ff	andi v0,v0,0xff	//(v0)逻辑"与"0xff,结果保存到 v0
80200168	00621021	addu v0,v1,v0	//(v1)+(v0)→(v0)
8020016C	304200ff	andi v0,v0,0xff	//(v0)逻辑"与"0xff,结果保存到 v0
80200170	00021600	sll v0,v0,0x18	//(v0)左移 24 位,结果保存到 v0
80200174	00021603	sra v0,v0,0x18	//(v0)算术右移 24 位,结果保存到 v0
80200178	a3c20002	sb v0,2(s8)	//将(v0)保存到(s8)+2 指向的存储器地址位置处
8020017C	08080096	j 0x80200258	//无条件跳转到 0x80200258
80200180	00000000	nop	//插入空操作指令
80200184	93c20000	lbu v0,0(s8)	//从(s8)指向的存储空间地址处取出一个字节保存到寄 //存器 v0 中
80200188	00021600	sll v0,v0,0x18	//(v0)左移 24 位,结果保存到 v0
8020018C	00021603	sra v0,v0,0x18	//(v0)算术右移 24 位,结果保存到 v0
80200190	304300ff	andi v1,v0,0xff	//(v0)逻辑"与"0xff,结果保存到寄存器 v1 中
80200194	93c20001	lbu v0,1(s8)	//从(s8)+1 指向的存储空间地址处取出一个字节保存到 //寄存器 v0 中
80200198	00021600	sll v0,v0,0x18	//(v0)左移 24 位,结果保存到 v0
8020019C	00021603	sra v0,v0,0x18	//(v0)算术右移 24 位,结果保存到 v0
802001A0	304200ff	andi v0,v0,0xff	//(v0)逻辑"与"0xff,结果保存到 v0
802001A4	00621023	subu v0,v1,v0	//(v1)-(v0)→(v0)
802001A8	304200ff	andi v0,v0,0xff	//(v0)逻辑"与"0xff,结果保存到 v0
802001AC	00021600	sll v0,v0,0x18	//(v0)左移 24 位,结果保存到 v0
802001B0	00021603	sra v0,v0,0x18	//(v0)算术右移 24 位,结果保存到 v0
802001B4	a3c20002	sb v0,2(s8)	//将寄存器 v0 的低 8 位保存到(s2)+8 指向的存储空间地 //址处
802001B8	08080096	j 0x80200258	//无条件跳转到 0x80200258
802001BC	00000000	nop	//插入空操作指令
802001C0	93c20000	lbu v0,0(s8)	//将(s8)指向的存储空间地址处的内容保存到 v0,v0 = //0x00000064
802001C4	00021e00	sll v1,v0,0x18	//(v0)左移 24 位,结果保存到 v1,(v1) = 0x64000000
802001C8	00031e03	sra v1,v1,0x18	//(v1)算术右移 24 位,结果保存到 v1,(v1) = 0x00000064
802001CC	93c20001	lbu v0,1(s8)	//将(s8)+1 指向的存储地址处的内容保存到 v0,v0 = //0x0000000a

```
802001D0   00021600   sll v0,v0,0x18      //(v0)左移24位,结果保存到v0,(v0)=0x0a000000
802001D4   00021603   sra v0,v0,0x18      //(v0)算术右移24位,结果保存到v0,(v0)=0x0000000a
802001D8   00621024   and v0,v1,v0        //(v1)逻辑"与"(v0),结果保存到v0,(v0)=0x00000000
802001DC   00021600   sll v0,v0,0x18      //(v0)左移24位,结果保存到v0,(v0)=0x00000000
802001E0   00021603   sra v0,v0,0x18      //(v0)算术右移24位,结果保存到v0,(v0)=0x00000000
802001E4   a3c20002   sb v0,2(s8)         //将(v0)保存到(s8)+2指向的存储空间地址处
802001E8   08080096   j 0x80200258        //无条件跳转到0x80200258
802001EC   00000000   nop                 //插入空操作指令
802001F0   93c20000   lbu v0,0(s8)        //将(s8)指向的存储地址处的内容保存到v0
802001F4   00021e00   sll v1,v0,0x18      //(v0)左移24位,结果保存到v1
802001F8   00031e03   sra v1,v1,0x18      //(v1)算术右移24位,结果保存到v1
802001FC   93c20001   lbu v0,1(s8)        //将(s8)+1指向的存储地址处的内容保存到v0
80200200   00021600   sll v0,v0,0x18      //(v0)左移24位,结果保存到v0
80200204   00021603   sra v0,v0,0x18      //(v0)算术右移24位,结果保存到v0
80200208   00621025   or v0,v1,v0         //(v0)逻辑"或"(v1),结果保存到v0
8020020C   00021600   sll v0,v0,0x18      //(v0)左移24位,结果保存到v0
80200210   00021603   sra v0,v0,0x18      //(v0)算术右移24位,结果保存到v0
80200214   a3c20002   sb v0,2(s8)         //将(v0)保存到(s8)+2指向的存储空间地址处
80200218   08080096   j 0x80200258        //无条件跳转到0x80200258
8020021C   00000000   nop                 //插入空操作指令
80200220   93c20000   lbu v0,0(s8)        //将(s8)指向的存储地址处的内容保存到v0
80200224   00021600   sll v0,v0,0x18      //(v0)左移24位,结果保存到v0
80200228   00021603   sra v0,v0,0x18      //(v0)算术右移24位,结果保存到v0
8020022C   00021027   nor v0,zer0,v0      //zero逻辑"或非"(v0),结果保存到v0
80200230   00021600   sll v0,v0,0x18      //(v0)左移24位,结果保存到v0
80200234   00021603   sra v0,v0,0x18      //(v0)算术右移24位,结果保存到v0
80200238   a3c20002   sb v0,2(s8)         //将(v0)保存到(s8)+2指向的存储空间地址处
8020023C   08080096   j 0x80200258        //无条件跳转到0x80200258
80200240   00000000   nop                 //插入空操作指令
80200244   93c20000   lbu v0,0(s8)        //将(s8)指向的存储地址处的内容保存到v0
80200248   00021600   sll v0,v0,0x18      //(v0)左移24位,结果保存到v0
8020024C   00021603   sra v0,v0,0x18      //(v0)算术右移24位,结果保存到v0
80200250   a3c20002   sb v0,2(s8)         //将(v0)保存到(s8)+2指向的存储空间地址处
80200254   00000000   nop                 //插入空操作指令
80200258   00001021   move v0,zero        //0→(v0)
```

思考与练习 10-11：在调试器环境下单步运行反汇编指令，查看指令的执行过程，理解开关语句和底层机器指令的对应关系。

思考与练习 10-12：将代码清单 10-15 中变量 sel 的值分别改为 0、1、3 和 4，重新编译该程序，然后单步运行反汇编指令，查看指令的执行过程。

10.4.3　循环语句

【例 10-11】 for 循环语句的 C 代码描述如代码清单 10-17 所示。

代码清单 10-17　for 循环语句的 C 代码描述

```
int main( )
{
    volatile char sum = 0 , i = 0 ;
    for ( i = 0 ; i < 10 ; i++)
        sum+=i;
    return 0 ;
}
```

> **注**：读者可以进入本书提供资源的 \loongson1B_example\example_10_11 目录中，用 LoongIDE 打开名字为 "example_10_11.lxp" 的工程。在该工程的 main.c 文件中找到该段代码。

代码清单 10-17 所示的 C 语言代码对应的反汇编代码如代码清单 10-18 所示。

代码清单 10-18　代码清单 10-17 所示的 C 语言代码对应的反汇编代码（7）

```
80200100    a3c00000    sb zero,0(s8)         //将 0 保存到(s8)指向的存储器地址处
80200104    a3c00001    sb zero,1(s8)         //将 0 保存到(s8)+1 指向的存储器地址处
80200108    a3c00001    sb zero,1(s8)         //将 0 保存到(s8)+1 指向的存储器地址处
8020010C    08080051    j 0x80200144         //无条件跳转到 0x80200144
80200110    00000000    nop                  //插入空操作指令
80200114    93c20001    lbu v0,1(s8)         //将(s8)+1 指向的存储器地址处的内容加载到 v0
80200118    304300ff    andi v1,v0,0xff      //(v0)逻辑"与"0xff,结果保存到 v1
8020011C    93c20000    lbu v0,0(s8)         //将(s8)指向的存储器地址处的内容加载到 v0
80200120    304200ff    andi v0,v0,0xff      //(v0)逻辑与 0xff,结果保存到 v0
80200124    00621021    addu v0,v1,v0        //(v1)+(v0)→(v0)
80200128    304200ff    andi v0,v0,0xff      //(v0)逻辑"与"0xff,结果保存到 v0
8020012C    a3c20000    sb v0,0(s8)          //将(v0)保存到(s8)指向的存储空间地址处
80200130    93c20001    lbu v0,1(s8)         //将(s8)+1 指向的存储器地址处的内容加载到 v0
80200134    304200ff    andi v0,v0,0xff      //(v0)逻辑"与"0xff,结果保存到 v0
80200138    24420001    addiu v0,v0,1        //(v0)+1→(v0)
8020013C    304200ff    andi v0,v0,0xff      //(v0)逻辑"与"0xff,结果保存到 v0
80200140    a3c20001    sb v0,1(s8)          //将(v0)保存到(s8)+1 指向的存储空间地址处
80200144    93c20001    lbu v0,1(s8)         //将(s8)指向的存储器地址处的内容加载到 v0,(v0)=
                                             //0x0000000
80200148    304200ff    andi v0,v0,0xff      //(v0)逻辑"与"0xff,结果保存到 v0,(v0)=0x00000000
8020014C    2c42000a    sltiu v0,v0,10       //若(v0)<10,则 1→(v0);否则,0→(v0)
80200150    1440fff0    bnez v0,0x80200114   //若(v0)≠0,则跳转到 0x80200114
80200154    00000000    nop                  //插入空操作指令
```

思考与练习 10-13：单步运行代码清单 10-18 给出的反汇编代码指令，观察指令的运行过程，以及理解 C 语言中的循环语句与底层机器指令之间的关系。

10.5　函数调用和返回

本节将通过一个设计实例来进一步详细介绍函数调用和返回的规则。

【例 10-12】 函数调用和返回的 C 代码描述如代码清单 10-19 所示。

代码清单 10-19　函数调用和返回的 C 代码描述

```
int compute(signed char * a, signed char * b, signed char * c, signed char * d, signed char * e)
{
    short sum, dif;
    int prod;
    sum = * a+ * b+ * c+ * d+ * e;
    dif = * a- * b- * c- * d- * e;
    prod = sum * dif;
    return prod;
}

int main()
{
    signed char * u, * v, * w, * x, * y;
    signed char p = 55, q = 67, r = 35, s = 67, t = 73;
    volatile int z;
    u = &p;
    v = &q;
    w = &r;
    x = &s;
    y = &t;
    z = compute(u, v, w, x, y);
    return 0;
}
```

注：读者可以进入本书提供资源的 \loongson1B_example\example_10_12 目录中，用 LoongIDE 打开名字为 "example_10_12.lxp" 的工程。在该工程的 main.c 文件中找到该段代码。

代码清单 10-19 所示的 C 语言代码对应的反汇编代码如代码清单 10-20 和代码清单 10-21 所示。

代码清单 10-20　代码清单 10-19 所示的 C 语言代码的子函数所对应的反汇编代码 (8)

```
802000F4    27bdfff0    addiu sp,sp,-16         //(sp)-16→(sp),(sp) = 0x80219e38
802000F8    afbe000c    sw s8,12(sp)            //(s8)的内容保存到(sp)+12 的存储空间地址
80200100    afc40010    sw a0,16(s8)            //(a0)的内容保存到(s8)+16 的存储空间地址
80200104    afc50014    sw a1,20(s8)            //(a1)的内容保存到(s8)+20 的存储空间地址
80200108    afc60018    sw a2,24(s8)            //(a2)的内容保存到(s8)+24 的存储空间地址
8020010C    afc7001c    sw a3,28(s8)            //(a3)的内容保存到(s8)+28 的存储空间地址
80200110    8fc20010    lw v0,16(s8)            //(s8)+16 存储器地址内容加载到 v0,(v0) = 0x80219e74
80200114    80420000    lb v0,0(v0)             //(v0)存储器地址内容加载到 v0,(v0) = 0x00000037
80200118    00021c00    sll v1,v0,0x10          //(v0)左移 16 位,内容保存到 v1,(v1) = 0x00370000
8020011C    00031c03    sra v1,v1,0x10          //(v1)算术右移 16 位,(v1) = 0x00000037
80200120    8fc20014    lw v0,20(s8)            //(s8)+20 存储器地址内容加载到 v0,(v0) = 0x80219e75
80200124    80420000    lb v0,0(v0)             //(v0)存储器地址内容加载到 v0,(v0) = 0x00000043
```

80200128	00021400	sll v0,v0,0x10	//(v0)左移 16 位,(v0)=0x00430000
8020012C	00021403	sra v0,v0,0x10	//(v0)算术右移 16 位,(v0)=0x00000043
80200130	00621021	addu v0,v1,v0	//(v1)+(v0)→(v0),(v0)=0x0000007a
80200134	00021400	sll v0,v0,0x10	//(v0)左移 16 位,(v0)=0x007a0000
80200138	00021403	sra v0,v0,0x10	//(v0)算术右移 16 位,(v0)=0x0000007a
8020013C	3043ffff	andi v1,v0,0xffff	//(v0)逻辑"与"0xffff,保存到 v1,(v1)=0x0000007a
80200140	8fc20018	lw v0,24(s8)	//(s8)+24 存储器地址的内容加载到 v0,(v0)=0x80219e76
80200144	80420000	lb v0,0(v0)	//(v0)存储器地址的内容加载到 v0,(v0)=0x00000023
80200148	3042ffff	andi v0,v0,0xffff	//(v0)逻辑"与"0xffff,保存到 v0,(v0)=0x00000023
8020014C	00621021	addu v0,v1,v0	//(v1)+(v0)→(v0),(v0)=0x0000009d
80200150	3043ffff	andi v1,v0,0xffff	//v0 逻辑"与"0xffff,保存到 v1,(v1)=0x0000009d
80200154	8fc2001c	lw v0,28(s8)	//(s8)+28 存储器地址内容加载到 v0,(v0)=0x80219e77
80200158	80420000	lb v0,0(v0)	//(v0)存储器地址内容加载到 v0,(v0)=0x00000043
8020015C	3042ffff	andi v0,v0,0xffff	//(v0)逻辑"与"0xffff,结果保存到 v0,(v0)=0x00000043
80200160	00621021	addu v0,v1,v0	//(v1)+(v0)→(v0),(v0)=0x000000e0
80200164	3043ffff	andi v1,v0,0xffff	//(v0)逻辑"与"0xffff,结果保存到 v1,(v1)=0x000000e0
80200168	8fc20020	lw v0,32(s8)	//(s8)+32 存储器地址内容加载到 v0,(v0)=0x80219e78
8020016C	80420000	lb v0,0(v0)	//(v0)存储器地址内容保存到 v0,(v0)=0x00000049
80200170	3042ffff	andi v0,v0,0xffff	//(v0)逻辑"与"0xffff,结果保存到 v0,(v0)=0x00000049
80200174	00621021	addu v0,v1,v0	//(v1)+(v0)→(v0),(v0)=0x00000129
80200178	3042ffff	andi v0,v0,0xffff	//(v0)逻辑"与"0xffff,结果保存到 v0,(v0)=0x00000129
8020017C	a7c20000	sh v0,0(s8)	//(v0)保存到(s8)存储空间地址
80200180	8fc20010	lw v0,16(s8)	//(s8)+16 存储空间地址内容加载到 v0,(v0)=0x80219e74
80200184	80420000	lb v0,0(v0)	//(v0)存储空间地址内容加载到(v0),(v0)=0x00000037
80200188	00021c00	sll v1,v0,0x10	//(v0)左移 16 位,保存在 v1,(v1)=0x00370000
8020018C	00031c03	sra v1,v1,0x10	//(v1)算术右移 16 位,保存在 v1,(v1)=0x00000037
80200190	9fc20014	lw v0,20(s8)	//(s8)+28 存储空间内容加载到(v0),(v0)=0x80219e75
80200194	80420000	lb v0,0(v0)	//(v0)存储空间内容加载到(v0),(v0)=0x00000043
80200198	00021400	sll v0,v0,0x10	//(v0)左移 16 位,(v0)=0x00430000
8020019C	00021403	sra v0,v0,0x10	//(v0)算术右移 16 位,(v0)=0x00000043
802001A0	00621023	subu v0,v1,v0	//(v1)-(v0)→(v0),(v0)=0xfffffff4
802001A4	00021400	sll v0,v0,0x10	//(v0)左移 16 位,(v0)=0xfff40000
802001A8	00021403	sra v0,v0,0x10	//(v0)算术右移 16 位,(v0)=0xfffffff4
802001AC	3043ffff	andi v1,v0,0xffff	//(v0)逻辑"与"0xffff,(v1)=0x0000fff4
802001B0	8fc20018	lw v0,24(s8)	//(s8)+24 存储地址的内容加载到 v0,(v0)=0x80219e76
802001B4	80420000	lb v0,0(v0)	//(v0)存储地址的内容加载到 v0,(v0)=0x00000023
802001B8	3042ffff	andi v0,v0,0xffff	//(v0)逻辑"与"0xffff,(v0)=0x00000023
802001BC	00621023	subu v0,v1,v0	//(v1)-(v0)→(v0),(v0)=0x0000ffd1
802001C0	3043ffff	andi v1,v0,0xffff	//(v0)逻辑"与"0xffff,保存到 v1,(v1)=0x0000ffd1
802001C4	8fc2001c	lw v0,28(s8)	//(s8)+28 存储地址的内容加载到 v0,(v0)=0x80219e77
802001C8	80420000	lb v0,0(v0)	//(v0)存储地址的内容加载到 v0,(v0)=0x00000043
802001CC	3042ffff	andi v0,v0,0xffff	//(v0)逻辑"与"0xffff,(v0)=0x00000043
802001D0	00621023	subu v0,v1,v0	//(v1)-(v0)→(v0),(v0)=0x0000ff8e
802001D4	3043ffff	andi v1,v0,0xffff	//(v0)逻辑"与"0xffff,保存到(v1),(v1)=0x0000ff8e
802001D8	8fc20020	lw v0,32(s8)	//(s8)+32 存储地址的内容加载到 v0,(v0)=0x80219e78
802001DC	80420000	lb v0,0(v0)	//(v0)存储地址的内容加载到 v0,(v0)=0x00000049
802001E0	3042ffff	andi v0,v0,0xffff	//(v0)逻辑"与"0xffff,(v0)=0x00000049
802001E4	00621023	subu v0,v1,v0	//(v1)-(v0)→(v0),(v0)=0x0000ff45

802001E8	3042ffff	andi v0,v0,0xffff	//(v0) 逻辑"与"0xffff,(v0) = 0x0000ff45
802001EC	a7c20002	sh v0,2(s8)	//(v0) 的半字保存到(s8)+2 存储器地址
802001F0	87c30000	lh v1,0(s8)	//(s8) 存储地址的内容加载到 v1,(v1) = 0x00000129
802001F4	87c20002	lh v0,2(s8)	//(s8)+2 存储地址的内容加载到 v0,(v0) = 0xffffff45
802001F8	00620018	mult v1,v0	//(v1)×(v0)→{Hi,Lo} = {0xffffffff,0xffff270d}
802001FC	00001012	mflo v0	//(Lo)→(v0),(v0) = 0xffff270d
80200200	afc20004	sw v0,4(s8)	//(v0) 保存到(s8)+4 存储空间地址
80200204	8fc20004	lw v0,4(s8)	//(s8)+4 存储空间地址加载到 v0
80200208	03c0e821	move sp,s8	//(s8)→(sp),(sp) = 0x80219e38
8020020C	8fbe000c	lw s8,12(sp)	//(sp)+12 存储器地址的内容加载到(s8),(s8) = 0x80219e48
80200210	27bd0010	addiu sp,sp,16	//(sp)+16→(sp),(sp) = 0x80219e48
80200214	03e00008	jr ra	//跳转到 ra 的目标地址 0x8020029C
80200218	00000000	nop	//插入空操作指令

代码清单 10-21   代码清单 10-19 所示的 C 语言代码的主函数所对应的反汇编代码（9）

8020021C	27bdffc0	addiu sp,sp,-64	//(sp)-64→(sp)
80200220	afbf003c	sw ra,60(sp)	//将(ra)保存到(sp)+60 指向的存储空间地址处
80200224	afbe0038	sw s8,56(sp)	//将(s8)保存到(sp)+56 指向的存储空间地址处
80200228	03a0f021	move s8,sp	//(sp)→(s8),(s8) = 0x80219e48
8020022C	24020037	li v0,55	//将立即数 55 加载到 v0,(v0) = 0x00000037
80200230	a3c2002c	sb v0,44(s8)	//将(v0)保存到(s8)+44 指向的存储空间位置
80200234	23020043	li v0,67	//将立即数 67 加载到 v0,(v0) = 0x00000043
80200238	a3c2002d	sb v0,45(s8)	//将(v0)保存到(s8)+45 指向的存储空间位置
8020023C	24020023	li v0,35	//将立即数 35 加载到 v0,(v0) = 0x00000023
80200240	a3c2002e	sb v0,46(s8)	//将(v0)保存到(s8)+46 指向的存储空间位置
80200244	24020043	li v0,67	//将立即数 67 加载到 v0,(v0) = 0x00000043
80200248	a3c2002f	sb v0,47(s8)	//将(v0)保存到(s8)+47 指向的存储空间位置
8020024C	24020049	li v0,73	//将立即数 73 加载到 v0,(v0) = 0x00000049
80200250	a3c20030	sb v0,48(s8)	//将(v0)保存到(s8)+48 指向的存储空间位置
80200254	27c2002c	addiu v0,s8,44	//(s8)+44→(v0),(v0) = 0x80219e74
80200258	afc20018	sw v0,24(s8)	//将(v0)保存到(s8)+24 指向的存储空间位置
8020025C	27c2002d	addiu v0,s8,45	//(s8)+45→(v0),(v0) = 0x80219e75
80200260	afc2001c	sw v0,28(s8)	//将(v0)保存到(s8)+28 指向的存储空间位置
80200264	27c2002e	addiu v0,s8,46	//(s8)+46→(v0),(v0) = 0x80219e76
80200268	afc20020	sw v0,32(s8)	//将(v0)保存到(s8)+32 指向的存储空间位置
8020026C	27c2002f	addiu v0,s8,47	//(s8)+47→(v0),(v0) = 0x80219e77
80200270	afc20024	sw v0,36(s8)	//将(v0)保存到(s8)+36 指向的存储空间位置
80200274	27c20030	addiu v0,s8,48	//(s8)+48→(v0),(v0) = 0x80219e78
80200278	afc20028	sw v0,40(s8)	//将(v0)保存到(s8)+40 指向的存储空间位置
8020027C	8fc20028	lw v0,40(s8)	//将(s8)+40 存储地址的内容加载到 v0,(v0) = 0x80219e78
80200280	afa20010	sw v0,16(sp)	//将(v0)保存到(sp)+16 指向的存储器地址
80200284	8fc40018	lw a0,24(s8)	//将(s8)+24 存储地址的内容加载到 a0,(a0) = 0x80219e74
80200288	8fc5001c	lw a1,28(s8)	//将(s8)+28 存储地址的内容加载到 a1,(a1) = 0x80219e75
8020028C	8fc60020	lw a2,32(s8)	//将(s8)+32 存储地址的内容加载到 a2,(a2) = 0x80219e76
80200290	8fc70024	lw a3,36(s8)	//将(s8)+36 存储地址的内容加载到 a3,(a3) = 0x80219e77
80200294	0c08003d	jal 0x802000f4	//跳转到 0x802000f4
80200298	00000000	nop	//插入空操作指令

```
8020029C    afc20034    sw v0,52(s8)        //将(v0)保存到(s8)+52 指向的存储空间的地址
802002A0    00001021    move v0,zero        //0→(v0)
802002A4    03c0e821    move sp,s8          //(s8)→(sp)
802002A8    8fbf003c    lw ra,60(sp)        //将(sp)+60 存储地址的内容加载到 ra
802002AC    8fbe0038    lw s8,56(sp)        //将(sp)+56 存储地址的内容加载到 s8
802002B0    27bd0040    addiu sp,sp,64      //(sp)+64→(sp)
802002B4    03e00008    jr ra               //跳转到 ra 的目标地址
802002B8    00000000    nop                 //插入空操作指令
```

10.5.1   寄存器的使用规则

关于寄存器的使用规则，在本书表 5.1 中进行了详细说明。

思考与练习 10-14：用于在函数调用时传递参数的寄存器有哪些？用于在函数调用中保存返回值的寄存器有哪些？

10.5.2   堆栈帧

在每次调用子程序时，都会为该子程序调用创建一个唯一的堆栈帧（在递归调用子程序的情况下，会为每个调用实例创建一个堆栈帧）。堆栈帧的组织方式非常重要，这有两方面的原因：一是它在调用者和被调用者之间形成了一个契约，定义了调用者和被调用者之间传递参数的方法，以及将函数结果从被调用者传递给调用者的方法，并定义了调用者和被调用者之间共享寄存器的方法；二是它定义了被调用者在其堆栈内的本地存储组织。

在上面的例子中，主函数 main() 为调用者，子函数 compute() 为被调用者。

需要注意的是，与 Arm 和 x86 ISA 不同，在 MIPS 的 ISA 中没有提供用于堆栈"入栈"和"出栈"的指令，这需要在程序中显式使用程序代码来实现"入栈"和"出栈"过程。

思考与练习 10-15：使用图说明在调用子程序时"入栈"和"出栈"的过程。

思考与练习 10-16：上面的例子中使用了指针传递参数，根据对反汇编代码的分析，说明在调用者和被调用者之间通过指针传递参数的本质。

10.6   内嵌汇编

在使用 asm 的汇编指令中，你可以使用 C 表达式指定指令的操作数。这意味着程序设计者不必猜测哪些寄存器或者存储器位置将包含你要使用的数据。

在 GNU C 中，可以通过在声明符后面写 asm（或 __asm__）关键字来指定要在 C 函数或变量的汇编代码中使用的名字。例如，可以使用下面的形式将一个变量放在指定的寄存器中：

```
register signed char a asm("t1") = 57
```

在该声明中，将变量 a 声明为放在寄存器中，类型为 signed char，并且强行将该变量放在 MIPS 处理器的通用寄存器 t1 中，此处需要使用双引号" "将 t1 括起来。然后，通过等号给变量 a 赋值为 57。

此外，可以在 asm 后加上关键字 volatile 来阻止对 asm 指令的删除、明显的移动或合并。

【例 10-13】在 C 语言中嵌入汇编语言的描述如代码清单 10-22 所示。

代码清单 10-22　在 C 语言中嵌入汇编语言的描述

```
int main( )
{
    register signed char a asm("t1") = 57;    //变量 a 为 signed char 型,保存在寄存器 t1 中
    register signed char b asm("t2") = 89;    //变量 b 为 signed char 型,保存在寄存器 t2 中
    register int c asm("lo");                 //变量 c 为 int 类型,保存在寄存器 LO 中
    asm volatile(                             //asm volatile 声明下面为内嵌汇编指令
      "add t3,t1,t2;"                         //(t1)+(t2)→(t3)
      "sub t4,t1,t2;"                         //(t1)-(t2) →(t4)
      "mult t3,t4;"                           //(t3)×(t4) →{Hi,Lo}
    );
    return 0;
}
```

注：读者可以进入本书提供资源的 \loongson1B_example\example_10_13 目录中，用 LoongIDE 打开名字为 "example_10_13. lxp" 的工程。在该工程的 main. c 文件中找到该段代码。

代码清单 10-22 所示的 C 语言代码对应的反汇编代码，如代码清单 10-23 所示。

代码清单 10-23　代码清单 10-22 所示的 C 语言代码对应的反汇编代码（10）

```
802000F4    27bdfff8    addiu sp,sp,-8      //(sp)-8→(sp)
802000F8    afbe0004    sw s8,4(sp)         //将(s8)保存到(sp)+4 指向的存储空间地址
802000FC    03a0f021    move s8,sp          //(sp)→(s8)
80200100    24090039    li t1,57            //将立即数 57 加载到通用寄存器 t1 中
80200104    240a0959    li t2,89            //将立即数 89 加载到通用寄存器 t2 中
80200108    012a5820    add t3,t1,t2        //(t1)+(t2)→(t3)
8020010C    012a6022    sub t4,t1,t2        //(t1)-(t2) →(t4)
80200110    016c0018    mult t3,t4          //(t3)×(t4)→{Hi,Lo}
80200114    00001021    move v0,zero        //(zero) →(v0)
80200118    03c0e821    move sp,s8          //(s8)→(sp)
8020011C    8fbe0004    lw s8,4(sp)         //将(sp)+4 存储空间地址处的内容加载到 s8
80200120    27bd0008    addiu sp,sp,8       //(sp)+8→(sp)
80200124    03e00008    jr ra               //跳转到 ra 指向的目标地址
80200128    00000000    nop                 //插入空操作指令
```

第 11 章 异步串口原理和通信的实现

实现异步串行通信是计算机系统最基本的外设功能之一，也是读者学习更复杂计算机外设的基础。本章将详细介绍 RS-232 标准，以及龙芯 1B 处理器内建的异步串行收发器模块的原理，并通过设计实例说明该模块的使用方法。

本章主要内容包括 RS-232 协议规范、龙芯 1B 处理器中 UART 模块原理。通过这些内容的介绍，读者能够掌握异步串行通信的原理，并能够掌握使用汇编语言和 C 语言编写异步串口通信实现代码的方法。

11.1 RS-232 协议规范

RS-232 是美国电子工业联盟（ElectronicI Industries Association，EIA）制定的串行数据通信的接口标准，原始编号的全称是 EIA-RS-232（简称 232，RS-232），它被广泛用于计算机串行接口外设的连接。

在 RS-232C 标准中，232 是标识号，C 代表 RS-232 的第三次修改（1969 年），在这之前，还有 RS-232B 和 RS-232A。

目前的最新版本是由 EIA 所发布的 TIA-232-F，它同时也是美国国家标准 ANSI /TIA-232-F-1997（R2002），此标准于 2002 年确认。在 1997 年由 TIA/EIA 发布当时的编号则是 TIA/EIA-232-F 与 ANSI/TIA/EIA-232-F-1997，在此之前的版本是 TIA/EIA-232-E。

RS-232 标准规定了传输数据所使用的连接电缆和机械、电气特性、信号功能及传送过程。基于这个标准基础，派生出其他电气标准，包括 EIA-RS-422-A、EIA-RS-423A、EIA-RS-485。

目前，在计算机上的 COM1 和 COM2 接口就是 RS-232C 接口。

> **注：** 在最新的计算机和笔记本电脑中，均不再提供这种接口，用户必须通过 USB 转串口芯片，在计算机和笔记本电脑上虚拟出一个 RS-232 串行接口。

由于 RS-232C 的重大影响，即使自 IBM PC/AT 开始改用 9 针连接器起，目前几乎不再使用 RS-232 中规定的 25 针连接器，但大多数人仍然普遍使用 RS-232C 来代表此接口。

11.1.1 RS-232 传输特点

在 RS-232 标准中，有下面显著的特点。

（1）字符是按一个比特接着另一个比特的方式，使用一根信号线进行传输的。这就是通常所说的以串行方式传输数据，这种传输方式的优点是传输线少、连线简单、传送距离较远。

（2）对于信源（发送方）来说，需要将原始的并行数据封装（也称为打包），然后转换成一位一位的串行比特流数据进行发送；对于信宿（目的方）来说，当接收到串行比特流数据后，对接收到的数据进行"拆解"，即从所接收到的串行比特流数据中找出原始比特流数据的信息，将原始的比特流数据转换成并行数据，如图 11.1 所示。

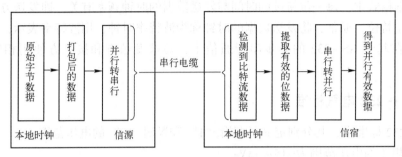

图 11.1　异步串行通信原理

（3）在从信源（发送方）通过串行电缆发送数据给信宿（目的方）的时候，并不需要传输时钟信号。当信宿接收到串行数据的时候，会使用信宿本地的时钟对接收到的串行数据进行采样和解码，然后将数据恢复出来。

（4）此外，通过 RS-232 在传送数据时，并不需要额外使用一个信号来传送同步信息，只需在数据头部（header）和尾部（end）加上识别标志，这样就能将数据从"信源"正确地传送到"信宿"。

用于实现 RS-232 通信功能的专用芯片，如 8251 和 16550，称为通用异步接收发送器（Universal Asynchronous Receiver Transmitter，UART）。

11.1.2　RS-232 数据传输格式

RS-232 中使用的编码格式是异步起停数据格式，如图 11.2 所示。在该数据格式中：

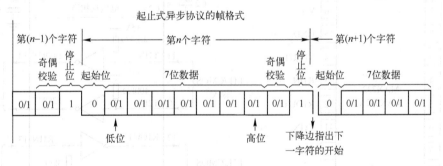

图 11.2　RS-232 数据格式

（1）首先有一个逻辑 0 标识的起始位，该位标识新的一帧数据的开始。

（2）在起始位后面紧跟以串行格式存在的 5~8 个数据位（常见的是 8 位数据），数据的起始位对应于原始字节数据的 LSB，数据的结束位对应于原始字节数据的 MSB。

（3）最后一个数据位后面跟随奇偶校验位（可选）。可以在发送数据的时候设置是否需要奇偶校验位，且发送方和接收方使用相同的奇偶校验设置。

（4）在可选的奇偶校验位后面跟着以逻辑"1"标识的 1~2 个停止位。发送方在发送数据之前设置停止位的个数，且发送方和接收方使用相同的停止位设置。

从上面的描述可知，在 RS-232 的数据格式中，如果发送一个有效字符数据字节（8 位表示），则至少需要 10 位（至少需要一个数据位和一个停止位）。

在该数据格式中，每一位持续的时间与发送数据的时钟频率有关，即发送方以多快的速度发送一个比特位。通常，将发送数据的时钟称为波特率时钟，用波特率表示，即每秒发送位的个数。在基于 RS-232 的异步串行通信中，要求发送方和接收方使用相同的波特率时钟。

11.1.3 RS-232 电气标准

在 RS-232 标准中，其分别定义了逻辑"1"和逻辑"0"的电压范围：

（1）逻辑 1 的电压范围为-15～-3V；

（2）逻辑 0 的电压范围为+3～+15V。

在 RS-232 中，接近零的电平是无效的。显然，RS-232 中对逻辑"0"和逻辑"1"的定义与数字逻辑对逻辑"1"和逻辑"0"的定义不同。为了让遵守 RS-232 电气标准的电平信号与标准数字逻辑电平信号进行连接，需要执行电气标准转换，即把满足数字逻辑标准的 TTL/CMOS 电平转换为 RS-232 电平，以及将 RS-232 电平转换为 TTL/CMOS 电平。例如，美信（maxim）公司的 MAX232 芯片可以实现 TTL/CMOS 电平与 RS-232 电平之间的双向转换，如图 11.3 所示。

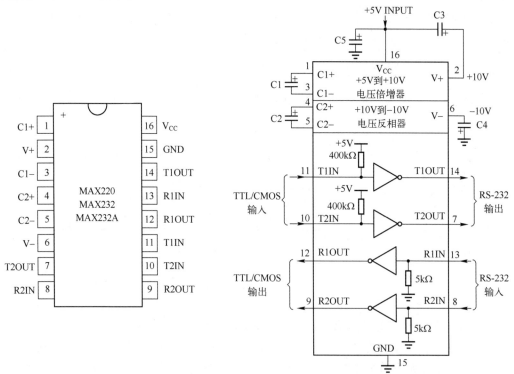

图 11.3　在 TTL/COMS 与 RS-232 之间进行电平转换的芯片

当把龙芯 1B 处理器的专用串行通信接口引脚连接到 MAX232 芯片上时，就可以实现龙芯 1B 处理器通过串口电缆与其他设备进行通信。

11.1.4 RS-232 参数设置

打开 PuTTY 软件，单击左侧的 Serial 选项，在右侧窗口中可以看到串口的参数设置界面，如图 11.4 所示。在该界面中，可以设置波特率[Speed(band)]、奇偶校验（Parity）、停止位（Stop bits），以及流量控制（Flow control）等参数。下面对这些参数的含义进行简单介绍。

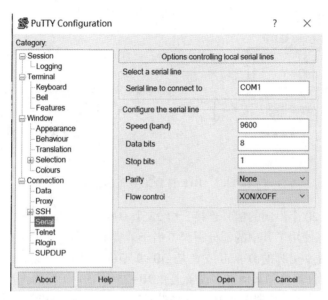

图 11.4 串口的参数设置界面

（1）波特率。它是指将数据从一个设备发送到另一个设备的速率，使用每秒钟发送位的个数来度量，单位为波特率（bits per second，bps）。例如，可选择的波特率有 300、1200、2400、9600、19200、115200 等。

（2）奇偶校验。奇偶校验用于验证接收数据的正确性。一般不使用奇偶校验，如果使用，那么既可以选择设置为奇校验也可以选择设置为偶校验。在偶校验中，要求所有发送数据的位（包括校验位）中"1"的个数是偶数。根据这个校验标准，将奇偶校验位置"1"或置"0"；在奇校验中，要求所有发送数据的位（包括校验位在内）中"1"的个数是奇数。根据这个校验标准，将校验位置"1"或置"0"。

（3）停止位。停止位是在发送完数据的最后一位或奇偶校验位之后发送的，用于帮助实现串口通信的接收方实现硬件的重新同步。例如，在以串行方式传输 8 位原始数据"11001010"时，数据的前后加入起始位（以逻辑"0"表示）和停止位（以逻辑"1"表示）。就需要在串行停止位可以是 1 位、1.5 位或 2 位。

（4）流量控制。当需要发送握手信号或对数据完整性进行检测时，需要额外的信号进行协助，这些额外的信号包括 RTS/CTS 和 DTR/DSR，通常这些信号用于帮助 RS-232 实现硬件流量控制。当串行通信需要流量控制时就要在发送方和接收方之间连接这些信号线，以保证通信过程的可靠性。一般情况下为了简化硬件信号的连接和降低控制的复杂度，不使用用于硬件流量控制的信号。

11.1.5　RS-232 连接器

RS-232 设计之初是用来连接调制解调器做传输之用的，因此它的引脚定义通常也和调制解调器传输有关。RS-232 的设备可以分为数据终端设备（Data Terminal Equipment，DTE，如 PC）和数据通信设备（Data Communication Equipment，DCE，如调制解调器）两类，这种分类定义了不同的线路来发送和接收信号。一般来说，计算机和终端设备使用 DTE 连接器，调制解调器和打印机使用 DCE 连接器，如图 11.5 所示。

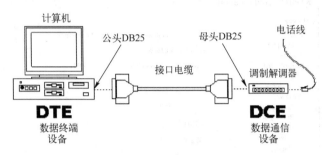

图 11.5　DTE 和 DCE 设备的连接

RS-232 指定了 20 个不同的信号连接，由 25 个 D-sub（微型 D 类）引脚构成的 DB-25 连接器。很多设备只使用了其中的部分引脚，出于节省资金和空间的考虑，不少机器采用较小的连接器，特别是 9 引脚的 D-sub 或者是 DB-9 型的连接器，其广泛使用在绝大多数自 IBM 的 AT 机之后的计算机和其他许多设备上。DB-25 和 DB-9 型的连接器在大部分设备上是母头（插孔），但并不一定都是这样，有些设备上就是公头（插针）。

图 11.6 给出了 DB-9 连接器公头和母头连接器的信号定义顺序。每个信号的定义如表 11.1 所示。

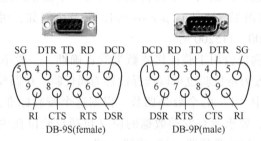

图 11.6　RS-232 串口连接器-母头（female）和公头（male）

表 11.1　DB-9 连接器信号的定义

引脚名字	序号	功　能
公共接地（SG）	5	地线
发送数据（TD/TXD）	3	发送数据
接受数据（RD/RXD）	2	接收数据
数据终端准备（Data Terminal Ready，DTR）	4	终端设备通知调制解调器可以进行数据传输
数据准备好（Data Set Ready，DSR）	6	调制解调器通知终端设备准备就绪

续表

引脚名字	序号	功　能
请求发送（Request To Send，RTS）	7	终端设备要求调制解调器提交数据
清除发送（Clear To Send，CTS）	8	调制解调器通知终端设备可以传数据过来
数据载波检测（Carrier Detect，CD）	1	调制解调器通知终端设备侦听到载波信号
振铃指示（Ring Indicator，RI）	9	调制解调器通知终端设备有电话进来

11.2　龙芯1B处理器中UART模块原理

龙芯1B处理器集成的通用异步串行收发器（Universal Asynchronous Receiver/Transmitter，UART）模块兼容标准的16550A芯片，该UART模块的内部结构如图11.7所示。

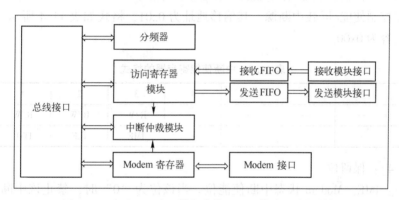

图 11.7　龙芯1B处理器内建的UART模块的内部结构

11.2.1　UART寄存器组的基地址

龙芯1B处理器中内建了12个可并行工作的UART接口，这些接口的内部寄存器完全相同，但是它们的基地址不同，如表11.2所示。

表 11.2　UART接口寄存器的基地址

接口名字	基　地　址	接口名字	基　地　址
UART0	0xBFE4 0000	UART1_2	0xBFE4 6000
UART0_1	0xBFE4 1000	UART1_3	0xBFE4 7000
UART0_2	0xBFE4 2000	UART2	0xBFE4 8000
UART0_3	0xBFE4 3000	UART3	0xBFE4 C000
UART1	0xBFE4 4000	UART4	0xBFE6 C000
UART1_1	0xBFE4 5000	UART5	0xBEF7 C000

11.2.2　UART寄存器组的功能

本小节将介绍每个UART模块中寄存器的定义及功能。

1）数据传输保持寄存器（Data Transfer Hold Register，DTHR）

该寄存器保存着要发送/接收的数据，其偏移地址为 0x00，格式如表 11.3 所示，当复位时，该寄存器的内容为 0x00。

表 11.3　数据传输保持寄存器的格式

位索引	7	6	5	4	3	2	1	0
读写属性	W/R							
名字	Tx FIFO/Rx FIFO							

> **注**：当对该寄存器执行写操作时，写到该寄存器的内容为要发送的数据（TxFIFO）；当对该寄存器执行读操作时，读取该寄存器的内容为接收到的数据（Rx FIFO）。

2）中断使能寄存器（Interrupt Enable Register，IER）

该寄存器控制使能/屏蔽中断源，其偏移地址为 0x01，格式如表 11.4 所示。当复位时，该寄存器的内容为 0x00。

表 11.4　中断使能寄存器的格式

位索引	7	6	5	4	3	2	1	0
读写属性	—	—	—	—	R/W	R/W	R/W	R/W
名字	—	—	—	—	IME	ILE	ITxE	IRxE

（1）[7:4]：保留位。

（2）[3]：IME。Modem 状态中断使能位。当该位为 "0" 时，禁止该中断；当该位为 "1" 时，使能该中断。

（3）[2]：ILE。接收器线路状态中断使能位。当该位为 "0" 时，禁止该中断；当该位为 "1" 时，使能该中断。

（4）[1]：ITxE。传输保存寄存器为空中断使能位。当该位为 "0" 时，禁止该中断；当该位为 "1" 时，使能该中断。

（5）[0]：IRxE。接收有效数据中断使能位。当该位为 "0" 时，禁止该中断；当该位为 "1" 时，使能该中断。

3）中断标识寄存器（Interrupt Indication Register，IIR）

该寄存器用于标识当前产生的中断，其偏移地址为 0x02，格式如表 11.5 所示。当复位时，该寄存器的内容为 0xc1。

表 11.5　中断标识寄存器的格式

位索引	7	6	5	4	3	2	1	0
读写属性	—	—	—	—	R			R
名字	—	—	—	—	中断源编码（见表 10.7）			INTp

（1）[7:4]：保留位。

（2）[3:1]：中断源编码字段，其含义如表 11.6 所示。

表 11.6　中断源编码字段的含义

中断源编码			优先级	中断类型	中断源	中断复位控制
3	2	1				
0	1	1	第一	接收线路状态	奇偶、溢出或帧错误，或打断中断	读 LSR
0	1	0	第二	接收到有效数据	FIFO 中的字符个数达到触发的值	FIFO 的字符个数低于触发的值
1	1	0	第二	接收超时	在 FIFO 中至少有一个字符，但在 4 个字符时间内没有任何操作，包括读和写操作	读接收 FIFO
0	0	1	第三	传输保存寄存器为空	传输保存寄存器为空	写数据到传输寄存器或者读 IIR
0	0	0	第四	Modem 状态	CTS、DST、RI 或 DCD	读 MSR

（3）[0]：中断表示位。当该位为"0"时，正在挂起一个中断；当该位为"1"时，没有挂起的中断。

4）FIFO 控制寄存器（FIFO Control Register，FCR）

该寄存器用于设置 FIFO 触发中断的门限，其偏移地址为 0x02，格式如表 11.7 所示。当复位时，该寄存器的内容为 0xc0。在 UART 模块中，FIFO 的深度为 16。

表 11.7　FIFO 控制寄存器的格式

位索引	7	6	5	4	3	2	1	0
读写属性	W		—	—	—	W	W	—
名字	TL		—	—	—	Txset	Rxset	—

（1）[7:6]：TL。设置用于触发 FIFO 中断的门限。当该字段为"00"时，触发 FIFO 中断的门限为 1 个字节；当该字段为"01"时，触发 FIFO 中断的门限为 4 个字节；当该字段为"10"时，触发 FIFO 中断的门限为 8 个字节；当该字段为"11"时，触发 FIFO 中断的门限为 14 个字节。

（2）[5:3]：保留位。

（3）[2]：Txset。当该位置"1"时，清除发送 FIFO 的内容，并复位其逻辑。

（4）[1]：Rxset。当该位置"1"时，清除接收 FIFO 的内容，并复位其逻辑。

（5）[0]：保留位。

> **注**：中断标识寄存器和 FIFO 控制寄存器共用一个存储空间地址，使用读/写操作来区分这两个寄存器。当执行写寄存器操作时，将值写入 FIFO 控制寄存器；当执行读寄存器操作时，将从中断标识寄存器读取中断状态标志。

5）线路控制寄存器（Line Control Register，LCR）

该寄存器用于设置线路的工作状态，其偏移地址为 0x03，格式如表 11.8 所示。当复位时，该寄存器的内容为 0x03。

表 11.8　线路控制寄存器的格式

位索引	7	6	5	4	3	2	1	0
读写属性	R/W	R/W	R/W	R/W	R/W	R/W	R/W	
名字	DLAB	BCB	SPB	EPS	PE	SB	BEC	

（1）[7]：DLAB。分频锁存器访问控制位。当该位为"1"时，访问操作分频锁存器；当该位为"0"时，访问操作正常寄存器。

（2）[6]：BCB。打断控制位。当该位为"1"时，将串口的输出设置为 0（打断状态）；当该位为"0"时，正常操作。

（3）[5]：SPB。指定奇偶校验控制位。当该位为"0"时，不用指定奇偶校验位；当该位为"1"时，如果 LCR[4]位是"1"，则传输和检查奇偶校验位为"0"；如果 LCR[4]位为"0"，则传输和检查奇偶校验位为"1"。

（4）[4]：EPS。奇偶校验选择控制位。当该位为"0"时，在每个字符中有奇数个"1"（包括数据和奇偶校验位）；当该位为"1"时，在每个字符中有偶数个"1"。

（5）[3]：PE。奇偶校验位使能控制位。当该位为"0"时，没有奇偶校验位；当该位为"1"时，在输出时生成奇偶校验位，输入则判断奇偶校验位。

（6）[2]：SB。定义生成的停止位的个数。当该位为"0"时，1 个停止位；当该位为"1"时，在 5 位字符长度时是 1.5 个停止位，其他长度是 2 个停止位。

（7）[1:0]：BEC。设置每个字符的位数。当该字段为"00"时，数据长度为 5 位；当该字段为"01"时，数据长度为 6 位；当该字段为"10"时，数据长度为 7 位；当该字段为"11"时，数据长度为 8 位。

6）Modem 控制寄存器（Modem Control Register，MCR）

该寄存器用于设置线路的工作状态，其偏移地址为 0x04，格式如表 11.9 所示。当复位时，该寄存器的内容为 0x00。

表 11.9 Modem 控制寄存器的格式

位索引	7	6	5	4	3	2	1	0
读写属性	—	—	—	W	W	W	W	W
名字	—	—	—	LOOP	OUT2	OUT1	RTSC	DTRC

（1）[7:5]：保留位。

（2）[4]：LOOP。回路模式控制位。当该位为"0"时，正常操作；当该位为"1"时，为环路模式。在环路模式中，TXD 输出持续为"1"，输出移位寄存器直接连接到输出移位寄存器中，其他信号连接关系为 DTR 连接到 DSR、RTS 连接到 CTS、OUT1 连接到 RI、OUT2 连接到 DCD。

（3）[3]：OUT2。在环路模式中连接到 DCD 的输入。

（4）[2]：OUT1。在环路模式中连接到 RI 的输入。

（5）[1]：RTSC。RTS 信号控制位控制 RTS 的输出。

（6）[0]：DTRC。DTR 信号控制位控制 DTR 的输出。

7）线路状态寄存器（Line Status Register，LSR）

该寄存器用于查看线路的工作状态，其偏移地址为 0x05，格式如表 11.10 所示。当复位时，该寄存器的内容为 0x00。

表 11.10 线路状态寄存器的格式

位索引	7	6	5	4	3	2	1	0
读写属性	R	R	R	R	R	R	R	R
名字	ERROR	TE	TFE	BI	FE	PE	OE	DR

（1）［7］：ERROR。错误标识位。当该位为"1"时，表示发生奇偶校验位错误，或帧错误或打断中断。当该位为"0"时，表示没有错误。

（2）［6］：TE。传输为空标识位。当该位为"1"时，表示传输 FIFO 和传输移位寄存器都为空，给传输 FIFO 写数据时将清 0。当该位为"0"时，表示有数据。

（3）［5］：TFE。传输 FIFO 为空标识位。当该位为"1"时，表示当前传输 FIFO 为空，给传输 FIFO 写数据时清零；当该位为"0"时，表示当前传输 FIFO 中有数据。

（4）［4］：BI。打断中断标识位。当该位为"1"时，表示接收到的起始位+数据+奇偶位+停止位都有 0，即有打断中断；当该位为"0"时，表示没有打断中断。

（5）［3］：FE。帧错误标识位。当该位为"1"时，表示接收的数据没有停止位；当该位为"0"时，表示没有错误。

（6）［2］：PE。奇偶校验位错误标识位。当该位为"1"时，表示当前接收数据有奇偶错误；当该位为"0"时，表示没有奇偶错误。

（7）［1］：OE。数据溢出标识位。当该位为"1"时，表示有数据溢出；当该位为"0"时，表示没有数据溢出。

（8）［0］：DR。接收数据有效标识位。当该位为"1"时，表示在接收 FIFO 中有数据；当该位为"0"时，表示在接收 FIFO 中无数据。

> **注**：在对该寄存器进行读操作时，将 LSR［4:1］和 LSR［7］清 0，LSR［6:5］在给传输 FIFO 写数据时清 0，LSR［0］则对接收 FIFO 进行判断。

8）Modem 状态寄存器（Modem Status Register，MSR）

该寄存器用于查看 Modem 的工作状态，其偏移地址为 0x06，格式如表 11.11 所示。当复位时，该寄存器的内容为 0x00。

表 11.11　Modem 状态寄存器的格式

位索引	7	6	5	4	3	2	1	0
读写属性	R	R	R	R	R	R	R	R
名字	CDCD	CRI	CDSR	CCTS	DDCD	TERI	DDSR	DCTS

（1）［7］：CDCD。对 DCD 输入值取反，或者在环路模式中连接到 OUT2。

（2）［6］：CRI。对 RI 输入值取反，或者在环路模式中连接到 OUT1。

（3）［5］：CDSR。对 DSR 输入值取反，或者在环路模式中连接到 DTR。

（4）［4］：CCTS。对 CTS 输入值取反，或者在环路模式中连接到 RTS。

（5）［3］：DDCD。DDCD 指示位。

（6）［2］：TERI。RI 边沿检测。RI 状态从低到高变化。

（7）［1］：DDSR。DDSR 指示位。

（8）［0］：DCTS。DCTS 指示位。

9）分频锁存器

分频锁存器由分频锁存器 1 和分配锁存器 2 两个寄存器构成，用于生成指定的波特率时钟，其偏移地址分别为 0x00 和 0x01，格式如表 11.12 和表 11.13 所示。当复位时，这两个寄存器的内容均为 0x00。

表 11.12　分频锁存器 1 的格式（低 8 位）

位索引	7	6	5	4	3	2	1	0
读写属性	R/W							
名字	存放分频锁存器的低 8 位							

表 11.13　分频锁存器 2 的格式（高 8 位）

位索引	7	6	5	4	3	2	1	0
读写属性	R/W							
名字	存放分频锁存器的高 8 位							

> **注：** UART 模块的时钟频率是 DDR_clk 频率的一半。

11.3　PuTTY 工具的下载和安装

PuTTY 是一个集成虚拟终端、系统控制台和网络文件传输为一体的自由及开放源代码的程序。它支持多种网络协议，包括 SCP、SSH、Telnet、rlogin 和原始的套接字连接。它也可以连接到串行端口。

该工具的早期版本仅支持 Windows 平台，之后陆续增加对各类 Unix 平台和 Mac OS X 的支持。

下载和安装 PuTTY 工具的主要步骤如下。

（1）在 IE 浏览器中，输入 https://www.putty.org/网址。

（2）弹出新的页面，如图 11.8 所示。在该页面中，找到 Download PuTTY 标题。在该标题下面，找到 You can download PuTTY here。单击 here。

Download PuTTY

PuTTY is an SSH and telnet client, developed originally by Simon Tatham for the Windows platform. PuTTY is open source software that is available with source code and is developed and supported by a group of volunteers.

You can download PuTTY here.

图 11.8　PuTTY 工具下载入口

（3）自动跳转到 https://www.chiark.greenend.org.uk/~sgtatham/putty/latest.html，并打开新的页面，如图 11.9 所示。

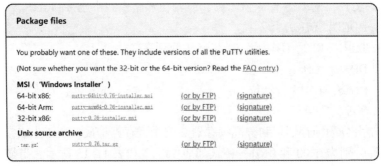

Package files

You probably want one of these. They include versions of all the PuTTY utilities.

(Not sure whether you want the 32-bit or the 64-bit version? Read the FAQ entry.)

MSI（'Windows Installer'）

64-bit x86:	putty-64bit-0.76-installer.msi	(or by FTP)	(signature)
64-bit Arm:	putty-arm64-0.76-installer.msi	(or by FTP)	(signature)
32-bit x86:	putty-0.76-installer.msi	(or by FTP)	(signature)

Unix source archive

.tar.gz:	putty-0.76.tar.gz	(or by FTP)	(signature)

图 11.9　PuTTY 工具下载页面

（4）在该页面中，鼠标右键单击 putty-64bit-0.76-installer.msi，弹出浮动菜单。在浮动菜单内，选择将链接另存为…选项。

（5）弹出另存为对话框。在该对话框中，选择保存文件的位置，该文件的名字为 putty-64bit-0.76-installer.msi。

（6）在保存该文件的文件夹中，找到并双击 putty-64bit-0.76-installer.msi，启动安装过程。

（7）弹出 PuTTY release 0.76（64-bit）Setup 对话框，如图 11.10 所示。在该对话框中，提示"Welcome to the PuTTY release 0.76（64-bit）Setup Wizard"信息。

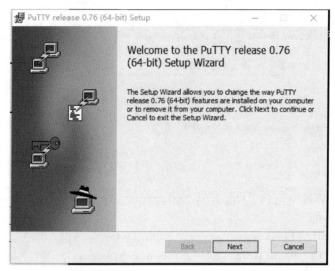

图 11.10　PuTTY release 0.76（64-bit）Setup 对话框（1）

（8）单击 Next 按钮。

（9）弹出 PuTTY release 0.76（64-bit）Setup-Destination Folder 对话框，如图 11.11 所示。在该对话框中，提示"Click Next to install to the default folder or click Change to choose another"信息。选择默认的安装路径。

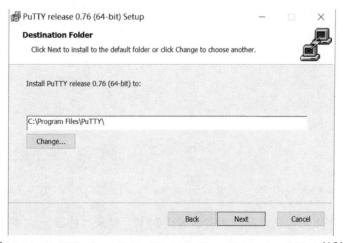

图 11.11　PuTTY release 0.76（64-bit）Setup-Destination Folder 对话框

（10）单击 Next 按钮。

（11）弹出 PuTTY release 0.76（64-bit）Setup-Product Features 对话框，如图 11.12 所示。在该对话框中，单击 Add shortcut to PuTTY on the Desktop 前面的按钮　，出现浮动菜单。在浮动菜单内，选择 Will be installed on local hard drive。

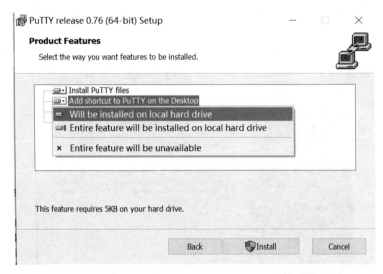

图 11.12　PuTTY release 0.76（64-bit）Setup-Product Features 对话框

（12）单击 Install 按钮。

（13）弹出 PuTTY release 0.76（64-bit）Setup-Installing PuTTY release 0.76（64-bit）对话框，如图 11.13 所示。在该对话框中，将要显示安装进度。

图 11.13　PuTTY release 0.76（64-bit）Setup-Installing PuTTY release 0.76（64-bit）对话框

（14）弹出用于账户控制对话框。在该对话框中，提示"你要允许来自未知发布者的此应用对你的设备进行更改吗?"。

（15）单击是按钮，退出该对话框。

（16）安装完成后，自动弹出新的 PuTTY release 0.76（64-bit）Setup 对话框，如图 11.14 所示。在该对话框中，提示 "Completed the PuTTY release 0.76（64-bit）Setup Wizard" 信息。

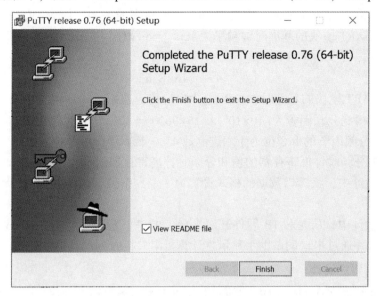

图 11.14　PuTTY release 0.76（64-bit）Setup 对话框

（17）单击 Finish 按钮，退出该对话框。

（18）当成功安装该软件工具后，在 Windows 10 操作系统桌面上出现名字为 "PuTTY（64-bit）" 的图标。此外，通过 Windows 10 操作系统的开始->P->PuTTY(64-bit)，也可以找到该软件工具的入口。

11.4　异步串口通信的设计和实现

本节将介绍使用汇编语言和 C 语言实现异步串口通信的方法。在使用汇编语言程序实现异步串口通信时，侧重于对 UART 模块底层寄存器的操作和控制。通过直接操作底层寄存器的方法，使得读者能够直观地理解和掌握软件与外设之间的驱动和控制关系。在使用 C 语言实现异步串口通信时，侧重于调用应用程序接口（Application Program Interface，API）函数来实现串行通信。通过调用 API 函数，使得读者能理解和掌握软件的分层设计结构，能高效率使用 C 语言中的 API 函数实现特定应用场景的开发。

11.4.1　串口通信的汇编语言设计和实现

本节将使用汇编语言编写串口通信的实现代码，并在龙芯 1B 硬件开发平台上进行测试和验证。

1. 预备知识

在使用汇编语言设计串口通信代码之前，需要明确下面的一些信息。

（1）在该设计中，将使用龙芯 1B 处理器的 UART3 模块。通过 11.2.1 节给出的表格可知，UART3 模块的基地址为 0xBFE4C000。该模块中所有寄存器在存储空间中的有效地址都是由基地址加上寄存器的偏移地址得到的。

（2）在该设计中，串口通信的波特率设置为 9600。在 11.2.2 节介绍分频器寄存器时，已经说明 UART 模块的基准时钟频率是 DDR2 时钟频率的一半。因为 DDR2 时钟的频率为 100MHz，所以 UART 模块的基准时钟频率为 100/2＝50MHz。根据波特率计算公式：

$$prescale = \frac{f_{UART}}{16 \times Band}$$

式中，f_{UART} 为 UART 模块的基准时钟；Band 为串口传输速率；prescale 为分频因子。

因此，可以得到分频因子为 $(10 \times 10^6)/(16 \times 9600) = 325$。十进制数 325 对应于十六进制数 145。因此，分频因子的低 8 位为十六进制数 45，分频因子的高 8 位为十六进制数 01。这两个数分别作为分频时钟低寄存器的值和分频时钟高寄存器的值。

（3）在该设计中，将串口数据的格式设置为 8 个数据位、1 个停止位，无奇偶校验，无流量控制。

（4）在该设计中，从龙芯 1B 硬件开发平台上的串口发送字符串"Hello World!"给主计算机的串口，并通过串口调试助手显示主计算机串口接收到的数据。

2. 汇编语言程序设计

本部分将介绍如何在 LoongIDE 中使用汇编语言编写串口通信程序代码，主要步骤如下。

（1）启动 LoongIDE 集成开发环境（以下简称 LoongIDE）。

（2）在 LoongIDE 主界面主菜单中，选择 Project->Open Project，弹出 Open 对话框。

（3）在 Open 对话框中，将路径定位到\loongson1B_example\example_11_1 路径下。在该路径下，找到并选中文件 example_11_1.lxp。

（4）单击【打开】按钮，打开文件 example_11_1.lxp。

（5）在 LoongIDE 主界面左侧的 Project Explorer 窗口中，找到并双击 bsp_start.S 文件。

（6）在右侧窗口中，输入如代码清单 11-1 所示的汇编语言代码。

代码清单 11-1   串行通信的汇编语言代码

```
/*下面为数据段,在数据段中保存了 UART3 的基地址和要发送的字符串 string */
    .data                          //数据段声明
    UART3_BASE_ADDR :  .long       0xBFE4C000
    string          :  .asciiz     "Hello World !"

/*下面为代码段,代码段实现了将数据从龙芯 1B 开发板发送到主计算机的功能 */
    .text                          //代码段声明

FRAME(bsp_start,sp,0,ra)
.set noreorder

    move  s0, ra                   //返回地址

/*下面的代码将使能访问分频锁存器 */
    la  v0, UART3_BASE_ADDR        //将 UART3_BASE_ADDR 地址加载到寄存器 v0
    lw  s0, (v0)                   //将(v0)指向的存储空间地址内容加载到寄存器 s0
                                   //s0 保存着 UART3 的基地址 0xBFE4C000
```

```
    lbu   t1, 3(s0)         //将线路控制寄存器 lcr 中的内容加载到寄存器 t1
    ori   t1, 0x00000080    //将 lcr 中的 dlab 位置 1
    sb    t1, 3(s0)         //将控制命令写入 lcr 中,使能访问分频锁存器

/* 下面的代码用于设置时钟分频锁存器 */
    li    t2, 0x45          //将计算得到的分频因子的低 8 位加载到寄存器 t2
    sb    t2, 0(s0)         //将该分频因子写入分频低锁存器
    li    t2, 0x01          //将计算得到的分频因子的高 8 位加载到寄存器 t2
    sb    t2, 1(s0)         //将该分频因子写入分频高锁存器

/* 下面的代码将禁止访问分频锁存器,而是正常访问其他寄存器 */
    li    s1, 0xFFFFFF7F    //将立即数 0xFFFFFF7F 加载到寄存器 S1
    and   t1, t1, s1        //将 dlab 位重新设置为 0
    sb    t1, 3(s0)         //将控制命令写入 lcr 中,禁止访问分频锁存器

/* 下面的代码设置串行通信的数据格式 */
    ori   t1, 0x00000003    //设置数据格式,无奇偶,8 位数据,1 位停止
    sb    t1, 3(s0)         //将数据格式的控制字写入 lcr

/* 下面的代码将发送数据 */
    la    v1, string        //获取字符串所在的存储空间的起始地址
 1:                         //标号
    lbu   t3, 0(v1)         //将所对应存储空间的字符加载到寄存器 t3
    beq   t3, zero, 2f      //判断是否字符串结尾,如果是,则退出发送过程
    nop                     //分支指令后面加入 nop 指令,用于延迟隙
    sb    t3, 0(s0)         //将要发送的字符写到数据寄存器 dat
    addu  v1, v1, 1         //地址加 1,指向下一个要发送字符的存储地址
    b     1b                //无条件跳转到标号 1,继续发送
    nop                     //分支指令后面加入 nop 指令,用于延迟隙
 2:

    move  ra, s0            //恢复返回地址
    j     ra                //跳转到恢复地址的指令
    nop                     //跳转指令后面加入 nop 指令,用于延迟隙

    .set reorder
ENDFRAME(bsp_start)
```

（7）保存设计文件。

3. 设计编译和调试

本部分将介绍如何对汇编语言代码进行编译,并将生成的代码下载到龙芯 1B 开发板进行验证。主要步骤如下。

（1）在 LoongIDE 主界面主菜单中,选择 Project->Compile & Build,对设计进行编译和链接,并生成可执行文件。

（2）使用 Mini-USB 电缆,将龙芯 1B 硬件开发平台上的 USB 接口与安装有 LoongIDE 软件工具的 PC/笔记本电脑的 USB 接口进行连接。

（3）通过龙芯 1B 开发板套件提供的 USB-串口电缆，将该电缆一端的 9 针串口（母头）连接到龙芯 1B 开发板上标记为 UART3 的串口上，将该电缆一端的 USB 接口连接到 PC/笔记本电脑的 USB 接口上。

（4）给龙芯 1B 硬件开发平台上电。

（5）在 Windows 操作系统中，进入设备管理器界面。在该界面中，找到虚拟出来的串口，如图 11.15 所示。在本书所使用的电脑中，虚拟出的串口号为 COM5。

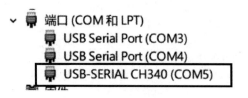

图 11.15　虚拟出来的串口号

> **注**：读者要根据自己计算机上虚拟出来的实际串口号，该串口号可能和书中给出的并不相同。

（6）启动 PuTTY（64-bit）软件工具。自动弹出 PuTTY Configuration 对话框，如图 11.16 所示。在该对话框左侧的 Category 窗口中，找到并选中 Session 选项。在该界面右侧的窗口中，按如下设置参数。

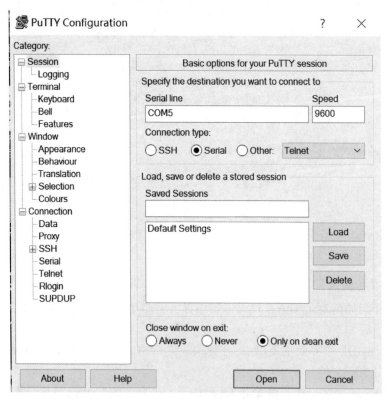

图 11-16　PuTTY Configuration 对话框

① Connectiontype：Serial（通过复选框选择）。

② Serialline：COM5（通过文本框输入）。

③ Speed：9600（通过文本框输入）。

（7）单击图 11.16 中的【Open】按钮，进入命令行模式。

（8）在 LoongIDE 主界面主菜单下，选择 Debug->Run，进入调试器模式。等开始运行程序时，在 PuTTY 命令行界面中打印出计算机所接收到的字符串，如图 11.17 所示。

图 11-17　PuTTY 命令行模式下打印所接收到的字符串信息

11.4.2　串口通信的 C 语言设计和实现

本节将介绍如何使用 C 语言并通过调用 API 编写串口通信的代码，并在龙芯 1B 硬件开发平台上进行测试和验证。

1. 软件代码设计的分层结构

在设计软件代码时，采用常用的分层和代码封装技术，如图 11.18 所示。采用分层结构的好处是，各层之间相对独立，易于对代码进行维护和移植。

1）底层寄存器的定义和声明

本书前面提到龙芯 1B 处理器采用的是 MIPS 架构，该架构中存储器和外设采用了统一编址的方法，且访问存储器和访问外设采用相同的指令。因此，可以通过 C 语言中的结构和联合数据类型来封装 UART 模块中的寄存器，如代码清单 11-2 所示。

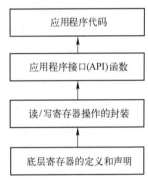

图 11-18　程序设计的分层结构

代码清单 11-2　UART 模块中寄存器的封装

```
typedef struct {
  union {
    struct {
      unsigned char dat;
      unsigned char ier;
    } dat_ier;

    struct {
      unsigned char divclk_low;
      unsigned char divclk_high;
    } divclk;
  } reg_mux1;
  union {
    unsigned char iir;
```

```
        unsigned char fcr;
    } ;
    unsigned char lcr;
    unsigned char mcr;
    unsigned char lsr;
    unsigned char msr;
} UART_REG_SET;
```

因为 UART 模块中的数据寄存器，以及中断使能寄存器和时钟分频寄存器共用一个存储地址空间，因此使用联合数据结构进行处理，如代码清单 11-3 所示。

代码清单 11-3　嵌入联合数据类型封装公共存储类型（1）

```
union {
    struct {
        unsigned char dat;
        unsigned char ier;
    } dat_ier;

    struct {
        unsigned char divclk_low;
        unsigned char divclk_high;
    } divclk;
} reg_mux1;
```

此外，UART 模块中的中断标识寄存器和 FIFO 控制寄存器也采用共用存储空间地址，因此也采用联合数据结构进行封装，如代码清单 11-3 所示。

代码清单 11-3　嵌入联合数据类型封装公共存储类型（2）

```
union{
    unsigned char iir;
    unsigned char fcr;
} ;
```

最后通过代码，将结构体指向 UART 模块寄存器的首地址，如代码清单 11-4 所示。

代码清单 11-4　将结构体指向 UART 模块寄存器的首地址

```
define UART3_BASE_ADDR    0xBFE4C000
#define UART_3_REG        ((UART_REG_SET *) UART3_BASE_ADDR)
```

2）自定义数据类型

为了便于对数据类型的操作，在设计中对 C 语言原有的数据类型又进行了封装，如代码清单 11-5 所示。

代码清单 11-5　对 C 语言原有数据类型的封装

```
typedef unsigned char uchar;
typedef unsigned int uint;
```

3）封装发送字符串操作的函数

在该设计中，对修改串口波特率的操作和发送字符串的操作分别进行了封装，如代码清单 11-6 和代码清单 11-7 所示。

代码清单 11-6 对发送字符串操作的封装函数

```
/＊发送单个字符的函数 ＊/
    trans_char( UART_REG_SET ＊ device , uchar c )
    {
        ( device->reg_mux1 ). dat_ier. dat = c ;        //将字符写入 UART 模块的数据寄存器
    }
/＊发送字符串的函数 ＊/
    trans_str( UART_REG_SET ＊ device , uchar ＊ str )
    {
      while ( ＊ str! = '\0')                           //判断字符串是否结束,结束则退出
        {
          trans_char( UART_3_REG , ＊ str ) ;           //调用发送单个字符的函数 trans_char
          str++ ;
        }
    }
```

代码清单 11-7 对修改波特率操作的封装函数

```
change_band( UART_REG_SET ＊ device , uint bandrate )
{
    uchar value ;
    uint band ;
    band = ( 50000000/( 16 ＊ bandrate ) ) ;              //根据给定的波特率,计算分频值
    value = device->lcr ;                                //读取 lcr 寄存器的内容
    value = value ｜ 0x80 ;                               //置 lcr 寄存器中的 dlab 位为"1"
    device->lcr = value ;                                //写 lcr 寄存器,使能访问分频器
    ( device->reg_mux1 ). divclk. divclk_low = ( band & 0xff ) ;   //写低 8 位分频寄存器
    ( device->reg_mux1 ). divclk. divclk_high = ( band>>8 ) ;      //写高 8 位分频寄存器
    value = device->lcr ;                                //读取 lcr 寄存器中的内容
    value = value & 0x7f ;                               //置 lcr 寄存器中的 dlab 位为"0"
    device->lcr = value ;                                //写 lcr 寄存器,禁止访问分频器
}
```

> 注：对串口模块中其他寄存器的初始化操作，是通过在 main. c 文件中调用初始化系统函数 ls1x_drv_init( )实现的，详见 main. c 文件。

2. C 语言程序设计

本部分将介绍如何在 LoongIDE 中使用 C 语言和 API 函数编写串口通信程序代码，主要步骤如下。

（1）启动 LoongIDE 软件工具。

（2）在 LoongIDE 主界面主菜单中，选择 New->NewProject Wizard…，弹出 New Project Wizard-C Project 对话框。

（3）在 New Project Wizard-C Project 对话框中，按如下设置参数。

① Project Type：C Executable（通过复选框设置）。

② Project Name：example_11_2（通过文本框输入）。

> **注**：工程文件夹设置为：E:\loongson1B_example\example_11_2。

（4）弹出 New Project Wizard- MCU，Toolchain& RTOS 对话框。在该对话框中，按如下设置参数。

① Mcu Modal：LS1B200（LS232）；

② Tool Chain：SDE Lite4.9.2for MIPS；

③ Using RTOS：None（bareprogramming）；

（5）单击 Next 按钮，弹出 New Project Wizard-Bare Program Components 对话框。

（6）在 New Project Wizard-Bare Program Components 中，不勾选任何程序组件（Program Components）前面的复选框。

（7）单击 Next 按钮，弹出 New Project Wizard-New project summary 对话框。

（8）在 New Project Wizard-New project summary 对话框中，单击 OK 按钮，完成工程的建立。

（9）在 LoongIDE 主界面左侧的 Project Explorer 窗口中，找到并双击 main.c 文件。

（10）自动打开 main.c 文件，删除 main（）函数，然后在该文件中添加如代码清单 11-8 所示的 C 语言代码，该代码清单中只给出了主函数 main 中的代码。

代码清单 11-8　主函数 main 中的代码

```
int main( void)
{
    int i;
    unsigned char string[40] = {"Hello World!"};     //要发送的字符串
    unsigned char format[2] = {"\r\n"};              //要发送的格式化符号
    ls1x_drv_init();                                 //初始化 1B 处理器中的外设模块

    install_3th_libraries();                         // 安装第三方库
    change_band( UART_3_REG,9600);                   // UART3 模块波特率重新设置为 9600
    trans_str( UART_3_REG,format);                   //发送格式化字符
    trans_str( UART_3_REG,string);                   //发送真正的字符串

    return 0;
}
```

> **注**：在该代码清单中只给出了主函数 main 中的代码，在 main.c 文件中新添加的其他代码详见 main.c 文件。这些代码在前面的代码清单中都已经给出并进行了详细说明。

3. 设计编译和调试

本部分将介绍如何对 C 语言代码进行编译，并将生成的代码下载到龙芯 1B 开发板进行验证，其过程与 11.4.1 节中所介绍的设计编译和调试过程完全相同。

11.4.3　总结

上面分别使用汇编语言和 C 语言编写程序代码实现串口通信。下面对这两种方法开发

应用程序的优点和缺点进行简单的比较和说明。

（1）采用汇编语言开发应用，读者需要掌握处理器底层架构和指令集的知识，对读者的计算机系统原理知识要求较高。而采用 C 语言开发应用，读者仅需要了解 API 函数实现的功能，以及入口参数和返回参数即可，不需要过多地掌握处理器底层架构和指令集的知识，对读者进行应用开发的入门门槛要求较低。

读者会发现，在整个设计工程中，最底层的启动引导代码都是由汇编语言实现的，这是因为 C 语言是一个跨平台的语言，有些最底层的机器细节使用 C 语言是无法进行描述的。

（2）在开发时间上，采用汇编语言开发应用的时间要明显多于采用 C 语言开发应用的时间。因此，对于要求快速上市的应用开发来说采用 C 语言是比较合适的。

（3）因为采用 C 语言开发时，读者往往是调用经过层层封装的 API 函数，这对于对存储器容量比较苛刻的嵌入式应用场合来说是不利的，而采用基于汇编语言对硬件的直接操作将显著改善对存储器资源的使用效率。

（4）在使用 C 语言开发应用程序代码时，通过优化 C 语言设计代码结构，以及合理设置编译器的属性参数，就能让 C 语言所生成的代码效率逼近使用汇编语言所达到的代码效率。

（5）从调试代码的角度来说，显然采用汇编语言编写代码具有优势，因为汇编语言直接对应机器底层，而 C 语言代码经过层层封装并不容易找到设计缺陷。

总而言之，两种方法各有优缺点。因此，在读者学习软件代码开发时，应该先学习汇编语言程序开发，然后过渡到 C 语言程序开发。这样在编写 C 语言代码时，就能充分高效地利用底层硬件的各种资源。此外，在必要时可以通过在 C 语言中嵌入汇编代码的方法，以满足实时性的要求。